Operatives Beweisen in der Grundschule

AF893147

André Köhler

Operatives Beweisen in der Grundschule

Theoretische Grundlagen und eine Fallstudie

Springer Spektrum

André Köhler
Institut für Mathematik
Carl von Ossietzky Universität
Oldenburg
Oldenburg, Deutschland

Von der Fakultät für Mathematik und Naturwissenschaften der Universität Oldenburg
angenommene Dissertation
Disputation am 13.03.2025
Erstprüfer: Prof. Dr. Ralph Schwarzkopf
Zweitprüferin: Prof. Dr. Astrid Fischer
Beisitz: Prof. Dr. Daniel Grieser

ISBN 978-3-658-50004-7 ISBN 978-3-658-50005-4 (eBook)
https://doi.org/10.1007/978-3-658-50005-4

Die Deutsche Nationalbibliothek verzeichnet diese Publikation in der Deutschen Nationalbibliografie; detaillierte bibliografische Daten sind im Internet über https://portal.dnb.de abrufbar.

© Der/die Herausgeber bzw. der/die Autor(en), exklusiv lizenziert an Springer Fachmedien Wiesbaden GmbH, ein Teil von Springer Nature 2025

Das Werk einschließlich aller seiner Teile ist urheberrechtlich geschützt. Jede Verwertung, die nicht ausdrücklich vom Urheberrechtsgesetz zugelassen ist, bedarf der vorherigen Zustimmung des Verlags. Das gilt insbesondere für Vervielfältigungen, Bearbeitungen, Übersetzungen, Mikroverfilmungen und die Einspeicherung und Verarbeitung in elektronischen Systemen.
Die Wiedergabe von allgemein beschreibenden Bezeichnungen, Marken, Unternehmensnamen etc. in diesem Werk bedeutet nicht, dass diese frei durch jede Person benutzt werden dürfen. Die Berechtigung zur Benutzung unterliegt, auch ohne gesonderten Hinweis hierzu, den Regeln des Markenrechts. Die Rechte des/der jeweiligen Zeicheninhaber*in sind zu beachten.
Der Verlag, die Autor*innen und die Herausgeber*innen gehen davon aus, dass die Angaben und Informationen in diesem Werk zum Zeitpunkt der Veröffentlichung vollständig und korrekt sind. Weder der Verlag noch die Autor*innen oder die Herausgeber*innen übernehmen, ausdrücklich oder implizit, Gewähr für den Inhalt des Werkes, etwaige Fehler oder Äußerungen. Der Verlag bleibt im Hinblick auf geografische Zuordnungen und Gebietsbezeichnungen in veröffentlichten Karten und Institutionsadressen neutral.

Planung/Lektorat: Karina Kowatsch
Springer Spektrum ist ein Imprint der eingetragenen Gesellschaft Springer Fachmedien Wiesbaden GmbH und ist ein Teil von Springer Nature.
Die Anschrift der Gesellschaft ist: Abraham-Lincoln-Str. 46, 65189 Wiesbaden, Germany

Wenn Sie dieses Produkt entsorgen, geben Sie das Papier bitte zum Recycling.

Geleitwort

Die wissenschaftliche Disziplin Mathematik ist bekanntlich untrennbar mit dem mathematischen Beweisen verbunden. Entsprechend groß ist das Interesse eines substantiellen Mathematikunterrichts, auch schon Schülerinnen und Schüler an das Beweisen heranzuführen. Ebenso groß ist der Respekt vor dieser Aufgabe – schließlich zeigen doch die Erfahrungen, dass selbst die Mathematikstudierenden verbreitet Schwierigkeiten damit haben, Beweise zu durchdringen oder gar selbst zu führen. Auf diese beobachtbaren Probleme kann man auf (mindestens) zwei verschiedene Möglichkeiten reagieren: Entweder man behandelt das Beweisen möglichst spät in der Schule oder gar erst an der Universität in der Hoffnung, dass die spätere Thematisierung auf erfolgversprechendere Lernvoraussetzungen führt. Oder man beginnt im Unterricht möglichst früh damit, Beweise zu führen – in der Überzeugung, dass man dem hohen Schwierigkeitsgrad am besten dadurch entgegentritt, dass man den Lernenden möglichst viel Zeit gibt, sich mit dem Prozess des Beweisführens auseinander zu setzen. Dieser zweiten Möglichkeit stellt sich Herr Köhler in seiner Arbeit.

Im Kern geht es in der Tradition des Spiralprinzips nach Jerome Bruner darum, Beweise mit Grundschulkindern in kindgemäßer und intellektuell redlicher Weise zu behandeln, also anhand von hinreichend substantiellen Lerngegenständen, mit inhaltlich zugänglichen Darstellungen und initiiert durch mathematische Aussagen mit fachlich-authentischem Beweisbedarf.

Hierzu rückt das Konzept der operativen Beweise nach Erich Christian Wittmann in das Zentrum der Überlegungen. Kurz formuliert handelt es dabei sich um solche Beweise, die zwar eine fachlich-authentische Überzeugungskraft entfalten, sich aber derjenigen Darstellungen bedienen, die schon im frühen Mathematikunterricht eine inhaltich-bedeutsame Rolle spielen und damit auch Kindern in der Grundschule einen argumentativen Zugang zu mathematischen Strukturen eröffnen können.

Damit sich in der Beschäftigung mit operativen Beweisen substantiell-fruchtbare Lernzuwächse ergeben können, müssen die Kinder mit Steinbring gesprochen ihre anfänglich i.d.R. empirisch-konkreten Deutungen von mathematischen Objekten ein Stück weit abstrahieren und die Strukturen zwischen den Objekten in den Blick nehmen. André Köhler führt dazu Lehr-Lernexperimente in der späten Grundschule durch, in denen die Kinder in problemhaltigen arithmetischen Lernumgebungen zunächst Phänomene im Rahmen einer Beispielsammlung erkennen, dann verallgemeinern und schließlich erklären sollen. Die dabei entstehende Spanne zwischen eher empirisch-konkreten und stärker strukturell-relationalen Deutungen mathematischer Objekte und Operationen ist Gegenstand der vorliegenden Arbeit.

Dazu werden einerseits konstruktive Überlegungen zur Diskussion gestellt, mit denen Herr Köhler an die genetisch-curricular ausgerichtete Forschungslinie anknüpft, die in der deutschsprachigen Mathematikdidaktik maßgeblich von Heinrich Winter und Erich Christian Wittmann geprägt wurde. Andererseits sollen in der Auswertung der empirischen Untersuchung Erkenntnisse über den prozessualen Ablauf operativer Beweise gewonnen werden. Insbesondere geht es darum aufzuschlüsseln, wie sich ein operativer Beweisprozess differenziert aufschlüsseln lässt und welche grundschulspezifischen epistemischen Anforderungen an die Lehr- und Lernprozesse durch die Spanne zwischen empirisch-konkreten und strukturell-relationalen Deutungen gestellt werden.

Damit reiht sich die Arbeit in die fachdidaktische Tradition der Entwicklungsforschung ein und bereichert gleichermaßen die konstruktive wie die rekonstruktive Perspektive in der Mathematikdidaktik auf hohem Niveau.

Oldenburg
im Sommersemester 2025

Ralph Schwarzkopf

Danksagung

Das Promovieren wird gerne mit dem Laufen eines Marathons verglichen. Es müssen unzählige Schritte geleistet werden und irgendwann stellt sich die Frage, ob das Ziel überhaupt noch mit den verbleibenden Energiereserven zu erreichen ist. Ich bin zwar noch nie einen Marathon gelaufen – aber diese Frage habe ich mir in den letzten Jahren mehr als einmal gestellt. Diese Arbeit markiert gewissermaßen den Zieleinlauf. Zwar nicht in Bestzeit, aber trotzdem glücklich und stolz über das Erreichte. Beim Start hatte ich keine Vorstellung davon, wie lehrreich, prägend und intensiv diese Zeit für mein berufliches und privates Leben werden würde. Dass ich es überhaupt ins Ziel geschafft habe, verdanke ich vielen lieben Menschen.

Mein besonderer Dank gilt meinem Doktorvater Prof. Dr. Ralph Schwarzkopf für die ausgezeichnete Betreuung. Lieber Ralph, in unseren Besprechungen hatte ich stets das Gefühl, dass du mir auf Augenhöhe begegnest. Deine Anmerkungen und Ratschläge waren für mich maßgebliche Denkanstöße. Durch deine ruhige und verständnisvolle Art hast du mir den nötigen Raum gegeben, in dem ich deine Denkanstöße zu etwas Eigenem entwickeln konnte. Vielen Dank für alles!

Auch möchte ich mich bei Prof. Dr. Astrid Fischer für Ihre hilfreichen Impulse während der Promotionszeit und für die Übernahme des Zweitgutachtens bedanken.

Der gesamten Arbeitsgruppe möchte ich für die tolle gemeinsame Zeit danken. In unzähligen Kaffeepausen, spontanen Bürogesprächen und (digitalen) Besprechungen habt ihr meine mathematikdidaktische Perspektive mitgeprägt. Insbesondere möchte ich Dr. Paul Gudladt danken. Durch deine hilfsbereite und ehrliche Art hast du mir mehrfach geholfen, den Fokus wieder auf das Wesentliche zu lenken.

Jana Bork und Maximilian Hesse möchte ich vielmals für das Korrekturlesen meiner Arbeit danken. Ihr habt diese undankbare Aufgabe sehr gewissenhaft übernommen. Eure Anmerkungen haben meiner Arbeit den Feinschliff gegeben.

Darüber hinaus möchte ich allen Lehrkräften der Grundschulen in Wüsting und Bassum danken, die mir das Erheben von Daten erlaubt haben. Den Kindern danke ich für die motivierte Mitarbeit in den Interviews.

Meiner Familie und meinen Freunden möchte ich ebenfalls für ihre Unterstützung und für die Auszeiten zum Krafttanken danken. Ganz besonders gilt dies für meine Ehefrau Marie. Ohne dein Verständnis, deine Geduld und dein liebevolles Rückenfreihalten würde es diese Arbeit nicht geben.

Oldenburg André Köhler
im Sommersemester 2025

Inhaltsverzeichnis

Abbildungsverzeichnis

1 Einleitung

> Das mathematische Lernen birgt bestimmte Hürden, und im Lehr- bzw. Lernprozess müssen diese Hürden bearbeitet werden. Erfolgt dies nicht im für das Individuum notwendigen Maße, so versteht es nicht. (Meyerhöfer 2008, S. 599)

Das obige Zitat bezieht sich auf Rechenschwäche. Meyerhöfer vertritt die These, dass Rechenschwäche in den meisten Fällen keine Krankheit ist, sondern ein Phänomen – und die Ursache ist das Nichtverstehen mathematischer Inhalte aufgrund nicht bearbeiteter stofflicher Hürden. In dieser These ist ein wichtiger Perspektivwechsel vorhanden: Die Ursachen für das Nichtverstehen werden im Lehr-Lernprozess verortet, und nicht im Kind[1]. Damit wird ein großer Verantwortungsanteil für den Lernerfolg des Kindes auf die Gestaltenden des Lehr-Lernprozesses verschoben: Auf die Lehrpersonen, die einen Unterricht gestalten müssen, in dem jedes Kind ausreichend Lernchancen zum Überwinden der stofflichen Hürden erhält – und auf die Forschenden in der Mathematikdidaktik, die zuallererst die zentralen Hürden im Lernprozess aufdecken müssen. Diese Arbeit möchte einen Beitrag zu letzterem leisten und *Hürden im operativen Beweisen* aufdecken.

Beweise sind das Herz der Mathematik (Rav 1999, S. 6; Ziegler 2008, S. 409). Sie dienen nicht nur zur Erkenntnissicherung, sondern auch zur Erkenntnisgewinnung (Hanna und Barbeau 2008, S. 345; Winter 1983b, S. 72–73). Operative

[1] In dieser Dissertation wird vorwiegend auf die Verwendung geschlechtsneutraler Begriffe geachtet, um alle Geschlechter gleichermaßen anzusprechen. Begriffe wie ‚Lernende' werden bevorzugt, um sprachliche Neutralität zu wahren. Sollte im Text dennoch das generische Maskulinum verwendet werden, so dient dies ausschließlich der besseren Lesbarkeit. In diesen Fällen sind immer alle Geschlechter gleichermaßen gemeint. Die Wahl des generischen Maskulinums ist nicht als Ausschluss anderer Geschlechter zu verstehen, sondern erfolgt aus stilistischen Gründen, um den Textfluss zu gewährleisten.

© Der/die Autor(en), exklusiv lizenziert an Springer Fachmedien Wiesbaden GmbH, ein Teil von Springer Nature 2025

A. Köhler, *Operatives Beweisen in der Grundschule*,
https://doi.org/10.1007/978-3-658-50005-4_1

Beweise erfüllen beide Funktionen. Sie sind daher für den Mathematikunterricht in der Grundschule ein zentrales Konzept (Jahnke et al. 2023, S. 369). Grundschulkinder können mit nicht-formalen Darstellungen stichhaltige Beweise entwickeln, indem sie in konkreten Objekten und Operationen abstrakte mathematische Strukturen erkennen und für den Beweis nutzen. Der operative Beweis trägt zur Erkenntnisgewinnung bei, weil mit ihm mathematische Muster nicht nur bewiesen, sondern auch *erklärt* werden.

Das Beweisen ist in den vergangenen Jahren sowohl national als auch international zu einem populären Forschungsgebiet der Mathematikdidaktik geworden. Die mathematikdidaktischen Beiträge sind hierbei in der Regel an die Sekundarstufe adressiert. Im Unterschied dazu nimmt diese Arbeit das Beweisen in der Grundschule in den Blick. Neben der Differenzierung nach Schulstufe kann auch zwischen verschiedenen Perspektiven unterschieden werden, in denen sich mit dem Beweisen befasst wird (Brunner 2014a, S. 4–5). Manche Arbeiten haben eine überwiegend philosophische Herangehensweise gewählt, andere haben unterschiedliche Funktionen des Beweisens herausgearbeitet und dritte haben empirische Erkenntnisse von Lehr-Lernprozessen beim Beweisen generiert. Diese Arbeit schließt sich letzterer Forschungslinie an, möchte jedoch zudem an die genetisch-curricular ausgerichtete Forschungslinie anknüpfen, die sich in der deutschsprachigen Mathematikdidaktik maßgeblich durch den Einfluss von Heinrich Winter und Erich Wittmann entwickelt hat.

Aus diesem Grund ist diese Arbeit zweigeteilt: Der konstruktive Teil verfolgt das Ziel, das Konzept des operativen Beweisens auszuschärfen. Hierfür wird im zweiten Kapitel der Schwerpunkt auf die Erkenntnisgewinnung in operativen Beweisen gelegt. Das Abschnitt 2.1 führt in die grundlegende Perspektive dieser Arbeit ein, mit der auf mathematische Lehr-Lernprozesse geblickt wird. Im Abschnitt 2.2 wird mithilfe der Argumentationstheorie von Miller die lerntheoretische Bedeutung der kollektiven Argumentation hergeleitet. Anschließend wird die Besonderheit des mathematischen Wissens (Abschnitt 2.3) beleuchtet. Um dieser Besonderheit adäquat zu begegnen, eignet sich das operative Prinzip (Abschnitt 2. 4). Abschließend wird noch die Bedeutung produktiver Irritationen für das mathematische Lernen in der Grundschule hervorgehoben (Abschnitt 2.5).

Das dritte Kapitel widmet sich dem Kernkonzept dieser Arbeit: dem operativen Beweisen. Nach einer begrifflichen Differenzierung zwischen Beweisen, Begründen, Argumentieren und Erklären (Abschnitt 3.1) wird das Konzept der operativen Beweise nach Wittmann detailliert dargestellt (Abschnitt 3.2). Die historische Entwicklung dieser Beweisform wird im Abschnitt 3.3 nachgezeichnet. Anschließend wird das operative Beweisen durch den Vergleich mit anderen

Konzepten und Forschungsarbeiten verortet (Abschnitt 3.4). Im fünften Unterkapitel werden anhand eines prototypischen Beispiels, welches in der Literatur häufig verwendet wird, zentrale Merkmale operativer Beweise herausgearbeitet (Abschnitt 3.5). Aus der theoretischen Fundierung werden im Abschnitt 3.6 die wichtigsten Erkenntnisse zusammengefasst. Abschließend wird in Abschnitt 3.7 aus den vorherigen Überlegungen das Forschungsanliegen für den rekonstruktiven Teil dieser Arbeit geschlussfolgert.

Der rekonstruktive Teil lässt sich der Interpretativen Unterrichtsforschung (Abschnitt 4.1) zuordnen und untersucht real stattgefundene operative Beweisprozesse unter der folgenden Forschungsfrage:

Welche Hürden können im operativen Beweisprozess rekonstruiert werden?

Die Basis der Untersuchung bilden drei speziell für diese Arbeit ausgearbeiteten Lernumgebungen (Abschnitt 4.2.1). Eine Lernumgebung wurde für die Beantwortung der Forschungsfrage neu entwickelt. Die anderen zwei Lernumgebungen sind bereits Bestandteil der mathematikdidaktischen Diskussion. Sie wurden für diese Arbeit neu durchdacht und auf die Beantwortung der Forschungsfrage ausgerichtet. Eine dieser beiden Lernumgebungen thematisiert den operativen Beweis der Quersummenregel mit Plättchen in der Stellenwerttafel (Abschnitt 4.2.2 und 4.2.3). Dieser Beweis erscheint aus konstruktiver Perspektive für die Kinder zugänglich und kann genutzt werden, um das dezimale Stellenwertsystem zu thematisieren. Gleichzeitig belegen empirische Arbeiten zu diesem Beweis unerwartete Probleme. Winter vermutet nach seinem Unterrichtsversuch, dass sich dieser operative Beweis in der „Grenzzone“ (Winter 1985, S. 26) von dem befindet, was in der Grundschule behandelt werden kann.

Um allgemeine Hürden des operativen Beweisens von solchen Hürden zu unterscheiden, die nur in einem speziellen Beweis auftauchen, wird diese Lernumgebung von den anderen beiden Lernumgebungen flankiert: Die zweite Lernumgebung behandelt die Quersummenregel in einer anderen Darstellung (Abschnitt 4.2.5). Statt der Stellenwerttafel werden Zahlenscheiben zur Erarbeitung und zum Beweis genutzt. Zahlenscheiben sind ein vom Autor entwickelter Ansatz zur Erarbeitung der Quersummenregel. Um auch mögliche Beweishürden der Stellenwerttafel festzustellen, variiert die dritte Lernumgebung die zu beweisende mathematische Struktur in der Stellenwerttafel (Abschnitt 4.2.4). Anders als in der ersten Lernumgebung wird nicht die Quersummenregel bewiesen, sondern die Neunerprobe nach Adam Riese in einer elementarisierten Abwandlung (Wittmann 2014, S. 218–219). Das Erzeugen von Summen mit Ziffernkarten bildet das operative Setting.

Die Untersuchung wurde in Form von halbstandardisierten Interviews mit Schülerpaaren durchgeführt, um die Argumentationsvorgänge rekonstruieren zu können (Abschnitt 4.3). Es wurden Schülerpaare interviewt, um kollektive Argumentationen (im Sinne Millers (1986, S. 23)) ermöglichen zu können: Grundlegende Lernprozesse und damit auch die oben aufgeführten fundamentalen Lernprozesse (Miller 1986) sind nur im Austausch in sozialen Gruppen möglich. Auf diese Weise kommt es zur Aushandlung unterschiedlicher Deutungen eines Lerngegenstandes, wodurch es zu einer Weiterentwicklung ihrer diesbezüglichen Wissenskonstruktion kommen kann. Die Methodik und Methodologie der Datenaufbereitung und -auswertung werden gemeinsam in Abschnitt 4.4 dargestellt.

Im fünften Kapitel werden die Ergebnisse dieser Arbeit präsentiert. Zum einen wird ein idealisiertes Modell für die notwendigen Deutungsprozesse in einem operativen Beweis vorgestellt (Abschnitt 5.1). Danach werden die empirischen Hürden dargestellt, die sich aus der komparativen Analyse der unterschiedlichen Argumentationen ergeben haben (Abschnitt 5.2).

Das Kapitel 6 untermauert die empirischen Hürden mit Fallbeispielen aus den drei Lernumgebungen. Die Gliederung entspricht der Gliederung der empirischen Hürden. Das Kapitel 7 diskutiert die Generalisierbarkeit der Ergebnisse der empirischen Untersuchung.

Abschließend werden die zentralen Forschungsergebnisse dieser Arbeit zusammengefasst (Abschnitt 8.1). Die Arbeit endet in einem Ausblick mit sinnvollen Anschlussfragen (Abschnitt 8.2).

2 Lernen in Argumentationsprozessen

Die mathematikdidaktische Forschung hat in den letzten Jahrzehnten wichtige Erkenntnisse darüber gewonnen, unter welchen Bedingungen mathematisches Lernen entstehen kann. Ein grundlegender, durch die Forschung herbeigeführter Wandel ist die Hervorhebung prozessbezogener Kompetenzen:

> Mathematik ist keine Menge von Wissen, Mathematik ist eine Tätigkeit, eine Verhaltensweise, eine Geistesverfassung. (Freudenthal 1982, S. 140)

Folgerichtig sind in den Bildungsstandards die prozessbezogenen Kompetenzen gleichberechtigt neben den inhaltsbezogenen mathematischen Kompetenzen gestellt (Kultusministerkonferenz 2022, S. 6).

Zum mathematischen Argumentieren heißt es:

> Beim mathematischen Argumentieren in der Primarstufe entwickeln Schülerinnen und Schüler ein Bewusstsein für strittige Fragen zu mathematischen Gegenständen und ein Bedürfnis, diese überzeugend aufzuklären. Hierzu hinterfragen und prüfen sie Aussagen ebenso wie sie Vermutungen und Begründungen zu mathematischen Zusammenhängen aufstellen. Das Spektrum reicht dabei vom beispielgebundenen Prüfen und Widerlegen von Vermutungen bis hin zum Nachvollziehen und Entwickeln von verallgemeinernden inhaltlich-anschaulichen Überlegungen zu mathematischen Zusammenhängen. (Kultusministerkonferenz 2022, S. 10)

Im Zitat werden unterschiedliche Facetten genannt, die nach wie vor in der Mathematikdidaktik zum Argumentationsbegriff gezählt werden. Insbesondere wird die Nähe des Argumentierens zum Beweisen deutlich. Grundschulkinder sollen im Unterricht die für die Mathematik typischen Denk- und Handlungsweisen ausüben, und dazu gehört die Entdeckung und stichhaltige Begründung innermathematischer Zusammenhänge. Neben diesem *Argumentieren lernen* ist auch das

© Der/die Autor(en), exklusiv lizenziert an Springer Fachmedien Wiesbaden GmbH, ein Teil von Springer Nature 2025
A. Köhler, *Operatives Beweisen in der Grundschule*,
https://doi.org/10.1007/978-3-658-50005-4_2

Lernen durch Argumentieren von zentraler Bedeutung für den Verständnisaufbau (Nührenbörger und Schwarzkopf 2019).

Der Forschungsstand über das Lernen in Argumentationsprozessen wird im Folgenden in mehreren Schritten aufgearbeitet: Es wird erstens ausgeführt, dass symbolisch vermittelte Interaktion als atomarer Baustein von menschlichem Denken und Handeln angesehen wird. Zum Lernen benötigt es zweitens Argumentationen, also eine spezielle Form von Interaktion. Drittens müssen Argumentationen spezielle Eigenschaften besitzen, damit mathematisches Lernen möglich wird. Viertens eignet sich das operative Prinzip als Perspektive auf den mathematischen Lerngegenstand. Und fünftens benötigt es in der Grundschule für die Erweiterung mathematischen Verständnisses produktive Irritationen (siehe Abbildung 2.1).

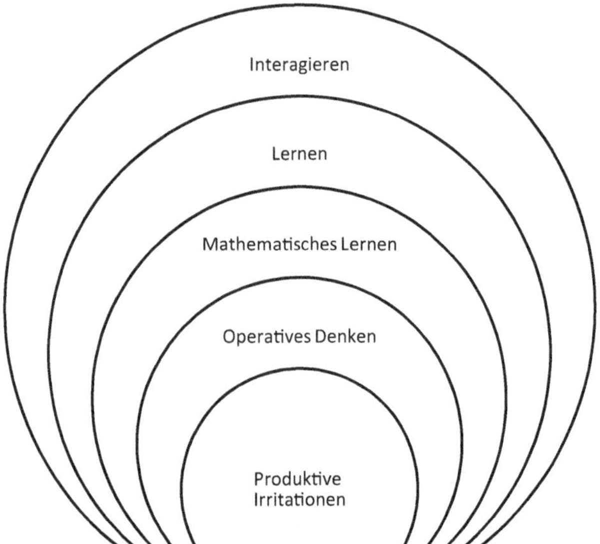

Abbildung 2.1 Euler-Diagramm zum Aufbau von Kapitel 2

Diese Arbeit steht in der Forschungstradition der interpretativen Unterrichtsforschung, insbesondere in der mit interaktionstheoretischem Fokus. Deswegen werden in diesem Kapitel vornehmlich Arbeiten und Theorien aus dieser

Forschungstradition zur Darstellung des Lernens in Argumentationsprozessen herangezogen. Arbeiten aus anderen Forschungstraditionen werden im Kapitel 3 eingebunden.

2.1 Symbolisch vermittelte Interaktion

Eine grundlegende Annahme dieser Arbeit besteht darin, dass die Bedeutungen von Handlungen und Sprache nicht a priori feststehen, sondern in der Interaktion ausgehandelt werden. Interaktionen können unterschiedlich verlaufen, weil sie von unzähligen Faktoren abhängig sind: vom Alter, ebenso wie vom emotionalen und geistigen Zustand, dem Beruf der Interaktanten; vom Zeitgeist; von der Tageszeit der Interaktion, den Erfahrungen unmittelbar vor der Interaktion, … – die Gesamtheit aller Faktoren soll hier als Kontext bezeichnet werden (vgl. Voigt 1991, S. 159). Der Einfluss des Kontexts auf die Bedeutung soll am Beispiel des Begriffs ‚Beweis' verdeutlicht werden:

Der Postillon veröffentlichte im Jahr 2018 eine satirische und frei erfundene Geschichte zur Grippewelle. Die Pointe bestand daraus, dass der erkrankte Werner Olszweski vollständige Gesundheit erlangte, während er im Wartezimmer auf ärztliche Behandlung wartete. Im Artikel heißt es: „'Kurzum: Ich war geheilt!', freut sich Olszewski, der seine Geschichte für einen klaren Beweis der Funktionalität des deutschen Gesundheitssystems hält." (Der Postillon 2018)

Der Patient nutzt den Begriff Beweis, um seine eigene Erfahrung in einen argumentativen Zusammenhang mit der Funktionalität des deutschen Gesundheitssystems zu bringen. Auch andere Personen nutzen den Begriff Beweis in ähnlicher Verwendungsform: Fußballtrainer sehen das vergangene Spiel als Beweis für die Mentalität ihrer Mannschaft; Politiker führen die neuesten Umfragewerte als Beweis der Korrektheit ihres Handels an und Youtuber beweisen in einem fünfminütigen Video die Scheibenform der Erde. In allen genannten Beispielen wird das Wort Beweis als besonders starker Beleg verwendet, und die dazugehörige Tätigkeit Beweisen soll eine strittige Aussage mithilfe von einem oder mehreren Beweisen unstrittig machen: Mit dem Fußballspiel als Beweis sollen die Diskussionen über die schlechte Mentalität der Mannschaft enden; mit den neuesten Umfragewerten werden die strittigen Gesetzesvorhaben verteidigt und mit dem Video sollen Menschen, welche die Erde als Kugel sehen, vom Gegenteil überzeugt werden. Auch die Pointe vom Postillon funktioniert nur, wenn die Leser der Geschichte dem Wort Beweis eine ähnliche Bedeutung zuschreiben wie der Autor.

Es lässt sich also eine rudimentäre gemeinsame Begriffsbedeutung erkennen. Anhand der Beispiele wird allerdings auch deutlich, dass nicht nur die Behauptung strittig sein kann, sondern auch das, was als Beweis akzeptiert wird. Selbst wenn unbegründete Negationen wie ‚Das akzeptiere ich nicht als Beweis' ausgeklammert werden, finden sich in jedem Beispiel *vernünftige kontextabhängige Zweifel* darüber, was als Beweis angeführt werden kann: Ein gutes Spiel könnte nur ein Ausreißer sein, die Umfragewerte könnten sich aus einer manipulierten Stichprobe ergeben haben und eine weltweite Verschwörung, bei der alle Wissenschaftler bezahlte Schauspieler einer geheimen Weltelite sind, ist stochastisch höchst unwahrscheinlich.

Um den Versuch zu retten, eine kontext- und interaktionsunabhängige Bedeutung des Begriffs Beweis zu finden, könnte formuliert werden, dass ein Beleg zum Beweis wird, wenn es daran keinen vernünftigen Zweifel gibt. Nun müsste jedoch bestimmt werden, was als vernünftiger Zweifel gilt – und die Problematik einer allgemein akzeptierten Definition, die alle Beteiligten akzeptieren, würde bestehen bleiben. Auf der einen Seite ergibt sich folglich das unauflösbare Dilemma, dass jeder Beweis und jeder Beweisschritt selbst strittig sein kann – auf der anderen Seite zeigt die Pointe des Postillon-Artikels jedoch, dass es durchaus ähnliche Vorstellungen darüber, was ein Beweis ist, geben muss. Diese Dissonanz soll durch die Einführung in eine grundlegende Theorie dieser Arbeit erklärt werden: dem Symbolischen Interaktionismus nach Blumer.

Symbolischer Interaktionismus

Blumer hat eine mikrosoziologische Theorie vertreten, die auf drei Prämissen basiert:

> Die erste Prämisse besagt, daß Menschen ‚Dingen' gegenüber auf der Grundlage der Bedeutungen handeln, die diese Dinge für sie besitzen. Unter ‚Dingen' wird hier alles gefasst, was der Mensch in seiner Welt wahrzunehmen vermag – physische Gegenstände, wie Bäume oder Stühle; andere Menschen, wie eine Mutter, oder einen Verkäufer; Kategorien von Menschen, wie Freunde oder Feinde; Institutionen, wie eine Schule oder eine Regierung; Leitideale wie individuelle Unabhängigkeit oder Ehrlichkeit; Handlungen anderer Personen, wie ihre Befehle oder Wünsche; und solche Situationen, wie sie dem Individuum in seinem täglichen Leben begegnen.

> Die zweite Prämisse besagt, daß die Bedeutung solcher Dinge aus der sozialen Interaktion, die man mit seinen Mitmenschen eingeht, abgeleitet ist oder aus ihr entsteht.

> Die dritte Prämisse besagt, daß diese Bedeutungen in einem interpretativen Prozeß, den die Person in ihrer Auseinandersetzung mit den ihr begegnenden Dingen benutzt, gehandhabt und abgeändert werden. (Blumer 1973, S. 81)

Die erste Prämisse stellt heraus, dass es zwar eine objektive Realität gibt, diese aber für den Menschen nur die Grundlage für eine symbolisch vermittelte Welt bildet. Jedes Bild, jede Geste und jedes Wort ist ein Symbol, also ein Zeichen für etwas anderes. Tafel ist ein Wort aus fünf Buchstaben und ist im Gegensatz zu dem, was es verbalisiert, nicht rechteckig und grün. Pointiert ist es daher vollkommen richtig, unter dem Bild einer Tafel zu schreiben: Dies ist keine Tafel (siehe Abbildung 2.2).

Dies ist keine Tafel

Abbildung 2.2 Tafel als Symbol

Die Pointe funktioniert nur, weil jeder an bestimmte Anwendungsregeln und Eigenschaften des Symbols ‚Tafel' denkt, wie z. B. rechteckig, dunkelgrün und beschreibbar mit Kreide. Das Symbol ‚Kugelschreiber' hätte andere, nicht zu dem Bild passende Anwendungsregeln. Der Satz ‚Dies ist kein Kugelschreiber' würde als Pointe nicht funktionieren.

Die Beziehung zwischen Bezeichnetem und Bezeichnendes ist hierbei aber nie eindeutig. Das Symbol ‚Gerechtigkeit' ist für alle Menschen das gleiche Wort aus dreizehn Buchstaben, dennoch wird es in Parteibüchern unterschiedlich mit Bedeutung gefüllt. Und auch vermeintlich objektive Dinge wie die Tafel werden von einer Lehrkraft, einem Designer und einem Kindergartenkind unterschiedlich wahrgenommen. Der Designer könnte eher ästhetische Aspekte wahrnehmen, wohingegen der Lehrer unmittelbar an unterrichtspraktische Aspekte der Tafel denken könnte.

Zwar würden die Beschreibungen jeweils Rückschlüsse auf die tatsächlich existierende Tafel geben. Dennoch ist es nicht diese wahrgenommene Tafel, sondern eine interpretierte Version davon, die im Denken der Menschen entsteht. Ebenso kann auch die sprachliche Vermittlung in der Interaktion nur symbolisch erfolgen, wodurch sich bei jedem genutzten Wort die gleiche Interpretationsproblematik wie beim Begriff der Gerechtigkeit ergibt (Maindok und Eberle 1994, S. 55–56). Die erste Prämisse stellt daher fest, dass der Mensch in einer symbolisch vermittelten Welt lebt, in der durchgehend bewusst und unbewusst Interpretationen vorgenommen werden, um handlungsfähig zu bleiben. Verständigung erfolgt durch Symbole.

An dieser Stelle kann folglich bereits festgehalten werden, dass das Symbol ‚Beweis' mit einer bewussten oder unbewussten Vorstellung darüber verknüpft ist, was eine unbezweifelbare Argumentation auszeichnet. Und dass diese Vorstellungen vom Beweis beim Autor und bei den Lesenden des Postillon-Artikels sowie bei Argumentierenden grundsätzlich eine nichtleere Schnittmenge besitzen, lässt sich mit der zweiten Prämisse erklären. Nach ihr sind die Symbolbedeutungen keine inhärenten Bestandteile der Symbole und auch nicht dem Menschen angeboren. Sie entstehen aus der sozialen Interaktion. Durch die Verständigung in der sozialen Interaktion nähern sich die individuellen Bedeutungszuschreibungen an. Ein Geldschein unterscheidet sich für Kleinkinder erst von anderen bunten Papieren, nachdem sie in der sozialen Interaktion die Bedeutung erfahren. Diese kann je nach Kontext aber durchaus unterschiedlich sein:

> Im Mathematikunterricht kauft man etwas, um zu rechnen, und nicht primär, weil man sich die Ware wünscht. Solange man sich im curricular begrenzten Zahlbereich bewegt, steht auch unbegrenzt viel Geld zur Verfügung, die Sorge um das Sparen ist überflüssig. [...] Mit anderen Worten, der Schüler habe für Schule und Alltag unterschiedliche thematische Prozeduren im Umgang mit Geld zu lernen. (Neth und Voigt 1991, S. 110)

Die Bedeutung von Symbolen ist folglich nicht festgeschrieben. Die dritte Prämisse fügt daher hinzu, dass diese Bedeutungen in der sozialen Interaktion verfestigt, abgeändert oder verworfen werden können. Diese Bedeutungsaushandlung, in der subjektive Vorstellungen, Erwartungen und Deutungen gegenseitig angezeigt werden, passiert aktiv und dauerhaft und kann wechselseitig die Situationsdefinitionen aller Interaktanten beeinflussen (Krummheuer 1992, S. 23). Sie ist der zentrale Mechanismus, über den Menschen koordiniert interagieren können. Die gegenseitige Beeinflussung kann hierbei zu einer Angleichung der Situationsdefinitionen ausführen – besonders dominante oder besonders rationale Situationsdefinitionen können so bei anderen Interaktanten verhaften und werden von diesem wiederum in der nächsten Interaktion als Situationsdefinition eingebracht. Zum jeweiligen Kontext passende Situationsdefinitionen überleben und finden Verbreitung – unpassende Situationsdefinitionen werden verworfen. Ebendarum gibt es in einer Gesellschaft einen grundlegenden Konsens über die Bedeutung von Begriffen, obwohl diese Bedeutungen in unzähligen Interaktionsprozessen in kleinen sozialen Einheiten immer wieder ausgehandelt und auf die Probe gestellt werden. Der Autor des Postillon-Artikels kann folglich auf das Funktionieren seiner Pointe vertrauen, weil der Fußballtrainer, der Politiker, der Youtuber und alle anderen Leser seines Artikels Teil der gleichen Gesellschaft sind, in der eine grundlegende Übereinstimmung darüber ausgehandelt wurde, was ein Beweis ist.

Die Theorie des Symbolischen Interaktionismus baut auf diesen Prämissen auf, um große Bereiche sozialer Interaktion und Gesellschaft (Rollen und die damit verbundenen Erwartungen, (Geschlechts-)Identitäten, Machtverhältnisse, kulturelle Praktiken und Normen, ...) zu behandeln. Diese Bereiche streifen die Mathematikdidaktik aber nur am Rande und haben deshalb auch deutlich weniger Verbreitung gefunden als die Prämissen des Symbolischen Interaktionismus als Grundlage für mathematikspezifische Begriffe und Ausdifferenzierungen der Theorie.

Adaption in der Mathematikdidaktik

Der Symbolische Interaktionismus fand seit den 1970er-Jahren Verbreitung in der Mathematikdidaktik, insbesondere durch die Arbeiten von Bauersfeld, Voigt und Krummheuer (Maier und Voigt 1994). Diese neue Strömung innerhalb der Mathematikdidaktik konnte sich unter der Bezeichnung ‚Interpretative Unterrichtsforschung‘ etablieren (Brandt und Gerlach 2023). Da sich auch diese Arbeit der Interpretativen Unterrichtsforschung zugehörig fühlt, sollen im Folgenden die Passung der Theorie zur Mathematikdidaktik erklärt und wichtige Begriffe eingeführt werden, die in dieser Arbeit Verwendung finden:

Mathematische Objekte sind ausschließlich gedanklich konstruierte Objekte. Anders als die Tafel kann das mathematische Objekt ‚Fünf‘ nicht angefasst werden. Die Gerade auf dem Blatt ist nur eine Veranschaulichung für ein Bezeichnetes, das anders als die gezeichnete Linie breitenlos und unendlich ist. Auch didaktisches Material wie Wendeplättchen sind zunächst nur runde, flache Objekte, die von Kindern ebenso als Baumaterial für einen Turm gedeutet werden könnten. Erst der mathematische Kontext schreibt ihnen eine mathematische Bedeutung zu: mal ordinal, mal kardinal, mal als Einerplättchen und mal eine andere Wertigkeit. Für abstrakte mathematische Objekte und Operationen gilt daher in besonderer Weise, dass die Bedeutung kein Bestandteil der Dinge ist, sondern interaktiv ausgehandelt wird.

Eine gelingende Aushandlung wird in der Mathematikdidaktik als Arbeitsinterim definiert (Krummheuer 1992, S. 33–34). Das Arbeitsinterim stellt die gemeinsame Basis der Interaktion dar und kann sich je nach Verlauf der Interaktion verringern oder erweitern. Als gemeinsam geteilt geltende Bedeutung ist es hauptsächlich funktional, und nicht als inhaltliche Übereinstimmung zu verstehen. Denn wie die vorherigen Ausführungen und Beispiele gezeigt haben, sind die Deutungen der einzelnen Subjekte als „idiosynkratische kognitive Konstruktionen prinzipiell verschieden" (Krummheuer 1992, S. 7).

Rahmungen sind ein weiterer wichtiger Begriff in der Interpretativen Unterrichtsforschung. Rahmungen werden von Krummheuer wie folgt definiert:

> Sie sind standardisierte und routinisierte Situationsdefinitionen, die
>
> (a) aufgrund identifizierter kommunikativer Signale in einer Situation von einem Individuum in stabilisierter Weise hergestellt werden können (Routineaspekt) und
>
> (b) aufgrund ihrer Konventionalität eine hohe funktionale Passung zu den Deutungen anderer Interaktionsteilnehmer erwarten lassen (Standardisierungsaspekt). (Krummheuer 1992, S. 24–25)

Eine Rahmung ist also der übergeordnete Kontext, in dem ein Interaktant seinen Verstehensprozess organisiert. Es handelt in der Interaktion so, wie es es innerhalb der Rahmung für sinnvoll erachtet. Die Rahmung wird hierbei durch Signale aus der Interaktion aktiviert und lässt die Herstellung eines Arbeitsinterims erwarten, da sich diese Bedeutungsdefinition in bereits als ähnlich erfahrenen Situationen als erfolgreich erwiesen hat.

Rahmungen sind „gleichermaßen prägend für und geprägt durch Interaktionsprozesse" (Schwarzkopf 2003, S. 219). Kommunikative Signale determinieren keineswegs eine bestimmte Rahmungsaktivierung. Die Interaktanten können verschiedene Rahmungen einnehmen. Zur Überwindung dieser sogenannter Rahmungsdifferenzen ergeben sich drei Möglichkeiten (Krummheuer 1992, S. 110): Erstens bricht die Interaktion zusammen. Zweitens kann die Rahmungsdifferenz auf der sozialen Oberfläche verschleiert werden. Beide Möglichkeiten verhindern Lernen. Es ist daher zum Lernen drittens eine Rahmungsmodulation möglich und nötig. Denn der Unterricht ist grundsätzlich von Rahmungsdifferenzen geprägt, insbesondere zwischen Lehrkraft und Kindern. Der Lehrer mit seinem Wissensvorsprung befindet sich eher in einer algebraisch-didaktischen Rahmung, wohingegen sich die Grundschulkinder eher in einer algorithmisch-mechanischen Rahmung bewegen (Brunner

2014a, S. 65). Wenn ein Kind nun seine Rahmung moduliert, wird diese neue „situationsüberdauernde Bedeutungskonstruktion“ (Krummheuer 1992, S. 5) als Lernen bezeichnet.

Mathematisches Lernen kann aber je nach Kontext und Lerngegenstand sehr unterschiedlich aussehen. Das korrekte Auswendiglernen der ersten zehn Zahlwörter ist einfacher zu realisieren als die flexible Anwendung des Distributivgesetzes in der Multiplikation. Die flexible Anwendung des Distributivgesetzes setzt ein entwickeltes Verständnis des Rechengesetzes voraus. Das Entwickeln eines solchen Verständnisses durch sogenannte Rahmungsmodulationen steht im Zentrum des Mathematikunterrichts. Rahmungsmodulationen sind jedoch schwieriger zu realisieren als das bloße Aneignen von neuen Fakten. Wie diese Art von Wissen entstehen kann, wird in der Theorie von Miller über kollektive Argumentationen erklärt.

2.2 Lernen durch Argumentieren

Miller hat eine soziologische Lerntheorie entwickelt, die in kollektiven Argumentationen den zentralen Mechanismus für die Entstehung grundlegend neuen Wissens sieht. Um die für die Mathematikdidaktik relevanten Bestandteile seiner Theorie nachvollziehen zu können, sollen im Folgenden drei Aspekte genauer beleuchtet werden: die Unmöglichkeit intrasubjektiver Wissensgenerierung, seine Definition *grundlegend* neuen Wissens und die lernförderlichen Eigenschaften kollektiver Argumentationen, durch die intrasubjektive Wissensgenerierung möglich wird.

Zur Unmöglichkeit intrasubjektiver Wissensgenerierung

Der Ausgangspunkt von Millers Überlegungen zur Unmöglichkeit intrasubjektiver Wissensgenerierung bildet das Menon-Paradoxon. Dieses Paradoxon entstammt der Philosophie und ist erstmalig in Platons Dialog Menon beschrieben. Menon fragt Sokrates, wie es möglich ist, nach etwas zu suchen, das nicht bekannt ist. Wenn dieses etwas, wonach gesucht wird, bereits bekannt ist, dann ist die Suche überflüssig – und wenn dieses etwas, wonach gesucht wird, nicht bekannt ist, dann lässt es sich nicht finden. Miller formuliert das Paradoxon mit explizitem Bezug auf das Lernen so:

> Wenn der Übergang von einem Wissensstand (n) zu einem Wissensstand ($n + 1$) notwendig auch Erfahrungen voraussetzt, können diese Erfahrungen nicht willkürlich und zufällig sein, sie müssen relevant sein. Was relevant ist, kann aber nur aus der

> Perspektive des Wissensstandes ($n+1$) bestimmt werden. Deshalb kann es keine lernrelevanten Erfahrungen für ein Subjekt mit dem Wissensstand (n) geben und daher keinen auf Erfahrung beruhenden Übergang zum Wissensstand ($n+1$). . (Miller 2006, S. 208)

Das Lern-Paradoxon besteht darin, dass das grundlegend neue Wissen bereits vorhanden sein müsste, um zu bestimmen, welche Erfahrungen für dessen Erwerb notwendig sind. Ohne das grundlegend neue Wissen kann das Individuum aber nicht wissen, welche Erfahrungen es machen muss, um zu diesem grundlegend neuen Wissen zu gelangen. Bildlich gesprochen gleicht der intrasubjektive Wissenserwerb folglich dem Versuch, sich an seinem eigenen Zopf aus einem Sumpf zu ziehen.

Sokrates löst das Paradoxon, indem er die Theorie der Wiedererinnerung einführt: Der Mensch lernt nicht wirklich neue Dinge, sondern erinnert sich an Dinge, die die unsterbliche Seelen in früheren Leben erfahren hat. Daher sei das Suchen und Lernen eigentlich ein Prozess der Wiedererinnerung. Doch selbst die Flucht in die Metaphysik verlagert nur das Paradoxon und löst es nicht. Denn es bleibt die Frage offen, wie die unsterbliche Seele zu ihrem Wissen gekommen ist (Miller 1986, S. 221–222). Das Paradoxon lässt sich daher von Lerntheorien, welche die Entstehung des grundlegend neuen Wissens ausschließlich im Individuum verorten, nicht auflösen (Miller 2006, S. 206).

Grundlegend neues Wissen

In den bisherigen Ausführungen zur Unmöglichkeit intrasubjektiver Wissensgenerierung wurde stets von *grundlegend* neuem Wissen gesprochen. Mit dem Adverb sollte zum Ausdruck gebracht werden, dass Miller zwischen zwei Wissensarten unterscheidet: zum einen Basistheorien und zum anderen anwendungsbezogenes Wissen. Basistheorien sind grundlegende theoretische Prämissen des Wissenssystems eines Individuums und definieren maßgeblich dessen Problemlösekompetenz (Miller 1986, S. 140). Anwendungsbezogenes Wissen ist Wissen, das auf Basis der Basistheorien in einzelnen Problemfällen angewandt werden kann. Es bezieht sich auf die Anwendung der durch die Basistheorien vorgegebenen Problemlösefähigkeiten. Eine Basistheorie aus der Philosophie könnte der Kategorische Imperativ sein – die Bewertung unterschiedlicher konkreter Handlungen wäre dann das darauf aufbauende anwendungsbezogene Wissen. Oder bildlich gesprochen: Wenn alle denkbaren Probleme in den Räumlichkeiten der Universität Oldenburg verortet wären, dann würden die Basistheorien eines Wissenssystems die Anzahl der Schlüssel, die mir zu den Räumen zur Verfügung stehen, beinhalten. Das anwendungsbezogene Wissen würde dann der Summe meiner Raumkenntnisse entsprechen. Die Schlüssel definieren, für welche Räume ich überhaupt die Möglichkeit besitze, sie zu erkunden. Es gibt Räume, die ich betreten kann und bereits sehr gut kenne; Räume, die ich neu erkunden kann; und Räume, die mir mit den mir zur Verfügung stehenden Schlüsseln nicht erkunden kann.

Die beiden Wissensarten können durch zwei unterschiedliche Lernformen vom Individuum realisiert werden[1]: Das relative (oder kumulative) Lernen bezeichnet die Aneignung anwendungsbezogenen Wissens, also die Erweiterung bereits bestehender Wissensstrukturen. Es findet auf der Grundlage vorhandener Basistheorien und Problemlösekompetenzen statt. Damit fügt es dem Wissenssystem schlussendlich nur neue Fakten hinzu. Ein Beispiel für relatives Lernen ist das Erlernen des Vokabulars einer Fremdsprache auf der Grundlage bereits beherrschter Grammatik und Syntax. Relatives Lernen kann prinzipiell von individuellen Subjekten vollzogen werden, da die grundlegenden theoretischen Prämissen beim relativen Lernen unangetastet bleiben.

Das fundamentale Lernen bezieht sich hingegen auf die Veränderung der Basistheorien eines Wissenssystems und damit auf „die Entwicklung von Rationalität bzw. rationaler Wissensstrukturen." (Miller 1986, S. 13) Die Rationalität des Individuums verbessert sich, weil das bestehende Wissenssystem reorganisiert und weiterentwickelt wird, und so die Möglichkeit geschaffen wird, Probleme zu lösen, die vorher für das Individuum unlösbar waren (Miller 1986, S. 142). Ein mathematisches Beispiel für die beiden Lernarten lässt sich in der Division mit Rest finden. Ein relativer Lernschritt könnte die Erkenntnis darstellen, dass 14 und 1111 den gleichen Rest bei Division durch neun besitzen. Diese Erkenntnis kann zu fundamentalem Lernen führen, wenn mithilfe von Plättchen in der Stellenwerttafel erkannt wird, warum jede Zahl, die sich mit fünf Plättchen in der Stellenwerttafel darstellen lässt, auch den Rest fünf besitzen muss.

Im Gegensatz zum relativen Lernen ist fundamentales Lernen intrasubjektiv nicht möglich (Miller 1986, S. 210):

> Es ist das fundamentale Lernen, daß von Beginn an den Entwicklungs- und Bildungsprozeß des Individuums vorantreibt und zur Voraussetzung hat, daß das lernende Individuum an bestimmten kollektiven und kooperativen Aktivitäten teilnimmt: an kollektiven Argumentationen. (Miller 1986, S. 142)

---

[1] Miller nennt mit dem autonomen Lernen noch eine dritte Lernform, die jedoch nur fortgeschrittenen Lernern zur Verfügung steht. Im Rahmen dieser Dissertation zu Lehr-Lernprozessen von Grundschulkindern hat diese Lernform daher nur eine untergeordnete Bedeutung.

Die lernförderlichen Eigenschaften kollektiver Argumentationen
Wenn fundamentales Lernen intrasubjektiv nicht möglich ist, dann müssen die Bedingungen zur Entstehung neuen Wissens im Intersubjektiven liegen. Miller vertritt daher eine mikrosoziologische Lerntheorie, die Argumentationen in den Mittelpunkt stellt.

> [...] so besteht die Herausforderung an eine soziologische Theorienbildung im Sinne des *genetischen Interaktionismus* zunächst genau darin, theoretisch und empirisch zeigen zu können, dass die kollektive und symbolisch vermittelte Anwendung von auf das einzelne Individuum begrenzten mentalen Fähigkeiten für die beteiligten Individuen zu einem Prozess der Erfahrungskonstitution führen kann, mit dessen Hilfe das einzelne Individuum die strukturellen Restriktionen seines bereits erworbenen Wissens systematisch überschreiten und etwas grundlegend Neues erlernen kann. (Miller 2006, S. 73)

Miller teilt die Grundannahmen des Symbolischen Interaktionismus: Die mentalen Ressourcen des Menschen befähigen ihn zu Rationalität. Die Rationalität wird vom Menschen in einer symbolisch vermittelten Welt zur Aufrechterhaltung von Handlungsfähigkeit eingesetzt. In sozialen Gruppen können sich Menschen (mittels Symbole) verständigen. Wenn nun in den Mittelpunkt der Verständigung ein interpersonelles Koordinationsproblem rückt, und eine rationale Lösung des Problems von der sozialen Gruppe gesucht wird, dann spricht Miller von einer kollektiven Argumentation (Miller 2006. S. 13).

> Kollektive Argumentationen sind ein Sonderfall des an Verständigung orientierten sozialen Handelns. Sie konstituieren eine grundlegende, kommunikativ gesehen: nicht mehr weiter hintergehbare Methode zur Lösung interpersoneller Koordinationsprobleme. (Miller 1986, S. 224)

In der kollektiven Argumentation wird dann versucht, aus Aussagen, die von allen Interaktanten akzeptiert werden, dem *kollektiv Geltenden,* die Lösung für das interpersonelle Problem, dem *kollektiv Fraglichen,* zu gewinnen.

Miller sieht in diesem Versuch die Grundlage fundamentalen Lernens, weil in der Interaktion der Rationalitätsanspruch jedes Interaktanten auf die Probe gestellt wird. Genauer formuliert sind es zwei Prinzipien kollektiver Argumentationen, die fundamentales Lernen ermöglichen:

I. Das Toleranzprinzip: Wenn eine Aussage nicht mit dem kollektiv Geltenden negiert werden kann, dann wird die Aussage Teil des kollektiv Geltenden.

II. Das Wahrheitsprinzip: Die Argumentierenden versuchen, Widersprüche im kollektiv Geltenden auszuräumen. (Miller 2006, S. 19–20)

Das Toleranzprinzip löst das oben dargestellte Lernparadoxon durch die Eigenschaft kollektiver Argumentationen, ein vielschichtiges Geflecht an unterschiedlichen Thesen und Argumenten entstehen lassen zu können. So kann das Individuum mit Bestandteilen des kollektiv Geltenden konfrontiert werden, welche sich nur durch die Veränderung mindestens einer Basistheorie im eigenen Wissenssystem integrieren lassen. Das Wahrheitsprinzip wirkt für diesen Lernmechanismus verstärkend: Widersprüche im kollektiv Geltenden machen die Unzulänglichkeit der bisher verfügbaren Basistheorien und damit die Notwendigkeit fundamentaler Lernprozesse für die Argumentierenden offensichtlich. Es kann sogar ein kommunikativer Zwang entstehen, wenn die Aussagen eines Argumentierenden in sich widersprüchlich sind: „Hinter dem Zwang zur Auflösung von Selbstwidersprüchen steht letztlich die Argumentation als einer Institution der >kooperativen Wahrheitssuche<." (Miller 2006, S. 21)

Für einen fundamentalen Lernschritt ist es unerheblich, ob die strittige Frage tatsächlich mithilfe des kollektiv Geltenden beigelegt werden kann. Allein die Wahrnehmung, dass sich aufgrund des Toleranzprinzips wechselseitig ausschließende Schlussfolgerungen aus dem kollektiv Geltenden ergeben können, kann einen ausreichenden Lernimpuls darstellen, da dies aufgrund des Wahrheitsprinzips den kollektiven Versuch der Fehlerbeseitigung im „Argumentationsgewebe" (Miller 1986, S. 203) nach sich zieht. Dieses Streben nach widerspruchsfreier Wahrheit wird von Miller schon bei Kindern zu Beginn ihrer Sprachentwicklung nachgewiesen (Miller 1986, S. 30–31) und hat zur Folge, dass der Kern des kollektiv Strittigen sichtbar wird: der *objektive Problemkontext.*

Es ist ein Problemkontext, weil im kollektiv Geltenden noch keine Lösung auf das Strittige vorhanden ist – ansonsten wäre keine Argumentation nötig. Dieser Problemkontext wird von Miller objektiv genannt, weil die Argumentierenden zwar wissen, dass es eine Unstimmigkeit im Argumentationsgewebe geben muss, diesen subjektiv aber noch nicht auflösen können, was die Fortsetzung der Argumentation wahrscheinlich macht (Miller 1986, S. 202–203). Dieser Versuch einer kollektiven Lösungsfindung für den objektiven Problemkontext wird von Miller auch als *diskursiver Kontext der Entdeckung* bezeichnet. In ihm verständigen sich die Argumentierenden darüber, was als gemeinsame Argumentationsgrundlage genutzt werden kann und worin genau die Differenzen bestehen. Je gravierender die Differenzen sind, desto größer kann potenziell der hieraus resultierende Lernprozess sein (Miller 2006, S. 216–217). Zu große Differenzen machen eine gemeinsame Lösungsfindung unmöglich, zu kleine Differenzen könnten für die Teilnehmer der

Argumentation im relativen Lernen resultieren, da die Basistheorien des eigenen Wissenssystems vom kollektiv Geltenden nicht ausreichend in Frage gestellt werden. Nur wenn das kollektiv Geltende als ernsthafte Bedrohung für das eigene Wissenssystem gedeutet wird, entsteht ein Rationalisierungszwang,

> [...] d. h. ein Zwang zur grundlegenden (strukturellen) Fortentwicklung des formalen bzw. argumentationslogischen Wissens zur Auflösung interpersoneller Probleme. Und diesem, in einem universellen Sinne, sozialen Lernzwang kann sich nur derjenige entziehen, dem es gleichgültig ist, ob er das Wahrheitsprinzip von Argumentationen verletzt, und der somit bereit ist, seine Anerkennung als grundsätzlich handlungs- und kooperationsfähiges Individuum aufs Spiel zu setzen [...] (Miller 1986, S. 332-333)

Durch die Teilnahme an kollektiven Argumentationen wird für das Individuum also nach Miller eine besondere Dimension von Erfahrungen konstituiert. Die Dynamik des in der Argumentation kollektiv Geltenden konfrontiert das Individuum mit den Grenzen seines bisherigen Wissens und zwingt es dazu, Widersprüche auf einer höheren Ebene aufzulösen.

Auch durch den diskursiven Kontext der Entdeckung lässt sich nicht erklären, wie genau der Sprung von einem Niveau an Problemlösekompetenz auf eine höhere Stufe durch einen fundamentalen Lernschritt intramental vollzogen wird (auch weil die kollektive Argumentation eine Antwort auf das kollektiv Strittige hervorbringen kann, die zuvor keinem der Argumentierenden bewusst war). Nur weil im kollektiv Geltenden grundlegend neues Wissen entstanden ist, muss dieses Wissen nicht von allen Argumentierenden verstanden sein. Die Bedeutung der kollektiven Argumentation lässt sich daher eher darin ausdrücken, dass in ihr die Vorläufigkeit, Lückenhaftigkeit und Widersprüchlichkeit der individuellen Wissenssysteme sichtbar wird:

> Mit anderen Worten: diese Kooperationsprinzipien konstituieren einen *sozialen Lernmechanismus*, der zwar in der (mentalen) Konstitution der einzelnen Individuen verankert ist, dessen Wirkungsweise jedoch >intermentale Prozesse< voraussetzt, die potentiell dazu führen, daß einzelne an einer Argumentation Beteiligte, unabhängig von ihren Intentionen und ihrem Willen, zwangsläufig mit den Problemen der Verallgemeinerungsfähigkeit, der Objektivität und der Wahrheit ihres Wissens (im Sinne der Konsistenz eines Wissenssystems) konfrontiert werden. (Miller 1986, S. 31)

Es sind die in der kollektiven Argumentation auftretenden Widersprüche, die den Motor der Wissensentwicklung ausmachen. Gegenseitiges Widersprechen begünstigt fundamentales Lernen, weil durch den Diskurs eine Verbindung zwischen altem und neuem Wissen erzwungen wird. Aus Lehrendenperspektive stellt sich daher die

Frage, welche Arten von Widersprüchen es gibt und inwiefern sie unterschiedlich auf den Diskurs wirken. Miller unterscheidet drei Arten (Miller 2006, S. 20–21):

(1) Manifeste Widersprüche: Ein Argumentierender stellt eine These auf, ein anderer Interaktant argumentiert für die Negation der These.
(2) Indirekte Widersprüche: Ein Argumentierender stellt eine These auf, aus der sich eine bestimmte Aussage schlussfolgern lässt. Ein anderer Argumentierender vertritt eine andere These, aus der sich die Negation der Aussage schlussfolgern lässt. Ein indirekter Widerspruch wird manifest, wenn die Übergänge von der These zur Aussage und von der anderen These zur Negation der Aussage kollektiv unstrittig sind.
(3) Latente Widersprüche: Ein Widerspruch liegt vor, ist aber entweder keinem oder nur einem Teil der Argumentierenden bewusst.

Ein Beispiel für die drei Arten von Widersprüchen lässt sich in Argumentationen zum Klimawandel konstruieren. Ein manifester Widerspruch liegt vor, wenn Person A ‚Der Klimawandel ist menschengemacht.' und Person B ‚Der Klimawandel ist nicht menschengemacht.' behauptet. Ein indirekter Widerspruch liegt vor, wenn Person C ‚CO_2 ist ein Treibhausgas und der Mensch emittiert sehr viel CO_2.' und Person D ‚Die Sonnenaktivität hat in den letzten Jahrzehnten zugenommen. Eine erhöhte Sonnenaktivität führt zur Erwärmung der Erde.' behauptet. Aus der Behauptung von Person C könnte schlussgefolgert werden, dass der Klimawandel menschengemacht ist, aus der Behauptung von Person D die Negation hiervon. Ein latenter Widerspruch liegt vor, wenn beide Personen C und D davon ausgehen, dass der Klimawandel monokausal verursacht ist, und dem anderen dennoch nicht widersprechen.

An den Beispielen wird auch die unterschiedliche Wirkung auf die kollektive Argumentation deutlich. Manifeste Widersprüche führen zu einer unmittelbaren Konfrontation und zwingen die Argumentierenden zur Konstruktion neuer Argumente, die die Korrektheit der eigenen Argumente oder die unpassende Argumentation der Antithese aufzeigen. Indirekte Widersprüche, also antizipierte manifeste Widersprüche, wirken in der Argumentation ähnlich – insbesondere, wenn sie als Selbstwidersprüche auftreten:

> Meistens reichen bloß *antizipierte* und, in diesem Sinne, bloß indirekte Selbstwidersprüche aus, damit das betreffende Individuum nach einer neuen Argumentationsstrategie sucht; und in der Regel wird es eine Argumentation insgesamt oder eine Teilargumentation über eine Teilfrage des insgesamt Strittigen lieber abbrechen oder sich geschlagen geben, bevor es einen antizipierten und unausweichlich gewordenen

> Selbstwiderspruch auch noch explizit ausformuliert. (Miller 1986, 331, Hervorh. im Original)

Latente Widersprüche haben keinen Einfluss auf die Dynamik des kollektiv Geltenden. Sie sind aber aus rekonstruktiver Perspektive interessant, weil sie die rationalen Grenzen der Argumentierenden aufzeigen können. Miller hat hierbei drei Hürden im Lernen von Rationalität rekonstruiert: Die erste Hürde besteht in der Differenzierung zwischen der empirischen Haltbarkeit und explanativen Relevanz von Aussagen. Das Kriterium der empirischen Haltbarkeit bezieht sich auf den Wahrheitsgehalt der Aussage. Die Aussage ‚Heute scheint die Sonne.' kann wahr sein – dennoch kann sie den gleichen Rest von 14 und 1111 bei Division durch neun nicht erklären. Miller konnte in Interviews mit Kindergartenkindern zeigen, dass die Beurteilung der explanativen Relevanz von Aussagen fünfjährigen Kindern gelingt, dreijährigen jedoch nicht.

Die zweite Rationalitätsstufe sieht Miller in der Kohärenz:

> Ein potenziell gemeinsames Argument muss dann die Bedingung der Kohärenz erfüllen, das heißt aus der gesamten im Verlauf einer Argumentation entwickelten Konsensmenge von Aussagen ableitbar sein. (Miller 1986, 192)

Diese Rationalitätsstufe ist also erreicht, wenn es den Argumentierenden gelingt, antagonistische Argumente im kollektiv Geltenden wahrzunehmen und diese (vermeintlichen) Widersprüche mithilfe einer Brückentheorie auszuräumen. Die dritte Stufe ist dadurch charakterisiert, dass die Logik der Argumentation durch eine Logik der Selbstreflexion ergänzt wird. Auf dieser Stufe wird erkannt, dass die vermittelnde Brückentheorie nur eine von vielen denkbaren Brückentheorien ist, und es werden Möglichkeiten zur objektiven Überprüfung von Argumenten eruiert.

Millers Unterscheidung zwischen relativem und fundamentalem Lernen wird von vielen Autoren aufgegriffen und auf das mathematische Lernen übertragen. Die Differenzierung in relatives und fundamentales Lernen hat sich in zahlreichen empirischen Fallstudien bewährt und gilt daher als geeignete Basistheorie in der mathematikdidaktischen Forschung (Gellert 2013; Hartkens 2016; Krummheuer 1992; Mayer 2019; Nührenbörger 2009; Schwarzkopf 2000). Neben Millers Lernarten gibt es weitere Differenzierungen von Lernprozessen, u. a. von Piaget oder Hoffmann. Diese werden im Abschnitt 2.4. und 3.4. diskutiert.

In diesem Kapitel konnte für das Lernen von Mathematik in der Grundschule herausgearbeitet werden, dass Argumentationen die „dissensgesteuerte[n] Mechanismen des Lernens" (Miller 2006, S. 218) sind, und dass diese Mechanismen durch das wechselseitige Widersprechen unter Berücksichtigung des Toleranz- und Wahrheitsprinzips angetrieben werden. Die Argumentationstheorie von Miller betont die fundamentale Bedeutung des Argumentierens für ein Lernen, welches über das Anhäufen von Faktenwissen hinausgeht. Für das Verstehen von Mathematiklernen sollten jedoch auch die epistemologischen Besonderheiten mathematischen Wissens berücksichtigt werden. Denn die mathematischen Objekte und Operationen sind abstrakt. Sie müssen in Darstellungen hineingedeutet werden. Eine Theorie des mathematischen Lernens muss sich daher mit der Frage auseinandersetzen, wie den Symbolen in der Interaktion eine abstrakte mathematische Bedeutung zugeschrieben wird. Hierfür eignet sich die Theorie von Steinbring.

2.3 Zur Besonderheit mathematischen Wissens

Steinbring bezeichnet seine Theorie der „Epistemologie mathematischen Wissens als ein wichtiges, eigenständiges Ergänzungsmodell“ (Steinbring 2005, S. 34, eigene Übersetzung) zur mathematikdidaktischen Interaktionsforschung. Seine Theorie fußt auf den Besonderheiten von *unterrichtlichen* Interaktionen über *Mathematik* (Steinbring 2000, S. 28). Seine Perspektive auf unterrichtliche Interaktion basiert auf der Systemtheorie von Luhmann. Luhmann unterscheidet zwischen physischen und sozialen Systemen und der Sprache als Vermittler zwischen den Systemen (Steinbring 1998, S. 163). In Luhmanns Theorie ist Kommunikation der zentrale Begriff (Steinbring 2000, S. 32). Neben diesem oberflächlichen Unterschied zum Symbolischen Interaktionismus, für den die Interaktion der zentrale Begriff ist, finden sich starke Ähnlichkeiten zur Theorie von Blumer. In dieser Arbeit wird daher nicht näher auf Luhmanns Einfluss auf Steinbring eingegangen. Für eine vertiefende Auseinandersetzung sei auf Steinbring (2005) verwiesen.

Als relevanten Aspekt sei hier lediglich kurz skizziert, dass aus der Theorie von Luhmann eine erste Schwierigkeit für die mathematische Wissenskonstruktion folgt: Die Mathematik besteht aus Relationsbegriffen – sie sind also Symbole für Beziehungen zwischen Dingen. Damit sind sie schwer zu kommunizieren – anders als die konkreten Eigenschaften der Dinge. Die interaktive Entwicklung neuen mathematischen Wissens steht folglich vor der Schwierigkeit, vorrangig nur konkrete Dinge benennen zu können, obwohl die Beziehungen zwischen den Dingen das eigentliche mathematische Wissen sind.

Weiterhin zeichnet sich der Ansatz von Steinbring dadurch aus, dass er mathematikspezifisch die soziale Konstruktion mathematischer Zeichen und Symbole herleitet und damit auch den Symbolischen Interaktionismus als geeignete Perspektive auf mathematische Lehr-Lernprozesse bekräftigt. Am Anfang seiner mathematikspezifischen Herleitung stellt er ein erkenntnistheoretisches Paradoxon, welches dem Lernparadoxon bei Miller ähnelt: Die Mathematik besteht aus Beziehungsbegriffen (Steinbring 1998, S. 162). Ähnlich wie beim Symbol Gerechtigkeit steht kein physischer Repräsentant zur Verfügung, auf den bei der Bedeutungskonstruktion verwiesen werden könnte. Notwendig sind daher Symbole und Symbolsysteme, in denen die Begriffe codiert werden. Das erkenntnistheoretische Paradoxon besteht nun darin, dass mathematische Wissenskonstruktion im Sinne des fundamentalen Lernens nur durch geeignete Symbolsysteme gelingen kann – die Deutung der Repräsentationssysteme kann aber wiederum nur gelingen, wenn die darin codierten mathematischen Begriffe bereits bekannt sind:

> Um einen nicht direkt zugänglichen, mathematischen Begriff zu bearbeiten und zu verstehen, benötigt man ein angemessenes symbolisches Repräsentationssystem; um dieses semiotische Zeichensystem nicht mit dem mathematischen Begriff zu verwechseln, und um in diesem System sinnvoll zu operieren, ist die Kenntnis des entsprechenden mathematischen Begriffs notwendig. (Steinbring 1998, S. 162)

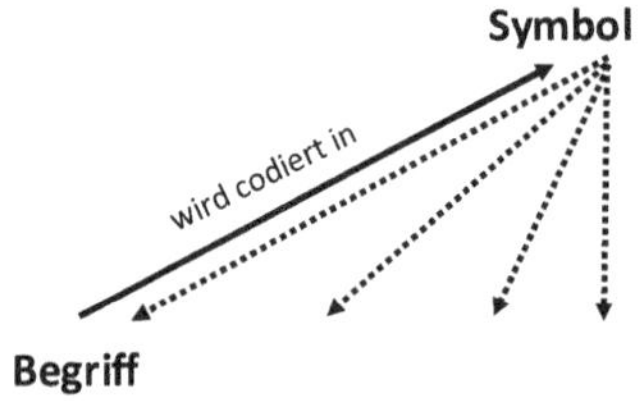

Abbildung 2.3 Codierung eines Begriffs

Ohne Kenntnis des Begriffs lässt sich die Codierung nicht entschlüsseln – das Symbol könnte auf viele andere Begriffe verweisen (siehe Abbildung 2.3). Aus diesem Grund muss der Anfangsunterricht mit empirischen, dinglichen Deutungen von Zahlen und Operationen als Mengen, Reihenfolgen und Handlungen beginnen – ein anderer Referenzkontext steht zu Beginn für die in den Symbolen codierten mathematischen Begriffe noch nicht zur Verfügung.

Damit das Symbol in der Interaktion irgendwann tatsächlich als Verweis auf den intendierten Begriff verstanden werden kann, bedarf es geeigneter Referenzkontexte, welche einen Wandel hin zur relationalen Deutung ermöglichen. Das Zusammenspiel zwischen Referenzkontext und Symbol kann dann eine situationsspezifische Deutung des Symbols ergeben, die auf den intendierten Begriff verweist. Um diese zentralen wechselseitigen Beziehungen zwischen Referenzkontext, Symbol und Begriff zu verdeutlichen, schlägt Steinbring zur Rekonstruktion von mathematischen Lernprozessen das epistemologische Dreieck vor (siehe Abbildung 2.4).

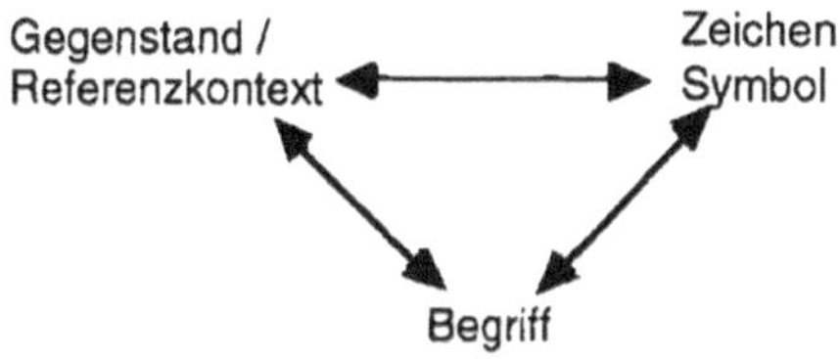

Abbildung 2.4 Epistemologisches Dreieck (Steinbring 2000, S. 34)

Allerdings ist auch mit dem epistemologischen Dreieck das erkenntnistheoretische Paradoxon noch nicht gelöst. Wie soll aus dem Wechselspiel aus Referenzkontext und Symbol der Verweis auf das neue mathematische Wissen verstanden werden, wenn es sich tatsächlich um neues Wissen handelt? Nach Steinbring ist hierfür eine *Balance aus empirischer Situiertheit und relationaler Allgemeinheit* nötig:

> [...] new mathematical knowledge is specifically produced and created in a context-related balance between situated, factual and rule-like circumstances of the familiar knowledge and the new knowledge structure produced by means of conceptual relations. (Steinbring 2005, S. 214)

Für mathematische Wissenskonstruktion im Sinne des fundamentalen Lernens bedarf es folglich bekannter Referenzkontexte, die aber zugleich über sich hinaus verweisen und so den neuen mathematischen Begriff in seiner Beziehung zu bereits vertrauten mathematischen Begriffen erfahrbar werden lassen. Das über sich hinaus Verweisen kann hierbei auch als sich in der Interaktion wandelnder Referenzkontext verstanden werden (Nührenbörger und Schwarzkopf 2010, S. 75). Ein Beispiel für sich wandelnde Referenzkontexte im Mathematikunterricht findet sich beim Symbol ‚Null'. Anfänglich wird es als Nichts oder als leere Menge verstanden, bis neue Referenzkontexte dem Symbol eine relationale Bedeutung im Dezimalsystem verleihen. Ein weiteres Beispiel sind die negativen Zahlen, wo jeder empirische Referenzkontext Konflikte mit der innermathematischen Begriffsbedeutung beinhaltet (Steinbring 2013, S. 67–68).

Für Steinbring sind deshalb strukturierte Diagramme im Mathematikunterricht von zentraler Bedeutung, weil diese für den Lernenden zunächst einen empirischen Referenzkontext für den mathematischen Begriff darstellen können. Diese empirische Deutung des strukturierten Diagramms kann sich dann bei einer Interaktion, welche die Balance aus empirischer Situiertheit und relationaler Allgemeinheit hält, zu einem Verständnis wandeln, dass „mathematische Begriffe Beziehungen und Strukturen in symbolisierter und operativer Weise verkörpern." (Steinbring 2000, S. 45) Strukturierte Diagramme ermöglichen es also, eine Brücke zwischen der Konkretheit anschaulicher Darstellungen und abstrakten mathematischen Ideen zu schlagen, weil sie verschiedene Deutungen von empirisch zu relational zulassen und so die Aushandlung des mathematischen Begriffs in der Kommunikation (entscheidend) unterstützen.

Diese doppelte Schwierigkeit mathematischer Wissenskonstruktion nach Steinbring ist in Abbildung 2.5 vereinfacht für die Interaktion zwischen einer Lehrperson und einem Kind dargestellt.

Ein Beispiel für die Überwindung dieser doppelten Schwierigkeit mathematischer Wissenskonstruktion führt Steinbring mit dem Schüler Matthi an (Steinbring 2009). Matthi kann die Erhöhung eines Steins in der zweiten Reihe einer Zahlenmauer als Konsequenz der Erhöhung eines Steins in der ersten Reihe begründen, indem er kurze verbale Äußerungen wie „der ist 10 mehr, weil der 10 mehr ist" (Steinbring 2009) mit diversen Zeigegesten kombiniert. Steinbring stellt fest, dass die Steine für Matthi keine empirischen Dinge mehr sind, sondern eine neue, mathematische Bedeutung erhalten haben. Diese Bedeutungsverschiebung von der Konkretheit hin zur Deutung im Beziehungsgeflecht mathematischer Muster und Strukturen gelingt den Kindern oft „unbewusst und ohne jegliche Probleme" (Steinbring 2009).

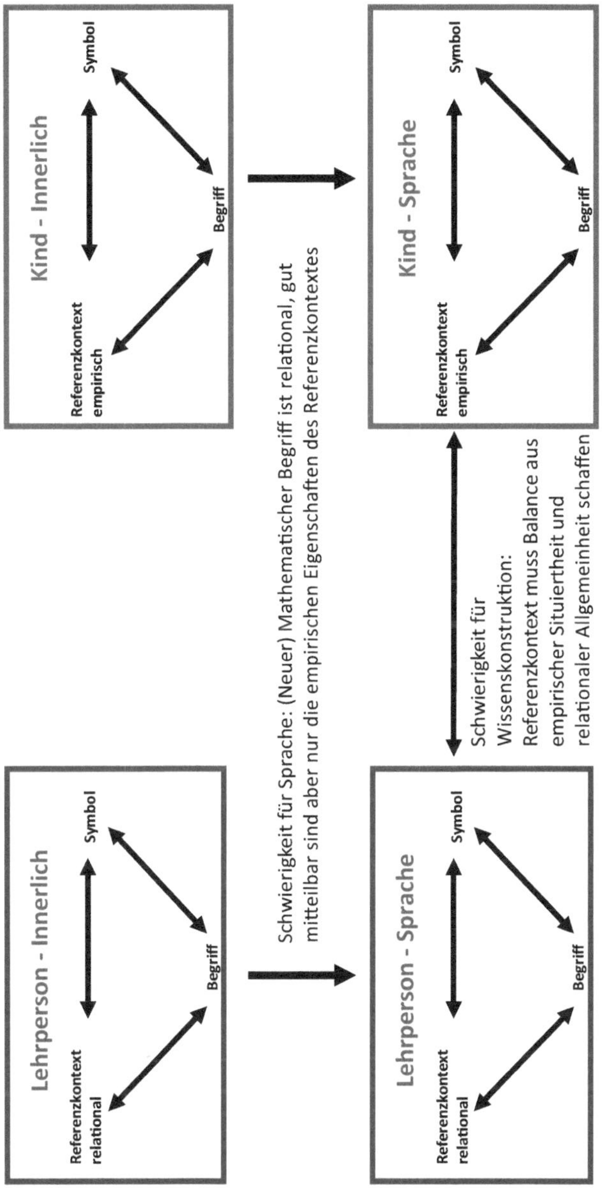

Abbildung 2.5 Doppelte Schwierigkeit mathematischer Wissenskonstruktion. (Eigene Darstellung)

Abschließend sollen noch Schlussfolgerungen aus der erkenntnistheoretischen Perspektive genannt werden, welche von dieser Arbeit geteilt und für den Blick auf real stattfindende Lehr-Lernprozesse relevant werden:

(1) Weil sich Mathematiklernen aus dem Wechselspiel aus Referenzkontexten und Symbolen ergibt, ist Mathematikunterricht ein offener Prozess, der nicht mit der Vermittlung von Mathematik als fertigem Produkt mit feststehenden Symbolbedeutungen verstanden werden kann (Steinbring 1985, S. 114). „Alle unterrichtlichen Abläufe sind bis zu einem gewissen Grad einmalige Ereignisse.“ (Steinbring 1990, S. 4) Fundamentales Lernen kann nur ab einem gewissen Grad von inhaltlicher Deutungsoffenheit passieren – die Ritualisierung und Trivialisierung von unterrichtlicher Interaktion ist folglich zu vermeiden (Steinbring 2013, S. 67).
(2) Die konkrete Form der Mathematik ist untrennbar mit dem Kontext verbunden. Real stattfindende Lehr-Lernprozesse dürfen folglich aus der rekonstruktiven Perspektive nicht danach untersucht werden, wie sehr sie dem akademischen Ideal entsprechen, sondern nach den interaktiven Bedingungen der Bedeutungskonstruktion.
(3) Die Einheitlichkeit in der akademischen Mathematik ist das Ergebnis jahrhundertelanger interaktiver Aushandlungen zwischen professionellen Mathematikern und nicht objektiv vorhanden (Steinbring 2005, S. 7):

> From the point of view, that mathematical signs, symbols, principles, and structures can only be meaningfully interpreted in the frame of a grown or newly emerging culture, one has to question the unity of mathematics in learning and teaching processes. If mathematical knowledge (signs, symbols, principles, structures etc.) can only be meaningfully interpreted in the frame of a specific cultural environment, then there is not simply one single, but many different forms of mathematics. (Steinbring 2005, S. 16)

Der Mathematikunterricht kann daher auch als Enkulturation angesehen werden.

Nachdem bisher eher erkenntnistheoretische Aspekte des Lernens von Mathematik erörtert wurden, fokussiert das nächste Kapitel auf didaktische Aspekte. Hierbei wird der folgenden Frage nachgegangen: Welche Aspekte müssen bei der Gestaltung von Mathematikunterricht für die Realisierung von fundamentalem Lernen berücksichtigt werden?

2.4 Operatives Denken

Die Balance aus empirischer Situiertheit und relationaler Allgemeinheit kann im Mathematikunterricht mithilfe des operativen Prinzips als didaktische Leitlinie begrifflich präzisiert werden. Bevor in das didaktische Prinzip eingeführt wird, soll kurz dessen Ursprung in der Lerntheorie von Jean Piaget und Hans Aebli umrissen werden.

Das operative Prinzip bei Piaget

Jean Piaget (1896–1980) wollte die Frage nach dem Wesen von Erkenntnis durch die Entstehung des Wissens beantworten. Da sein Hauptaugenmerk somit auf der Entwicklung des Denkens lag, wird er häufig als Begründer der Entwicklungspsychologie und seine Forschungsperspektive als genetische Epistemologie betitelt. Die grundlegende These seines Ansatzes ist, dass Intelligenz keine ausschließlich angeborene Eigenschaft ist. Das Denken des Menschen entwickelt sich vielmehr genetisch, da in der Auseinandersetzung mit der Umwelt kognitive Schemata als Grundbausteine des Denkens angewendet, abgeändert oder neu gebildet werden. Besteht zwischen einem kognitiven Schema und seiner Anwendung auf die Umwelt kein Konflikt, so lebt der Mensch mit seiner Umwelt im Gleichgewicht (Äquilibration). Dieser Zustand wird laut Piaget immer angestrebt, weshalb der Mensch bei einem auftretenden Konflikt zwei Möglichkeiten kognitiver Bewältigungsmechanismen entwickelt hat, die von Piaget zusammenfassend als Adaption bezeichnet werden:

1) Bei der **Assimilation** wird der Konflikt gelöst, indem ein gespeichertes kognitives Schema auf den neuen Fall angewendet und dementsprechend gefestigt wird. Ein mathematisches Beispiel ist die Nutzung von Analogieaufgaben.
2) Wenn die Assimilation als Anwendungsversuch bekannter Schemata scheitert, ist der Mensch, um das Ziel des Gleichgewichts mit der Umwelt erreichen zu können, zur Bildung eines neuen Schemas gezwungen, was Piaget als **Akkomodation** bezeichnet. Der Mensch muss also sein Wissen erweitern und nicht nur auf weitere Fälle verallgemeinern. Ein bekanntes mathematisches Beispiel für die Akkomodation findet sich in der Multiplikation: Im Zahlenraum der positiven natürlichen Zahlen hat das Schema ‚Bei der Multiplikation ist das Produkt größer als seine Faktoren' fast uneingeschränkte Gültigkeit. Mit der Erweiterung des Zahlenraums muss dieses Schema jedoch verworfen und ein mathematisch präziseres entwickelt und in die bestehende kognitive Struktur des Menschen integriert werden.

Eine mögliche Handlung ist das Loslassen von Gegenständen. Nachdem eine Weihnachtskugel und ein Porzellanteller beim Aufprall zerbrochen sind, wird folgendes kognitive Schema aufgebaut: Wenn Gegenstände aus der Hand losgelassen werden, fallen sie herunter und zerbrechen in viele Einzelteile. Wird die Handlung mit etwas weniger Zerbrechlichem, wie z. B. einem Ball durchgeführt, muss das Schema angepasst werden. Dafür bieten sich zwei Optionen an:

1) Wenn *zerbrechliche* Gegenstände aus der Hand losgelassen werden, fallen sie herunter und zerbrechen in viele Einzelteile.
2) Wenn Gegenstände aus der Hand losgelassen werden, fallen sie herunter.

Während die erste Option das Schema spezifiziert und die Handlung mit dem Ball aus dem Schema exkludiert, wird bei der zweiten Option die Handlung berücksichtigt und das Schema auf die allgemeingültige Wirkung der Handlung ‚Gegenstand loslassen' reduziert. Beide Möglichkeiten verbindet, dass das Kind wie ein Forscher handelt und durch die Experimente seine Hypothese prüft und anpasst. Die Hypothese muss geändert werden, weil die Klasse der inkludierten Objekte (Gegenstände) nicht zur Handlung (Objekt loslassen) und ihrer vermuteten Auswirkung auf die Objekte (fällt herunter *und* zerbricht) passt.

Lernen findet also immer dann statt, wenn die vermuteten kausalen Zusammenhänge nicht mit den tatsächlich beobachteten übereinstimmen. Oder anders ausgedrückt: Lernen ist die zunehmende Annäherung der kognitiven Schemata an die empirisch erfahrbare Wirklichkeit. Die zentrale These von Piagets Lerntheorie lautet daher, dass der Mensch sein Wissen in der Auseinandersetzung mit der Umwelt aktiv konstruiert. Wissen entsteht in „reflektiver Abstraktion *von Operationen an Objekten*" (Wittmann 2014, S. 228, Hervorh. im Original), also durch die Ausübung von Handlungen und die Beobachtung ihrer Wirkungen und wird in Form von kognitiven Schemata generiert und weiterverarbeitet.

Für Piaget ist damit Erfahrung der zentrale Lernmechanismus. Und auch wenn er der Interaktion ebenfalls einen hohen Stellenwert zuschreibt, so entkommt er mit seiner Äquilibrationstheorie dennoch nicht dem Menon-Paradox:

> In Piagets spätem Äquilibrierungsmodell setzt das Transzendieren von Widersprüchen zwischen Affirmationen und Negationen die Konstruktion von Negationen voraus, die ihrerseits selbst bereits das Transzendieren jener Widersprüche voraussetzen. [...] Es ist Piaget nicht gelungen, eine nicht-zirkuläre, kohärente Erklärung des Übergangs von alten zu neuen kognitiven Strukturen zu liefern [...]. (Miller 2006, S.215)

Diese Kritik trifft das operative Prinzip als grundlegende Lerntheorie. Als *didaktisches Prinzip* ist das operative Prinzip in der Mathematikdidaktik aber sehr wertvoll. Denn die Unterscheidung zwischen Objekten und Operationen ist für die Gestaltung mathematischer Lehr-Lernprozesse hilfreich. (Nührenbörger und Schwarzkopf 2019).

Das operative Prinzip in der Mathematikdidaktik

Eine Fassung des operativen Prinzips für die Mathematikdidaktik lautet so:

> Objekte erfassen bedeutet, zu erforschen, wie sie konstruiert sind und wie sie sich verhalten, wenn auf sie Operationen (Transformationen, Handlungen, ...) ausgeübt werden. Daher muß man im Lern- oder Erkenntnisprozeß in systematischer Weise
>
> (1) untersuchen, welche Operationen ausführbar und wie sie miteinander verknüpft sind,
> (2) herausfinden, welche Eigenschaften und Beziehungen den Objekten durch Konstruktion aufgeprägt werden,
> (3) beobachten, welche Wirkungen Operationen auf Eigenschaften und Beziehungen der Objekte haben (Was geschieht mit ..., wenn...?) (Wittmann 1985, S. 9)

Aber was sind mathematische Objekte und was sind mathematische Operationen? Das mathematische Lernen in der Grundschule hat seinen Ausgangspunkt in der Lebenswelt der Kinder. Zahlen erhalten ihre Bedeutung durch Zahlaspekte, und die Rechenoperationen ihre Bedeutung durch Grundvorstellungen. Mathematische Objekte können durch Anschauungsmaterial wie Plättchen und Operationen mit Handlungen dargestellt werden. Die Aufgabe $3 + 4$ könnte demnach durch drei rote Plättchen dargestellt werden, zu denen vier blaue Plättchen hinzugefügt werden. In einer ersten Annäherung könnte die Mathematik demnach verstanden werden als Beziehungsgeflecht zwischen statischen Zahlen (und Variablen) als Objekten und dynamischen (Rechen-)Operationen. Diese einfache Unterscheidung ist so aber aus unterschiedlichen Gründen nicht haltbar:

Erstens stimmt es zwar, dass der Anfangsunterricht in der realen Welt anknüpfen muss, weil für die ersten mathematischen Bedeutungen per Definition keine innermathematischen Anknüpfungspunkte vorhanden sind. Die reflektierte Abstraktion, wie Piaget es nennen würde, oder auch der sich wandelnde Referenzkontext, wie es Steinbring nennen würde, ist jedoch nicht trivial. Winter formuliert es so:

> Auf jeden Fall werden, wenn man die Sache ernst nimmt (die Sachsituationen etc.) Diskontinuitäten zwischen Lebenswelt und arithmetischen Begriffen sichtbar, die grundsätzlicher Natur sind. [...] In der Didaktik ist bisher das Verhältnis zwischen

> innen und außen, zwischen rein und angewandt allzu harmonisch-optimistisch eingeschätzt worden. (Winter 1994, S. 11)

Darüber hinaus wurde bereits erarbeitet, dass grundsätzlich jede (mathematische) Bedeutung interaktiv ausgehandelt wird. Mathematische Objekte und Operationen werden von Kindern nicht automatisch verstanden, nur weil sie eine passende Handlung mit Plättchen vollziehen können. Aebli schreibt dazu:

> Das Eigentliche einer Operation ist nicht die Art ihres – innerlichen oder äußerlichen – Vollzugs, sondern ihre logische Struktur, das System der Beziehungen, das sich in der Operation ausdrückt. (Aebli 1976, S. 142)

Anschauungsmittel sind mehrdeutig und ihre mathematische Bedeutung muss in der sozialen Interaktion unter Berücksichtigung der Diskontinuitäten ausgehandelt werden.

Der zweite Grund besteht darin, dass Operationen zu Objekten werden können. Dies soll am Beispiel erläutert werden, das in Abbildung 2.6 dargestellt ist.

$3 + 4 =$
$4 + 3 =$
$5 + 2 =$
$6 + 1 =$

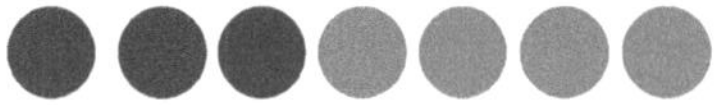

Abbildung 2.6 Operationen werden zu Objekten

Wenn ein tragfähiges Operationsverständnis der Addition aufgebaut wurde, kann durch eine Aufgabenserie wie die obige das Konstanzgesetz der Addition thematisiert werden. Zunächst können es für einen Erstklässler voneinander isolierte Aufgabe mit dem gleichen Ergebnis sein. Das Kind kann sich fragen, ob es strukturelle Gründe für das immergleiche Ergebnis von Sieben gibt. Fundamentales Lernen findet statt, wenn ein Term in einen anderen überführt wird. Dies ließe sich z. B. durch das Wenden des ersten blauen Plättchens erreichen: Das Umdrehen von (mehreren) Plättchen erhöht den ersten Summanden um den gleichen Wert wie es den zweiten Summanden verringert. Die Summe bleibt konstant, weil keine Plättchen entfernt oder hinzugefügt werden. Diese Vorgehensweise ist operativ, weil die dem Konstanzgesetz „zugrundeliegenden Handlungen zum Tragen" (Wittmann und Müller 2022, S. 71) kommen. Der Erkenntnisgewinn beruht auf dem Übergang zwischen

Objekten, strukturell verursacht durch die allgemeingültigen Eigenschaften der verknüpfenden Operation. Er zeigt sich darin, dass das Kind nun eine Systematik in den Aufgaben sieht, und nicht mehr nur voneinander isolierte Aufgaben. Der Fokus verschiebt sich damit von den konkreten Zahlen und ihrer additiven Verknüpfung auf die Addition und der systematischen Änderung der additiven Zerlegung einer Zahl. Die Operation wird zum Objekt.

Das „Aufweichen dieser Rollenverteilung" (Schwarzkopf 2017, S. 18) von Objekten und Operationen ist es, wodurch fundamentales Lernen im Mathematikunterricht gekennzeichnet ist. In der Arithmetik kann der Übergang zwischen Objekten unterschiedlich thematisiert werden. Die erste Möglichkeit für die produktive Nutzung von Übergängen zwischen Objekten besteht im Untersuchen von Folgen. Diese Folgen definieren sich über eine Aufbauregel und können in unterschiedlichen Aufgabenformaten und Darstellungen auftreten (siehe Abbildung 2.7 und Abbildung 2.8).

4 Setze die Zahlenfolgen fort. Welche Zahlenfolge gehört zu welcher Regel?

a) 900, 810, 720, ..., 90, 0	Regel 1: Siebenerreihe abwechselnd vorwärts, rückwärts
b) 1024, 512, 256, ..., 2, 1	Regel 2: Gerade Quadratzahlen vorwärts
c) 7, 70, 14, 63, ..., 70, 7	Regel 3: Immer 90 weniger
d) 15, 30, 45, ..., 150	Regel 4: Immer 15 mehr
e) 4, 16, 36, ..., 400	Regel 5: Immer die Hälfte

Abbildung 2.12 Zahlenfolgen Regeln zuordnen (aus: Das Zahlenbuch 4, S. 14)

Abbildung 2.7 Zahlenfolgen (Steinweg 2013, S. 43)

Die Gemeinsamkeit der Beispiele besteht darin, dass der Übergang zwischen den ungleichen Objekten einer Aufbauregel folgt. Das Verstehen dieser Aufbauregel ist gleichbedeutend mit dem Erkennen der Beziehungen zwischen den Objekten. Damit befindet sich der Lernende bereits „auf einer Art Metaebene über der rein arithmetischen Betrachtung" (Steinweg 2013, S. 25). Die vierte Rechteckzahl lässt sich nicht nur über die Multiplikation der Seitenlängen berechnen, sondern auch über die Acht als nächste gerade Zahl in der Folge. Das konkrete Ergebnis zwanzig tritt in den Hintergrund, und an dessen Stelle tritt die Besonderheit der operativen Verknüpfung zwischen den Objekten.

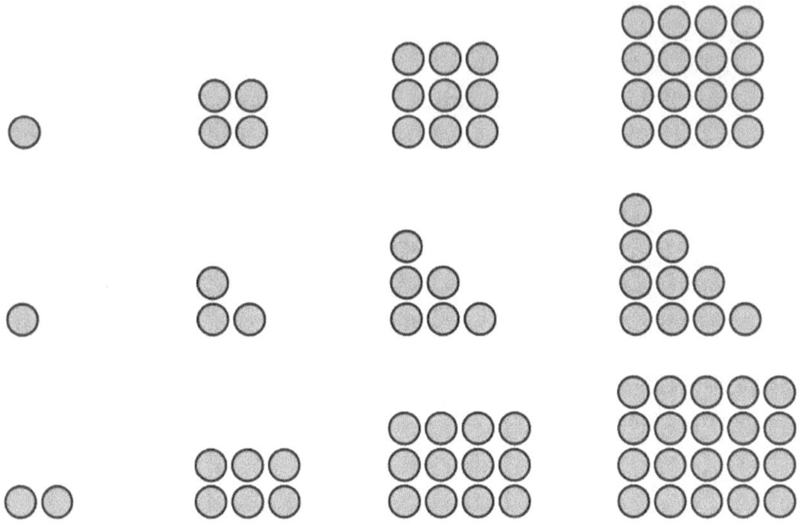

Abbildung 2.8 Figurierte Folgen (Steinweg 2013, S. 36)

Die zweite Möglichkeit besteht wie im obigen Beispiel zum Konstanzgesetz der Addition im Zeigen der Gleichheit unterschiedlich aussehender Terme mithilfe geeigneter Darstellungen. Nührenbörger und Schwarzkopf sprechen hierbei auch von strukturellem Umrechnen:

> In unserem Konzept bedeutet das Verstehen von Gleichheit in der Grundschule, dass die Kinder durch *strukturelles Umrechnen,* also durch passende operative Variationen, einen Term in einen anderen überführen [...] Die prinzipielle Möglichkeit, verschiedene operative Operationen anzuwenden, bedeutet eine fruchtbare Mehrdeutigkeit des Gleichheitsverständnisses [...] (Nührenbörger und Schwarzkopf 2013, S. 718)

Beim strukturellen Umrechnen werden die mathematischen Symbole als Relationsbegriffe gedeutet. Die geschickte Anwendung von Rechengesetzen steht im Vordergrund. Das Ausrechnen der konkreten Ergebnisse tritt auch bei dieser Möglichkeit in den Hintergrund, weil die Objekte nur das Exemplarische sind, an dem das Allgemeine der Operation sichtbar werden soll.

Beide Möglichkeiten haben gemeinsam, dass sie von Mustern als „erforschbare, grundsätzlich fortsetzbare Regelmäßigkeiten [ausgehen], die sich auf Phänomenebene sichtbar zeigen“ (Akinwunmi und Steinweg 2024, S. 9). Die Erklärung der Muster greift dann auf die zugrundeliegenden mathematischen Strukturen des Phänomens zurück. Strukturen werden demnach verstanden als mathematische Eigenschaften und Relationen (Akinwunmi und Steinweg 2024, S. 13). Bei dem Untersuchen von Folgen sind es die allgemeingültigen Eigenschaften der Aufbauregel, und beim Untersuchen von Gleichheiten sind es die operativen Beziehungen in Gleichheiten. Damit eignen sich, mit den Begriffen von Miller beschrieben, beide Möglichkeiten für die Aneignung neuer Basistheorien.

Auch die Kombination beider Möglichkeiten kann produktiv sein. So könnte das Erkennen der Aufbauregel bei der Addition der ersten geraden natürlichen Zahlen das Fundament sein, auf dem strukturelles Umrechnen zur entsprechenden Rechteckzahl erfolgen kann. Zusammenfassend lässt sich über beide Möglichkeiten sagen, dass durch sie nicht mehr die Zahlen als Objekte und die Operation als Verknüpfung im Mittelpunkt stehen, sondern die Operationen zwischen den Objekten und ihre über das Beispiel hinausweisenden Eigenschaften. Die Operationen werden folglich selbst zu Objekten (Steinweg 2013, S. 123).

Die obige Fassung des operativen Prinzips fordert, dass auch die Verknüpfung von Operationen erforscht werden muss. Die Verknüpfung von Operationen ist möglich, weil sich jede Operation durch vier Eigenschaften definiert: Reversibilität, Kompositionsfähigkeit, Assoziativität und Identität (Piaget 1948, S. 57). Am Beispiel der Addition können die Eigenschaften so charakterisiert werden:

1) Die Reversibilität beschreibt, dass es zur Operation eine Umkehroperation gibt. Die Subtraktion ist z. B. die Umkehroperation der Addition und andersherum: $3 + 4 = 7$ und $7 - 4 = 3$.
2) Die Kompositionsfähigkeit beschreibt, dass sich die Verkettung der Operation durch die gleiche Operation ersetzen lässt: $3 + 2 + 2 = 3 + 4$.
3) Die Assoziativität beschreibt, dass die Zusammensetzung einer Operation auf verschiedene Weisen möglich ist: $3 + 4 = 3 + (2 + 2) = (3 + 2) + 2$.
4) Die Identität beschreibt, dass jede Operation mit einem neutralen Element verknüpft werden kann, sodass die Operation keine Auswirkung auf das Ursprungsobjekt besitzt: $3 + 0 = 3$.

Diese vier Eigenschaften machen eine gedankliche Handlung zur Operation. Sie erlauben das gedankliche Gruppieren von Operationen und ermöglichen damit „[…] die erwünschte Beweglichkeit des Denkens“ (Krauthausen 2018, S. 233). Weil Mathematik in der sozialen Interaktion entsteht und eine Diagnose, inwiefern die verinnerlichte Handlung bereits alle Eigenschaften einer Operation besitzt, nur ungenügend die Bedingungen mathematischer Wissenskonstruktion berücksichtigt, wird vor allem die Kernbotschaft des operativen Prinzips als didaktische Leitlinie hervorgehoben: Im Unterricht soll eine forschende Grundhaltung eingenommen werden, in der gedankliche Handlungen und Experimente die Strukturen der Mathematik im Wechselspiel zwischen Objekten und Operationen offenlegen (Thies 2002, S. 77). Diese (gedanklichen) Experimente erzeugen die Übergänge zwischen den Objekten und sind damit der stoffliche Nährboden für Wissenskonstruktion. Dadurch lässt sich die Mathematik im Vergleich zu anderen Naturwissenschaften auch als quasi-empirische Wissenschaft verstehen:

> Die ‚Quasi-Realität' der mathematischen Objekte bildet eine eigene Welt, [...]. Da die theoretische Natur dieser ‚mathematischen Landschaft' aufgeprägt wird, ist sie bestens für die Theoriebildung geeignet. Darüber hinaus stiftet sie Sinn, regt Ideen an und liefert Daten, um Argumente zu überprüfen. (Wittmann 2014, S. 228, Hervorh. im Original)

Die Mathematik ist keine empirische Wissenschaft, weil mathematische Objekte abstrakt sind. Die Zahl Fünf ist keine Eigenschaft, die bestimmten Objekten oder Mengen a priori innewohnt. Diese Bedeutungszuschreibung wird vielmehr von uns vorgenommen und gilt für alle anderen mathematischen Objekte und Operationen analog. Die Mathematik ist jedoch eine quasi-empirische Wissenschaft, weil sie, ebenso wie die empirischen Wissenschaften, Gesetzmäßigkeiten erforscht. Nur haben diese Gesetzmäßigkeiten keinen empirischen Ursprung, sondern einen theoretischen. Während ein Physiker versucht, die in einer real existierenden, physikalischen Landschaft auftretenden Phänomene zu erklären, schafft sich der Mathematiker eine eigene Landschaft theoretischer Natur. Dieser theoretische Charakter erlaubt es dem Mathematiker, auftretende Phänomene besser zu erklären als es dem Physiker möglich ist. Er kann innermathematische Phänomene mit absoluter Sicherheit erklären, da die Phänomenursache in seiner mathematischen Landschaft von ihm selbst erschaffen wurde (Jahnke et al. 2023, S. 379). So kann mit Sicherheit die Aussage getroffen werden, dass die Summe zweier ungerader Zahlen eine gerade Zahl ist, weil hierfür ursächlich die allgemeingültigen Strukturen sind, die der Mathematiker selbst durch den Zahlenraum der natürlichen Zahlen und der Addition als Operation geschaffen hat.

Vorgreifend kann daher hier schon festgehalten werden: In der Mathematik ist die stichhaltige Erklärung des Phänomens häufig gleichbedeutend mit dessen Beweis (Gale 1990, S. 4). Die Konstruktion von Beweisen ist folglich nicht nur ein nachgelagerter Prozess zur Wissenssicherung. Vielmehr ist das Beweisen Teil des Lernprozesses und beginnt dort, wo die Ursache des Phänomens erkundet wird.

Der Beweis als deduktive Schlussfolgerung kann zwar objektiv kein neues Wissen schaffen, weil dieses Wissen schon als Implikationen in den Voraussetzungen des Beweises enthalten ist. Der Beweis kann diese Implikationen jedoch sichtbar machen.

2.5 Produktive Irritationen

Für kollektive Argumentationen sind Strittigkeiten eine notwendige Voraussetzung. Strittigkeiten „im Sinne von authentischen interindividuellen Koordinationsproblemen" (Schwarzkopf 2015, S. 37) treten aber in der Grundschule kaum auf (Schwarzkopf 2000, 2001). Sie müssen daher initiiert werden. Mithilfe von produktiven Irritationen wird versucht, diese initiierten Strittigkeiten authentisch zu gestalten. Am Anfang einer produktiven Irritation steht eine routinierte (Rechen)-Aktivität, durch die eine Erwartung aufgebaut wird. Die Irritation entsteht, wenn die Routine durch einen fachlichen Aspekt gestört wird. Und die Irritation wird produktiv, wenn die Kinder Argumente zur Auflösung der Irritation entwickeln können (Nührenbörger und Schwarzkopf 2019, S. 27).

Als besonders geeignete Lernumgebungen zur Realisierung von produktiven Irritationen werden operative Übungen angesehen. Operative Übungen zeichnen sich durch einen übergeordneten Strukturzusammenhang aus, der je nach Art der Strukturierung und Zugang zur Struktur unterschiedlich erkennbar wird (E. Wittmann 1992, S. 179). Beim Zugang zur Struktur kann zwischen reflektiven und immanenten Übungen unterschieden werden. Reflektive Übungen zeichnen sich dadurch aus, dass zunächst Aufgaben berechnet werden, die für die Kinder gut zu bewältigen sind (Routineaufgaben). Durch die Berechnung ergibt sich in den Ergebnissen ein Muster. Die reflektive Beschäftigung mit der zugrundeliegenden Struktur des Musters entspricht dann der zweiten Phase dieses Übungstyps. Immanente Übungen hingegen zeichnen sich dadurch aus, dass die zugrundeliegende Struktur der Übung von Beginn an im Fokus steht. Anders als bei der reflektiven Übung ist hier das Üben, also das Berechnen von Aufgaben, nicht zunächst isoliert von strukturellen Überlegungen, sondern sofort immanenter Bestandteil.

Neben dem Zugang zur Struktur kann noch nach der Art der Strukturierung unterschieden werden. Wittmann unterscheidet hierbei zwischen problemstrukturierten, operativ strukturierten und sachstrukturierten Übungen. Sachstrukturierte Übungen erhalten ihren inneren Zusammenhang aus einem übergeordneten Sachkontext. Sie spielen in dieser Arbeit keine Rolle und werden daher nicht weiter betrachtet. Ein Beispiel für operativ strukturierte Übungen ist die Aufgabenserie zur Konstanz der Summe (siehe Abschnitt 2.4). Die systematische Veränderung der Aufgaben erzeugt ein Muster in den Ergebnissen: Obwohl die Aufgaben unterschiedlich aussehen, ist das Ergebnis immer gleich. In problemstrukturierten Übungen ergeben sich die Aufgaben nicht aus einer systematischen Variation, sondern aus einem übergeordneten Problem. Streichquadrate können ein Beispiel für diese Art der Strukturierung sein: Das übergeordnete Problem ist der Aufbau der Streichquadrate, durch den die konstante Summe entsteht, obwohl die konkreten Zahlen in den unterschiedlichen Streichquadraten (zunächst) keinen Zusammenhang erkennen lassen. Für immanente Übungen ist eine Unterscheidung zwischen problemstrukturierten und operativ strukturieren Übungen nicht möglich, weil die vorgegebene Problemstellung bereits eine Variation von Aufgabendaten impliziert (E. Wittmann 1992, S. 180).

Auch bei reflektiven Übungen ist diese Unterscheidung nur schwer möglich. Strukturierte Übungstypen zeichnen sich dadurch aus, dass die Aufgaben „durch einen ganzheitlichen Strukturzusammenhang aufeinander bezogen" (E. Wittmann 1992, S. 179) sind. Auch in einer vermeintlich problemstrukturierten Übung lassen sich folglich Beziehungen zwischen den Aufgaben erkennen, die für operative Überlegungen genutzt werden. Ebenso kann die Stellung im Lernprozess Einfluss darauf haben, ob eine Aufgabe vom Lernenden durch operative Variationen oder eher problemstrukturiert bearbeitet wird (Krauthausen 2018, S. 192). Krauthausen fasst daher zusammen:

> Es [das Unterscheiden nach Strukturierungsarten] hat v.a. die Funktion, die eigene Unterrichtsplanung vor Einseitigkeiten zu bewahren, indem es für die Vielfalt der Übungstypen sensibilisiert. Sein Sinn wäre verfehlt, wenn es als Schematismus [...] mit allzeit eindeutigen oder festen Zuordnungen benutzt würde. (Krauthausen 2018, S. 192–193)

Aus interaktionstheoretischer Perspektive wird davon ausgegangen, dass sich die Bedeutungen der Übungsaufgaben erst in den Interaktionsprozessen entwickeln und nicht a priori feststehen. Die Art der Strukturierung einer (reflektiven) Übung ergibt sich in dieser Perspektive daher, sofern diese Unterscheidung überhaupt sinnvoll getroffen werden kann, als Resultat der interaktiven Lehr-Lernprozesse.

Aus konstruktiver Perspektive wird aber natürlich davon ausgegangen, dass die a priori ausgewählten Aufgaben eine steuernde Wirkung auf den interaktiven Lehr-Lernprozess haben. Daher soll abschließend angemerkt werden, dass zwei Aufgabenserien, die nach dem Analyseschema dem gleichen Zugang zur Struktur entsprechen, dennoch einen unterschiedlichen Zugang zur Struktur bedeuten können. Dies soll an folgendem Zusammenhang verdeutlicht werden:

Die Summe der ersten ungeraden natürlichen Zahlen ist eine Quadratzahl.

Eine passende Aufgabenserie als Beginn einer reflektiven Übung könnte so aussehen:

$$1+3=$$
$$1+3+5=$$
$$1+3+5+7=$$
$$1+3+5+7+9=$$

Die operative Strukturierung kann den Lernenden zum einen bei der Entdeckung des intendierten Musters helfen. Aus dem Vergleich der linken Gleichungsseite kann hervorgehen, dass stets die nächste ungerade Zahl addiert wird und aus dem Vergleich der rechten Gleichungsseite kann hervorgehen, dass die Summen aufeinanderfolgende Quadratzahlen darstellen. Zum anderen kann der Systematik der operativen Serie auch Bedeutung für die Generierung einer Beweisidee zugesprochen werden. So kann z. B. aus der ersten und zweiten Gleichung geschlossen werden, dass die hinzukommende Fünf für den Übergang von der zweiten zur dritten Quadratzahl verantwortlich sein muss (siehe Abbildung 2.9).

Abbildung 2.9 Beweisidee ‚Rahmen'

Eine operative Serie zur Vorbereitung einer anderen Beweisidee könnte wie in Abbildung 2.10 aufgebaut sein:

In dieser operativen Serie ist die hinzukommende ungerade Zahl kaum noch als Ergänzung zum bisherigen Quadrat erkennbar. Stattdessen können jeweils zwei Terme verglichen werden, die jeweils das Doppelte einer Quadratzahl ergeben. Zusätzlich fördert die Anordnung der Terme vermutlich die Beweisidee, die Größe und Anzahl von den ‚Summandenspalten' für eine Erklärung der Ergebnisgleichheit zu untersuchen (siehe Abbildung 2.11).

$1+3+$	$1+3+5+$	$1+3+5+7+$	$1+3+5+7+9+$
$3+1=$	$5+3+1=$	$7+5+3+1=$	$9+7+5+3+1=$
$2\cdot 4=$	$2\cdot 9=$	$2\cdot 16=$	$2\cdot 25=$

Abbildung 2.10 Eine operative Idee mit anderer latenter Beweisidee

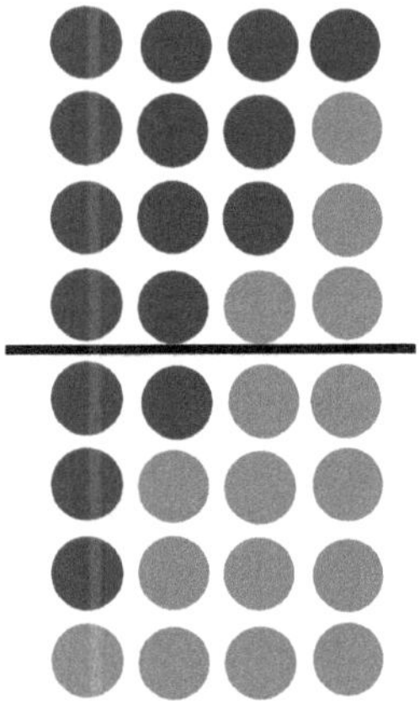

Abbildung 2.11 Zweite Beweisidee

Der Einfluss der operativen Serie auf die Beweisidee ist nur schwer messbar und dem Autor sind keine Arbeiten bekannt, die diesen Einfluss erforscht haben. Es scheint jedoch plausibel, dass die Nutzung der Verdoppelung als Beweisidee von einer operativen Serie begünstigt wird, die ebenfalls die Verdoppelung in der ersten Phase der reflektiven Übung verwendet. Mit Meyer und Voigt (2008) gesprochen könnte die operative Serie eine Entdeckung mit latenter Beweisidee begünstigen.

Die operativen Übungen verbindet, dass routinierte Aktivitäten ein Muster entstehen lassen. Dieses Muster soll irritieren und ein Erklärungsbedürfnis bei den Kindern wecken. Die erzeugte Aufgabensammlung kann dann fruchtbar für strukturelle Umdeutungen genutzt werden. Für die Arithmetik schlagen Nührenbörger und Schwarzkopf für die routinierten Aktivitäten als Begriff das Ausrechnen vor (Nührenbörger und Schwarzkopf 2013). Anhand des Musters in den Ergebnissen kann dann die Gleichheit unterschiedlicher Terme durch strukturelles Umrechnen untersucht werden. Die Einbettung dieser forschenden Grundhaltung in einer kollektiven Argumentation kann schließlich zu fundamentalem Lernen führen:

> Die fachliche Reichhaltigkeit der operativen Übungen auf der einen Seite und die sozial-interaktive Aufbereitung der kooperativen Bearbeitung auf der anderen Seite bieten den Kindern einen mathematisch authentischen Anlass für die argumentative Auseinandersetzung mit Gleichheiten und die Entwicklung von strukturellen Einsichten. (Nührenbörger und Schwarzkopf 2019, S. 32)

Allerdings erzeugt nicht jede reichhaltige Übung bei jedem Kind eine Irritation. Und auch nicht jedes irritierte Kind entwickelt daraufhin ein Begründungsbedürfnis. Und auch nicht jedes Begründungsbedürfnis ist erst durch neues strukturelles Wissen befriedigt. Entscheidend ist daher die Lehrperson. Sie muss zur Entfaltung des Potentials einer substanziellen Lernumgebung den Begründungsbedarf herausstellen und eine Argumentation initiieren, da die Kinder von sich aus nur selten ein Begründungsbedürfnis zeigen (Schwarzkopf 2003, S. 214). Und wenn die Kinder fundamental lernen sollen, muss sie auch die Notwendigkeit struktureller Argumente vermitteln, obwohl sich die Kinder schon mit der Ergebnisgleichheit zufriedengeben.

Der Übergang vom Ausrechnen zum Umrechnen kann daher auch als kritischer Moment im Lernprozess angesehen werden, der darüber entscheidet, ob eine Balance aus empirischer Situiert und relationaler Allgemeinheit gelingt oder ob die soziale Interaktion der „Macht der empirischen Wissenskonstruktion“ (Nührenbörger und Schwarzkopf 2019, S. 17) und der „Macht der Routine“ (Schwarzkopf 2019, S. 62) unterliegt. Das Konzept der produktiven Irritationen versucht diesen Moment zu forcieren, wenngleich sich die Realisierung erst in der sozialen Interaktion entscheidet:

Abschließend soll für diese Arbeit noch eine begriffliche Differenzierung zwischen Irritationen, Strittigkeiten und Widersprüchen getroffen werden: Irritationen beziehen sich auf die personale Ebene, Strittigkeiten auf die interaktive Ebene und Widersprüche auf die inhaltliche Ebene.

Nach der Theorie von Miller beginnt jeder fundamentale Lernprozess mit einer strittigen Frage. Außerdem realisiert er sich nur, wenn Mechanismen des gegenseitigen rationalen Widersprechens einen Lernzwang auf die Interaktanten ausüben. Schwarzkopf (2001) formuliert für den Mathematikunterricht ähnliche Gedanken und nutzt hierbei den Begründungsbedarf als Argumentationsbeginn und produktive Irritationen als geeignetes Konzept, um aus einer fachlichen Notwendigkeit heraus fundamentales Lernen zu provozieren.

Irritationen werden hierzu passend in dieser Arbeit definiert als „Betroffen-Sein von krisenhaften Situationen […], allerdings in einem didaktisch erweiterten Verständnis von Krise im spezifischen Rahmen von Fachunterricht." (Bähr et al. 2019, S. 10) Diese Definition von Irritationen stammt zwar nicht aus der Mathematikdidaktik, ergänzt aber die Definition einer Irritation von Nührenbörger und Schwarzkopf als Versagen bisheriger Ansichten, Zugangsweisen oder Erwartungen um den krisenhaften Moment des persönlichen Betroffen-Seins (Nührenbörger und Schwarzkopf 2013, S. 718–719). Dieser Zusatz ist Ausdruck der didaktischen Hoffnung, die sich mit der Provokation von Irritationen verbindet:

> In einer bewussten Vermeidung von Überdidaktisierung, in bewusster Zumutung der Komplexität einer Erfahrung der fachlichen Gegenstände wird eben nicht auf elementarisierende und vereinfachende Lehrgänge und soziale Motivierung gesetzt, sondern versucht, fachliche Gegenstände als Widersprüchliches, Seltsames, Ungewöhnliches, eben Irritierendes in Erscheinung zu bringen. Irritation wird nicht durch didaktische Trivialisierungen vermieden, sondern vielmehr bewusst aufgegriffen und zum Thema (und je nach Zugriff ggf. auch zum Gegenstand von Reflexion) gemacht. Indem aus Verwunderungen und Beunruhigungen ein intrinsisches Interesse entsteht, werden sie zu einem wesentlichen Motor von Lernprozessen, denen die Möglichkeit von Bildung innewohnt. (Bähr et al. 2019, S. 9–10)

Irritationen sind die beste Chance, dass nicht nur ein Begründungsbedarf von der Lehrperson angezeigt wird, sondern die Kinder auch ein Begründungsbedürfnis entwickeln. Wenn die Irritationen in der Interaktion als klärungsbedürftig angezeigt werden, dann ist die Irritation auch eine Strittigkeit. Denn die Strittigkeit wird definiert als Störung der interaktiven Routine. Die Störung besteht darin, dass das kollektiv Geltende zur Beilegung der Strittigkeit weiterentwickelt werden muss. Für den Mathematikunterricht ist ein Kontinuum denkbar von authentisch bis künstlich. Strittigkeiten sollen als authentisch gelten, wenn aus fachlicher Sicht ein Begründungsbedarf besteht. Künstliche Strittigkeiten sind dagegen nur auf der sozialen Ebene initiiert.

Widersprüche beziehen sich auf die inhaltliche Ebene und können manifest, indirekt oder latent sein. Ein inhaltlicher Widerspruch kann in der Interaktion geäußert werden und damit zur Strittigkeit werden und eine Argumentation auslösen. Widersprüche können aber auch zu einem anderen Zeitpunkt während der Argumentation auftreten. Widersprüche im kollektiv Geltenden können authentische Strittigkeiten nach sich ziehen, weil die Argumentierenden nach der Theorie Millers diesen Widerspruch ausräumen wollen. So würden unterschiedliche

Ergebnisse bei der gleichen Aufgabe die Genese von Argumenten zur Verteidigung der Korrektheit der Ergebnisse nach sich ziehen. Produktive Irritationen nutzen diesen ‚Motor' der Wissensgenese, indem sie einen Widerspruch zwischen dem Vertrauen in die korrekte Berechnung innerhalb der Routineaktivitäten und der Erwartungshaltung erzeugen: Entweder es lässt sich ein Rechenfehler identifizieren oder der Fehler in der Erwartungshaltung muss gefunden und das Phänomen erklärt werden.

2.6 Zusammenfassung

Die fünf vorherigen Abschnitte haben mit unterschiedlichen Schwerpunktsetzungen mathematische Lehr-Lernprozesse in den Blick genommen: Der Mensch lebt in einer symbolisch vermittelten Welt, in der Deutungen interaktiv ausgehandelt werden. Neue Deutungen, die ein Individuum zu neuen Problemlösungen befähigen, können als fundamentales Lernen bezeichnet werden und sind aufgrund des Lernparadoxons nur durch kollektive Argumentationen möglich.[2] Kollektive Argumentationen im Mathematikunterricht der Grundschule benötigen darüber hinaus eine Balance aus empirischer Situiertheit und relationaler Allgemeinheit. Die Lehrperson kann zur Herstellung dieser Balance das operative Prinzip als didaktische Leitlinie verwenden. Mit dem Konzept der produktiven Irritationen wird das Ziel verfolgt, authentische Begründungsbedarfe zu erzeugen, die durch fundamentale Lernprozesse befriedigt werden können.

Das nächste Kapitel nutzt nun die bisherigen Erkenntnisse als Grundlage, um das operative Beweisen als zentrales Konzept im Arithmetikunterricht der Grundschule in den Fokus zu nehmen.

[2] Miller schreibt Erwachsenen die Fähigkeit zu, sich durch internalisierte kollektive Argumentationen auch autonom neue Basistheorien aneignen zu können. Kindern in der Grundschule haben diese Fähigkeit noch nicht entwickelt – sie benötigen für die Aneignung neuer Basistheorien andere Argumentationsteilnehmer.

3 Operatives Beweisen

Im vorherigen Kapitel war der Fokus auf das inhaltliche Lernen durch Argumentationsprozesse gerichtet. Nun wird auf das Beweisen als mathematikspezifische Ausprägung des Argumentierens fokussiert. Das Kapitel beginnt mit einer Differenzierung der Begriffe Beweisen, Begründen, Argumentieren und Erklären (Abschnitt 3.1). Anschließend wird in das Konzept des operativen Beweisens nach Wittmann eingeführt (Abschnitt 3.2). Um dieses Konzept besser einordnen zu können, werden auch historische Einflüsse und Vorläufer wie das inhaltlich-anschauliche Beweisen, quasi-allgemeine Beweise, Prämathematik und der generische Beweis beleuchtet (Abschnitt 3.3). Im Abschnitt 3.4 wird das operative Beweisen mit verwandten Konzepten und Forschungsarbeiten, wie etwa der Diagrammatik, in Beziehung gesetzt.

Das Abschnitt 3.5 arbeitet an einem prototypischen Beispiel weitere Charakteristika operativer Beweise heraus. Hierfür werden mithilfe von unterschiedlichen Beweisideen zum gleichen Phänomen Bezüge zum Umrechnen, zu den Darstellungsebenen und zum Variablenbegriff hergestellt. Abschließend werden die Erkenntnisse zusammengefasst (Abschnitt 3.6) und die Forschungsfrage für den rekonstruktiven Teil hergeleitet (Abschnitt 3.7).

© Der/die Autor(en), exklusiv lizenziert an Springer Fachmedien Wiesbaden GmbH, ein Teil von Springer Nature 2025
A. Köhler, *Operatives Beweisen in der Grundschule*,
https://doi.org/10.1007/978-3-658-50005-4_3

3.1 Beweisen, Begründen, Argumentieren, Erklären

> In its long historical development the modern mathematical proof has become the symbolically generalized communication medium specific for mathematics which makes mathematical communication possible and successful. Especially the transformation of proofs, which are founded on common and intuitive pre-knowledge to formalized proof procedures, is an essential condition. (Steinbring 2005, S. 72–73)

Beweise sind zentral in der Mathematik. Auch Grundschulkinder können und sollen deshalb im Sinne des Spiralprinzips mathematisch beweisen (Stein 1984). Aber wie kann dies ab der ersten Klasse in intellektuell ehrlicher Form erfolgen? Dieses Kapitel arbeitet zunächst eine Begriffsdefinition des Beweisens und anschließend die Unterschiede zum Argumentieren, Begründen und Beweisen heraus. Ab dem nächsten Kapitel werden dann didaktisch orientierte Beweiskonzepte in den Blick genommen.

Beweisen mit idealisierten oder empirischen Objekten

Die Mathematik ist die einzige Wissenschaft, die mit absoluter Sicherheit deduktiv schlussfolgern kann. Hierfür verantwortlich ist die Weiterentwicklung der in der Mathematik verwendeten Objekte:

> In the course of the 19th century, the ‚native abstractionism' [...] of earlier mathematics was overcome and replaced by objects, which were defined in an exclusively internal mathematical way. [...]
>
> In the process of this conceptual reflection and reconstruction, essential parts of mathematics lost their natural and visual character. Those mathematicians who broke with traditions at this point of time, and who replaced the ‚natural' given by theoretical constructs, as it was often criticized by the orthodox side, were still clearly aware of the breach they committed. (Heintz 2000, S. 263–264)

Innermathematische Objekte können als idealisierte mathematische Objekte bezeichnet werden. Sie sind widerspruchsfreie Definition mathematischer Relationen (Steinbring 2005, S. 190). Ohne anschauliche Aspekte ermöglichen sie eine formale Axiomatik und Schlussweisen, mit der eindeutige und unanzweifelbare Beweise geführt werden können (Heintz 2000, S. 221). Solche Beweise auf der Grundlage von idealisierten Objekten werden daher auch als formale Beweise betitelt.

Dieses Idealbild eines Beweises eignet sich jedoch nicht für Beweise in der Grundschule. Zum einen sind formale, lückenlose Beweise aufgrund ihrer Unverständlichkeit und Länge ein praxisuntaugliches Ideal (Bender und Jahnke 1992, S. 262; Hersh 1993, S. 390; Kempen 2019, S. 30–31; Thurston 1994, 8ff) Die in der Praxis der professionellen Mathematik publizierten Beweise besitzen daher meist Lücken in der Beweiskette, die an das Vorwissen des Lesers appellieren (Ernest 1998, S. 186). Reid (2001) nennt lückenhafte, formale Beweise daher auch semi-formale Beweise. Zum anderen hat Mathematiklernen in der Grundschule seinen Anknüpfungspunkt im Empirischen (siehe Abschnitt 2.3 und 2.4). Idealisierte mathematische Objekte sind ein Fernziel, stehen im Anfangsunterricht aber noch nicht zur Verfügung. Wenn also Beweise auf einer intellektuell ehrlichen Weise in der Grundschule thematisiert werden sollen, dann kann dies nur mit Objekten erfolgen, die zunächst empirisch und dann zunehmend strukturell gedeutet werden. Solche Beweise kommen deshalb nicht ohne mehrdeutige Referenzkontexte aus (Steinbring 2005, S. 190). Hierdurch verlieren die Beweise ihre Eindeutigkeit – selbst wenn der Beweis deduktiv geführt wird:

> Even when arguments are deductively constructed and argue with the help of logical rules, when these arguments require a common knowledge and rely on intuition and visualization they are more at risk of dissent than a formal argumentation which one can hardly avoid even if it is contrary to intuition and experience. (Heintz 2000, S. 274)

Auf Kosten der Eindeutigkeit kann jedoch, im Gegensatz zum formalen Beweis, die inhaltliche Einsicht in die Gültigkeit des Bewiesenen erhalten bleiben (Stein 1986, S. 54–55). Aus diesem Grund sind nicht-formale Beweise für Wittmann und Müller auch nicht weniger stichhaltig als formale Beweise:

> Die Stichhaltigkeit eines Beweises ergibt sich letzten Endes nicht, zumindest nicht nur, aus dessen formaler Darstellung einer axiomatisch-deduktiven Systematik, sondern aus der intuitiven Kohärenz der im Beweis aufgezeigten begrifflichen Beziehungen... (Müller und Wittmann 1988, S. 253–254)

Beweise nutzen mathematische Strukturen für Schlussfolgerungen. Die formale Axiomatik kann für die Schlussfolgerungen auf klare Definitionen und idealisierte mathematische Objekte zurückgreifen. Grundschulkinder müssen die mathematischen Objekte erst in die empirischen Objekte hineindeuten. Wenn dies gelingt, können auch Grundschulkinder stichhaltig Aussagen beweisen. Aus diesem Grund sind nicht-formale Beweise nicht nur die einzige Möglichkeit, wie Beweise überhaupt in der Grundschule thematisiert werden können – sie sind auch eine intellektuell ehrliche Möglichkeit. Dies soll an folgendem Beispiel verdeutlicht werden:

Satz: Für alle natürlichen Zahlen n gilt:
Die Summe der ersten n aufeinanderfolgenden ungeraden Zahlen ist n^2.

Abbildung 3.1 Beweisidee ,Rahmen'

Die in Abbildung 3.1 dargestellte Beweisidee mit Plättchen hat ihren Ursprung in der griechischen Mathematik (Wittmann 1985, S. 11) und damit vor der Entwicklung einer formalen Axiomatik. Er basiert auf einer Kombination von arithmetischen und geometrischen Mitteln. Jede hinzukommende ungerade Zahl wird als Winkel interpretiert, der mit der bisherigen Quadratzahl die nächstgrößere Quadratzahl bildet. Dieser Beweis begründet die Allgemeingültigkeit des Satzes, indem allgemeine Eigenschaften der Zahlenfolge der ersten ungeraden Zahlen in Verbindung gebracht werden mit einer geometrischen Deutung der Quadratzahl. Jeder Winkel setzt sich zusammen aus einem Eckstein und zwei gleichgroßen Kanten und besteht folglich aus einer ungeraden Anzahl an Punkten. Von einer Quadratzahl zur nächsten Quadratzahl erhöhen sich die Seitenlängen des Quadrates immer um eins, jeder hinzukommende Winkel besteht somit aus zwei Steinen mehr als der vorherige Winkel. Die Folge der Differenzen zwischen den Quadraten entspricht folglich genau der Folge der ungeraden natürlichen Zahlen, weil beim Übergang von einem zum nächsten Quadrat eine ungerade Anzahl an Steinen hinzukommt, die um genau zwei größer ist als die vorherige. Ansonsten würden an den Eckpunkten des neu entstandenen Quadrates zwei Punkte fehlen.

Mit algebraischen Mitteln könnte diese Beweisidee ,Rahmen' in einem semiformalen Beweis so kommuniziert werden:

Für alle natürlichen Zahlen n gilt:

$$\begin{aligned}
n^2 = (n-1)^2 + (2\cdot(n-1)+1) &= (n-2)^2 + (2\cdot(n-2)+1) + (2\cdot(n-1)+1)\\
&= (n-(n-1))^2 + (2\cdot(n-(n-1))+1) + \ldots + (2\cdot(n-1)+1)\\
&= 1+3+5+\ldots+(2n-1)
\end{aligned}$$

Der algebraische Beweis benutzt die gleiche Beweisidee wie der Plättchenbeweis. Der Satz wird uminterpretiert und es werden von einer beliebigen Quadratzahl ausgehend Umformungen hin zur Summe der ersten n aufeinanderfolgenden ungeraden Zahlen vorgenommen. Die Nutzung von Variablen oder die Termumformungen stellen hierbei jedoch nicht allein die Stichhaltigkeit des Beweises her. Auch auf der symbolischen Ebene sind inhaltliche Interpretationen der verwendeten Symbole notwendig:

- $1+3+5+\ldots+(2n-1)$ muss als allgemeine Darstellung der Summe der ersten n ungeraden natürlichen Zahlen gedeutet werden. Hierzu müssen 1, 3 und 5 als die ersten drei ungeraden Zahlen und Beginn einer Zahlenfolge, die drei Punkte als Fortführung der Zahlenfolge und (2n-1) als letztes Glied der Zahlenfolge erkannt werden. Darüber hinaus muss auch erkannt werden, dass die Summe mit mindestens fünf Summanden $(1, 3, 5, (2n-1),$, und mindestens eine Zahl dazwischen) dargestellt ist – aber dennoch die Fälle mit weniger Summanden ebenfalls inkludiert sind.
- $(2n-1)$ muss als ungerade Zahl erkannt werden, ebenso wie dessen Vorgänger
- n^2 muss als n-te Quadratzahl verstanden werden.
- ...

Diese unvollständige Aufzählung soll verdeutlichen, dass auch ein semi-formaler Beweis (in der Schulmathematik) nicht mehr als der Versuch ist, eine Beweisidee und -führung der mathematischen Community nachvollziehbar zu kommunizieren. Dieser Versuch ist per Definition mangels formal-axiomatischer Grundlage uneindeutig und auf zusätzliche Erklärungen der Bedeutung der mathematischen Symbole im Kontext des Beweises angewiesen. Hierfür antizipiert er das Vorverständnis der mathematischen Community. So wird die Darstellung des letzten Summanden als (2n-1) bei Mathematikprofessoren keiner weiteren Erklärung bedürfen, bei Studienanfängern hingegen vermutlich schon. Findet eine Erklärung für die Studienanfänger nicht statt, kann der gesamte Beweis nicht verstanden werden.

Ein Begründungsansatz wird durch seine Stichhaltigkeit, die von der mathematischen Community bestätigt oder widerlegt wird, zum Beweis. Neben der inhaltlichen existiert also auch noch eine soziale Dimension, durch die ein Beweis definiert ist (Müller und Wittmann 1988, S. 253). Das bedeutet nicht, dass Beweise akzeptiert werden, nur weil sie von einem prominenten Mathematiker geführt werden – sondern nur, dass es eine Passung zwischen den mathematischen Mitteln und der mathematischen Community geben muss. In der Primarstufe bedarf es daher zugänglicher Darstellungen, die als Verkörperungen von Begriffsbeziehungen zur Entwicklung stichhaltiger Erklärungen für mathematische Muster verwendet werden können (Steinbring 2005, S. 184).

Einigkeit herrscht darüber, dass eine rechnerische Überprüfung der Behauptung an Beispielen auch in der Grundschule nicht als Beweis genügt. Erst aus einer passenden Bezugnahme auf mathematische Strukturen kann auf die Allgemeingültigkeit eines Satzes geschlossen werden. Der Fokus muss von den Objekten auf die Operationen mit den Objekten übergehen, um die zwischen ihnen bestehenden Strukturen zu erforschen.

Unterschiede zum Argumentieren, Begründen und Erklären

Wie unterscheidet sich das Beweisen nun vom Argumentieren, Begründen und Erklären? (Kollektive) Argumentationen wurden bereits in Abschnitt 2.2 vorgestellt. Miller definiert sie so:

> Kollektive Argumentationen sind entsprechend raumzeitliche sprachliche Handlungen [...] Das *primäre* und möglicherweise kontrafaktische Handlungsziel einer kollektiven Argumentation besteht darin, eine gemeinsam zu identifizierende strittige Frage gemeinsam zu beantworten. (Miller 2006, S. 204, Hervorh. im Original)

Miller definiert also Argumentationen auf der sprachlichen Ebene als den Versuch, eine Strittigkeit mithilfe des kollektiv Geltenden beizulegen. In der Interpretativen Unterrichtsforschung haben sich aus dieser Definition zwei mathematikspezifische Argumentationsbegriffe entwickelt. Krummheuer sieht im Mathematiktreiben von Kindern eine Gleichzeitigkeit von Handlungsdurchführung und Handlungsrationalisierung. Er rekonstruiert, dass „auf der kommunikativen Oberfläche [...] im Grunde nur über Rechnungen gesprochen wird“ (Krummheuer 1997, S. 29). Argumentationen ergeben sich nicht durch Strittigkeiten, sondern im Darstellen der eigenen Rationalität beim Lösen einer Aufgabe. Neben diesem reflexiven Argumentationsbegriff gibt es den diskursiven Argumentationsbegriff. Schwarzkopf definiert ihn so:

> Der im Unterricht stattfindende soziale Prozess, bestehend aus dem Anzeigen eines Begründungsbedarfs und dem Versuch, diesen Begründungsbedarf zu befriedigen, wird als Argumentation bezeichnet. (Schwarzkopf 2000, S. 240)

Diese Definition von Argumentation ist auch Grundlage dieser Arbeit. Die geforderten Merkmale auf der sprachlichen Ebene (Anzeigen eines Begründungsbedarfs, Versuch der Befriedigung), damit eine Interaktion zur Argumentation wird, passen zu den Ausführungen von Miller: Argumentationen entstehen durch Strittigkeiten, für die kollektiv noch keine Lösung zur Verfügung steht. Nur unter dieser

Voraussetzung kann gegenseitiges Widersprechen unter Einhaltung der beiden Argumentationsprinzipien zu neuem Wissen führen. Die narrative Erzählung eines Rechenweges, wenngleich Bemühungen zur Darstellung der Rationalität dahinter erkennbar sein mögen, kann nur dann zum Argumentationsanlass werden, wenn z. B. die Korrektheit des Rechenweges angezweifelt und damit kollektiv fraglich wird.

Die enge begriffliche Beziehung des Begründens zum Argumentieren ist schon daran erkennbar, dass ein Argumentationsmerkmal das Anzeigen eines Begründungsbedarfs ist. Brunner nutzt das Begründen als Oberbegriff für ein „Kontinuum mit den Stationen alltagsbezogenes Argumentieren, Argumentieren mit mathematischen Mitteln, logisches Argumentieren mit mathematischen Mitteln und formal-deduktives Beweisen“ (Brunner 2014a, S. 30). Sie sieht das Argumentieren und Beweisen als unterschiedliche Formen der Interaktion, die sich durch unterschiedliche Kontexte definieren. Das Beweisen sei eine mathematikspezifische Tätigkeit, wohingegen das Argumentieren ein Bestandteil alltäglicher Interaktionen sei.

Eine Begründung ist nach ihrer Klassifikation nur ein Beweis, wenn sie formal-deduktiv geführt wird. Nicht-formale Begründungen sind für Brunner keine Beweise, weil sie nur induktive oder abduktive Schlüsse verwenden würden (Brunner 2014a, S. 49). Hier möchte diese Arbeit widersprechen, weil bereits gezeigt wurde, dass nicht-formale Beweise gleiche oder gleichwertige stichhaltige Argumente und deduktive Schlüsse wie semi-formale Beweise verwenden. Des Weiteren begründet Meyer am Beispiel der Behauptung ‚Ein Kreis lässt sich nicht lückenlos mit kleineren Kreisen ausfüllen.‘, dass ein nicht-formaler Beweis auch (siehe Abbildung 3.2) aussagekräftiger sein kann als ein formaler Beweis (Meyer 2021, S. 26).

Abbildung 3.2 Nicht-formale Beweisfigur (Meyer 2021, S. 26)

Beweisen soll daher in dieser Arbeit als stichhaltige mathematische Argumentation definiert werden. Beweisen ist eine Form des Argumentierens, weil die zu beweisende Behauptung bzw. der zu beweisende Zusammenhang als Begründungsbedarf und der Beweis als Versuch seiner Befriedigung verstanden werden kann. Stichhaltig ist eine Argumentation, wenn sie mithilfe von allgemeingültigen Strukturen der Mathematik die in der Behauptung aufgestellte Gleichheit unterschiedlich aussehender mathematischer Objekte zeigen kann. Beweisen und Argumentieren lässt sich damit, insbesondere in der Grundschule, nicht trennscharf unterscheiden, weil die Unterscheidung durch die Rekonstruktion des mathematischen Gehalts in der Bedeutungsaushandlung passieren muss und nicht durch oberflächliche Merkmale wie z. B. der Darstellungsebene (siehe auch Abschnitt 3.5.2).

Obwohl auch formale Beweise auf sozialer Akzeptanz anstatt lückenloser Deduktion beruhen (Heintz 2000, S. 188), wird im Schulkontext eher Begründen als Begriff genutzt:

> Da der Begriff *Beweisen* häufig eng mit axiomatisch-deduktiver Erkenntnissicherung, mit formalem Charakter und mit Strenge der Schlussfolgerung verbunden ist, wird er oft ergänzt durch den breiteren Begriff *Begründen*, wenn auch andere Begründungsformen wie das inhaltlich-anschauliche Begründen mitgedacht sind. (Prediger und Meyer 2009, S. 5, Hervorh. im Original)

Diese Arbeit teilt die Beobachtung, dass stichhaltige Begründungen in der Primarstufe selten als Beweise angesehen werden – im nicht-akademischen Umfeld noch häufiger als in der mathematikdidaktischen Forschung. Dieser Umstand soll sich wandeln, um die gehaltvollen Bedeutungskonstruktionen junger Mathematiker angemessen begrifflich zu würdigen. Daher wird im Folgenden bewusst Beweisen als Ausdruck für stichhaltige Argumentationen im Anfangsunterricht verwendet. Hiermit wird auch die Hoffnung verbunden, dass das Beweisen sein negatives Stigma verliert (Krauthausen 2001, S. 99–100). Begründen wird dagegen weitestgehend synonym zum Argumentieren verwendet, wobei Argumentieren eher die soziale Dimension und Begründen eher die inhaltliche Dimension der gleichen interaktiven Handlung bezeichnen soll.

Die Unterscheidung zwischen den drei Begriffen und dem Erklären kann mit den verschiedenen Funktionen von Beweisen getroffen werden.

Das Beweisen erfüllt in der Mathematik vielfältige Funktionen, die kognitive, soziale und epistemologische Aspekte berühren (Kempen 2019, 45ff). Verschiedene Autoren wie Auslander (2008), Villiers (1990), Hanna und Jahnke (1995), Rav (1999) und Weber (2002) nennen und diskutieren zahlreiche Funktionen von Beweisen:

1) Verifikation: In einem Beweis wird die Gültigkeit einer Aussage objektiv nachgewiesen. Der Nachweis erfolgt mit logischen Schlüssen aus Axiomen und bereits bewiesenen Sätzen. Jeder, der den Argumenten und Schlussweisen zustimmt, muss auch dem Resultat zustimmen.
2) Überzeugung: Ein Beweis kann die subjektive Überzeugung eines Individuums von der Gültigkeit einer Behauptung steigern. Psychologisch gibt es verschiedene Grade der Gewissheit, die Duval (2007) als „epistemic values" bezeichnet. Didaktisch bedeutsam ist die Unterscheidung zwischen objektiver Verifikation und subjektiver Überzeugung.
3) **Erklärung**: Ein Beweis kann erklären bzw. Einsichten geben, warum ein Sachverhalt gilt. Dadurch wird ein erweitertes Verständnis erreicht (Hanna 2000). Erklärende Beweise („proofs that explain") verdeutlichen, welche charakteristischen Eigenschaften das Theorem bedingen, im Gegensatz zu Beweisen, die nur die Gültigkeit zeigen („proofs that prove").
4) Systematisierung: Beweise ordnen einzelne Resultate in ein deduktives System von Definitionen, Axiomen und Theoremen ein. Argumente werden zu Beweisketten systematisiert, was eine erste Wissensstrukturierung im Sinne einer lokalen Theorie darstellt. Die Einordnung in eine axiomatische Globaltheorie erfordert ein explizites Theoriegerüst und ein Konzept formaler Beweise.
5) Entdeckung: Beweise können zur Entdeckung neuer Resultate, Zusammenhänge und Theorien führen. Diese produktive Funktion betont Beweisen als sinnstiftende Tätigkeit in Erkenntnisprozessen (Komatsu et al., 2014). Beweise sollten nicht nur als Routineaufgaben gestellt, sondern in mathematische Entdeckungsprozesse eingebettet werden.
6) Die Mathematik als Theorie idealer Objekte muss in Bezug zur realen Welt gesetzt werden. In der realen Welt erscheinen mathematische Sätze als empirische Gesetze. Durch Beweise werden diese Gesetze Teil einer Theorie und somit mit anderen Gesetzen verbunden. Ihre Gültigkeit wird nicht nur durch direkte Messungen, sondern auch durch Messungen anderer Gesetze derselben Theorie bestätigt. Beweise konstruieren also empirische Theorien für unsere Realität.
7) Kommunikation: In Beweisen wird mathematisches Wissen nach fachlichen Standards kommuniziert und kritisch diskutiert. Die Kommunikationsfunktion verweist auf den sozialen Prozess der Bewertung und Akzeptanz von Beweisen in der mathematischen Community. Didaktisch stellt sich die Frage nach der angemessenen Ausführlichkeit und Darstellung von Beweisen, um deren Nachvollziehbarkeit zu gewährleisten. Kempen sieht hierin auch eine Enkulturationsfunktion als Bestandteil.

8) Erforschung der Güte von Definitionen und Sätzen: Beim Beweisen werden die Eigenschaften und die Passung von Definitionen, Sätzen und axiomatischen Systemen deutlich. Beweise können die Notwendigkeit alternativer Definitionen aufzeigen. Und das Beweisen überraschender Sätze kann zur kritischen Reflexion der verwendeten Begriffe anregen.
9) Entwicklung konzeptuellen Verständnisses: Die Betrachtung von Definitionen und logischen Zusammenhängen beim Beweisen kann zu einem konzeptuellen Verstehen beitragen. Präzise Definitionen und Sätze erweisen im Beweisprozess ihren Sinn und Nutzen im Rahmen mathematischer Theorien.
10) Übertragung bekannter Resultate in neue Bereiche: In einem Beweis erhalten bekannte Sachverhalte eine funktionale Deutung im Gefüge der Argumente, wodurch sich neue Perspektiven und Bezüge eröffnen können.
11) Intellektuelle Herausforderung und Selbstrealisierung: Für Mathematiker stellen Beweise oft eine intellektuelle Herausforderung dar, deren Bewältigung Befriedigung verschafft. Beweise sind ein Prüfstein für die geistige Ausdauer, den Einfallsreichtum und die Kreativität eines Mathematikers. Diese Selbstrealisierung durch Beweisen lässt sich mit dem Lösen eines anspruchsvollen Puzzles oder der Bewältigung eines Marathons vergleichen.
12) Ästhetik: Mathematische Beweise werden oft ästhetisch beurteilt, wobei einige als besonders schön und elegant gelten. Kriterien wie Einfachheit, epistemische Befriedigung und Erleuchtung werden als Kennzeichen von Ästhetik ausgemacht. Die ästhetische Bewertung kann eine Suche nach besonders ästhetischen Beweisen motivieren. Die Ästhetik von Beweisen wird auch mit deren Erklärungskraft in Verbindung gebracht.
13) Beweise als Wissensträger: Beweise fungieren als Träger mathematischen Wissens, da in ihnen mathematische Methoden, Konzepte und Strategien zum Ausdruck kommen. Diese epistemische Funktion prädestiniert Beweise dafür, Lernenden zentrale Elemente der Mathematik zu vermitteln.
14) Rekapitulation wichtiger Resultate: Beweise können helfen, sich an wichtige Ergebnisse zu erinnern. Diese Merkfunktion von Beweisen lässt sich in Rückschauen auf Beweis- und Problemlöseprozesse nutzen.

Diese Liste ist nicht vollständig, kann aber bereits die vielfältigen Funktionen von Beweisen untermauern. Die zwei *zentralen* Funktionen von Beweisen sind die der überzeugenden Wissenssicherung und der erklärenden Wissenserweiterung. Die wissenssichernde Funktion wird von Heinrich Winter verglichen mit einem Notariatsbesuch nach Abschluss eines Kaufvertrags: Die erkenntnisreichen Dinge wurden bereits vorher erledigt, und der Notariatsbesuch dient lediglich der Absicherung. Die wissenssichernde Funktion des Beweises zur Summe der ersten ungeraden Zahlen kann also auch dadurch erfüllt sein, indem der Beweis von einer fachlichen Autorität wie einem Mathematikprofessor geführt wird. Ohne den Beweis durchdrungen zu haben, wird die Korrektheit des Satzes aufgrund der Kompetenz des Beweisführenden nicht angezweifelt.

Die erklärende Funktion adressiert hingegen die Wissensvermehrung durch Beweise. Winter schreibt zum Verständnis von Begriffen:

> Erst im Beweis von zugehörigen Sätzen klärt sich deren wirkliche Bedeutung auf, da im Beweis Beziehungen zwischen verschiedenen Begriffen aufgewiesen werden und die Begriffe scharf beim Wort genommen werden. (Winter 1983b, S. 73)

Erklärendes Beweisen ist folglich aus zwei Gründen von zentraler Bedeutung: Es ist eine mathematiktypische Denkhandlung *und* Bedingung für fundamentales Lernen:

> In the educational domain, then, it is only natural to view proof first and foremost as explanation, and in consequence to value most highly those proofs which best help to explain. (Hanna 2000, S. 8)

Grundschulgemäße Beweise, die erklären, zeichnen sich folglich dadurch aus, dass sie neues strukturelles Wissen bei den Kindern schaffen können. Dies konnte auch von Schwarzkopf (2003) in rekonstruktiven Analysen gezeigt werden, in denen er für die argumentative Einbindung von neuem Wissen in Argumenten zwischen empirischen, empirisch-konstruktiven und strukturell-mathematischen Argumenten unterschieden hat (siehe Abbildung 3.3).

empirisch	**empirisch – konstruktiv**	**strukturell – mathematisch**
Überprüfung aller Fälle im Beispiel:	Übertragung der Vorgehensweise auf weitere Beispiele:	Auswirkungen von hypothetisch zugrunde liegenden Strukturen:
Gibt es ein Phänomen?	Bleibt das Phänomen erhalten?	Wie kann man das Phänomen erzeugen?

Abbildung 3.3 Argumentarten (Schwarzkopf 2003, S. 231)

Nur strukturell-mathematische Argumente weisen über das konkrete Phänomen hinaus, indem die Erzeugung des Phänomens durch (unterstellte) allgemeingültige Strukturen erklärt wird. Die stichhaltige Erklärung, *warum* das Phänomen existiert, bedient sich folglich den gleichen allgemeingültigen Strukturen, die auch für einen Beweis verwendet werden könnten.

Nicht jeder Beweis ist eine Erklärung. Ebenso ist nicht jede Erklärung ein Beweis. Hilfreich ist hierfür eine Differenzierung in das Erklären-Warum, Erklären-Wie und das Erklären-Was (Klein 2009). Das Erklären-Wie bezieht sich auf Prozesse und Handlungen und könnte zum Beispiel die Erklärung eines Rechenwegs sein. Das Erklären-Wie hat daher starke Ähnlichkeit mit dem Beschreiben. Das Erklären-Was umfasst die Bedeutung von Begriffen und Objekten, wie beispielsweise die Erklärung des Begriffs Summe. Das Erklären-Warum betrachtet schließlich kausale Faktoren und Ursache-Wirkungs-Zusammenhänge – eine Warum-Erklärung könnte folglich das Konstanzgesetz der Summe adressieren.

Zusammenfassend lässt sich festhalten, dass sich das Erklären über den Anspruch etwas verstehbar zu machen definiert. Fundamentale Lernprozesse können nur durch das Erklären-Warum entstehen, weshalb in der Regel diese Form des Erklärens gemeint ist, wenn im Rest der Arbeit der Begriff Erklären verwendet wird.

Beweisen in den Bildungsstandards und im Kerncurriculum

Die enge begriffliche Beziehung zeigt sich auch in den Bildungsstandards, wo die prozessbezogene Kompetenz so beschrieben wird:

> Beim mathematischen Argumentieren in der Primarstufe entwickeln Schülerinnen und Schüler ein Bewusstsein für strittige Fragen zu mathematischen Gegenständen und ein Bedürfnis, diese überzeugend aufzuklären. Hierzu hinterfragen und prüfen sie Aussagen ebenso wie sie Vermutungen und Begründungen zu mathematischen Zusammenhängen aufstellen. Das Spektrum reicht dabei vom beispielgebundenen Prüfen und Widerlegen von Vermutungen bis hin zum Nachvollziehen und Entwickeln von verallgemeinernden inhaltlich-anschaulichen Überlegungen zu mathematischen Zusammenhängen. (Kultusministerkonferenz 2022, S. 10)

Die Kinder sollen nicht nur einen Begründungsbedarf anerkennen, sondern sogar ein Begründungsbedürfnis entwickeln. Und dies nicht nur für die Korrektheit von Lösungswegen o.ä., sondern für mathematische Zusammenhänge. Begründungen scheinen hierbei synonym zu Argumentationen zu sein, wobei unklar bleibt, ob das beispielgebundene Prüfen bereits eine Begründung darstellt. Auch inhaltlich-anschauliche Überlegungen werden nicht genauer definiert. Beweise werden weder in der Beschreibung noch an einer anderen Stelle in den Bildungsstandards aufgegriffen. Ebenfalls erkennbar ist, dass das Argumentieren in den Bildungsstandards bereits beim Aufstellen von verallgemeinernden Vermutungen beginnt. Damit wird dem Argumentieren nicht nur eine wissenssichernde Funktion zugeschrieben. Allerdings heißt es auch beim Kommunizieren, dass es ein Spektrum bis hin zum „verständlichen Erläutern von Zusammenhängen zwischen mathematischen Objekten“ (Kultusministerkonferenz 2022, S. 10) umfasst. Es scheinen also eher Interaktionsprozesse und weniger Argumentationen als spezielle Ausprägungen davon zu sein, denen Bedeutung für das fundamentale Lernen zugeschrieben werden.

Das niedersächsische Kerncurriculum besitzt einige Differenzen in der Beschreibung des Argumentierens im Vergleich zu den Bildungsstandards:

> Argumentieren im Mathematikunterricht hebt sich vom mathematischen Kommunizieren ab. Mathematische Aussagen werden hinterfragt und auf Korrektheit geprüft, Zusammenhänge erkannt und Vermutungen entwickelt sowie Begründungen gesucht und nachvollzogen. Beim Argumentieren werden unter anderem erkannte Muster und Regelhaftigkeiten sowie wesentliche mathematische Gesetze zur Begründung eines Sachverhaltes aufgegriffen. Zeichnerische Lösungen und der Einbezug konkreter Materialien (wie zum Beispiel Plättchen) sind beim Argumentieren wichtige Hilfen. Mathematisches Argumentieren ist häufig in Modellierungs- und Problemlöseprozesse eingebunden. Eigene und fremde mathematische Behauptungen kritisch zu hinterfragen, Beispiele und Gegenbeispiele sowie überzeugende Argumente zu suchen, muss im Unterricht gefördert, gefordert und als Haltung verinnerlicht werden. (Niedersächsisches Kultusministerium 2017, S. 7–8)

In dieser Beschreibung wird das Begründungsbedürfnis als Haltung beschrieben, in der eigene und fremde Behauptungen kritisch hinterfragt werden. Das Argumentieren beginnt nicht nur beim Vermutungen aufstellen, sondern ist in Problemlöseprozessen eingebunden. Muster, Regelhaftigkeiten und mathematische Gesetze werden als mögliche Bestandteile einer Argumentation genannt. Die enaktive (konkretes Material) und die ikonische Ebene (zeichnerische Lösungen) werden als wichtige Hilfen im Argumentationsprozess angesehen. An anderer Stelle wird die Bedeutung von Arbeitsmitteln als Argumentationshilfe wiederholt (Niedersächsisches Kultusministerium 2017, S. 12).

Als weitere Konkretisierung, was unter inhaltlich-anschauliche Überlegungen zu verstehen ist, kann das Beispiel für die Zusammenführung von Kompetenzen herangezogen werden, wo zwischen einem formalen und einem inhaltlich-anschaulichem Beweis unterschieden:

> Bei der Begründung geht es nicht um einen formalen Beweis, sondern um das Nachvollziehen der zugrundeliegenden Rechengesetze/Operationseigenschaften an einem handelnden/bildlichen Beispiel (inhaltlich-anschaulicher Beweis). (Niedersächsisches Kultusministerium 2017, S. 39)

Damit erhärtet sich der Eindruck, dass mathematische Gesetze nachvollzogen und für die Begründung von Rechenstrategien oder Lösungswegen genutzt werden sollen – die mathematischen Gesetze selbst sollen aber nicht begründet werden. Dies ist aber von elementarer Bedeutung, um Verständnis von und Vertrauen in die mathematischen Strukturen zu gewinnen. Mathematische Gesetze gelten nicht nur, weil die Lehrperson dies vorgibt. Immerhin wird in den erwarteten Kompetenzen für das Ende vom Schuljahrgang 4 davon gesprochen, dass auch mathematische Zusammenhänge begründet werden sollen – entweder an Arbeitsmitteln und Darstellungen *oder* an Beispielen (Niedersächsisches Kultusministerium 2017, S. 23). Auf den Unterschied wird tiefergehend in Abschnitt 3.5.3 eingegangen.

Nachdem nun grundlegende Begriffe geklärt sind, soll das operative Beweisen als zentrales Konzept zur Umsetzung des Beweisens in der Grundschule vorgestellt werden.

3.2 Operative Beweise nach Wittmann

Die Definition und Einordnung des operativen Beweisens soll anhand dreier Artikel geschehen, die der vorliegenden Arbeit eine wesentliche Orientierungsgrundlage gegeben haben:

1) In dem Artikel „Wann ist ein Beweis ein Beweis?“ (1988) beschreiben Wittmann und Müller grundsätzlich ihr Verständnis der Mathematik als Wissenschaft von den Mustern und Strukturen und die daraus resultierenden Konsequenzen für die Mathematikdidaktik, insbesondere in Bezug auf die Frage, welche Rolle anschauliche Darstellungen beim mathematischen Beweisen spielen können. Dazu werden drei unterschiedliche Beweistypen vorgestellt und konstatiert, dass der inhaltlich-anschauliche Beweis für die Didaktik von besonderem Interesse sein muss.
2) In dem Artikel „Objekte-Operationen-Wirkungen“ (1985) wird schwerpunktmäßig eine Ausgestaltung der Mathematikdidaktik vorgestellt, die dem operativen Prinzip folgt. Der operative Beweis wird erstmalig von Wittmann genannt. Er ist jedoch nur einer von mehreren Spezialfällen des operativen Prinzips.
3) Der Artikel „Operative Beweise in der Schul- und Elementarmathematik“ (2014) kann als Aktualisierung der vorangestellten Artikel gedeutet werden. Wittmann stellt eine anders akzentuierte Definition des operativen Beweisens vor und untermauert diese mit Beispielen und theoretischen Fundierungen.

Dieses Kapitel arbeitet schwerpunktmäßig die Konzeption des operativen Beweises nach Wittmann heraus. Die historischen Einflüsse anderer Beweiskonzepte werden in Abschnitt 3.3 behandelt, die Einordnung in den aktuellen Forschungsstand im Abschnitt 3.4.

Der Plättchenbeweis in Abschnitt 3.1 und die rechnerische Überprüfung an einer endlichen Anzahl von Beispielen sind Beispiele für zwei elementare Beweistypen, die Wittmann und Müller (1988) mit dem formal-deduktiven Beweis der professionellen Mathematik verglichen haben. Die Verifikation an einer endlichen Anzahl von Beispielen ist nach Wittmann und Müller ein experimenteller Beweis und der Plättchenbeweis ein inhaltlich-anschaulicher Beweis. Der Begriff experimenteller Beweis ist hierbei missverständlich gewählt, da experimentelle Beweise gerade *keine* Allgemeingültigkeit sichern, was jedoch der Anspruch mathematischer Beweise ist (Müller und Wittmann 1988, S. 249). Wittmann und Müller stellen daher selbst heraus, dass es eine klare Trennlinie zwischen dem experimentellen Beweis auf der einen Seite und dem inhaltlich-anschaulichen und formal-deduktiven Beweis auf der anderen Seite gibt. Denn die letztgenannten Beweistypen unterscheiden sich zwar in ihrer mathematischen Strenge, nicht jedoch in ihrer Stichhaltigkeit (Müller und Wittmann 1988, S. 248–249). Im Weiteren wird daher auf den inhaltlich-anschaulichen Beweis fokussiert, der von Wittmann auch als operativer Beweis bezeichnet wird.

Das Konzept des operativen Beweises wird von Wittmann erstmals 1985 beschrieben:

> Beweise, bei denen die den Objekten durch Konstruktion aufgeprägten Eigenschaften und Beziehungen sowie deren Verhalten bei Operationen explizit ausgenutzt werden, nennt man operative Beweise (Hervorh. im Original). (Wittmann 1985, S. 11)

Es fällt auf, dass die Definition des operativen Beweises fast ausschließlich aus Bestandteilen besteht, die sich auch in der Definition des operativen Prinzips finden. Der entscheidende Unterschied ist der Zusatz, dass die allgemein gültigen Eigenschaften und Beziehungen der Objekte und Operationen *explizit* ausgenutzt werden. Für Wittmann ist der operative Beweis daher auch einer von fünf Spezialfällen des operativen Prinzips (Wittmann 1985, S. 11): Wenn die mathematischen Strukturen nicht nur in systematischer Weise für die Erforschung eines Phänomens genutzt, sondern auch expliziert werden, dann handelt es sich um einen operativen Beweis.

Auch formal-deduktive Beweise nutzen die allgemeingültigen Eigenschaften von Objekten und Operationen, die jedoch im Gegensatz zum Beweisen in der Grundschule rein begriffliche, idealisierte Objekte und Operationen sind.

Diese erste Definition beschreibt also eigentlich nur die grundsätzliche Funktionsweise von Beweisen aus der Perspektive des operativen Prinzips. Deutlich differenzierter wird Wittmann in seiner Definition des operativen Beweisens 2014:

> Operative Beweise
>
> - ergeben sich aus der Erforschung eines mathematischen Problems, insbesondere im Rahmen eines Übungskontextes, und klären einen Sachverhalt,
> - gründen auf Operationen mit ‚quasi-realen' mathematischen Objekten,
> - nutzen dazu die Darstellungsmittel, mit denen die Schüler auf der entsprechenden Stufe vertraut sind und
> - lassen sich in einer schlichten, symbolarmen Sprache führen.[1] (Wittmann 2014, S. 226)

Die Verwendung operativer Strukturen ist das verbindende Element beider Definitionen. Nur in der älteren Definition findet sich ausdrücklich, dass der operative Beweis erst dadurch entsteht, dass die allgemeingültigen Wirkungen und Eigenschaften der mathematischen Quasi-Realität expliziert werden. Das „gründen" in der zweiten Definition ist in dieser Hinsicht unpräzise, wenngleich die Einbettung in den Artikel vermuten lässt, dass es im Einklang zur anderen Definition als „nutzen und explizieren" zu verstehen ist und die neue Formulierung stärker die Bedeutung der Operation hervorheben möchte: Von zentraler Bedeutung sind weniger die exemplarischen Objekte (bzw. deren Darstellungen) und ihre Eigenschaften (wie in der älteren Definition), sondern die durch Operationen bewirkten Übergänge zwischen den Objekten.

> Nicht auf die Beispiele *an sich* kommt es also an, sondern auf die *Operationen*, wie die Bezeichnung ‚*operative Beweise*' zum Ausdruck bringt. (Wittmann 2024, S. 33, Hervorh. im Original)

Der zentrale Unterschied zwischen den beiden Definitionen ist die didaktische Prägung in der neuen Definition. Im jüngeren Artikel wird herausgestellt, dass der Begriff des operativen Beweises eigentlich zu kurz gefasst ist, weil das komplette didaktische Setting operativer Natur ist (Wittmann 2014, S. 226). Neue Bestandteile sind daher die Nutzung von den Kindern vertrauten Darstellungsmitteln zur

[1] Symbolarm bezieht sich bei Wittmann auf die Darstellungsebenen nach dem E-I-S-Prinzip. Aus Sicht des Symbolischen Interaktionismus kann eine Sprache nicht symbolarm sein.

Beweisführung und ein problemhaltiger Übungskontext als Quelle des Beweisbedürfnisses („ergeben sich aus"). Aus dem problemhaltigen Übungskontext sollen bewusste, von einer Beweisintention geprägte Handlungen entstehen.

Beide Aspekte sind grundsätzlich richtig und unterstreichen die Bedeutung operativer Beweise in der Schulmathematik. Als Bestandteile einer Definition für den operativen Beweis als Beweistyp eignen sie sich aber nicht, da sie die Einordnung einer Begründung als operativen Beweis von der Perspektive des Beweisführenden abhängig machen würde. Nur wenn dem Beweis ein Übungskontext vorangehen würde, der den Beweisführenden vor ein Problem stellt, wäre ein Beweis als solcher einzustufen.

Für die weitere Arbeit soll daher eine Ausdifferenzierung der Definition von 2014 getroffen werden: Der operative Beweis wird als *Beweistyp* so verstanden, wie ihn Wittmann (2014) mit stärkerer Betonung auf die Operationen beschrieben hat. Dieser Beweistyp ist in didaktischen Settings jedoch untrennbar mit anderen Aktivitäten mit dem Entdecken und Prüfen von Zusammenhängen verbunden. Der operative Beweis soll nicht künstlich und isoliert von anderen Aktivitäten eingefordert werden, sondern der Bedarf nach Beweisen soll sich authentisch aus der Erforschung von Problemen ergeben (Schwarzkopf 2015, S. 38). Das verbindende Element zwischen den unterschiedlichen Aktivitäten ist das operative Prinzip. Mit der Leitfrage ‚Was passiert, wenn…' kann das Problem gelöst und in ihm ein mathematisches Phänomen gesehen werden – und dieses Phänomen kann dann mit der gleichen Leitfrage operativ bewiesen werden. In dieser Arbeit wird daher vorgeschlagen, die Gesamtheit der operativen Überlegungen mit dem Ziel ‚operativer Beweis' als operatives Beweisen oder als operativer Beweisprozess zu bezeichnen.

Das operative Beweisen steht im Zentrum dieser Arbeit, weil diese Definition den changierenden Prozess interaktiver Beweisentwicklung in Lehr-Lernprozessen der Primarstufe beinhaltet. Im Forschungsinteresse stehen nicht Fragen, die zum Beispiel die Beweiskompetenz einzelner Kinder in den Blick nehmen. Vielmehr wird sich für die lerntheoretisch bedeutsame Funktion der operativen Beweise als Erklärung mathematischer Phänomene interessiert.

Abschließend soll noch eine weitere Präzisierung der Definition bezüglich der „quasi-realen" Objekte getroffen werden. Die Quasi-Realität trifft auf jede mathematische Theorie zu (Wittmann 2014, S. 227). Charakteristisch für den operativen Beweis ist, dass diese Quasi-Realität *leicht zugänglich ist.* Für Wittmann sind nicht-symbolische Darstellungen hierfür unverzichtbar. Als Beispiele nennt er u. a. Plättchen, die Stellenwerttafel und Rechnungen mit Zahlen (Wittmann 2014, S. 227). Diese Arbeit definiert die leichte Zugänglichkeit quasi-realer Objekte mithilfe der Epistemologie mathematischen Wissens (siehe Abschnitt 2.3): Quasi-reale Objekte sind nur dann leicht zugänglich, wenn sie zunächst als empirischer Referenzkontext für den mathematischen Begriff fungieren können. Vorgreifend sei hierzu erwähnt, dass die leichte Zugänglichkeit quasi-realer Objekte in Abschnitt 5.2 erneut aufgegriffen und mithilfe der Ergebnisse der empirischen Untersuchung in zwei Stufen ausdifferenziert wird.

Als nächstes werden zunächst die historischen Einflüsse auf das operative Beweisen beleuchtet.

3.3 Historische Einflüsse

Neben dem operativen Beweis gibt es eine Vielzahl anderer Beweiskonzepte für die Grundschule. Dieses Kapitel möchte aufzeigen, welche historischen Beweiskonzepte Einfluss auf das Konzept des operativen Beweises genommen haben.

3.3.1 Branford (inhaltlich-anschauliches Beweisen)

Ausgehend von seiner Erfahrung als Mathematiklehrer und Universitätsdozent beschrieb Branford (1913) drei Beweisstufen. Die erste wird von ihm experimentell genannt, weil der Beweis aus der Überprüfung an konkreten Beispielen besteht. Ein experimenteller Beweis der Quersummenregel könnte also darin bestehen, dass die ersten 100 natürlichen Zahlen durch neun dividiert werden. Weil die rechnerischen Reste mit den vermuteten Resten übereinstimmen, wäre die Quersummenregel experimentell bewiesen. Auf dieser Stufe werden also noch keine strukturellen Argumente im Beweis verwendet. Branford schreibt daher auch, dass den Lernenden die Grenzen des experimentellen Beweises bewusst gemacht werden müssen. So könnte ein Bedürfnis nach einer „allgemein gültige[n] Wahrheit von vollkommener Genauigkeit" (Branford 1913, S. 102) entstehen.

Die nächste Beweisstufe wird von Branford „inhaltlich-anschauliches Beweisen" genannt. Er beschreibt diese Stufe so:

> Diese Beweisstufe stellt allgemeine und streng gültige Wahrheiten auf, beruht sich dabei aber, wenn es nötig wird, auf Postulate der sinnlichen Erfahrung. Sie stellt die Wahrheit auf eine unabhängige eigene Basis durch unmittelbare Berufung auf erste Prinzipien. Sie stellt die Wahrheit nicht dar als bloßes Glied in einer systematischen Kette von Argumenten, wo die wirksame Strenge des Zusammenhangs abgeschwächt wird durch die Zahl der vorher aufgestellten Wahrheiten, welche die Glieder der Kette bilden. (Branford 1913, S. 109)

Diese Zwischenstufe als Vermittler zwischen der „rein experimentelle[n] Richtung“ und der „alten Euklidischen Schule“ (Branford 1913, S. 99) stellt den zentralen Aspekt von Branfords Konzept dar. Der inhaltlich-anschauliche Beweis ist zugleich zugänglich und deduktiv-schlussfolgernd, weil aus anschaulichen Darstellungen strukturelle Argumente entwickelt werden. Beispielhaft sei hierfür der Scheitelwinkelsatz angeführt, den Branford auf dieser Beweisstufe so beweist (siehe Abbildung 3.4).

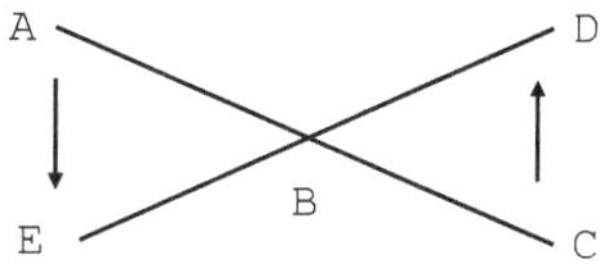

Abbildung 3.4 Beweisfigur Branford

Wenn die Gerade, die durch A und C definiert ist, gedreht wird, dann werden gegenüberliegende Winkel im Punkt B im gleichen Maße größer (bzw. kleiner) (Branford 1913, S. 103). Mit Begriffen des operativen Prinzips gesprochen: Die Drehung ist eine Operation und wird ausgeführt. Die Auswirkung auf die Scheitelwinkel des Schnittpunkts zweier Geraden wird untersucht. Für den Beweis wird folglich der durch die Operation verursachte Übergang zweier Objekte für eine strukturelle Begründung verwendet.

Aus diesem Grund unterscheiden sich inhaltliche-anschauliche Beweise vor allem in der formalen Strenge von der letzten Beweisstufe, dem wissenschaftlichen Beweisen. Auf der dritten Stufe werden keine Postulate der sinnlichen Wahrnehmung mehr verwendet. Stattdessen wird auf der Grundlage von Axiomen streng deduktiv geschlussfolgert. Die Lernenden sollen an das selbstständige Finden solcher Beweise herangeführt werden. Der wissenschaftliche Beweis der vorherigen Beweisidee könnte so aussehen:

$$\alpha + \gamma = 180^\circ \, und \, \gamma + \beta = 180^\circ (Voraussetzung)$$
$$also \, \alpha + \gamma = \gamma + \beta undsomit \alpha = \beta$$

Dem wissenschaftlichen Beweis wird von Branford die größte Überzeugungskraft eingeräumt (Branford 1913, S. 105). Die formale Strenge eines Beweises muss daher für ihn zusätzliche Beweiskraft bedeuten. Dennoch erkennt er bereits damals ein, dass auch bei diesem Beweistyp immer wieder Postulate der Anschauung verwendet werden. Diese Pragmatik überträgt Branford daher in seine Didaktik: Wenn die Universitätsmathematik den Grad an Strenge für das Beweisen praxistauglich anpasst, dann sollten auch Schulbeweise dem Kenntnisstand der Kinder angepasst sein (Branford 1913, S. 107).

Branfords drei Beweisstufen und die explizite Trennlinie zwischen dem experimentellen Beweisen als bloße Verifikation anhand von Beispielen und den anderen beiden Beweisstufen als allgemeingültige Begründungen wurden von Wittmann und Müller für das Konzept der operativen Beweise aufgegriffen und mit dem operativen Prinzip in Zusammenhang gebracht (Müller und Wittmann 1988, 247 ff.). Ebenfalls lässt sich bei Branford erkennen, dass er auch den Problemlöseprozess mit der Entdeckung des Phänomens und dem Suchen nach einer Erklärung für das Phänomen dem Beweisprozess zugehörig ansieht. Es ist also denkbar, dass auch die Einbindung des Problemlösens bei Wittmann (2014) von Branford beeinflusst worden ist.

3.3.2 Freudenthal (quasi-allgemeine Beweise)

Freudenthal hat bereits in frühen Arbeiten den Begriff „quasi-allgemeines" Beweisen genutzt, um Begründungen in historischen Arbeiten zu charakterisieren (Biehler und Kempen 2016, S. 151). Folgendes Beispiel wird von ihm zur Charakterisierung genutzt für die Behauptung, dass das Doppelte der n-ten Dreieckszahl genau $n \cdot (n + 1)$ ist:

> Es wird zum Beispiel die vierte mit der darauffolgenden Zahl multipliziert, also der fünften: und es wird 20 hervorgebracht. Ich sage, dass 20 das Doppelte des an der Seite dieser Vier stehenden Dreiecks ist. Es werden nämlich die Zahlen von eins bis vier genommen, an diese werden von eins an ebenso viele Zahlen in umgekehrter Reihenfolge angelegt; an jede einzelne eine einzelne: So nämlich geschieht es, dass die zunehmenden Zahlen, einzeln mit den abnehmenden zusammengelegt, vier gleiche Gesamtzahlen ergeben: Dies sind vier Fünfen. Daher wird ihre Ansammlung die ebene Zahl sein, die aus der Multiplikation von 4 mit 5 entsteht: und daher wird die so beschaffene Fläche 20 sein. Das Doppelte aber ist diese Fläche [verglichen mit, J. L.] dem Dreieck der Vier: Weil eben nach der Definition das derartige Dreieck die Ansammlung der genannten einzelnen Reihen ist, ist es die Hälfte der Fläche. Folglich ist 20 das Doppelte gegenüber dem Dreieck der Vier. Und auf ähnliche Art werden wir das, was behauptet wird, in jedem Fall beweisen. (Freudenthal 1953, zit. nach Biehler und Kempen 2016, 151f)

Für Freudenthal ist dieser Beweis quasi-allgemein, weil das konkrete Beispiel als Repräsentant für eine gesamte Objektklasse genutzt wird. Konkrete Zahlen werden genutzt, haben aber Variablencharakter. Biehler und Kempen behaupten, dass Freudenthal in diesem Zusammenhang auch von quasi-allgemeinen Induktionsbeweisen spricht, weil der Übergang von einem zum nächsten Objekt zwar an einem konkreten Beispiel, aber mit Explikation der allgemeinen Strukturen betrachtet wird (Biehler und Kempen 2016, S. 152). Zumindest das obige Beispiel passt dazu jedoch nicht: Die im Beweis genutzte nachfolgende Zahl ist Bestandteil der Behauptung. Ein (quasi-allgemeiner) Induktionsbeweis wäre es nach Ansicht dieser Arbeit nur, wenn z. B. der Übergang von $2 \cdot (1 + 2 + 3 + 4) = 4 \cdot 5$ zu $2 \cdot (1 + 2 + 3 + 4 + 5) = 5 \cdot 6$ für den Beweis genutzt werden würde.

Obwohl diese historischen Betrachtungen Freudenthals Ähnlichkeiten zum Konzept des operativen Beweisens besitzen, konnten keine expliziten Bezüge gefunden werden. Warum ihnen dennoch eine hohe Bedeutung zugemessen werden kann, haben Bielen und Kempen schön zusammengefasst:

> Indem er den allgemeingültigen Charakter der Argumentation mit Zahlenbeispielen in historischen Epochen, in denen das algebraische Darstellungssystem noch nicht erfunden war, herausarbeitet, plädiert er für einen breiteren Beweisbegriff in der Arithmetik, der nicht nur an formalen-algebraischen Darstellungen gebunden ist. (Biehler und Kempen 2016, S. 152)

3.3.3 Prämathematik

Die Prämathematik hat das Konzept des operativen Beweisens stark beeinflusst. Im Folgenden wird auf die Vertreter dieser Konzeption eingegangen, die Wittmann in seinem Artikel (1988) hervorgehoben hat: Semadeni und Winter (Müller und Wittmann 1988, S. 249).

Müller und Wittmann beziehen sich auch auf Kirsch und Walther. Da diese sich überwiegend mit Mathematikdidaktik für die Sekundarstufe beschäftigt haben, soll in dieser Arbeit darauf nicht eingegangen werden. Für eine ausführliche Darstellung sei auf Kempen (2019) und Biehler und Kempen (2016) verwiesen.

Semadeni beschreibt 1976 die Prämathematik als Gegenentwurf zur abstrakten Mathematik. Während die abstrakte Mathematik auf einer axiomatischen Theorie formal-deduktiv aufbaut, soll die Prämathematik mathematische Begriffe durch einen semantischen Zugang füllen. Der inhaltliche Aufbau muss nicht linear verlaufen und darf lokale anstelle von globalen Deduktionen beinhalten.

Prämathematische Beweise werden von ihm für einen zu beweisenden Satz S so definiert:

1) Choose a special case of S. The case should be generic (that is without special features), not too complicated, and not too simple [...]. Choose an enactive and/or iconic representation of this case [...]. Perform certain concrete, physical actions (manipulating objects, drawing pictures, moving body etc.) so as to verify the statement in the given case.
2) Choose other examples, keeping the general schema permanent but varying the constants involved. In each case verify the statement, trying to use the same method as in 1).
3) When you no longer need physical actions, continue performing them mentally until you are convinced that you know how to do the same for many other examples.
4) Try to determine the class of cases for which this method works. (Semadeni 1984, S. 32)

Der Ausgangspunkt prämathematischer Beweise sollen also Handlungen und Manipulationen mit Objekten auf der enaktiven oder ikonischen Ebene sein. Diese Handlungen sollen zunächst subjektiv von der Gültigkeit überzeugen. Danach soll durch eine Variation der Bedingungen ein Beweis entwickelt werden. In einem nächsten Schritt sollen die Handlungen dann verinnerlicht werden, indem die Kinder sie nur noch in ihrer Vorstellung durchführen. Abschließend soll überlegt werden, für welche Klasse von Fällen diese neue „Methode" genutzt werden kann. Es sollen also Überlegungen angestellt werden, welche Objektklasse in die konkreten (bzw. gedanklichen) Objekte hineingedeutet werden kann. Als Beispiel hierfür sei die Kommutativität der Multiplikation wiedergegeben. Die Kommutativität der Multiplikation könne an Rechtecken aus Kästchen veranschaulicht werden, indem die Kästchen horizontal oder vertikal zu Gruppen zusammengefasst werden (siehe Abbildung 3.5).

> The manipulation of grouping the little squares in two different ways (either real or imagined) are performed, of course, only in a finite number of cases, but the generalization is immediate. (Semadeni 1976, S. 17)

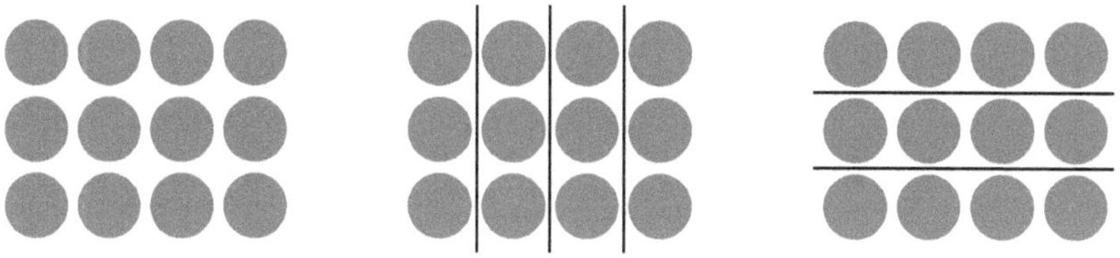

Abbildung 3.5 Beweisfigur Semadeni

Für Semadeni geben prämathematische Beweise durch semantische, aber logische Schlüsse absolute Gewissheit über die Gültigkeit des Zusammenhangs. Auch wenn sie zunächst auf konkreter Ebene stattfinden, sind sie Konkretisierungen und Vorformen späterer formal-deduktiver Beweise. Semadeni sieht daher in den strukturellen Argumenten und der Möglichkeit zur Formalisierung den entscheidenden Unterschied zur rein empirischen Evidenz (Semadeni 1976, S. 32). Gleichzeitig können prämathematische Beweise in der Grundschule so den Grundstein für formale Beweise in der Sekundarstufe legen.

Semanedi nutzt für sein Beweiskonzept auch den Begriff „action proof". Damit möchte er Interpretationen vermeiden, die prämathematisch als unmathematisch verstehen könnten (Semadeni 1984). Die Beziehungen zum operativen Beweisen sind wechselseitig: Semadeni zeigt die Ähnlichkeiten zum operativen Beweisen auf und Müller und Wittmann sehen den Verdienst von Semadeni darin, dass er die Vergleichbarkeit inhaltlich-anschaulicher Beweise mit formal-deduktiven Beweisen in der mathematikdidaktischen Diskussion vertreten hat (Müller und Wittmann 1988, S. 249). Ein weiterer Bezug zum operativen Prinzip besteht darin, dass Semadeni sich an der Stufenfolge von Piaget orientiert hat. Die Unterrichtsinhalte müssen zur Stufe der konkreten Operationen passen – prämathematische Beweise stellen dementsprechend die Möglichkeit dar, formal-deduktive Argumente entwicklungsgerecht zu elementarisieren.

Winter beschreibt prämathematische Beweise folgendermaßen:

> Prämathematische Beweise sind vollgütige mathematische Beweise, die aber nicht in der Fachsprache (etwa mit Verwendung von Variablen) notiert werden, sondern in der Sprache praktischer Handlungen (mit realen Dingen), die man wirklich oder nur in

> Gedanken ausführt. Ihr pädagogischer Wert liegt vor allem darin, daß die Schüler auf besonders eindringliche Weise erfahren, inwieweit das Beweisen eine kreative und wissens- und einsichtsvermehrende Aktivität ist (und nicht etwa eine lästige Pflichtübung, womöglich ein undurchsichtiges Sprachspiel). (Winter 1983a, S. 178)

Das Zitat kann als Destillat der Beweiskonzeption von Winter angesehen werden. Auf die zentralen Aspekte wird im Folgenden eingegangen:

Mit der „lästigen Pflichtübung" und dem „undurchsichtigen Sprachspiel" räumt Winter ein, dass nur wenige Kinder ein subjektives Beweisbedürfnis zeigen. Stattdessen akzeptieren sie häufig Messungen oder Überprüfungen an Beispielen als Beleg für die Allgemeingültigkeit mathematischer Behauptungen. Diesem Befund stellt er das Konzept des entdeckenden Lernens entgegen: „Nur wenn der Schüler auch die Möglichkeit hat, beim Lernen von Mathematik selbst explorativ tätig zu sein, hier seine Neugier ‚auszuleben', kann man erwarten, dass sich theoretisches Interesse mit positiven Emotionen (Appetenzverhalten) besetzt, dass sich also ein subjektives Beweisbedürfnis entwickelt" (Winter 1983b, S. 81). Diese Erziehung zum Beweisbedürfnis soll mit dem ersten Schultag beginnen (Winter 1983b, S. 91).

Aus der Verbindung zum entdeckenden Lernen lässt sich auch schlussfolgern, dass Beweisen eine kreative und einsichtsvermehrende Aktivität ist. Beweisen dient nicht nur der Wissenssicherung, weil das Entwickeln eines prämathematischen das Erkennen und Nutzen von Beziehungen zwischen verschiedenen mathematischen Strukturen bedeutet (Winter 1983b, S. 73). Durch die Lösung eines Problems werden zentrale Inhalte und Begriffe der Mathematik geschärft und zueinander in Beziehung gesetzt:

> Erst im Beweis von zugehörigen Sätzen klärt sich deren wirkliche Bedeutung auf, da im Beweis Beziehungen zwischen verschiedenen Begriffen aufgewiesen werden und die Begriffe scharf beim Wort genommen werden" (Winter 1983b, S. 73)

Auch für Winter scheinen das Beweisen lernen und das fundamentale Lernen durch Beweisen also zwei Seiten der gleichen Medaille zu sein. Aus dieser Untrennbarkeit von Abduktion, Deduktion und Induktion im entdeckenden Lernen spricht er sich auch gegen einen Widerspruch zwischen Anschauung und Beweis aus. Die Anschauung ist wichtig für den Beweis, weil sie der Ausgangspunkt für deduktive Schlussfolgerungen ist. Der Beweis ist wichtig für die Anschauung, weil durch ihn das „anschaulich-intuitive Handeln nicht abgeschafft oder überflüssig gemacht, sondern im Gegenteil verfeinert, erhöht, sublimiert"

(Winter 1983b, 66f) wird. Winter sieht den Zusammenhang zwischen Anschauung und Beweis daher auch als Verhältnis der wechselseitigen Verstärkung (Winter 1983b, S. 67).

3.3.4 Generischer Beweis

Der generische Beweis ist ein Konzept aus der englischsprachigen Forschung und wird dort unter den Begriffen „generic proofs“ und „generic example“ diskutiert. Dieses Konzept wird vor allem für die Sekundarstufe (Stylianides 2010) und in der Hochschullehre eingesetzt (Biehler und Kempen 2014; Bills und Rowland 1999; Karunakaran et al. 2014; Leron und Zaslavsky 2009; Rowland 2002). Allgemeiner werden sie als „valides Begründungsmittel in Lernszenarien verwendet, in denen die formale Symbolsprache noch nicht zur Verfügung steht“ (Kempen 2016, S. 168)

Durch die Ähnlichkeit und auch durch explizite Vergleiche zum operativen Beweis in der Literatur werden generische Beweise im Folgenden erläutert.

Generische Beweise können definiert werden als konkrete Beispiele, an denen allgemeingültige Strukturen herausgearbeitet und für stichhaltige Argumente genutzt werden. Das oder die verwendeten Beispiele werden dann auch als generische Beispiele bezeichnet (Dreyfus et al. 2012, S. 205). Mit dem Begriff generisch wird folglich betont, dass die Argumentation am konkreten Beispiel für eine größere Anzahl von Fällen gültig ist.

Generische Beweise sind an keine konkrete Darstellungsebene gebunden. Reid und Knipping (2010, S. 134ff) differenzieren in vier unterschiedliche Kategorien, wovon die ersten drei den Darstellungsebenen nach Bruner entsprechen:

1. Concrete generic examples: Bei dieser Kategorie werden auf der enaktiven Ebene Objekte verwendet und Handlungen an ihnen durchgeführt. Diese Kategorie entspricht Semadenis Konzept des „action proofs“.
2. Pictorial generic examples: Bei diesem Beweistyp werden Beispiele auf der ikonischen Ebene verwendet, anhand derer man sich die zugrundeliegenden Handlungen und Konzepte vorstellen muss. Die „proofs without words“ lassen sich hier einordnen.
3. Numeric generic examples: Hier werden auf der symbolischen Ebene konkrete Zahlen als Beispiele herangezogen, um die Allgemeingültigkeit einer Aussage zu illustrieren. Ein Beispiel hierfür könnten die schönen Päckchen zum Konstanzgesetz der Summe sein (siehe Abschnitt 2.4).

4. Situational generic examples: Die Beispiele entstammen dem Kontext der realen Welt. Der „reality-oriented proof" fällt in diese Kategorie. Ein Beispiel für diesen Beweistyp kann das Konstanzgesetz der Summe anhand von Autobahnstrecken sein (siehe Abschnitt 4.2.1).

Die Ähnlichkeit zum operativen Beweis zeigt sich in unterschiedlichen Publikationen. Kempen (2013) nutzt die Begriffe generisch und operativ weitestgehend synonym. Mason und Plum (1984) nutzen zur Erläuterung von generischen Beweisen als Konzept einen Plättchenbeweis, der sich auch mit gleicher Argumentation bei Wittmann (2014) findet.

Dreyfus et al. (2012) vergleichen die beiden Konzepte so:

> A generic proof aims to exhibit a complete chain of reasoning from assumptions to conclusion, just as in a general proof; however, as with operative proofs, a generic proof makes the chain of reasoning accessible to students by reducing its level of abstraction; it achieves this by examining an example that makes it possible to exhibit the complete chain of reasoning without the need to use a symbolism that the student might find incomprehensible. In other words, the generic proof, although using an (numerical) example, must not rely on any properties of this specific example. Consequently, many operative proofs are generic and vice versa. (Ebd., S. 204)

Der durch Operationen verursachte Übergang zwischen Objekten kann als generisch bezeichnet werden, wodurch jeder operative Beweis auch als generischer Beweis bezeichnet werden kann. Nach Kempen (2019, S. 36–37) gilt dies jedoch nicht andersherum, da es auch generische Beweise gebe, die ohne Operationen als Beweismittel auskommen. Sein Beispiel ist der Widerspruchsbeweis für die Irrationalität von $\sqrt{2}$ über den Widerspruch zur Behauptung, dass $\sqrt{2}$ als vollständig gekürzter Bruch dargestellt werden könne. Dieser Beweis könne als generisch, aber nicht als operativ für den Satz angesehen werden, dass die Quadratwurzel einer Primzahl immer rational ist (Tall 1979).

Ein relevanter Unterschied besteht darin, dass operative Beweise stärker das notwendige Unterrichtssetting betonen (Wittmann 2014, S. 226), wenngleich auch ein Vorteil von generischen Beweisen darin gesehen wird, dass die Beweisaktivität inklusive explorativer Prozesse zugänglich wird (Kempen 2016, S. 168). Untersuchungen von Alcock (2004) und Sandefur et al. (2012) haben gezeigt, dass die Erforschung von Beispielen zu einem besseren Verständnis des zu beweisenden Zusammenhangs geführt haben. Diese Ergebnisse stützen die Epistemologie von Steinbring und legen nahe, dass operative Beweise als Konzept gut geeignet sind, um das Beweisen zu lernen.

3.4 Beziehung zu anderen Forschungsarbeiten

In diesem Kapitel wird ein Überblick über weitere Beweiskonzepte und empirische Studien gegeben. Aufgrund der hohen Anzahl an Arbeiten zum Beweisen in der Grundschule kann dies nur lückenhaft und mit einem subjektiven Fokus auf die Werke geschehen, die für diese Arbeit als besonders relevant eingestuft wurden.

3.4.1 Schlussformen im operativen Beweis

Es wurde hergeleitet, dass operative Beweise fundamentale Lernprozesse verursachen können. Operatives Beweisprozesse umfassen also auch die Entdeckung neuer Strukturen, was die Unterscheidung zwischen dem Beweisen und Entdecken verschwimmen lässt. Meyer hat herausgearbeitet, dass für die Unterscheidung die Schlussformen Abduktion, Induktion und Deduktion nach Charles Sanders Peirce hilfreich sein können (Meyer 2007). „Die Abduktion ist die charakteristische Schlussform für das Entdecken, die Induktion für das Prüfen und die Deduktion für das Begründen.“ (Meyer 2008, S. 129)

In dieser Arbeit werden die Schlussformen genutzt, um das Strittige in einem operativen Beweis zu untersuchen. Zunächst sollen die Schlussformen an Beispiel aus Abbildung 3.6 erklärt werden:

In der Deduktion wird vom Allgemeinen auf das Einzelne geschlossen. Wenn die Prämissen wahr sind, dann ist auch die Schlussfolgerung notwendigerweise wahr. Die Deduktion hat dementsprechend eine hohe Bedeutung für die Wissenschaft im Allgemeinen und für die Mathematik im Besonderen, weil sie die einzige wahrheitsübertragende Schlussform ist. Die Deduktion expliziert, was in der Beziehung zwischen den Prämissen schon implizit enthalten ist. Sie kann folglich kein neues Wissen schaffen (Meyer und Voigt 2008, S. 133).

Ein deduktiver Schluss im obigen Beispiel würde den Satz als gültig für jede Summe der ersten ungeraden Zahlen voraussetzen und in Verbindung mit dem konkreten Term bringen. Weil der Term die Voraussetzung des Satzes erfüllt, muss auch die Aussage stimmen, dass die Summe eine Quadratzahl ist. Deduktionen im Mathematikunterricht basieren jedoch selten auf einem mathematischen Satz oder Rechengesetz. Denkbare Deduktionen zur Begründung einer Lösung könnten auch das Gesetz verwenden, dass die eigene Berechnung richtig ist, weil der Sitznachbar immer das korrekte Ergebnis hat und die Aufgabe mit ihm gemeinsam gelöst wurde. Das von Peirce verwendete Wort „Gesetz“ ist daher im weitesten Sinn zu verstehen.

Deduktion	Induktion	Abduktion
Gesetz: Wenn ein Term aus der Summe der ersten ungeraden Zahlen besteht, dann ist die Summe des Terms eine Quadratzahl.	Fall: 1 + 3 + 5	Ergebnis: Die Summe des Terms entspricht einer Quadratzahl.
Fall: 1 + 3 + 5	Ergebnis: Die Summe des Terms entspricht einer Quadratzahl.	Gesetz: Wenn ein Term aus der Summe der ersten ungeraden Zahlen besteht, dann ist die Summe des Terms eine Quadratzahl.
Ergebnis: Die Summe des Terms entspricht einer Quadratzahl.	Gesetz: Wenn ein Term aus der Summe der ersten ungeraden Zahlen besteht, dann ist die Summe des Terms eine Quadratzahl.	Fall: 1 + 3 + 5
Schluss vom Allgemeinen auf das Einzelne	Schluss vom Einzelnen auf das Allgemeine	Schluss von einem Ergebnis über eine Regel auf einen Fall

Abbildung 3.6 Abduktion, Deduktion und Induktion

Ein induktiver Schluss schlussfolgert von einem Fall und dem Ergebnis auf das Gesetz. Im Gegensatz zur Deduktion ist die Induktion nicht wahrheitsübertragend, weil sie von spezifischen Beobachtungen oder Erfahrungen ausgeht und dann auf ein allgemeines Gesetz schließt. Außerdem schafft sie im Peircen Verständnis auch keine neuen Gesetze und damit auch kein neues strukturelles Wissen. Ihre prüfende Funktionsweise wird von Meyer und Voigt (2009) für den Mathematikunterricht so beschrieben: Es gibt bereits vor der Induktion eine neue Hypothese (das Gesetz der Induktion). Der unterstellte Ursache-Wirkungs-Zusammenhang wird dann an einem konkreten (Rechen)-Beispiel induktiv geprüft. Eine positive Prüfung bestätigt das vermutete allgemeine Gesetz durch einen weiteren Fall – eine negative Prüfung führt dazu, dass das Gesetz vollständig verworfen oder zumindest abgeändert werden muss (Meyer und Voigt 2009. S. 40). Die obige Induktion besteht folglich darin, dass die deduktive Vorhersage des Gesetzes durch die Berechnung der beispielhaften Summe $1 + 3 + 5 = 9$ und der Erkenntnis, dass Neun tatsächlich eine Quadratzahl ist, bestätigt wird und sich somit auch das Vertrauen in die Allgemeingültigkeit des Gesetzes erhöht. Das zu überprüfende Gesetz hätte alternativ auch so lauten können: ‚Wenn eine Summe aus drei Summanden gebildet wird, dann ist die Summe immer eine gerade Zahl.‘ Dieses Gesetz wäre durch die Induktion am Fall $1 + 3 + 5$ falsifiziert worden.

Die Entdeckung eines Gesetzes erfolgt durch eine Abduktion. Bei ihr wird von einem beobachteten überraschenden Resultat auf ein mögliches erklärendes Gesetz und einen Fall geschlossen, der unter dieses Gesetz fällt. Die Abduktion ist also kein sicherer Schluss. Sie passiert häufig dann, wenn überraschende oder unerklärliche Fakten in einen Ursache-Wirkungs-Zusammenhang gestellt werden sollen. Damit ist sie die Form des Schlussfolgerns mit dem größten Erkenntnispotential, da sie über das vorhandene strukturelle Wissen hinausgehen kann. Die Tragweite des Neuen wird von Peirce durch die Unterscheidung in kreative, unter- und übercodierte Abduktionen berücksichtigt:

Bei einer übercodierten Abduktion ist das erklärende Gesetz so naheliegend, dass die Anwendung dieses Gesetzes automatisch assoziiert wird. Wenn ein Mathematikstudierender nach der Behandlung des Gesetzes beim Betrachten der Gleichung $1 + 3 + 5 = 9$ sofort als Eigenschaften der Gleichung die Summe der ersten drei ungeraden Zahlen und eine Quadratzahl erkennt, dann würde dies einer übercodierten Abduktion entsprechen. Auch bei der untercodierten Abduktion ist das Gesetz bekannt, jedoch nur die plausibelste von mehreren denkbaren Hypothesen. Wenn ein Student also nach dem Besonderen der Gleichung gefragt werden würde, würde er zunächst an unterschiedliche Hypothesen denken:

- Die Summe der ersten ungeraden Zahlen entspricht immer einer Quadratzahl.
- Die Summe von drei ungeraden Zahlen ist wieder eine ungerade Zahl.
- Die Summe von drei Zahlen, bei der die mittlere Zahl den gleichen Abstand zur kleinsten und größten Zahl hat, ist immer ein Vielfaches von Drei.
- Die Zahl Neun ist die Lieblingszahl des Professors.
- …

Die Antwort des Studierenden würde dann zeigen, welche Hypothese (bewusst oder unbewusst) als plausibelste ausgewählt wurde.

Während in der unter- und übercodierten Abduktion nur bekannte Gesetze ‚aktiviert‘ werden, wird in der kreativen Abduktion ein neues Gesetz entdeckt. Dieses kann sich jedoch deduktiv und induktiv noch als unpassend herausstellen: Das Gesetz könnte induktiv an einem weiteren Fall oder deduktiv durch Schlussfolgerungen aus anderen gültigen Gesetzen falsifiziert werden.

Insgesamt sieht Peirce die Bedeutung von Abduktion, Deduktion und Induktion für den Erkenntnisprozess in einem dreistufigen Zusammenspiel, bei dem aus Fakten und dem Vorwissen Hypothesen abgeleitet, diese dann deduktiv überprüft und induktiv bestätigt oder falsifiziert werden (Brunner 2014b; Dörfler und Kadunz 2006):

> These three kinds of reasoning are Abduction, Induction, and Deduction. Deduction is the only necessary reasoning. It is the reasoning of mathematics. It starts from a hypothesis, the truth or falsity of which has nothing to do with the reasoning; and of course its conclusions are equally ideal. The ordinary use of the doctrine of chances is necessary reasoning, although it is reasoning concerning probabilities. Induction is the experimental testing of a theory. [...] The only thing that induction accomplishes is to determine the value of a quantity. It sets out with a theory and it measures the degree of concordance of that theory with fact. It never can originate any idea whatever. No more can deduction. All the ideas of science come to it by the way of Abduction. (Peirce, CP 5.145)

Bezug zu dieser Arbeit:
Diese Arbeit möchte die Schlussformen nun in Verbindung mit der Argumentationstheorie von Miller bringen und hierbei zwei Aspekte hervorheben. Erstens kann das in der kreativen Abduktion entdeckte Gesetz als strukturelles Wissen interpretiert werden. Strukturelles Lernen geschieht nach Miller jedoch nur in kollektiven Argumentationen. Wenn die kreative Abduktion nur in kollektiven Argumentationen möglich ist, müsste auch die Entdeckung eines neuen Gesetzes nur dort rekonstruiert werden können. Dies würde für den Übungskontext von operativen Beweisen bedeuten, dass Fragestellungen für die individuelle Beantwortung im Unterricht wie ‚Was fällt dir auf?' oder ‚Hast du eine Vermutung, woran das liegt?' nur begrenzt sinnvoll sind. Wenn der fundamentale Lernschritt alternativ erst durch ausreichend großes Vertrauen in das neue Gesetz passiert, dann würden die Deduktion und Induktion für das Subjekt doch zum fundamentalen Lernen beitragen.

Dieser vermeintliche Widerspruch kann mithilfe der Argumentationstheorie von Miller ausgeräumt werden. Die kollektive Argumentation übt einen Rationalisierungszwang auf die Argumentierenden aus. Argumente müssen deduktiv und stichhaltig sein, damit sie kollektiv akzeptiert werden. Dieser Zwang zur Deduktion führt die Argumentation zu den mathematischen Strukturen als Argumentationsgrundlage. Die erklärende Funktion von operativen Beweisen ergibt sich folglich dadurch, dass die Mechanismen der kollektiven Argumentation abduktive Entdeckungen struktureller Beziehungen provoziert, die dann sogleich im Argument deduktiv eingebunden werden.

Zweitens kann mithilfe der unterschiedlichen Abduktionsarten genauer untersucht werden, was im operativen Beweis das Strittige ist. Der Ausgangspunkt operativer Lernumgebungen ist ein Übungskontext, in dem routinierte Rechenaktivitäten zur Aufdeckung des Phänomens durchgeführt werden. Eine Abduktion als Schluss vom Phänomen (dem Resultat) auf das Gesetz und den Fall folgt, wenn eine Erklärungshypothese zur Entdeckung aufgestellt wird. Wenn diese Abduktion Bekanntes aktiviert, handelt es sich um eine untercodierte oder übercodierte Abduktion. Bei einer übercodierten Abduktion war die Anwendung des Gesetzes auf das Phänomen für den Problemlöser offensichtlich. Meyer konnte jedoch rekonstruieren, dass eine übercodierte Aktivierung des Gesetzes nicht zwangsläufig zur übercodierten Aktivierung des Falls führen muss:

> Die entscheidende Einsicht bei dieser Abduktion, die durchaus als Entdeckung bezeichnet werden kann, bestand im Auffinden des Falls. Diesen Fall als Fall des Gesetzes zu erkennen, war für die Schülerin keineswegs leicht. (Meyer 2007, S.295)

Aus dem Zitat geht hervor, dass die Anwendung des bekannten Gesetzes in einem anderen Kontext durchaus ein Problem für die Schülerin darstellt. Würde die Schülerin also durch die Lösung des Problems fundamental lernen? Denn sie verbessert zwar ihre Problemlösefähigkeiten – aber es ist unklar, ob es Auswirkungen auf ihr altes Wissen gibt. Gegen eine Reorganisation des alten Wissens spricht, dass sie keine alten Basistheorien verwerfen muss. Für eine Reorganisation des alten Wissens spricht gleichwohl, dass die Erweiterung des Anwendungsbereichs des bekannten Gesetzes zu einem vertieften Verständnis führt. Leider sind die Auswirkungen auf das alte Wissen in real stattfindenden Lehr-Lernprozessen nicht rekonstruierbar. Die theoretischen Überlegungen, inwiefern untercodierte Abduktionen fundamentalem Lernen entsprechen und ob die Unterscheidung in unter- und übercodierte Abduktionen für die Argumentationstheorie von Miller auch eine Unterscheidung in unterschiedliche Formen des relativen Lernens bedeuten müsste, sollen daher in dieser Arbeit nicht weiter vertieft werden. Hier soll sich darauf beschränkt werden, dass eine operative Lernumgebung zur Aktivierung eines bekannten Gesetzes führen kann. Die Erklärungskraft des operativen Beweises besteht dann darin, die unsichere abduktive Deutung des Phänomens als Fall des bekannten Gesetzes deduktiv herzuleiten. Ein Beispiel hierfür findet sich bei Wittmann (2014) (siehe Abbildung 3.7).

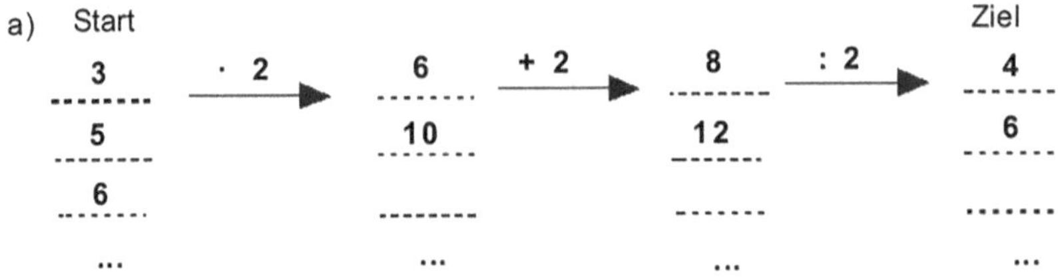

Abbildung 3.7 Rechenketten (Wittmann 2014, S. 217)

Nach der Berechnung der operativen Serie kann reflektiv erkannt werden, dass die Zielzahl immer um eins größer als die Startzahl ist. Dieses Phänomen lässt sich durch das Distributivgesetz erklären:

$$6 = \frac{5 \cdot 2 + 2}{2} = \frac{2 \cdot (5 + 1)}{2} = 5 + 1$$

Die Termumformungen funktionieren unabhängig von der gewählten Startzahl. An ihnen kann verallgemeinernd expliziert werden, dass die Division nicht nur die Auswirkung der Multiplikation im ersten Schritt der Rechenkette rückgängig macht, sondern auch die Auswirkung der Addition auf die Zielzahl halbiert. Auch Grundschulkinder können dies schon mithilfe von Plättchenmustern nachvollziehen (siehe Abbildung 3.8).

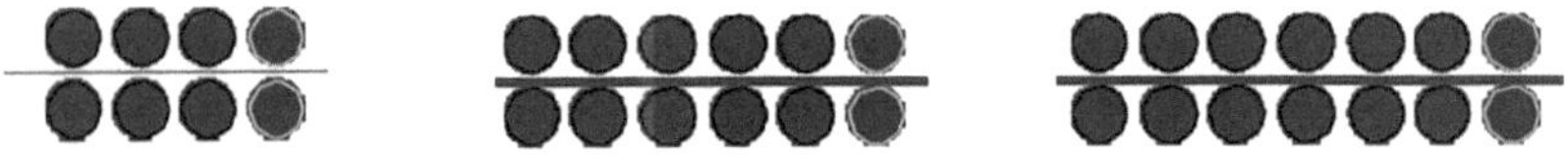

Abbildung 3.8 Beweisfigur für die Rechenketten (Wittmann 2014, S. 217)

Diesem operativen Beweis wird in der Grundschule wahrscheinlich eine unter- oder übercodierte Abduktion vorangehen, weil das Distributivgesetz bereits beim Aufbau eines tragfähigen Operationsverständnis kennengelernt wurde. Die Aufgabe des Beweises besteht folglich darin, die Rechenketten als Fall zu deuten, dessen Resultat mit dem Distributivgesetz deduktiv hergeleitet werden kann.

Wenn das Phänomen von einem dem Kind noch unbekannten Gesetz verursacht wird, dann muss dem Beweis eine kreative Abduktion vorausgehen. Solche operativen Lernumgebungen haben das größte Lernpotential, weil in ihnen erstmalig die erklärende Kraft des neu entdeckten Gesetzes argumentativ entfaltet wird. Sie stehen daher in dieser Arbeit im Mittelpunkt. Eine genaue Darstellung der gewählten Lernumgebungen findet sich in Abschnitt 4.2.

3.4.2 Diagrammatik

Auf das Beweisen wird in der Mathematikdidaktik auch mit einer semiotischen Perspektive geblickt, die auf der Zeichentheorie von Peirce aufbaut (Dörfler 2006; Hoffmann 2005; Kempen 2019). Auf die teilweise widersprüchliche Rezeptionsgeschichte von Peirce Semiotik und den unterschiedlichen Konzepten, in denen er gleiche Begriffe in anderen Bedeutungen genutzt hat, wird in dieser Arbeit nicht eingegangen, sondern auf das Werk von Nöth (2000) verwiesen.

Zeichendefinition

Zeichen sind das grundlegende Element in der Peircen Semiotik. Ohne Zeichen gibt es kein Denken, weil Zeichen „jedes beliebige Etwas [sind], was die triadische Relation der Vermittlung (*mediation)* zwischen einem Ersten und einem Zweiten begründet." (Nöth 2000, S. 62) Dies bedeutet, dass z. B. die Zahl 14 erst zum Zeichen wird, wenn ein Subjekt die Schrift sieht und interpretiert. Peirce beschränkt sich jedoch nicht nur auf den Menschen als Interpreten, der das Zeichen entstehen lässt: Peirce sieht auch in Kristallen und anderen biologischen, chemischen und physikalischen Prozessen Zeichen als Vermittler (Nöth 2000, S. 62).

Zeichen werden von Peirce in einer triadischen Relation definiert:

> [...] nämlich erstens das Zeichen im engeren Sinn, auch Repräsentamen genannt, zweitens das Objekt, auf das sich das Zeichen bezieht, und drittens der sogenannte Interpretant, in etwa die Bedeutung des Zeichens. (Nöth 2000, S. 62)

Der Repräsentamen ist das zu deutende Zeichen und entspricht dem wahrnehmbaren Objekt. Es kann auch als Zeichen im engeren Sinne bezeichnet werden. Es erhält seine Bedeutung durch die triadische Relation und besitzt daher eine Vielzahl von Interpretationsmöglichkeiten. Das Objekt muss kein ‚Ding zum Anfassen' sein. Objekte können auch abstrakte Konzepte, Gefühle oder Begriffe wie Gerechtigkeit sein. Das Objekt ist folglich das, was vom Zeichen im engeren Sinn adressiert wird. Das Objekt kann somit auch als Zeichen verstanden werden, auf das der Repräsentanem verweist. Der Interpretant ergibt sich aus dem Deutungspotential zwischen Objekt und Repräsentamen. Er ist somit die Bedeutung des Zeichens für das Subjekt. Der Interpretant lässt sich wieder als Repräsentanem verstehen, wodurch sich die triadische Zeichenrelation in der Interaktion unendlich fortsetzen kann.

Für den Repräsentamen unterscheidet Peirce zwischen drei Kategorien:

1. Ikon: Ein Ikon ist ein Zeichen, welches eine Relation zwischen Objekten repräsentiert. Beispiele für Ikone sind Landkarten, Sätze und Diagramme im Allgemeinen
2. Index Ein Index ist ein Zeichen, das eine tatsächliche, kausale oder räumlich-zeitliche Verbindung zu seinem Objekt hat. Es verweist auf das Objekt, indem es durch eine echte Beziehung damit verbunden ist. Beispiele sind Fußspuren, Symptome oder Messinstrumente.
3. Symbol: Ein Symbol ist ein Zeichen, das seine Bedeutung nur durch Konvention, Regel oder Gewohnheit erhält. Es hat keine natürliche Ähnlichkeit oder Verbindung zu dem, worauf es verweist. Die Verbindung zwischen Symbol und Objekt muss erlernt werden. Beispiele sind Sprache, Mathematik, Verkehrszeichen.

Die semiotisch ausgerichtete Mathematikdidaktik interessiert sich insbesondere für Diagramme. Ein Beispiel hierfür wird von Hoffmann genannt:

> […] wenn z.B. ein Schüler sagt ‚2+2=4', dann verwendet er mit den Zahlzeichen, ‚+' und ‚=' Symbole, deren Bedeutung auf Konventionen beruhen, aber das Ganze ist ein ikonisches Zeichen, insofern es eine bestimmte Relation repräsentiert. (Hoffmann 2001, S. 235)

Die inneren Zusammenhänge im Diagramm erlauben es, dass das Diagramm regelgeleitet manipuliert werden kann. Durch diese Manipulation und Interpretation der Resultate können neue mathematische Erkenntnisse gewonnen werden. Dies wird als diagrammatisches Schließen oder diagrammatisches Denken bezeichnet. Die Regeln und Konventionen eines Diagrammsystems determinieren dabei die Rationalität dessen, was mit Diagrammen getan werden kann.

> Mit diagrammatischem Schließen meine ich Schließen, welches gemäß einer in allgemeinen Begriffen formulierten Vorschrift ein Diagramm konstruiert, Experimente an diesem Diagramm durchführt, deren Resultate notiert, sich Gewissheit verschafft, dass ähnliche Experimente, die an irgendeinem gemäß der selben Vorschrift konstruierten Diagramm durchgeführt werden, die selben Resultate haben würden, und dieses in allgemeinen Begriffen zum Ausdruck bringt. (Peirce 1902, zit. nach Hoffmann 2001, S. 237)

Das Konstruieren von und Experimentieren mit Diagrammen und die Beobachtung der Resultate sind die zentralen Prozesse diagrammatischen Schließens Die Untersuchung der Diagrammeigenschaften erzeugt mathematische Erkenntnis. Für mathematische Lehr- Lernprozesse ist folglich die Auseinandersetzung mit Diagrammen und Diagrammsystemen zentral.

Lernende müssen zunächst den kompetenten Umgang mit Diagrammen üben, um die notwendigen Fähigkeiten und das erforderliche Wissen aufzubauen. Erst wenn Lernende über solch implizites diagrammatisches Wissen verfügen, können sie Diagramme als Erkenntnismittel nutzen und gewinnbringend mit ihnen arbeiten. Lernen lässt sich übersetzen als Teilnahme an diagrammatischer Praxis. Durch das Arbeiten mit Diagrammen eröffnet sich Lernenden die Möglichkeit, an genuin mathematischer Tätigkeit zu partizipieren.

Hoffmann sieht im diagrammatischen Schließen auch die Möglichkeit, das Lernparadoxon zu überwinden. Er führt seine Überlegungen am klassischen Menon-Beispiel aus, das mit folgender Fragestellung startet: Ein Quadrat mit der Seitenlänge zwei hat einen Flächeninhalt von vier. Nun soll der Flächeninhalt acht betragen – wie groß ist die Seitenlänge des Quadrats?

Die erste Antwort in der Überlieferung lautet vier. In dieser Antwort sieht Hoffmann ein erstes Zeichen, aus dem sich Vorwissen über das Quadrat hervorgeht. Der Prozess des diagrammatischen Schließens beginnt nun damit, dass Sokrates ein Diagramm konstruiert:

> Durch die Beobachtung dieser Darstellung, dieser Vergegenständlichung des Gedachten in einem Diagramm, wird nun sofort klar, dass aus der doppelten Seitenlänge nicht die doppelte Fläche, sondern eine viermal so große Fläche wie das Ausgangsquadrat entsteht (Hoffmann 2001, S. 238)

Es ist demnach die Regelhaftigkeit des Diagramms, welches den impliziten Widerspruch in der Antwort offenbart. Aus operativer Perspektive sei hier angemerkt, dass nicht die Regelhaftigkeit allein den Wissensfortschritt provoziert, sondern der Übergang von einem zum anderen Diagramm. Die Verdopplung der Seitenlänge erzeugt als Auswirkung der Operation eine Vervierfachung des Flächeninhalts. Für diese Erkenntnis ist es zunächst auch irrelevant, ob der Übergang in geometrischer oder arithmetischer Darstellung vollzogen wird.

Für dieses Beispiel wurde nur von Wissensfortschritt und nicht von Erkenntniserweiterung gesprochen, weil Erkenntniserweiterung im Sinne des fundamentalen Lernens eine verbesserte Problemlösekompetenz bedeutet. In diesem Beispiel wurde jedoch nur ein erster Ansatz falsifiziert. Nur wenn der falsche Flächeninhalt als das Doppelte vom gesuchten Flächeninhalt gedeutet werden kann, eröffnet die falsche Lösung eine Perspektive zur Wissenserweiterung (siehe Abbildung 3.9).

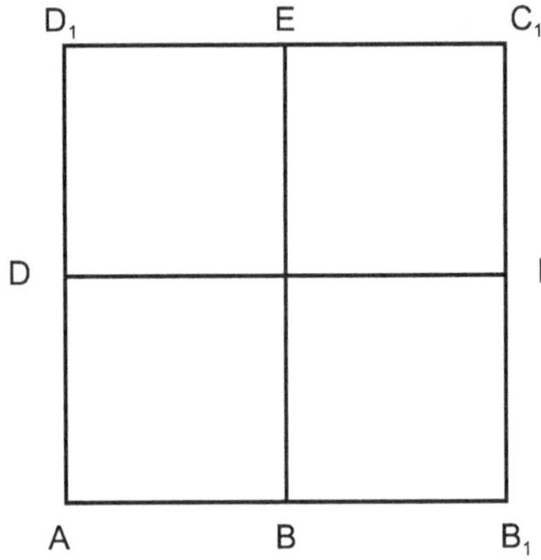

Abbildung 3.9 Quadrat (Hoffmann 2001, S. 238)

Die korrekte Antwort wird im Beispiel gefunden, indem das Diagramm erneut transformiert wird. Die Verdopplung der Seitenlänge erzeugt drei weitere, flächengleiche Quadrate. Die Vervierfachung des Flächeninhalts lässt sich nun zur gewünschten Verdoppelung des Flächeninhalts verkleinern, indem aus den Diagonalen der vier identischen Quadrate (bzw. aus den Mittelpunkten der Seitenlängen des großen Quadrats) ein Quadrat mit dem gesuchten Flächeninhalt gebildet wird (siehe Abbildung 3.10). Die gesuchte Seitenlänge ist dementsprechend die Diagonale des ursprünglichen Quadrats (Hoffmann 2001, S. 239).

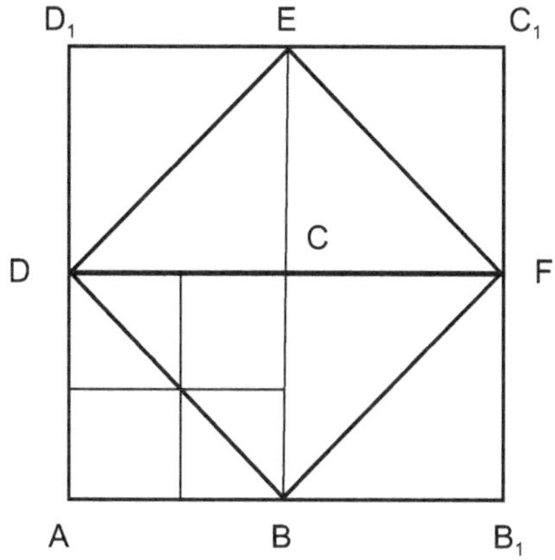

Abbildung 3.10 Manipulation des Diagramms (Hoffmann 2001, S. 238)

In der historischen Überlieferung wird diese Transformation von Sokratis durchgeführt. Hoffmann geht davon aus, dass diese Lösung aber auch durch Experimente am Diagramm vom Lernenden entwickelt werden kann (Hoffmann 2001, S. 239).

Für die semiotische Perspektive lässt sich die Bedeutung des Diagramms für fundamentale Lernprozesse folgendermaßen zusammenfassen:

> Erst durch die äußere Repräsentation des ursprünglich Gedachten in einem Zeichen wird ein Gegenstand geschaffen, an dem etwas deutlich wird, was vorher nicht gewusst war. Die Repräsentation ist unabdingbar, um die ursprünglichen Vorstellungen zu modifizieren. (Hoffmann 2001, S. 239)

Miller würde wohl einwerfen, dass es die Argumentationen über das Diagramm sind, durch die fundamentales Lernen entsteht. Denn ohne Argumentation bleibt das Lernparadoxon bestehen: Wenn die flächeninhaltshalbierende Eigenschaft der Quadratdiagonalen dem Kind bereits bekannt ist, dann ist die Lösung des sokratischen Problems ‚nur' gleichbedeutend mit der Aneignung anwendungsbezogenen Wissens. Und wenn die Eigenschaft noch nicht bekannt ist, bleibt es unklar, wie ausgerechnet dieses Beispiel zur Entdeckung und Begründung dieser Eigenschaft führen kann.

Das Potential diagrammatischen Schließens ergibt sich durch Regeln, „die der subjektiven Willkür entzogen sind“ (Hoffmann 2001, S. 245). Diese Regeln sind nach Ansicht dieser Arbeit aber nicht a priori festgelegt, sondern sozial ausgehandelt. Diagramme sind zunächst Lernstoff, weil die guten Gründe für die Konstruktion des Diagramms und seine Handhabung erst erlernt werden müssen. Und Diagramme werden dann zur Lernhilfe, wenn Argumentationen einen sozialen Lernzwang zur Umdeutung des Diagramms ausüben.

In diesem Sinne wird der herausgehobenen Bedeutung der Abduktion für das fundamentale Lernen zugestimmt. Es wird aber zumindest für junge Lernende nicht zugestimmt, dass durch die Arbeit mit Diagrammen „ein komplexes Netz impliziten Wissens“ (Hoffmann 2001, S. 247) getestet wird und so abduktiv neues explizites Wissens entsteht. Es sind Argumentationen, durch die ein Zwang zur Ausräumung der im kollektiven Diskurs sichtbar werdenden Widersprüche und Unzulänglichkeiten des bisherigen Wissens entsteht. Fundamentales Lernen entsteht nicht aus dem impliziten Wissen im Diagramm, sondern aus dem Aufeinandertreffen eigener und fremder Deutungen (Nührenbörger 2009, S. 114).

Aus der mikrosoziologischen Perspektive dieser Arbeit muss auch der Ansicht widersprochen werden, dass Wissen auch unabhängig von Individuen existieren kann (Hoffmann 2001, S. 248). Hoffmann untermauert seine Ansicht durch das Beispiel der ägyptischen Hieroglyphen, in denen er Teile des kulturellen Wissens der Ägypter verkörpert sieht. Es ist jedoch keinesfalls garantiert, dass die historische Bedeutung der Hieroglyphen mit der gegenwärtigen Bedeutung übereinstimmt. Die Regelhaftigkeit macht diesen Schluss nur plausibel. Die „Rationalität, Normativität und Objektivität, die in jedem Zeichen steckt“ (Hoffmann 2001, S. 248) ist nicht a priori gegeben, sondern das Ergebnis vielzähliger rationaler Aushandlungsprozesse.

Gleichwohl lässt sich damit im Hinblick auf operative Beweisprozesse die Bedeutung geeigneter Darstellungen unterstreichen: Es gibt gute Gründe, warum sich bestimmte Diagramme als Verkörperung der mathematischen Strukturen durchgesetzt haben. Und diese gut durchdachten Diagramme begünstigen in operativen Beweisumgebungen die Aufdeckung der Unzulänglichkeiten des bisherigen Wissens. Insofern wird der semiotischen Herangehensweise zugestimmt, dass die Diagramme Vermittler sind – „ein ‚Drittes‘ zwischen uns und den Gegenständen, die wir erkennen und verstehen wollen“ (Hoffmann 2001, S. 247).

3.4.3 Weitere Forschungsarbeiten zum operativen Beweisen

Knapstein hat Begründungen im Mathematikunterricht der Grundschule anhand der substanziellen Aufgabenformate Zahlenketten und Zahlengitter untersucht. Sie hat hierfür zwei Unterrichtseinheiten mit jeweils 7 Sequenzen in mehreren vierten Klassen durchgeführt und die gewonnenen Daten (insbesondere Transkripte) mit dem Stufenmodell der empirisch begründeten Typenbildung nach Kluge und dem Verfahren des offenen Kodierens ausgewertet (Knapstein 2014, S. 55–56). Ihre Analysen zeigen, dass Grundschulkinder einen zielgerichteten Zusammenhang zwischen den Voraussetzungen und der Behauptung eines Beweises herstellen können. Strukturelle Begründungen erfolgten entweder in Teilschritten entlang der Rechenvorschrift, oder in dem die Voraussetzungen der Behauptung oder die Behauptung selbst exploriert wurden. Im Gegensatz dazu konnten auch wenig stichhaltige Argumente rekonstruiert werden, bei denen nur ein Teil der Voraussetzungen genutzt wurden. Bei der Art der verwendeten Argumente konnte eine Spanne festgestellt werden zwischen empirischem Vorrechnen und strukturellen Begründungen mithilfe von Rechengesetzen und Definitionen. Manche Kinder haben jedoch auch nur mit Gefühlen und vagen Einschätzungen argumentiert. Insgesamt bestätigt ihre Studie, dass Grundschulkinder zum Beweisen in der Lage sind.

Zu einem ähnlichen Ergebnis ist Stein bereits 1999 gekommen. Er schlussfolgerte aus rekonstruktiven Analysen, „daß auch jüngere Kinder zu Argumentationen fähig sind, die auch nach sehr strengen Kriterien Beweis-Charakter haben." (Stein 1999, S. 3) Er merkte jedoch auch in seiner Studie zum Beweisen von 11–13-jährigen Hauptschülern an, dass für die Einschätzung der Beweiskompetenz die Betrachtung des gesamten Problemlöseprozesses wichtig ist. Die alleinige Betrachtung schriftlicher Begründungen verzerrt die Einschätzung (Stein 1988, S. 32). Dies stützt die Annahme, dass die operativen Beweise in der Primarstufe immer im Kontext ihrer Entstehungsgeschichte aus Übungskontext und vorausgehenden Arbeitsaufträgen gesehen werden müssen.

Welsing beschäftigt sich anhand von Punktmustern damit, wie sich Referenzkontexte als Voraussetzung von Argumentationsprozessen wandeln (Welsing 2018, S. 1954). Punktmuster können als anschauliche Darstellungen abstrakter mathematischer Strukturen gedeutet werden. Sie stellen daher einen geeigneten Zugang zum Argumentieren dar. Für das inhaltlich-anschauliche Beweisen seien sie sogar die zentrale Darstellungsform (Welsing 2019, S. 387). In ihrer Studie hat sie zur Analyse von Argumentationen mit Anschauungsmitteln das epistemologische Dreieck weiterentwickelt. Mithilfe ihrer Differenzierung des

Referenzkontextes konnte sie zwischen Argumentationen differenzieren, in denen die anschauliche Darstellung als Fundament der Argumentation diente (geometrische Ausprägung) und Argumentationen, in denen sich die Lernenden von der anschaulichen Darstellung lösen. In dieser arithmetischen Ausprägung dienten die Punktmuster ‚nur' zur Anzahlbestimmung.[2] Diese Ausprägungen können als typisch für die Verwendungsweisen nicht-formaler Darstellungen vermutet werden. Die Lernenden können in der Darstellung entweder das Allgemeine im Besonderen hineindeuten oder nur eine konkrete Aufgabe sehen, die ausgerechnet werden muss.

Krumsdorf (2015) beschäftigt sich mit dem beispielgebundenen Beweisen. Er berücksichtigt den Kontext durch eine Differenzierung in beispielgebundenes Beweisen im engeren und im weiteren Sinn. Für die Differenzierung nutzt er den aus der Objektiven Hermeneutik stammenden Begriff der latenten Sinnstrukturen.

> Beim beispielgebundenen Beweisen i.e.S. handelt es sich mehr um ein theoretisches Konstrukt, nämlich um das Führen beispielgebundener Argumente in Latenz, subjektiver Realisierung und Manifestierung des Allgemeingültigen durch einen Lernenden. Zum beispielgebundenen Beweisen i.w.S. zählen mehr didaktisch motivierte Zugänge des Entdeckens, Prüfens und Begründens, um den Lernenden an das beispielgebundene Beweisen i.e.S. heranzuführen und dem Experten dessen Beobachtung zu ermöglichen (Krumsdorf 2015, S. 141)

Das beispielgebundene Beweisen im engeren Sinn bezieht sich auf die Argumentationen, in denen sukzessive der Beweis als latente Sinnstruktur subjektiv realisiert und manifestiert wird. Das beispielgebundene Beweisen im weiteren Sinn schließt auch andere Aktivitäten wie das Entdecken mit ein, durch die der Lernende zum Beweis kommt.

Steinweg (2001) sieht das Begründen als letzte und komplexeste Anforderung für das Verstehen von Zahlenmuster. Sie hat mithilfe eines Paper-Pencil-Tests und einer Interviewstudie untersucht, inwiefern Grundschulkinder ein Zahlenmusterverständnis besitzen. Die untersuchten Kinder wurden unterrichtlich nur wenig in ihrem Zahlenmusterverständnis gefördert, und in den Daten konnte keine stetige Verbesserung des Zahlenmusterverständnisses festgestellt werden. Steinweg zieht daraus die Schlussfolgerung, dass der Aufbau eines Zahlenmusterverständnisses nicht genetisch passiert, sondern unterrichtlicher Förderung bedarf (Steinweg 2001, S. 165–166). Hierzu zählt sie auch explizit die Begründung des Zahlenmusters:

---

[2] Welsing trifft weitere Differenzierungen des epistemologischen Dreiecks, die aber für diese Arbeit weniger relevant sind. Für eine vertiefende Analyse sei auf Welsing (2019) verwiesen.

> Erst die bewusste Auseinandersetzung mit ihrer Struktur ermöglicht die Entzauberung der ‚Übermacht' Mathematik und bereitet gleichzeitig auch den Boden für ‚bezaubernde Momente' bei der Erforschung von Mustern. (Steinweg 2001, S. 263)

Die Anforderungen vor der Begründung seien erstens Muster erkennen, zweitens Muster fortsetzen und drittens Muster beschreiben (Steinweg 2013, S. 27). Für die ersten beiden Verstehensanforderungen konnte Steinweg in ihren Daten bei Mustern mit geometrischen Objekten und Punktmuster keine höhere Lösungsquote feststellen (Steinweg 2001, S. 165). Auch bei der Entdeckung eines Musters kann eine Darstellung daher nur dann als Hilfe eingestuft werden, wenn das Kind mit der Darstellung ausreichend vertraut ist. Steinweg vermutet neben der Neuartigkeit als Ursache der verringerten Lösungsquote auch den fehlenden Musterzugang über Rechenfertigkeiten. Aus epistemologischer Perspektive betrachtet kann das Fehlen von konkreten Zahlen das Herstellen einer Balance aus empirischer Situiertheit und relationaler Allgemeinheit für einige Kinder belasten.

Insgesamt konnte sie bei mehr als jedem zweiten Kind ein Zahlenmusterverständnis der Anforderungsstufen „Muster erkennen" und „Muster beschreiben" nachweisen (Steinweg 2001, S. 262). Dies kann als Grundlage für operative Beweise in der Grundschule angesehen werden: Nur wenn Muster erkannt werden, kann sich eine operative Erklärung des Musters mithilfe zugrundeliegender mathematischer Strukturen anschließen. Gleichzeitig stellt sie jedoch auch fest, dass ein Begründungsbedürfnis für die Muster nicht festgestellt werden konnte.

Darüber hinaus belegt ihre Studie, dass die Bearbeitung von innermathematischen Mustern mit einer operativen Herangehensweise nicht nur aus erkenntnistheoretischer Perspektive, sondern auch aus psychologischer Perspektive von Bedeutung ist: „Die Ansätze der Kinder deuten auf ein hohes Potential hin, zielgerichtet, aktiv und motiviert an Zahlenmustern zu arbeiten." (Steinweg 2001, S. 256) Anwendungsorientierung und außermathematische Bezüge sind nicht notwendig für einen kindgemäßen und auf Verständnis ausgerichteten Mathematikunterricht.

Auch Bezold sieht das Begründen als letzten Schritte einer „Argumentationskette" (Bezold 2009, S. 37) (siehe Abbildung 3.11).

Entdecken von mathematischen Besonderheiten (Voraussetzung)

⇩

Beschreiben von Entdeckungen (Schritt 1)

⇩

Hinterfragen von Entdeckungen (Schritt 2)

⇩

Finden von Begründungen bzw. Begründungsideen (Schritt 3)

Abbildung 3.11 Argumentationskette (Bezold 2009, S. 37)

Sie versteht Argumentieren ganzheitlich, das bereits mit dem Entdecken und dem Aufstellen von Hypothesen beginnt (Bezold 2009, 38). Die Argumentationskette kann im Unterricht vollständig oder auch nur teilweise durchlaufen werden. Als besonders geeignete Grundlage für die Förderung des Argumentieren sieht Bezold Forscheraufgaben an (Bezold 2010a, 2012).

> Forscheraufgaben geben vielfältige Anlässe für Entdeckungen von mathematischen Zahl- und Rechenphänomenen – kurz Besonderheiten genannt. Diese Besonderheiten sollen sich aus den speziellen Rechenvorschriften des Aufgabenformates und der zur Anwendung kommenden Rechengesetze ergeben (Merkmal 1); weisen darüber hinaus ein Argumentations- und Begründungspotential auf (Merkmal 2); ermöglichen eine natürliche innere Differenzierung, indem sie Anforderungen unterschiedlichen Niveaus an die Kinder stellen (Merkmal 3).

Forscheraufgaben können mit diesen Merkmalen dem produktiven Üben zugeordnet werden. Übungsaufgaben erzeugen ein übergeordnetes, strukturelles Phänomen, welches einen authentischen Anlass zum Argumentieren darstellt. Die Argumentationen können hierbei auf unterschiedlichen Niveaus erfolgen, weshalb die Begründungsaufforderungen einen natürlich differenzierenden Charakter besitzen. Alles in allem stützen die Forschungsergebnisse von Bezold damit die Bedeutung des produktiven Übens als Ausgangspunkt für operative Beweise.

Auch Gerloff hat Aufgaben im Hinblick auf das Begründen untersucht. Aus 20 aktuellen Schulbüchern hat sie alle Begründungsaufgaben aus dem Inhaltsbereich Geometrie gesichtet und kategorisiert. Ein Teil ihrer Kategorisierung besteht darin, zwischen impliziten und expliziten Begründungsaufgaben zu unterscheiden

(Gerloff 2021, S. 147). Beide Begründungsaufgaben beinhalten einen Begründungsanlass. Bei der impliziten Begründungsaufforderung ist die Notwendigkeit einer Begründung jedoch nicht expliziter Bestandteil der Aufgabe. Als typische implizite Aufforderungen werden ‚Was fällt dir auf?' und ‚Ist das immer so?' genannt. Passend zur engen Verzahnung von Entdeckung und Beweis hat ihre Schulbuchanalyse ergeben, dass unter den impliziten Begründungsaufgaben das Entdecken die häufigste Aufgabenstellung ist (Gerloff 2021, S. 365).

Operative Beweise sollen Verständnis schaffen, d. h. die Kinder sollen nach dem Beweis von der Korrektheit des bewiesenen Zusammenhangs überzeugt sein. Überzeugungen im Mathematikunterricht stehen im Erkenntnisinteresse von Maximilian Moll. Überzeugung wird von ihm definiert als „Fürwahrhalten eines mathematischen Sachverhalts bzw. der Anwendbarkeit des Sachverhalts in einem bestimmten Kontext aus subjektiv zureichenden inhaltlichen Gründen, und inhaltlichen Gründen, die als für andere als zureichend wahrgenommen werden" (Moll 2020, S. 148). Aus diesen beiden Aspekten leitet Moll vier Modi und Kategorien des Fürwahrhaltens ab, die er auch in rekonstruktiven Analysen bestätigen konnte (siehe Abbildung 3.12).

Modus	**Subjektiv zureichende Gründe**	**Als für andere als zureichend wahrgenommene Gründe**	**Kategorie**
Meinen	Nein	Nein	Vertrauen
Glauben	Ja	Nein	Subjektive Überzeugung
Wissen	Ja	Ja	Systemisch-interaktive Überzeugung
Hinnehmen	Nein	Ja	Überredung

Abbildung 3.12 Überzeugungen (Moll 2020, S. 149)

Diese vier Modi können mit der wissenssichernden und erklärenden Funktion von Beweisen in Verbindung gebracht werden. Das Hinnehmen entspricht der wissenssichernden Funktion, weil die Annahme, dass die andere Person von den inhaltlichen Gründen überzeugt ist, zur eigenen Überzeugung führt – ohne hierbei jedoch selbst inhaltliche Einsicht zu besitzen. Das Glauben entspricht dem Gegenteil und ähnelt einem argumentativen Stillstand: Die Gründe, die zu meiner Überzeugung geführt haben, werden von anderen nicht als stichhaltig akzeptiert. Für die argumentative Aushandlung ist daher insbesondere die

Kategorie „systemisch-interaktive Überzeugung“ von Bedeutung. Die Kooperationsprinzipien einer Argumentation filtern wenig überzeugende Argumente aus dem kollektiv Geltenden und lassen so überzeugendes Wissen emergieren. Systemisch-interaktive Überzeugung kann in operativen Beweisumgebungen folglich durch die erklärende Funktion erreicht werden. Das Meinen kann in Explorationsphasen, z. B. bei problemstrukturierten Übungskontexten auftreten. Da diese Arbeit aber auf die Argumentationsprozesse fokussiert, soll hierauf nicht weiter eingegangen werden.

Molls Analysen bestätigen, dass sich die Überzeugungskraft eines Beweises im Sinne der erklärenden Funktion durch Aushandlungsprozesse entfaltet. Als relevanten Interaktionsbestandteil hat er den Zweifel identifiziert:

> Zweifel können zu einem Hinterfragen der eigenen Überzeugung und der damit verbundenen inhaltlichen Gründe führen. Ein solcher Moment des Zweifelns könnte im Rahmen eines Interaktionsgeschehens aufgelöst werden, indem der bzw. die Lernende seine bzw. ihre bisherigen Gründe im Vergleich zu den Gründen des Interaktionspartners bzw. der Interaktionspartnerin als zureichender annimmt und damit an seinem Fürwahrhalten festhält. (Moll 2023, S. 161–162)

Der in der Interaktion ausgelöste Zweifel führt dazu, dass die subjektiv als zureichend eingeschätzten Gründe hinterfragt werden. Moll beschreibt mit dem Festhalten an dem bisherigen Argument eine Möglichkeit, wie der Zweifel aufgelöst wird. Die Chance zum fundamentalen Lernen wird in dieser Arbeit in einer anderen Möglichkeit gesehen: Der Zweifel ist Ausdruck der Unzulänglichkeit des bisherigen Arguments und kann vom Subjekt nur ausgeräumt werden, indem das Argument weiterentwickelt oder ein neues konstruiert wird. Der Begriff „Zweifel“ betont daher stärker die subjektiv-kognitive Komponente, besitzt aber eine große Schnittmenge mit den bisherigen Begriffen Irritation und Widerspruch, welche eher die affektive und intersubjektive Komponente betonten.

An dieser Stelle könnten viele weitere Beiträge der Mathematikdidaktik folgen, welche Relevanz für das operative Beweisen besitzen:

- Das operative Beweisen beinhaltet das Entdecken. Auch diese zentrale Aktivität kann für ein besseres Verständnis des operativen Beweisens vertiefend betrachtet werden (Kollosche 2017; Steinweg 2000; Steinweg und Schuppar 2004; Winter 1996, 2016).
- Die Erforschung von Beziehungen und Strukturen in der Arithmetik wird auch unter dem Begriff des algebraischen Denkens diskutiert (Akinwunmi 2017; Akinwunmi und Steinweg 2022; Fischer et al. 2010; Nührenbörger und Schwarzkopf 2017; Scharloth 1999).

- Die Produktivität einer Irritation ist abhängig davon, inwiefern die verwendeten Darstellungen fruchtbare Mehrdeutigkeiten besitzen. Auch Gütekriterien von Darstellungen, Darstellungsebenen und -wechsel, sowie die visuelle Strukturierungsfähigkeit von Kindern ist damit von Bedeutung (Kuhnke 2012; Scherer und Steinbring 2001; Söbbeke 2005; Steenpaß 2014)
- Die Studie von Maisano legt die Vermutung nahe, dass die Mehrsprachigkeit von Grundschulindern Einfluss auf das operative Beweisen hat (Maisano 2019).
- Arbeiten zu Beweiskompetenzen und -ansichten von Studierenden und Lehrpersonen geben Aufschluss darüber, mit welchem Verständnis (operative) Lehr-Lernprozesse zum Beweisen in der Grundschule gestaltet werden (Bredow 2023; Kempen 2014; Peterßen).

Die unvollständige Liste soll aufzeigen, dass viele Arbeiten undiskutiert bleiben (müssen), die ebenfalls zum Forschungsstand des operativen Beweisens gehören. Aus Gründen der Lesbarkeit und Stringenz können diese Arbeiten allerdings nicht in ähnlich ausführlicher Art in ihrer Beziehung zum operativen Beweisen diskutiert werden. Stattdessen wurden in dieser Dissertation nur die für das Forschungsinteresse zentralen Studien und Konzepte beleuchtet und diskutiert.

Im Zentrum des nächsten Kapitels steht ein prototypisches Beispiel eines operativen Beweises, welches vielfach in der Literatur genutzt wird. An diesem Beispiel werden dann vertiefende Überlegungen zu unterschiedlichen Aspekten des operativen Beweisens entwickelt.

3.5 Vertiefende Überlegungen am prototypischen Beweis

> Wenn ich jemandem, der keine Mathematik kennt, erzählen will, dass $\sum_{i=1}^{n}(2i-1) = n^2$ ist, so zeige ich ihm, dass $1+3 = 4, 1+3+5 = 9, 1+3+5+7 = 16$, , usw. und hoffe, dass er nach dem ‚usw.' verstanden hat, wie es weitergeht. (Freudenthal 1973, S. 589)

Freudenthal nutzt den Zusammenhang der ersten ungeraden Zahlen und Quadratzahlen, um an ihm die Idee des Verallgemeinerns zu illustrieren. Auch in der mathematikdidaktischen Forschung wird dieser Zusammenhang und sein operativer Beweis von vielen Autoren aufgegriffen (Akinwunmi und Steinweg 2024, S. 2–4; Bezold 2010b, S. 4; Krauthausen 2001, S. 111; Steinbring 2005, S. 97–98; Steinweg 2013, S. 60–61; Winter 2001, S. 293; Wittmann 1985, S. 11; Wittmann und Ziegenbalg 2004, S. 37). Er kann daher durchaus als prototypisches Beispiel für einen operativen Beweis bezeichnet werden.

Anhand des prototypischen Beispiels werden in diesem Kapitel vertiefende Überlegungen zum operativen Beweisen entfaltet. Hierfür werden zunächst, neben der bereits bekannten ersten Beweisidee ‚Rahmen‘, weitere Beweisideen für den Zusammenhang skizziert. Zum einen wird so die Kreativität als relevanter Bestandteil des Beweisens hervorgehoben. Und zum anderen dienen die unterschiedlichen Beweisideen als Grundlage, um das Umrechnen, die Darstellungsebenen von operativen Beweisen und die Beziehung zu Variablenkonzepten zu thematisieren.

Jede operative Beweisidee wird sowohl auf der ikonischen als auch auf der symbolischen Ebene skizziert. Die ersten drei Beweisideen werden auf der symbolischen Ebene mit Buchstabenvariablen dargestellt, die letzten drei mit konkreten Zahlen. Die Gründe hierfür werden im Laufe des Kapitels aufgeklärt. Außerdem sei angemerkt, dass die Termumformungen jeweils die Transformationen der figurierten Darstellung widerspiegeln sollen. Aus diesem Grund werden an einigen Stellen Terme verwendet, die üblicherweise in einem Beweis auf symbolischer Ebene prägnanter dargestellt werden.

3.5.1 Kreativität beim operativen Beweisen

In diesem Unterkapitel soll gezeigt werden, dass die innermathematischen Beziehungen eine Vielzahl von stichhaltigen Beweisen ermöglichen. Aus Gründen der Lesbarkeit werden die Beweise in aller Kürze dargestellt und insbesondere Argumente, die bereits in vorherigen Beweisen verwendet wurden, werden nicht erneut ausführlich dargestellt. Die erste Beweisidee ‚Rahmen‘ wurde bereits in Abschnitt 3.1 vorgestellt (siehe Abbildung 3.13).

Abbildung 3.13 Erste Beweisidee ‚Rahmen‘

Daher beginnt die folgende Nummerierung mit der zweiten Beweisidee für den mathematischen Satz:

$$Für\,alle\,n \in \mathbb{N} gilt: 1+3+5+\ldots+(2n-1)=n^2$$

2. Beweisidee: Schneiden und klappen

Die Beweisidee ‚Schneiden und klappen' benötigt eine Fallunterscheidung zwischen einer geraden und einer ungeraden Anzahl an Summanden. Für eine gerade Anzahl kann der Beweis an der Figurenfolge aus Abbildung 3.14 geführt werden:

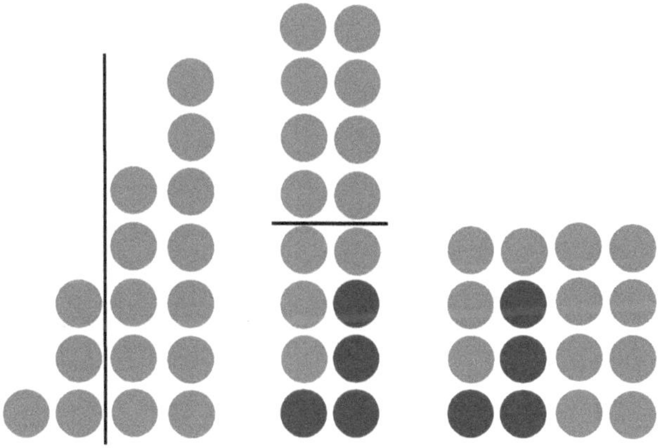

Abbildung 3.14 Zweite Beweisidee, gerade Anzahl an Summanden

Die Summe der ersten ungeraden Zahlen wird als Folge von ‚Plättchenreihen' dargestellt. Die erste Reihe besteht aus einem Plättchen – jede folgende wird zwei größer. Die letzte Reihe besteht folglich aus einer Plättchenanzahl, die dem Doppelten seiner Positionierung in der ordinalen Reihenfolge von kleinstem zu größtem Summanden, um ein Plättchen verringert, entspricht.

Bei einer geraden Anzahl an Summanden können die Reihen in der Mitte geteilt werden. Weil die Summanden immer um zwei größer werden, können die entstehenden Teile so aufeinander gedreht werden, dass ein Rechteck entsteht: Der kleinste und der größte Summand bilden eine Summe, die genauso groß ist wie die Summe des zweitkleinsten und zweitgrößten Summanden, weil die Summanden gegensinnig um zwei verändert werden. Analog gilt dies für alle weiteren Summanden bei jeder geraden Anzahl an Summanden.

Die eine Kantenlänge des Rechtecks besteht durch das Klappen im Vergleich zur Ausgangsdarstellung aus der halben Anzahl an Plättchen. Die andere Kantenlänge ist viermal so lang: Der kleinste und der größte Summand ergeben als Summe das Doppelte der ursprünglichen Summandenanzahl. Folglich gilt dies auch für die anderen zusammengeklappten Plättchenreihen.

Jedes Rechteck, dessen eine Kantenlänge viermal so lang ist wie die andere, lässt sich so schneiden und klappen, dass ein Quadrat entsteht. Das gleichzeitige Halbieren der längeren und das Verdoppeln der kürzeren Kante lässt ein Quadrat entstehen, dessen Kantenlänge wieder genau der ursprünglichen Anzahl an Summanden entspricht. Damit ist die Behauptung für eine gerade Anzahl an Summanden gezeigt.

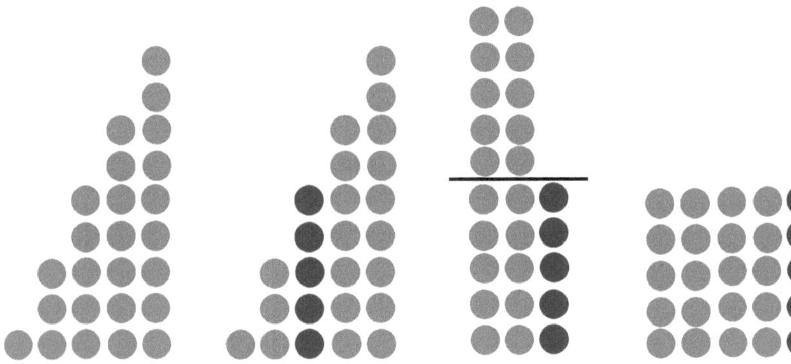

Abbildung 3.15 Zweite Beweisidee, ungerade Anzahl an Summanden

Der operative Beweis für eine ungerade Anzahl wird ähnlich geführt (siehe Abbildung 3.15). Die Besonderheit liegt darin, dass der mittlere Summand beim Schneiden und Klappen nicht berücksichtigt wird. In der Figurenfolge ist dieser Summand daher als einziger mit roten Plättchen dargestellt. Für die blauen Plättchen ergibt sich wieder eine gerade Anzahl an Plättchenreihen, die vertikal auseinandergeschnitten und aufeinandergeklappt werden können. Es ergibt sich wieder ein Rechteck.

Eine Kantenlänge des Rechtecks ist doppelt so lang wie der mittlere Summand, weil z. B. die benachbarten Summanden, von denen der Vorgänger des mittleren Summanden zwei kleiner und der Nachfolger zwei größer ist, aufeinandergeklappt werden. Die andere Kante besteht aus der Hälfte der ursprünglichen Anzahl an blauen Summanden. Mit dem Konstanzgesetz der Multiplikation lässt sich das Rechteck durch Halbieren der längeren Kante und Verdoppeln der kürzeren Kante wieder in ein Rechteck mit der gleichen Plättchenanzahl überführen. Die halbierte Kantenlänge besteht nun aus genauso vielen Plättchen wie der mittlere Summand. Insgesamt gibt es nun wieder genauso viele blaue Plättchenreihen wie zu Beginn des Beweises. Mit dem roten Summanden entsteht folglich ein Quadrat: Jede Plättchenreihe besteht aus der gleichen Anzahl an Plättchen und diese Anzahl entspricht der Anzahl an Summanden.

Auf symbolischer Ebene lässt sich der Beweis mit Fallunterscheidung so führen:

Für gerade *n gilt:*

$$\begin{aligned}&1+3+5+\ldots+(2n-1)\\&=1+(2n-1)+3+(2n-3)+\ldots+(n-1)+(n+1)\\&=\frac{n}{2}\cdot 2n=\left(2\cdot\frac{n}{2}\right)\cdot\frac{2n}{2}=n\cdot n=n^2\end{aligned}$$

Für ungerade *n gilt:*

$$\begin{aligned}&1+3+5+\ldots+(2n-1)\\&=1+(2n-1)+3+(2n-3)+\ldots+n\\&=\frac{n-1}{2}\cdot 2n+n\\&=\left(2\cdot\frac{n-1}{2}\right)\cdot\frac{2n}{2}+\text{n}\\&=(n-1)\cdot n+n=n\cdot n=n^2\end{aligned}$$

Damit ist für alle *n* die Behauptung gezeigt.

Die Summe der ungeraden Zahlen wird in diesem Beweis wenig formal dargestellt, indem nach den ersten drei Summanden mit drei Punkten die Auslassung von Summanden bis zum letzten Summanden (2n-1) symbolisiert wird. Im nächsten Beweisschritt wird die konstante Differenz zwischen den aufeinanderfolgenden Summanden genutzt. Die Addition des größten Summanden (2n-1) mit dem kleinsten (1) ergibt die Summe 2n, ebenso wie die Addition des zweitgrößten Summanden (2n-3) mit dem zweitkleinsten (3). Dies lässt sich analog für die weiteren Summanden durchführen. Insgesamt ergeben sich so $\frac{n}{2}$ Summanden der Größe 2n; die Summe lässt sich als Produkt umdeuten. Die weiteren Beweisschritte überführen die Darstellung in die vom Satz geforderte Quadratzahl n^2. Analog ist die Umformung für alle ungeraden Zahlen aufgebaut. Allerdings muss hier beachtet werden, dass es eine ungerade Zahl an Summanden gibt: *n* ist mittlerer Summand, und hat ebenso viele größere wie kleinere Summanden neben sich, die paarweise und geschickt addiert wieder jeweils *2n* ergeben. Ohne *n* selbst lassen sich die Summanden also geschickt und analog zu oben zusammenfassen zu $\frac{n-1}{2}$ Summanden der Größe *2n*. Es folgen ähnliche Umformungsschritte wie beim ersten Fall.

3. Beweisidee: Ungerade Zahlen als Doppelreihen

Die dritte Beweisidee stellt jeden Summanden als Plättchenmenge dar, die als ‚Doppelreihe plus eins' angeordnet ist. Die weiteren Beweisschritte ähneln der zweiten Beweisidee und benötigen ebenfalls eine Fallunterscheidung. In Abbildung 3.16 ist ein Beispiel mit vier Summanden dargestellt.

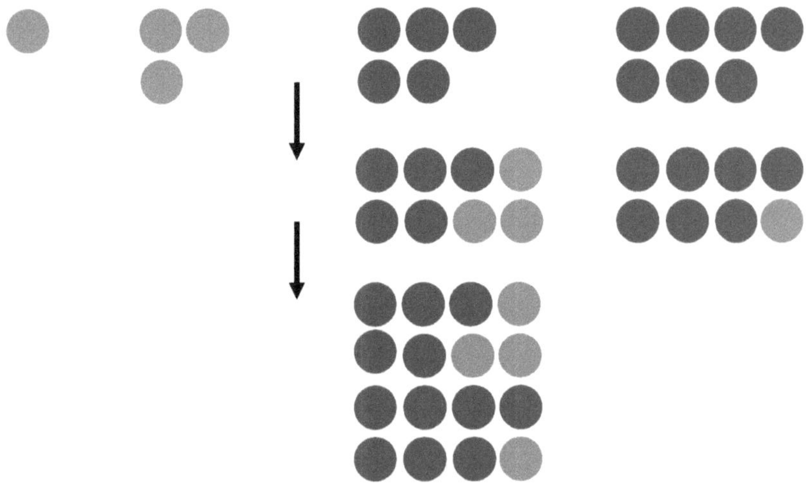

Abbildung 3.16 Dritte Beweisidee, gerade Anzahl an Summanden

Bei einer geraden Anzahl an Summanden werden wieder geschickt jeweils zwei Summanden addiert, sodass gleichlange Doppelreihen entstehen.

Es gibt folglich nur noch halb so viele Summanden, wobei jeder Summand aus zwei Reihen mit je genau so vielen Plättchen besteht, wie die Anzahl der Summanden zu Beginn war (in diesem Beispiel vier). Die Summanden können, da sie die gleiche Kantenlänge besitzen, zum Quadrat aneinandergelegt werden.

Für eine ungerade Anzahl an Summanden sieht der anschauliche Beweis am Beispiel von fünf Summanden ähnlich aus (siehe Abbildung 3.17).

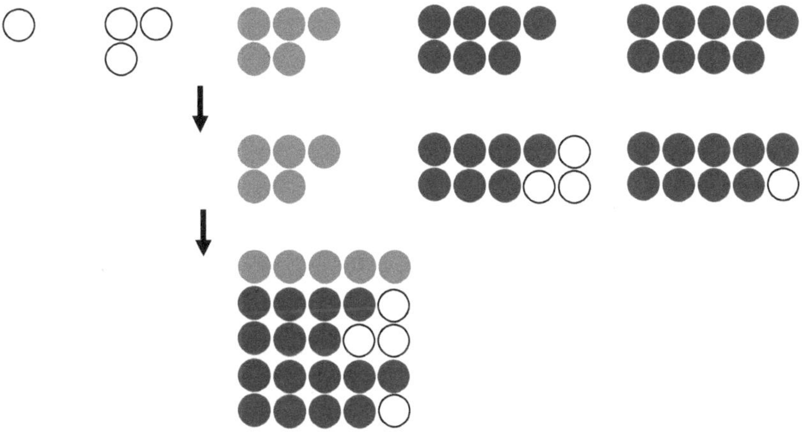

Abbildung 3.17 Dritte Beweisidee, ungerade Anzahl an Summanden

Wie beim ersten Fall werden wieder geschickt gleichlange Doppelreihen produziert, wobei der mittlere Summand unverändert bleibt. Es entstehen folglich wieder Doppelreihen mit der gleichen Eigenschaft wie beim ersten Fall: Jede Reihe besteht aus genau so vielen Plättchen, wie die Anzahl an Summanden zu Beginn war. Anders als beim ersten Fall gibt es jedoch, aufgrund des mittleren Summanden, von diesen Reihen eine weniger als es zu Beginn Summanden waren. Damit ein Quadrat entsteht, muss abschließend der mittlere Summand ebenfalls als Plättchenreihe dargestellt werden. Diese Reihe besteht aus genau so vielen Plättchen wie die anderen Plättchenreihen, weil die ‚obere' Plättchenreihe als Folge der ersten natürlichen Zahlen gedeutet werden kann. In diesem Beispiel besteht die obere Plättchenreihe aus drei Plättchen, dementsprechend ist es die dritte ungerade Zahl. Außerdem teilt der mittlere Summand die Summanden in zwei Teile, die aus gleich vielen Summanden bestehen (hier $1 + 3$ und $7 + 9$). Die Anzahl der Plättchen in der oberen Plättchenreihe entspricht folglich der Anzahl der ersten Summanden bis einschließlich dem mittleren Summanden (hier $1 + 3 + 5$) und die untere Plättchenreihe entspricht der Anzahl der Summanden des zweiten Teils (hier $7 + 9$). Der mittlere Summand besteht demnach auch aus genau so vielen Plättchen, die die Anzahl an Summanden zu Beginn war.

Auf symbolischer Ebene würde der Beweis so aussehen:

Für gerade *n gilt:*

$$\begin{aligned}
&1 + 3 + 5 + \ldots + (2n - 1) = \\
&(2 \cdot 1 - 1) + (2 \cdot 2 - 1) + (2 \cdot 3 + 1) + \ldots + (2n - (2 \cdot 1 - 1)) \\
&= \frac{n}{2} \cdot 2n = n \cdot n = n^2
\end{aligned}$$

Für ungerade *n gilt:*

$$\begin{aligned}
&1 + 3 + 5 + \ldots + (2n - 1) \\
&= (2 \cdot 1 - 1) + (2 \cdot 2 - 1) + \ldots + n + \ldots + (2n - 1) \\
&= \frac{n - 1}{2} \cdot 2n + n \\
&= (n - 1) \cdot n + n = n \cdot n = n^2
\end{aligned}$$

Damit ist für alle *n* die Behauptung gezeigt.

4. Beweisidee: Verdoppeln

Wie bei der zweiten Beweisidee, wird für diese Beweisidee die besondere Struktur der ungeraden Zahlen durch die Anordnung als Plättchenreihen ausgenutzt – allerdings in Verbindung mit einer Verdoppelung der Terme auf beiden Seiten der Gleichung (siehe Abbildung 3.18).

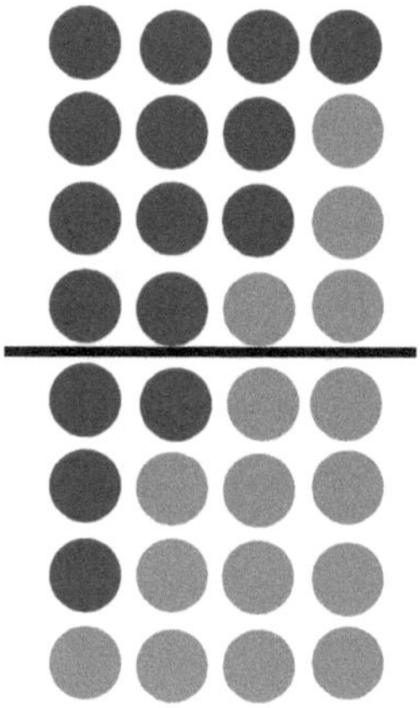

Abbildung 3.18 Vierte Beweisidee

Nach der Verdoppelung können die Summanden geschickt angeordnet werden, sodass ein Rechteck entsteht, dessen eine Seitenlänge doppelt so lang ist wie die andere. Das Rechteck lässt sich folglich auch interpretieren als das Doppelte eines Quadrats. Und wenn das Doppelte der Behauptung stimmt, dann muss auch die Behauptung stimmen. Damit ist der Beweis vollständig.

Auf symbolischer Ebene sieht der Beweis so aus:

Zeige: Für alle $n \in \mathbb{N}$ gilt: $2 \cdot [1 + 3 + 5 \ldots. + (2n - 1)] = 2n^2$

Es gilt:

$$\begin{aligned} &2 * [1 + 3 + 5 \ldots. + (2n - 1)] \\ &= 1 + (2n - 1) + 3 + (2n - 3) + \ldots + (2n - 1) + 1 \\ &= 2n + 2n + \ldots + 2n = n \cdot 2n = 2n^2 \end{aligned}$$

Also ist $2 \cdot (1 + 3 + 5 + \ldots + (2n - 1) = 2n^2$ und damit auch $1 + 3 + 5 + \ldots + (2n - 1) = n^2$ bewiesen.

5. Beweisidee: Quadratischer Kasten

Der Beweis beginnt mit der Darstellung von Plättchenreihen in Verbindung mit einem quadratischen Kasten (siehe Abbildung 3.19). Diese Beweisidee setzt folglich als erkannten Zusammenhang zu Beginn des Beweises voraus, dass die Seitenlänge des Quadrats der Anzahl an Summanden entspricht. Danach wird, vergleichbar mit der zweiten und dritten Beweisidee, geschickt geschnitten und zum Quadrat geklappt: Aufgrund der Struktur der Summe der ersten ungeraden

Zahlen ist der Teil der großen Summanden, der aus dem quadratischen Kasten herausragt, genauso groß wie der Teil, welcher den kleinen Summanden fehlt.

Auch bei diesem Beweis ergibt sich ein Unterschied zwischen einer geraden und ungeraden Anzahl an Summanden: Bei einer ungeraden Anzahl an Summanden passt der mittlere Summand bereits genau in den Kasten, wohingegen bei einer ungeraden Zahl jeder Summand noch auf die richtige Länge verändert werden muss.

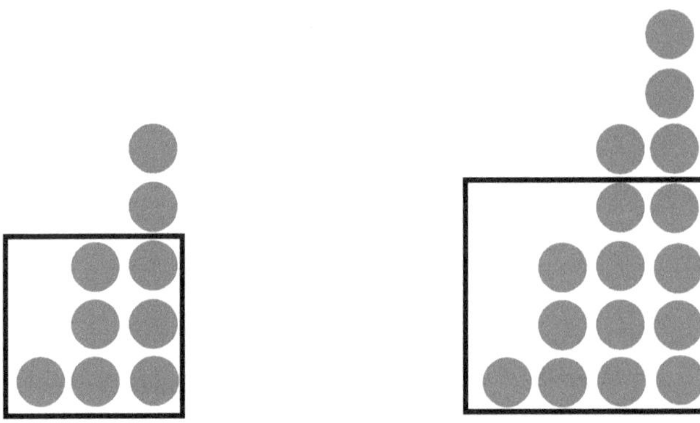

Abbildung 3.19 Fünfte Beweisidee

Auf symbolischer Ebene kann der Beweis so geführt werden:
Für eine gerade Anzahl an Summanden:

$$\begin{aligned} &1+3+5 \\ &=(3-2)+3+(3+2) \\ &=(3-2+2)+3+(3+2-2) \\ &=3+3+3 \\ &=3\cdot 3 \end{aligned}$$

Für eine ungerade Anzahl an Summanden:

$$\begin{aligned} &1+3+5+7 \\ &=(4-3)+(4-1)+(4+1)+(4+3) \\ &=(4-3+3)+(4-1+1)+4+4 \\ &=4+4+4+4 \\ &=4^2 \end{aligned}$$

6. Beweisidee: Die Summe der ersten n aufeinanderfolgenden ungeraden Zahlen wird interpretiert als Summe der ersten n Zahlen und Summe der ersten (n-1) Zahlen

Diese Beweisidee deutet die Summe der ersten aufeinanderfolgenden ungeraden Zahlen als Kombination von zwei Summen aufeinanderfolgender natürlicher Zahlen. So kann zum Beispiel die Summe der ersten vier ungeraden Zahlen gedeutet werden als Summe der ersten vier Zahlen und Summe der ersten drei Zahlen. Die Umdeutung wird in der Figur durch die roten Wendeplättchen dargestellt. Diese Umdeutung ist für jede Summe der ersten ungeraden Zahlen möglich, weil deren Aufbauregel von ‚plus zwei' sich in die zweifache Aufbauregel der natürlichen Zahlen ‚plus eins' überführen lässt.

Die beiden Summen können darauf aufbauend als Dreieckszahlen verstanden werden. Zwei aufeinanderfolgende Dreieckszahlen lassen sich stets zu einer Quadratzahl zusammenlegen. Wenn dieser Zusammenhang bereits begründet ist, kann der operative Beweis an dieser Stelle enden (siehe Abbildung 3.20). Aus Platzgründen wird er an dieser Stelle nicht ausgeführt.

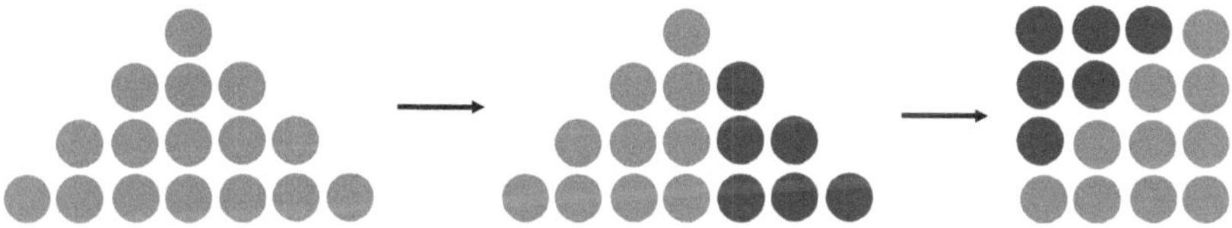

Abbildung 3.20 Sechste Beweisidee

Auf symbolischer Ebene kann der Beweis so geführt werden:

$$\begin{aligned}
&1 + 3 + 5 + 7 \\
&= 1 + (1 + 2) + (2 + 3) + (3 + 4) \\
&= (1 + 3) + (2 + 2) + (3 + 1) + 4 \\
&= 4 + 4 + 4 + 4 = 4^2
\end{aligned}$$

7. Beweisidee: Die Summe der ersten n aufeinanderfolgenden ungeraden Zahlen wird interpretiert als Summe von n und zweimal der Summe der ersten (n-1) Zahlen

Die sechste Beweisidee ist ähnlich zur vorherigen. Der Unterschied besteht darin, dass das mittlere Plättchen jedes Summanden zu einem neuen Summanden umgedeutet wird (siehe Abbildung 3.21). Folglich besitzt dieser Summand genauso viele Plättchen, wie es vorher ungerade Zahlen gab. Links und rechts vom mittleren Summanden lassen sich zwei gleiche Dreieckszahlen erkennen.

Zwei gleiche Dreieckszahlen lassen sich stets zu einer Rechteckszahl zusammenlegen. Diese Rechteckszahl besitzt als Seitenlängen zum einen die Anzahl an Summanden der Dreieckszahl und zum anderen diese Anzahl um eins erhöht. Die längere Seitenlänge entspricht folglich der Länge des blauen Summanden, weshalb dieser an die kürzere Seite des Rechtecks angelegt werden kann und das Rechteck zum Quadrat vervollständigt.

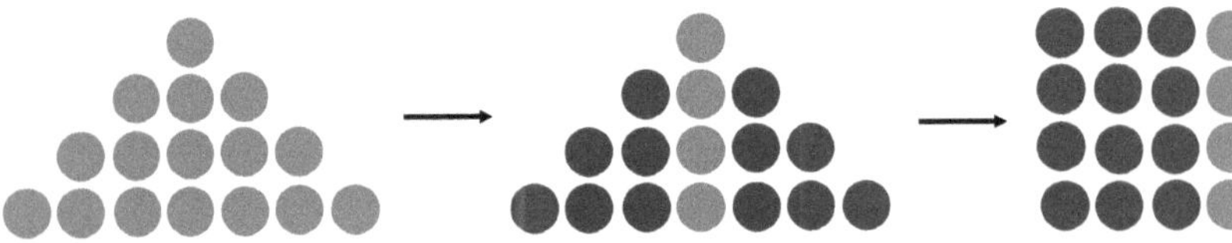

Abbildung 3.21 Siebte Beweisidee

Auf symbolischer Ebene kann der Beweis so geführt werden:

$$\begin{aligned} & 1+3+5+7 \\ & = 1+(1+1+1)+(2+1+2)+(3+1+3) \\ & = (1+3)+(2+2)+(3+1)+4 \\ & = 4+4+4+4 = 4^2 \end{aligned}$$

Dieses Unterkapitel sollte beispielhaft aufzeigen, dass sich aus dem Beziehungsreichtum der Mathematik vielfältige Ansätze zur Generierung stichhaltiger anschaulicher Beweise ergeben. Im Folgenden sollen nun die unterschiedlichen operativen Beweistypen herausgearbeitet werden.

3.5.2 Umrechnen in operativen Beweisen

Die meisten Beweise in der Arithmetik bestehen daraus, die Gleichheit von Termen zu zeigen, die empirisch unterschiedlich aussehen. Das Umrechnen ist folglich von zentraler Bedeutung für das operative Beweisen und soll im Folgenden genauer betrachtet werden.

Der Zusammenhang zwischen der Summe der ungeraden Zahlen und den Quadratzahlen ist ein Beispiel für eine bikonditionale Aussage: Die Zahl ist eine Quadratzahl genau dann, wenn sich die Zahl als Summe der ersten aufeinanderfolgenden ungeraden Zahlen darstellen lässt. Für das Umrechnen ergeben sich damit zwei mögliche Richtungen: Der Beweis kann entweder mit der Summe der ersten ungeraden Zahlen beginnen und diese zur Quadratzahl umformen oder andersherum mit einer Quadratzahl beginnen und den Zusammenhang zur Summe der ersten ungeraden Zahlen herstellen. Beide Möglichkeiten finden sich in den vorgestellten Beweisideen.

Weiterhin können sich die Beweise darin unterscheiden, inwiefern Interimsdeutungen beim Umrechnen nötig sind. So funktioniert z. B. die sechste Beweisidee nur über eine Interimsdeutung von zwei Summen aufeinanderfolgender Zahlen. Es wird folglich nur ein mittelbarer Zusammenhang zwischen der Summe der ersten ungeraden Zahlen und den Quadratzahlen hergestellt.

In der Arithmetik lässt sich die Gültigkeit einer Behauptung auch mittels vollständiger Induktion beweisen. Sie besteht aus zwei Schritten: Im Induktionsanfang muss zunächst gezeigt werden, dass die zu beweisende Aussage für die kleinste natürliche Zahl, meistens Null oder Eins, gilt. Dies bildet den Ausgangspunkt des Beweises. Danach folgt der zweiteilige Induktionsschritt: In der Induktionsvoraussetzung wird angenommen, dass die Aussage für eine beliebige, aber feste natürliche Zahl n gilt. In der Induktionsbehauptung muss dann unter Verwendung der Induktionsvoraussetzung gezeigt werden, dass die Aussage auch für die nächstgrößere Zahl $n + 1$ gilt. Wenn beide Schritte erfolgreich durchgeführt werden können, folgt aus der Logik der vollständigen Induktion, dass die Aussage für alle natürlichen Zahlen gültig ist.

Induktive Begründungen sind auch für operative Beweise möglich, indem die Fortsetzbarkeit der Darstellung in den Vordergrund der Begründung gestellt wird. So kann die erste Beweisidee auch zum Induktionsbeweis abgewandelt werden (siehe Abbildung 3.22).

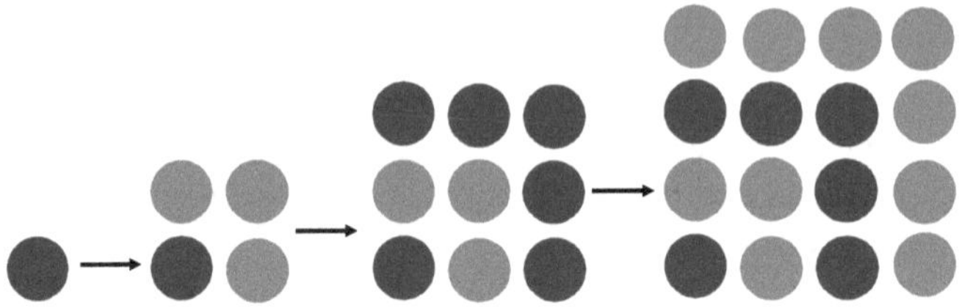

Abbildung 3.22 Beweis mit vollständiger Induktion

Für ein Plättchen gilt die Behauptung (Induktionsanfang). Der Übergang zur nächsten Quadratzahl kann hergestellt werden, indem drei rote Plättchen hinzugefügt werden. Dieser Rahmen kann für den Übergang zur nächsten Quadratzahl wieder an eine Ecke des Quadrats angelegt werden. Zur Vervollständigung des Quadrats fehlen dann noch zwei Plättchen – der Übergang zwischen den Objekten besteht folglich in der Addition der nächstgrößeren ungeraden Zahl (Induktionsschritt). Dieser Zusammenhang gilt für jedes weitere Quadrat, womit bewiesen ist, warum die Addition der ersten ungeraden Zahlen eine Quadratzahl ergibt.

Ein weiteres Beispiel für eine induktive Begründung findet sich mit der Beweisidee ‚Verdoppeln': Für das kleinste Beispiel gilt die Behauptung, dass ein Rechteck entsteht, dessen eine Seitenlänge doppelt so lang wie die andere ist, mit den Seitenlängen eins und zwei. Der Übergang zum nächstgrößeren Beispiel definiert sich über die Aufbauregel ‚Plus zwei' – die kürzere Seitenlänge, welche die Anzahl der Summanden widerspiegelt, wächst also immer um eins, während die längere Seitenlänge, welche die Größe der Summanden wiedergibt, immer um zwei wächst. Das Verhältnis der Seitenlängen von zwei zu eins bleibt folglich erhalten und die Behauptung ist damit gezeigt.

Der Induktionsanfang entspricht einer Prüfung der Behauptung am kleinsten Beispiel. Aus lerntheoretischer Perspektive ist daher der Induktionsschritt von höherer Bedeutung. Er verwendet die allgemeinen Strukturen beim Übergang der Objekte und kann sich als Umdeutung der Darstellung aus dem Rationalisierungszwang einer Argumentation ergeben, wenn die Übergänge der Objekte bereits bei der Entdeckung des Phänomens im Mittelpunkt standen. Die vollständige Induktion stellt damit eine anspruchsvolle Beweisform dar, die aber durchaus von Kindern selbstständig entwickelt wird (Schindler 2016, S. 23).

Bei der Beweisidee ‚Rahmen' müssen Teilaspekte der Objekte beim Übergang nicht umgedeutet werden. Die Darstellung der dritten Quadratzahl kann zum Beispiel in der Darstellung der vierten Quadratzahl ohne Umdeutung wiedererkannt werden: Ebenso werden die ersten drei Summanden durch die jeweils gleichen Plättchen repräsentiert. Dies ist aber nicht bei jeder induktiven Begründung der Fall. Auch dies soll wieder am Beispiel demonstriert werden (siehe Abbildung 3.23).

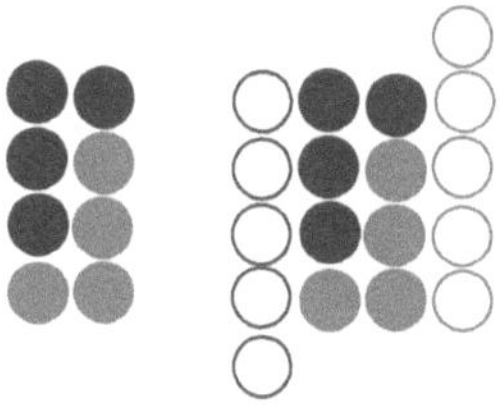

Abbildung 3.23 Notwendige Umdeutungen

Sowohl $n = 2$ als auch $n = 3$ können ohne Betrachtung der Übergänge so gedeutet werden, dass jeweils Plättchenreihen der Breite Eins aufeinander gedreht werden. Mit Betrachtung der Übergänge ist eine Modulation der Sichtweise auf die Plättchen notwendig, da die Erweiterung des ursprünglichen Rechtecks mithilfe von zwei Fünferreihen unmöglich ist (siehe Abbildung 3.23). Für die Modulation ergeben sich für diese Beweisidee (mindestens) drei Möglichkeiten:

(1) Von $n = 2$ zu $n = 3$ werden die neuen blauen Plättchen als Reihe ergänzt. Die fünf neuen roten Plättchen werden für den Übergang zur dritten Quadratzahl aufgeteilt in 3 und (3–1) und oben ergänzt.
(2) Von $n = 2$ zu $n = 3$ werden die neuen roten Plättchen als Reihe ergänzt. Die fünf neuen blauen Plättchen werden für den Übergang zur dritten Quadratzahl aufgeteilt in 3 und (3–1) und unten ergänzt.
(3) Die roten und blauen Plättchen werden auseinandergezogen und versetzt wieder aufeinander gedreht. Zur Vervollständigung des Rechtecks fehlen an den langen Seiten des Rechtecks nun jeweils genau fünf Plättchen.

Die erste und zweite Umdeutung hat zur Folge, dass beim Übergang aus einer Drei eine Fünf und aus einer Eins eine Drei wird und dass eine Eins einem neuen Plättchen zugeordnet wird. Die Zuordnung der Summanden zu den Plättchen wird folglich verändert, dafür bleibt allerdings das ursprüngliche Rechteck erhalten. Andersherum sieht es bei der dritten Umdeutung aus. Die neuen Plättchen entsprechen tatsächlich aus den neuen Summanden, dafür muss jedoch das ursprüngliche Rechteck verändert werden.

Nur wenn von Beginn an eine Folge der ungeraden Zahlen als Plättchentürme und die andere Folge der ungeraden Zahlen als Doppelreihe mit zusätzlichem Plättchen gedeutet wird, ist die Fortsetzbarkeit der Darstellung ohne Modulation der Sichtweise möglich (siehe Fortsetzungsmöglichkeit (4) in Abbildung 3.24). Diese Möglichkeit ist aber wenig intuitiv, da die Verdoppelung der Summanden auch die Verdoppelung der Darstellung als Beweisanfang nahelegt.

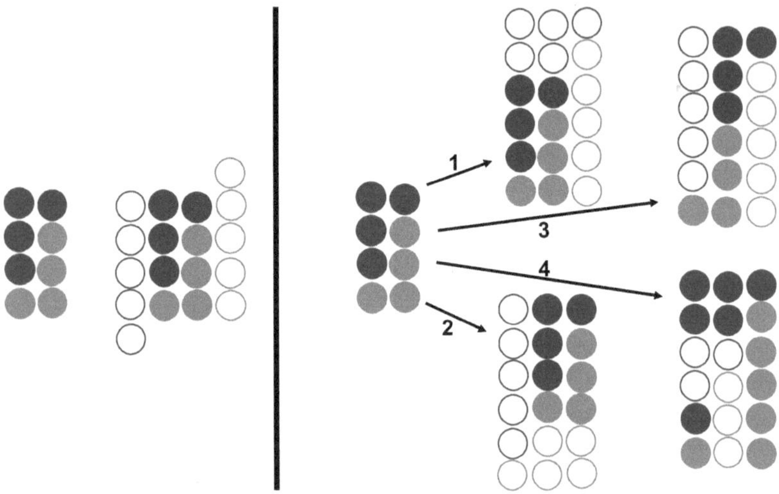

Abbildung 3.24 Mehrdeutigkeiten in der figurierten Darstellung

Die unterschiedlichen Beweisideen, mögliche Interimsdeutungen sowie die Nutzung von induktiven Überlegungen zeigen die Mehrdeutigkeiten, die in operativen Beweisprozessen auftreten können und miteinander ausgehandelt werden müssen. Hinzu kommen noch eher oberflächliche Mehrdeutigkeiten, wie die Darstellung der Summe der ungeraden Zahlen als Plättchenreihen, die vertikal oder horizontal und dann noch jeweils in zwei unterschiedlichen Reihenfolgen angeordnet sein können oder die Vorstellung darüber, wie genau das Klappen mit den Plättchen durchgeführt wird.

Eine weitere Facette von Mehrdeutigkeit, die sich auf die fruchtbare Nutzung der Mehrdeutigkeit der Plättchen im Beweis bezieht, soll abschließend aus dem Vergleich der ersten und sechsten Beweisidee benannt werden (siehe Abbildung 3.25). Der Beweis ‚Rahmen' kann an einer Beweisfigur geführt werden, die sowohl als Summe der ersten ungeraden Zahlen als auch als Quadratzahl gedeutet werden kann. Bei der sechsten Beweisidee hingegen fällt es schwer, die figurierte Darstellung als Quadrat zu deuten. Erst durch die operativen Veränderungen entsteht eine quadratische Anordnung der Plättchen.

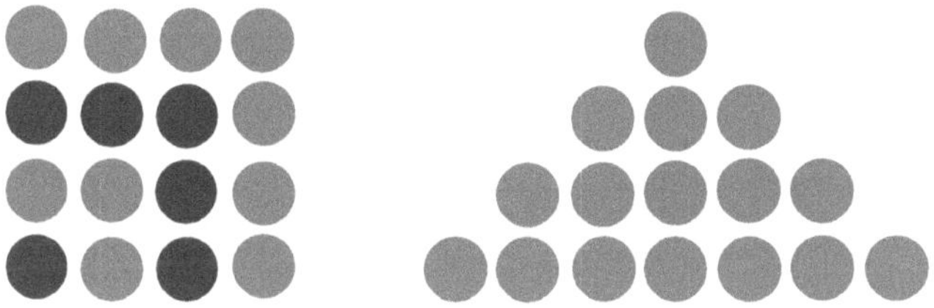

Abbildung 3.25 Statische und dynamische Umdeutungen

In beiden Beweisen wird die Gültigkeit der Behauptung bewiesen, indem die Gleichheit zweier strukturierter Plättchendarstellungen durch Umrechnen gezeigt wird. Die erste Beweisidee fußt hierfür auf eine statische Mehrdeutigkeit der Plättchen, in der zwar zwei Sichtweisen auf die Darstellung miteinander verbunden werden müssen – wo die Darstellung selbst jedoch unverändert bleiben kann. Für die sechste Beweisidee hingegen muss auch die Darstellung manipuliert werden, weshalb von einer dynamischen Mehrdeutigkeit gesprochen werden kann.

Abschließend soll noch beleuchtet werden, welchen Mehrwert diese theoretischen Überlegungen haben. Es wurde eingangs hergeleitet, dass operative Beweise inhaltliche Einsicht schaffen sollen. Für die Unterrichtspraxis ergibt sich daher die Frage, welcher Beweis denn nun am meisten Potenzial zur Erklärung des Zusammenhangs zwischen der Summe der ersten ungeraden Zahlen und den Quadratzahlen besitzt. Zu dieser Frage sind dem Autor dieser Arbeit leider keine empirischen Studien bekannt. Wahrscheinlich würde sich auch keine eindeutige Präferenz ergeben:

- Die Aktivierung von statischen oder dynamischen Grundvorstellungen ist unter anderem vom (Aufgaben-)Kontext und vom Lernenden abhängig ist. Ob also ein Beweis mit statischer oder dynamischer Mehrdeutigkeit mehr Einsicht für diesen Zusammenhang generiert, ist vermutlich individuell unterschiedlich.
- Auf der einen Seite wird durch Nutzung von Interimsdeutungen, wie zum Beispiel bei der Beweisidee ‚Verdoppeln' kein direkter Zusammenhang zwischen den beiden Teilen der Behauptung hergestellt – auf der anderen Seite

kann diese Interimsdeutung auch als Merkmal beziehungsreichen Lernens verstanden werden und die Zugänglichkeit des Beweises erhöhen, wenn diese vermittelnde Deutung dem Lernenden bereits vorher bekannt war.

- Auf der einen Seite können induktive Begründungen aus der Untersuchung der Übergänge zwischen Objekten entstehen – auf der anderen Seite folgt die Stichhaltigkeit induktiver Begründungen ausschließlich aus dem abstrakten Konzept der vollständigen Induktion.

Aufgrund der theoretischen Auseinandersetzung ist es folglich unmöglich, den perfekten operativen Beweis auszuwählen. Gleichwohl gibt es einen zweifachen didaktischen Mehrwert: In Verbindung mit weiteren Bedingungen des Unterrichts, wie die Wahl des Problemkontexts oder der produktiven Übung, oder die Vorkenntnisse der Lerngruppe erscheint eine prädikative Einschätzung der Zugänglichkeit durchaus möglich. Darüber hinaus bedeuten die theoretischen Überlegungen aber vor allem eine gute Vorbereitung auf die Interaktion im Unterricht. Wenn der Zusammenhang für die Lernenden vor der Thematisierung unbekannt ist, bedeutet der operative Beweis nämlich fundamentales Lernen. Es ist daher das unvorhersehbare Zusammentreffen unterschiedlicher Argumente, aus dem sich strukturelle Umdeutungen der Darstellung ergeben. Und für eine lernförderliche Moderation dieses Zusammentreffens erscheint die Kenntnis über unterschiedliche Deutungen und Beweisideen elementar.

Zuletzt sei noch angemerkt, dass die unterschiedlichen Charakteristika operativer Beweise vor allem die Zugänglichkeit zur mathematischen Struktur betreffen – die mathematische Struktur selbst lässt sich jedoch nicht vereinfachen. Die Konstruktion eines operativen Beweises ist daher zugänglicher, aber nicht einfacher als die Konstruktion eines formal-deduktiven Beweises, weil bei beiden Beweistypen die gleiche Behauptung mit stichhaltigen Argumenten bewiesen wird.

3.5.3 Zur Darstellungsebene

Jede Beweisidee wurde auf ikonischer und symbolischer Ebene ausgeführt.[3] Auf der symbolischen Ebene wurden die drei Beweisideen 2–4 mit Variablen, und die Beweisideen 5–7 ohne Variablen geführt. Dies sollte zeigen, dass ein symbolischer Beweis strukturelle Zusammenhänge nutzen kann, auch wenn dieser anhand

---

[3] In diesem Zusammenhang wird symbolisch im Sinne des E-I-S-Prinzips und nicht in interaktionistischer Bedeutung verwendet.

von konkreten Zahlen und Termen geführt wird. Aus dem gleichen Grund wurden auf der ikonischen Ebene stets eine bestimmte Menge von Plättchen genutzt. Eine ikonische Darstellung der sechsten Beweisidee ohne eine abzählbare Menge von Plättchen könnte so aussehen wie in Abbildung 3.26 skizziert.

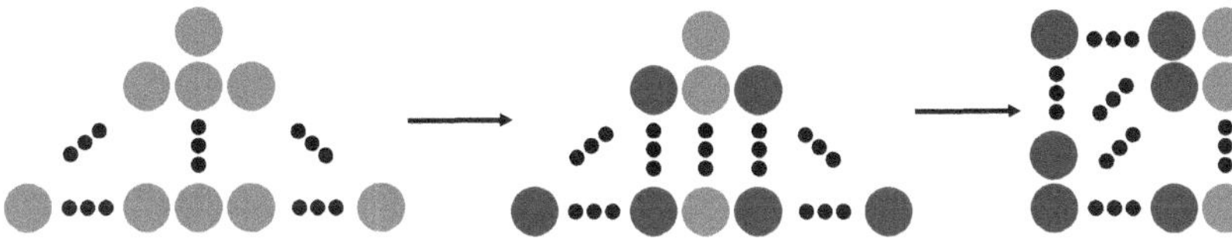

Abbildung 3.26 Verallgemeinerte Beweisfigur

Die Nutzung von Pünktchen kann die Verallgemeinerung auf eine beliebige Summe der ersten ungeraden Zahlen symbolisieren und herausstellen, dass die Gültigkeit des Beweises ausschließlich auf allgemeinen Eigenschaften der Objekte und Operationen beruht. In der Grundschule benötigt das Verallgemeinern das schrittweise Umdeuten von empirischen Objekten hin zu relationalen Objekten. Fundamentales Lernen findet statt, wenn neue allgemeine Gesetzmäßigkeiten in einer ursprünglich empirischen Deutung der (Plättchen-) Darstellung hineingedeutet werden. Die empirische Deutung als Ausgangspunkt fundamentaler Lernprozesse ist folglich ein zentraler Grund, warum verallgemeinerte ikonische Darstellungen in der Grundschule wenig Relevanz besitzen.

Die gleiche Beweisidee kann auf der ikonischen und symbolischen Ebene geführt werden. Ein operativer Beweis auf symbolischer Ebene ist hierbei jedoch auf verinnerlichte Bedeutungen von den Objekten und Operationen angewiesen. Im Beispiel ist es die Anschaulichkeit der kardinalen Summeninterpretation als figurierte Zahlen, die in den Term hineininterpretiert werden muss. Die Bedeutung der Operationszeichen im Beweis entsprechen den (rein gedanklich durchgeführten) Handlungen am Material. Auf der ikonischen Ebene besitzen die Operationszeichen keine Bedeutung. Darstellungen wie die folgende (siehe Abbildung 3.27) beinhalten damit einen Widerspruch: Entweder die Operation kann inhaltlich geeignet gedeutet werden – dann bedarf es keines Operationszeichens. Oder die Operation kann für die anschaulichen Überlegungen inhaltlich nicht geeignet gedeutet werden – dann suggeriert die Nutzung der Plättchendarstellung eine inhaltliche Vorstellung der Objekte, die nicht vorhanden ist oder für den Beweisschritt nicht genutzt wird.

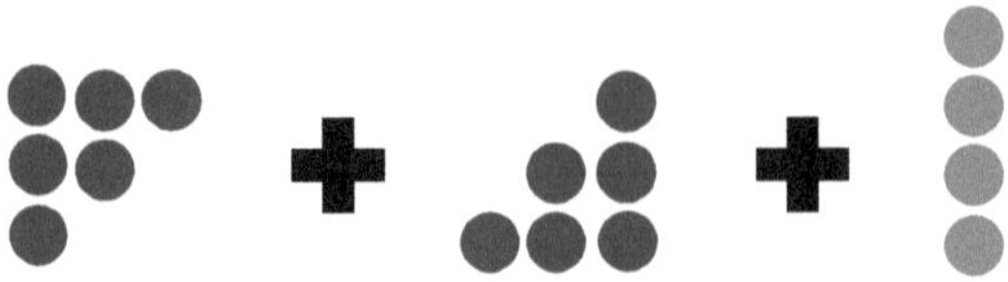

Abbildung 3.27 Vermischung von Darstellungsebenen

Auch nicht-anschauliche Beweisschritte, also kalkülhafte Umformungen, sind bereits in der Grundschule denkbar. Dies soll an der zweiten Beweisidee verdeutlicht werden: Die Beweisidee ‚Schneiden und Klappen' besteht aus zwei zentralen Beweisschritten: Dem geschickten Anordnen der Summanden, sodass n Summanden der Größe $2n$ entstehen und der Interpretation des Rechtecks als das Doppelte einer Quadratzahl. Beide Beweisschritte funktionieren auch ohne die Veranschaulichung als Plättchen. Ein verallgemeinertes Verständnis vom Konstanzgesetz der Summe ermöglicht auf symbolischer Ebene das geschickte Anordnen der ungeraden Zahlen und die Verwendung des Distributivgesetzes kann den Summenterm in das Doppelte der Quadratzahl überführen. Auch eine Mischform ist denkbar. Das Bilden von Summanden der Größe $2n$ kann anschaulich mithilfe von Plättchenreihen begründet werden. Das Zählen dieser Summanden und das Umformen zum Doppelten einer Quadratzahl könnte danach aber auch kalkülhaft passieren, ohne dass der Beweisführende dabei an ein Rechteck denken muss. Das kalkülhafte Umformen wird in dieser Arbeit als Übergang zum algebraischen Beweis angesehen und daher im nächsten Unterkapitel genauer diskutiert.

Sowohl kalkülhafte Umformungen als auch anschauliche Begründungen erfolgen in der Grundschule am Beispiel. Die Explikation der allgemeingültigen Strukturen erfordert daher in jedem Fall unterstützende Erläuterungen. Stärker epistemologisch formuliert sind es die Erläuterungen, welche die Darstellungen als Symbole arithmetischer Gesetzmäßigkeiten kennzeichnen. Für jede Darstellungsebene gilt: Erst aus den Erläuterungen wird ersichtlich, dass es sich nicht um empirische Argumente handelt, sondern dass das Allgemeine im Besonderen erkannt wurde.

Operative Beweise arithmetischer Zusammenhänge müssen zudem die Unterschiede zwischen einer arithmetischen und geometrischen Interpretation anschaulicher (Plättchen-)Darstellungen beachten. In der Geometrie können zwei gleichschenklige rechtwinklige Dreiecke an ihrer Hypotenuse zum Quadrat zusammengelegt werden. Zwei Dreieckszahlen, denen in einer geometrischen Interpretation ebenfalls die Eigenschaften gleichschenklig und rechtwinklig zugewiesen werden könnten, ergeben zusammengelegt jedoch kein Quadrat (siehe Abbildung 3.28).

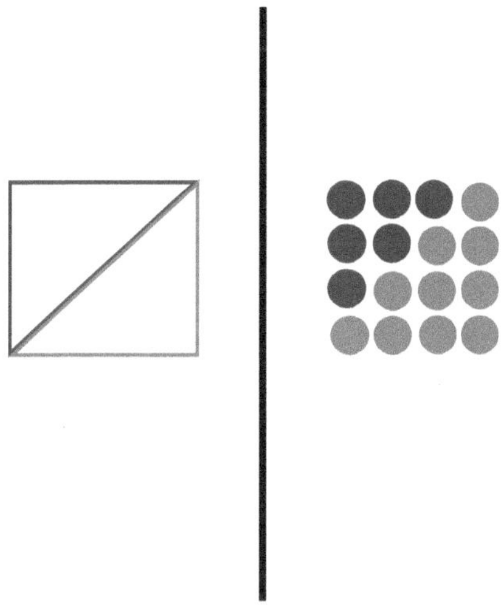

Abbildung 3.28 Widersprüche zwischen arithmetischer und geometrischer Deutung I

Ein anderes Beispiel findet sich in der ersten Beweisidee. In einer arithmetischen Interpretation lässt sich die ungerade Anzahl an Plättchen, die durch den Rahmen hinzugefügt werden, dadurch begründen, dass der Eckstein von beiden Seiten des Rahmens genutzt wird. In einer geometrischen Interpretation des Rahmens würde ein gemeinsamer Punkt von zwei Strecken jedoch nicht bei der Berechnung der Gesamtlänge subtrahiert werden (siehe Abbildung 3.29).

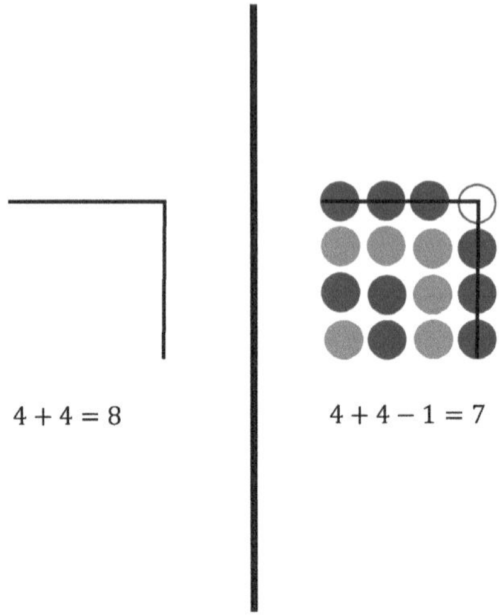

Abbildung 3.29 Widersprüche zwischen arithmetischer und geometrischer Deutung II

Forschungsstand zu Darstellungsebenen im operativen Beweis

In der Diskussion um operative Beweise werden unterschiedliche Positionen bezüglich der Darstellungsebenen eingenommen. Für Wittmann (2014, S. 226) müssen die genutzten Darstellungsmittel den Kindern vertraut sein. Steinweg und Akinwunmi (2024) verorten operative Beweise auf der enaktiven und ikonischen Ebene (Akinwunmi und Steinweg 2024, S. 105). Kempen (2019, S. 169) hingegen führt operative Beweise auch auf der symbolischen Ebene. Außerdem nutzt er auch eine Kombination aus symbolischen Operationszeichen und ikonischen Darstellungen (Kempen 2019, S. 96)). Strittig in der mathematikdidaktischen Diskussion ist also insbesondere, inwiefern operativen Beweise auf der symbolischen Ebene geführt werden können. Auf diesen Aspekt wird sich dieser Abschnitt konzentrieren.

Krauthausen und Scherer (2010) haben in 16 Grundschulklassen natürlich differenzierende Aufgaben mit Rechendreiecken erprobt und ausgewertet. Eine Begründungsaufgabe war dabei die in Abbildung 3.30 dargestellte.

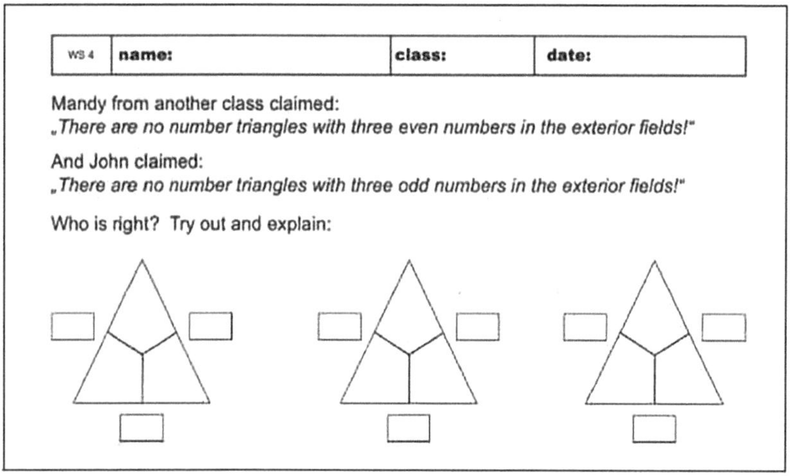

WS 4	name:	class:	date:

Mandy from another class claimed:
„There are no number triangles with three even numbers in the exterior fields!"

And John claimed:
„There are no number triangles with three odd numbers in the exterior fields!"

Who is right? Try out and explain:

Abbildung 3.30 Rechendreiecke (Krauthausen und Scherer 2010, S. 46)

Es wurde eine große Spanne an Begründungen beobachtet:

- Beispielgebundene Begründungen, die einer Verifikation an mehreren Beispielen entsprechen
- Begründungen mit einem Gegenbeispiel
- Systematische Betrachtungen mit Innenzahlen, die ausschließlich aus geraden oder ungeraden Zahlen bestanden
- Bruchzahlen
- Nutzung von Quasi-Variablen

Die Nutzung von Quasi-Variablen konnte bereits bei Zweitklässlern beobachtet werden. Anstelle von konkreten Zahlen wurden auf das Allgemeine verweisende Wörter und Buchstaben verwendet (siehe Abbildung 3.31).

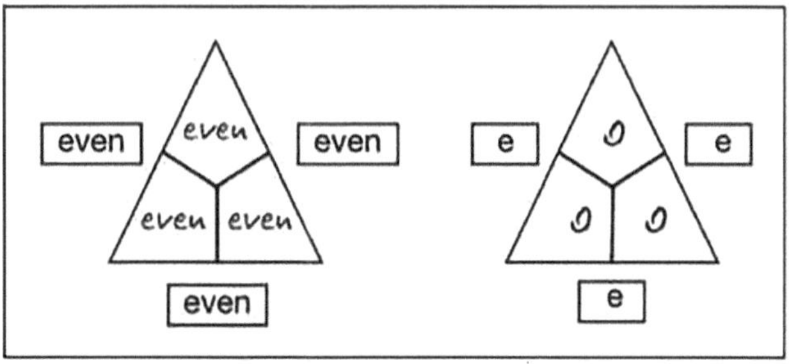

Abbildung 3.31 Variablen in Rechendreiecken (Krauthausen und Scherer 2010, S. 48)

Ein operativer Beweis mit den Variablen ‚o' und ‚e' der Behauptung ‚Wenn die Innenzahlen natürliche Zahlen sind, dann sind drei ungerade Außenzahlen unmöglich' könnte so geführt werden (siehe Abbildung 3.32): Damit eine Außenzahl, z. B. die rechte, ungerade ist, muss eine angrenzende Innenzahl ebenfalls ungerade sein, z. B. die obere Innenzahl. Dann muss der zweite Summand der rechten Außenzahl gerade sein, in diesem Fall die rechte Innenzahl. Für die linke Außenzahl ergibt sich nun ein Widerspruch: Damit die linke Außenzahl ungerade ist, muss die linke Innenzahl gerade sein. Damit die untere Außenzahl ungerade ist, muss die linke Innenzahl ungerade sein. Da die linke Innenzahl nicht gleichzeitig gerade und ungerade sein kann, ist die Behauptung bewiesen.

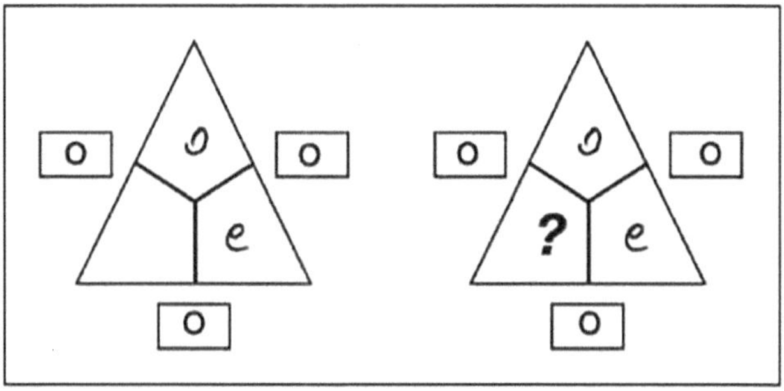

Abbildung 3.32 Operative Beweisidee mit Variablen (Krauthausen und Scherer 2010, S. 48)

Diese Begründung findet ausschließlich auf der symbolischen Ebene statt.[4] Es handelt sich dennoch um einen operativen Beweis, weil mithilfe der Leitfrage des operativen Prinzips ‚Was geschieht, wenn …?' die Auswirkungen des schrittweisen Ausfüllens des Rechendreiecks für den Beweis genutzt werden. Aber was unterscheidet diesen operativen Beweis mit Variablen dann noch von einem semi-formalen Beweis? Dies wird im nächsten Kapitel mithilfe unterschiedlicher Variablenaspekte beantwortet. Als Vorgriff hierauf bereits die Antwort für dieses Beispiel: Es handelt sich um keinen formalen Beweis, weil die Variablen im Wesentlichen nicht unter dem Kalkülaspekt, sondern in ihrer inhaltlichen Bedeutung als unbestimmte, aber gerade bzw. ungerade Zahl eingesetzt werden.

3.5.4 Variablenkonzepte im operativen Beweis

> Der einzige Weg, eine einzelne Aussage zu machen, die auf mehrere Fälle zutrifft […] besteht darin, auf mehrere Fälle durch eine Art von vereinheitlichendem Ausdruck zu verweisen, der sich auf alle diese auf eine einheitliche Art und Weise bezieht, in einer einzelnen Form, ein Weg, die Vielzahl zu vereinheitlichen. Verallgemeinern ist der Akt der Erschaffung dieses symbolischen Objekts. (Kaput et al. 2008, S. 20)

Operative Beweise bedeuten eine allgemeingültige Begründung eines mathematischen Musters. In der Grundschule ergibt sich dabei die besondere Herausforderung, solche allgemeingültigen Begründungen zu entwickeln, ohne hierfür Buchstabenvariablen nutzen zu können. Als Mittel des Verallgemeinerns können Variablen jedoch auch andere äußere Erscheinungsformen annehmen.

Akinwunmi (2012) untersuchte aus einer epistemologischen Perspektive heraus Verallgemeinerungsprozesse von Viertklässlern anhand von Aufgaben zum Entdecken, Fortsetzen, Beschreiben und Begründen mathematischer Muster. Sie konnte fünf unterschiedliche Verallgemeinerungsweisen rekonstruieren, die von Kindern in einer Variablenfunktion genutzt wurden (Akinwunmi 2012, S. 171) (siehe Abbildung 3.33).

[4] Ein weiterer Beweis, der ausschließlich auf symbolischer Ebene geführt wird, findet sich auch bei Wittmann (Wittmann (2014, S. 219–222).

Verallgemeinerungsweise	**Beschreibung der Kategorie**	**Plakative Beschreibung des Terms x^2**
Angabe eines repräsentativen Beispiels	SuS geben ein Beispiel an und kennzeichnen dieses dabei explizit als solches.	„Das ist zum Beispiel drei mal drei."
Aufzählung mehrerer Beispiele	SuS zählen mehrere Beispiele auf und verweisen ggf. auf einen Fortlauf.	„Das ist ein mal eins, zwei mal zwei, drei mal drei und so weiter."
Quasi-Variablen	SuS verwenden konkrete Zahlen und verbinden diese mit sprachlich verallgemeinernden Elementen.	„Ich rechne immer drei mal drei."
Bedingungssätze	SuS verwenden Bedingungssätze.	„Wenn da drei steht, dann rechne ich drei mal drei."
Variablen	SuS verwenden Wörter oder Zeichen mit Variablencharakter.	„Man muss die Zahl mal die gleiche Zahl rechnen."

Abbildung 3.33 Verallgemeinerungsweisen (Akinwunmi 2012, S. 171)

Die unterschiedlichen Verallgemeinerungsweisen sind der empirische Beleg dafür, dass Grundschulkinder die Fähigkeit besitzen, verallgemeinernde Aussagen zu treffen. Sie sind eine notwendige Konsequenz aus dem Verständnis der Mathematik als Wissenschaft von den Mustern und Strukturen und eine Vorausetzung für einen verständigen Umgang mit Buchstabenvariablen in der Sekundarstufe. Insbesondere Quasi-Variablen werden als Vorstufe des Verallgemeinerns mit algebraischen Mitteln angesehen.

Variablen besitzen in der Mathematik vielfältige Funktionen, Verwendungsweisen und Bedeutungen. Eine hilfreiche Definition, in der sich die Vielfältigkeit widerspiegelt, findet sich bei Specht:

> Als Arbeitsdefinition wird im Folgenden unter einer Variablen ein allgemeines Objekt verstanden, das Werte annehmen kann (beispielsweise Zahlen, Körper und Algebren). Sie kann durch Worte, Buchstaben oder andere Symbole repräsentiert werden. In unterschiedlichen Kontexten kommen verschiedene Variablenauffassungen

> und Variablenaspekte zum Tragen. Variable wird dabei als Oberbegriff für bestimmte Unbekannte, für Unbestimmte und für Veränderliche verstanden. Variablen können unter dem Gegenstands-, den Einsetzungs- und dem Kalkülaspekt betrachtet werden. (Specht 2009, S. 39)

Variablenauffassungen kategorisieren Variablen danach, wofür die Variable steht (Verweischarakter) (Specht 2009, S. 39). Als Unbekannte steht die Variable für eine spezifische, aber unbekannte Zahl. Sie hat einen festen, aber zunächst nicht bekannten Wert. Variablen als Unbekannte kommen häufig in Gleichungen vor, wo es darum geht, diesen unbekannten Wert zu ermitteln.

Als Unbestimmte steht die Variable für eine beliebige Zahl, die nicht weiter spezifiziert wird. Sie dient damit zur Verallgemeinerung und Darstellung allgemeiner Beziehungen. Diese Variablenauffassung ist beim operativen Beweisen von besonderer Bedeutung, da der Fokus auf der „Grundidee der Operationen" (Akinwunmi und Steinweg 2024, S. 111) liegt. Die konkreten Zahlen treten in den Hintergrund, die allgemeingültigen, operativen Strukturen in den Vordergrund.

Als Veränderliche durchläuft die Variable systematisch unterschiedliche Werte. Typischerweise wird hierbei auch der Einfluss auf eine andere Variable untersucht. Diese Variablenauffassung ist daher stark mit dem funktionalen Denken verzahnt. Operative Beweise basieren auf dem Untersuchen von Übergängen zwischen Objekten. In operativen Beweisen können daher auch Variablen als Veränderliche auftauchen. Hierzu passend stufen Akinwunmi und Steinweg (2024, S. 114) die beiden Variablenauffassungen Unbestimmte und Veränderliche als eng verbunden ein.

Die drei in der Definition genannten Variablenaspekte haben sich in der Mathematikdidaktik etabliert und stammen ursprünglich von Malle (Malle 1993, S. 46). Die Differenzierung hilft bei der Definition operativer Beweise und wird daher im Folgenden ausgeführt:

> (1) **Gegenstandsaspekt**: *Variable als unbekannte oder nicht näher bestimmte Zahl (allgemeiner als unbekannter oder nicht näher bestimmter Denkgegenstand).*
> (2) **Einsetzungsaspekt**: *Variable als Platzhalter für Zahlen bzw. Leerstelle; in die man Zahlen (genauer: Zahlnamen) einsetzen darf.*
> (3) **Kalkülaspekt** (Rechenaspekt): *Variable als bedeutungsloses Zeichen, mit dem nach bestimmten Regeln operiert werden darf.* (Malle 1993, S. 46, Hervorh. im Original)

Die Variablenaspekte sind eng miteinander verwoben und häufig erfordert eine Aufgabe auch die Nutzung mehrerer Variablenaspekte, wie Malle beispielhaft ausführt:

> Beim Aufstellen einer Formel, etwa der Formel $m = \frac{x+y}{2}$ für den Mittelwert m zweier Zahlen x und y, denkt man vermutlich an nicht näher bestimmte Zahlen, betont also den Gegenstandsaspekt. Setzt man anschließend für x und y Zahlen ein, um verschiedene Mittelwerte auszurechnen, betont man eher den Einsetzungsaspekt. Formt man die Formel um, etwa zu $x = 2m - y$, , wendet man einfach gewisse Regeln an und betont damit den Kalkülaspekt. (Malle 1993, S. 48)

Diese Arbeit vertritt die These, dass sich operative Beweise in der Arithmetik dadurch auszeichnen, dass Variablen im Beweis hauptsächlich unter dem Gegenstands- und Einsetzungsaspekt verwendet werden, und *nicht* unter dem Kalkülaspekt. Dies soll am Beispiel der Neunerprobe gezeigt werden:

Die Beweisidee der Neunerprobe mithilfe von Plättchen in der Stellenwerttafel beruht darauf, dass jeder Übertrag, unabhängig vom Stellenwert, die Anzahl an Plättchen um neun verringert. Insgesamt ist die Quersumme des Ergebnisses daher um das Neunfache der Anzahl an Überträgen niedriger als die Quersumme des Rechenterms.

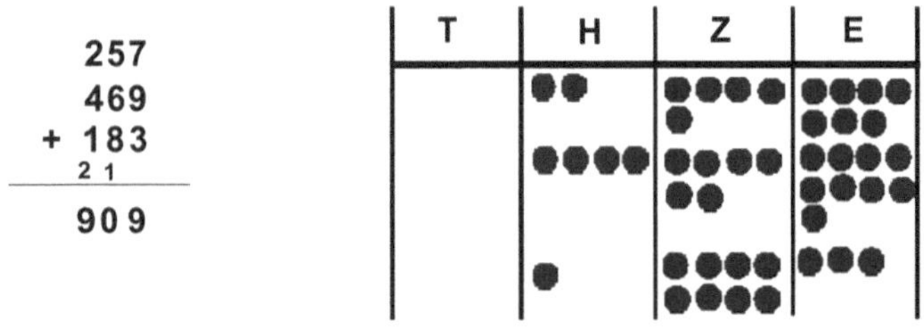

Abbildung 3.34 Beweisidee für die Neunerprobe (Wittmann 2014, S. 219)

Wittmann formuliert am Beispiel aus Abbildung 3.34 den operativen Beweis so:

> Insgesamt werden $1 + 2 + \ldots + 9 = 45$ Plättchen benötigt, um die drei Zahlen zu legen. Um das Ergebnis zu bestimmen, müssen im ersten Schritt die Plättchen in jeder Spalte zusammengeschoben werden, in einem zweiten Schritt sind – bei den Einern beginnend – Überträge vorzunehmen. Bei jedem Übertrag werden 10 Plättchen einer Spalte entfernt, und dafür wird ein Plättchen in die nächsthöhere Spalte gelegt. Bei

> jedem Übertrag werden also 9 Plättchen entfernt. Bei *jedem* Beispiel dieser Lernumgebung werden 45 Plättchen benötigt, um die Summanden zu legen. Da 45 ein Vielfaches von 9 ist, können die Quersummen der Ergebnisse nur Vielfache von 9 sein. Andere Zahlen als die aufgelisteten können daher nicht als Ergebnisse auftreten. An der Anzahl der Überträge kann man die Quersumme eines Ergebnisses ablesen. In Abbildung 6 gibt es drei Überträge ($1 + 2 = 3$). Daher ist die Quersumme des Ergebnisses $45 - 3 \cdot 9 = 18$.. (Wittmann 2014, S. 219)

Zum einen nutzt der Beweis Variablen unter dem Gegenstandsaspekt. Die drei Summanden werden wie ein unbestimmter Gegenstand behandelt. Die konkreten Zahlen und die Verteilung der Ziffern 1, 2, ..., 9 auf die Stellenwerte treten in den Hintergrund. Relevant ist nur, dass jede dieser Additionsaufgaben zu Beginn mit 45 Plättchen in der Stellenwerttafel dargestellt werden. Zum anderen nutzt der Beweis auch den Einsetzungsaspekt von Variablen. Die unbestimmte Anzahl an Überträgen wird auf das Beispiel zurückgeführt und dadurch kann deduktiv hergeleitet werden, dass die entstehende Summe nach drei Überträgen die Quersumme 18 haben muss. Die enge Beziehung zwischen dem Gegenstands- und Einsetzungsaspekt zeigt sich in operativen Beweisen also im changierenden Wechselspiel zwischen dem konkreten Beispiel und der abstrakten, im Beweis genutzten Struktur aus Objekten und Operationen. Vom konkreten Fall wird auf alle Fälle verallgemeinert und von allen Fällen kann wiederum auf den konkreten Fall spezifiziert werden.

Der Kalkülaspekt wird im Beweis nicht genutzt. Die Variablen liegen nicht formal vor und die konkreten Objekte werden auch nicht im Sinne des Kalkülaspekts als bedeutungslose Zeichen für regelgeleitete, nicht-anschauliche Termumformungen verwendet. Zentral für den operativen Beweis sind vielmehr Überlegungen, die die operativen Übergänge zwischen konkreten Objekten verwenden, wodurch der Beweis in einer „schlichten, symbolarmen Sprache" (Wittmann 2014, S. 224) geführt werden kann. Die Sprache wird benötigt, um die Deutung der konkreten Objekte unter dem Einsetzungs- und Gegenstandsaspekt herauszustellen. Diese Verallgemeinerung mittels Sprache kann sich dann auch darin zeigen, dass Buchstabenvariablen für den operativen Beweis genutzt werden (siehe hierzu den Beweis zu den Paritäten im Rechendreieck in Abschnitt 3.5.2).

Insgesamt vertritt diese Arbeit daher die These, dass sich operative Beweise im Hinblick auf Variablenkonzepte dadurch charakterisieren lassen, dass sie Variablen unter dem Einsetzungs- und Gegenstandsaspekt verwenden, aber nicht unter dem Kalkülaspekt. In operativen Beweisen können zwar Buchstabenvariablen oder einzelne kalkülhafte Beweisschritte auftreten. Im Vordergrund steht jedoch die inhaltliche Bedeutung der Variablen.

Mit dieser Charakterisierung können operativen Beweisen im Hinblick auf die Sekundarstufe auch eine wichtige vorbereitende Funktion zugeschrieben werden. Denn empirische Studien haben gezeigt, dass Lernende der Sekundarstufe große Defizite im Umgang mit Variablen haben – insbesondere, weil sie Variablen in einer Überbetonung des Kalkülaspekts verwenden (Akinwunmi 2012, S. 24–26). Die genutzten Variablen können nicht inhaltlich oder zumindest nicht mit einer tragfähigen Vorstellung gedeutet werden (Akinwunmi 2012, S. 277). Operative Beweise können diese Defizite mildern, indem sie zwischen Arithmetik und Algebra sowie zwischen kalkülhaften Beweisen und Begründungen, die nicht über das Konkrete hinausweisen, vermitteln.

3.6 Zusammenfassung

Das Abschnitt 3.1 hat zwischen Beweisen, Argumentieren, Begründen und Erklären unterschieden. Beweisen kann als Teilmenge des Argumentierens verstanden werden. Das Argumentieren beinhaltet nicht nur Beweise als stichhaltige Argumentationen, sondern auch alle anderen Handlungen mit dem Ziel, einen Begründungsbedarf zu befriedigen. Begründen wird in dieser Arbeit weitestgehend synonym zum Argumentieren verstanden, wobei das Argumentieren eher die soziale Dimension und das Begründen eher die inhaltliche Dimension akzentuiert.

Beweisen wird als stichhaltige mathematische Argumentation definiert, die auf allgemeingültigen Strukturen der Mathematik basiert. Es wurde unterschieden zwischen Beweisen mit idealisierten Objekten und Beweisen mit empirischen Objekten. Grundschulkinder können nur mit letzteren beweisen. Dadurch ergibt sich die Stichhaltigkeit des Beweises nicht aus der Eindeutigkeit, sondern aus der inhaltlichen Einsicht in die bewiesene Beziehung. Der Erhalt der inhaltlichen Einsicht bewirkt, dass der Beweis nicht nur Wissen sichert, sondern auch erklären kann. Hierdurch sind erklärende Beweise nicht nur eine mathematiktypische Denkhandlung, sondern auch von zentraler Bedeutung für das fundamentale Lernen.

Das Abschnitt 3.2 hat die Passung des operativen Beweises zu den Anforderungen an erklärende Beweise gezeigt. Es wurde eine Differenzierung zwischen dem operativen Beweis als argumentatives Gerüst und dem operativen Beweisen als Tätigkeit vorgeschlagen, die auch andere Prozesse wie das Entdecken des Phänomens beinhaltet. Durch diese Differenzierung wird der Beweistyp von den damit verbundenen didaktischen Intentionen getrennt.

Im Abschnitt 3.3 wurden die historischen Einflüsse auf die Entwicklung des operativen Beweisens nachgezeichnet. Hierfür wurden die Konzepte des inhaltlich-anschaulichen Beweisens nach Branford, des quasi-allgemeinen Beweisens nach Freudenthal, die Prämathematik und generische Beweise vorgestellt und diskutiert.

Das Abschnitt 3.4 hat zunächst die Schlussformen Abduktion, Deduktion und Induktion in Beziehung zum operativen Beweisen gesetzt. Damit konnte erstens herausgestellt werden, dass es in didaktischen Settings die Mechanismen der kollektiven Argumentation sind, durch die Beweise ihre erklärende Funktion erhalten. Zweitens konnte damit hergeleitet werden, dass einem operativen Beweis entweder eine unter- oder übercodierte Abduktion oder eine kreative Abduktion vorausgeht. Anschließend wurde noch ein Vergleich mit der Diagrammatik gezogen und ein Überblick über weitere Forschungsarbeiten gegeben. Der Überblick konnte die theoretischen Überlegungen zur Rolle und zur Bedeutung operativer Beweise stützen. Zugleich haben mehrere Arbeiten betont, dass das stichhaltige Beweisen eine anspruchsvolle Tätigkeit ist.

Mit den vertiefenden Überlegungen in Abschnitt 3.5 konnten die Definitionen des operativen Beweises und des operativen Beweisprozesses ausgeschärft werden. Das operative Beweisen gründet auf Operationen mit leicht zugänglichen Objekten. Er nutzt für die Erklärung die Mehrdeutigkeit der verwendeten Objekte. In operativen Beweisen wird im Wesentlichen der Gegenstands- und Einsetzungsaspekt von Variablen genutzt, aber nicht der Kalkülaspekt. Operative Beweisprozesse umfassen auch vorgelagerte Aktivitäten wie die Erforschung des Problems im Rahmen eines Übungskontextes. Weitere charakteristische Merkmale des operativen Beweisens sind die Vielfalt an möglichen Beweisideen und die verschiedenen Ausprägungen, wie das Umrechnen konkret im Beweis umgesetzt wird. Weiterhin konnte dargelegt werden, dass die Darstellungsebene kein definierendes Merkmal operativer Beweise ist.

3.7 Forschungsanliegen

Die bisherigen Überlegungen könnten in einem Satz so zusammengefasst werden: Das operative Beweisen ist ebenso wichtig wie schwierig. Denn in der Grundschule wird das operative Beweisen zumeist mit dem Ziel eingesetzt, schwierig zu realisierende fundamentale Lernschritte zu erreichen. Das Forschungsinteresse vom rekonstruktiven Teil dieser Arbeit richtet sich auf diese bedeutsame Funktion des operativen Beweisens. Es werden daher operative Beweisprozesse erforscht. Nicht der operative Beweis als Produkt steht im Fokus, sondern die interaktive Aushandlung und Entwicklung. Für dieses Forschungsinteresse werden die bisherigen Überlegungen mit einem weiteren Konzept verbunden: den nicht bearbeiteten stofflichen Hürden nach Meyerhöfer.

Meyerhöfer vertritt die These, dass Rechenschwäche keine Krankheit ist, sondern ein Phänomen – und die Ursache ist das Nichtverstehen mathematischer Inhalte aufgrund nicht bearbeiteter stofflicher Hürden. Damit wird die Ursache nicht im Lernenden verortet, sondern im Lernprozess. Die stofflichen Hürden müssen folglich in der mathematikdidaktischen Forschung herausgearbeitet und im Unterricht so implementiert werden, dass jedes Kind ausreichend Lernchancen zum Überwinden der stofflichen Hürden erhält.

Für den Inhaltsbereich der Arithmetik schlägt Meyerhöfer unter anderem folgende stofflichen Hürden vor:

- Kardinaler und relationaler Zahlbegriff
- Logik des Stellenwertsystems
- Operationslogik: Welche Fragen stellen die Rechenoperationen und auf welche Weise beantworten sie diese Fragen? (Meyerhöfer 2008, S. 600)

Jede der genannten Hürden ist im mathematischen Lernprozess elementar und befähigt nach der Überwindung zu neuen Problemlösefähigkeiten. Mit Miller gesprochen könnte daher auch gesagt werden, dass das Überwinden einer stofflichen Hürde ein fundamentaler Lernschritt von besonderer Bedeutung ist. Er ist von besonderer Bedeutung, weil es auch fundamentale Lernschritte in Randbereichen der Arithmetik gibt. So wäre erlangtes Verständnis darüber, dass die Summe zweier aufeinanderfolgender Dreieckszahlen immer eine Quadratzahl ergibt, ein fundamentaler Lernschritt. Diese inhaltliche Einsicht wird aber vermutlich in der weiteren Schulbahn eines Lernenden nur eine untergeordnete Rolle spielen. Die von Meyerhöfer genannten Aspekte hingegen stehen im Zentrum der Arithmetik. Ohne die Ausbildung eines relationalen Zahlbegriffs kann der Lernende sich nicht vom zählenden Rechnen lösen; ohne die Logik des Stellenwertsystems verstanden zu haben, kann der Lernende schriftliche Rechenverfahren nicht verstehen und ohne verstandene Operationslogik kann der Lernende keine flexiblen Rechenstrategien entwickeln.

Es konnte bereits herausgearbeitet werden, dass fundamentales Lernen und kollektive Argumentationen in der Grundschule untrennbar miteinander verbunden sind, weshalb das operative Beweisen von zentraler Bedeutung für den

Mathematikunterricht ist. Von Interesse ist folglich die Frage, ob es auch inhaltsübergreifende, dem operativen Beweisen inhärente Hürden gibt, die vom Lernenden für fundamentales Lernen bewältigt werden müssen. Die Forschungsfrage für den rekonstruktiven Teil dieser Arbeit lautet daher:

Welche Hürden können im operativen Beweisprozess rekonstruiert werden?
Für den rekonstruktiven Teil wurde *nicht* der Zusammenhang zwischen den ersten ungeraden Zahlen und den Quadratzahlen verwendet. Dieser Zusammenhang wird prototypisch in der Literatur verwendet, weshalb er für die vertiefenden Überlegungen ausgewählt wurde. Dieser Zusammenhang im Speziellen und figurierte Darstellungen im Allgemeinen standen aber auch schon im Fokus empirischer Untersuchungen (Steinbring 2005; Steinweg 2000; Welsing 2019). Aus diesem Grund wurden Lernumgebungen zu einem anderen Zusammenhang mit Forschungslücke entwickelt: der Quersummenregel. Die Quersummenregel wurde gewählt, weil sie zwar zum gut untersuchten Inhaltsbereich der Arithmetik gehört, die spezifische Forschung zur Quersummenregel aber bisher dünn und mit unbefriedigenden Ergebnissen ist.

Alles in allem wird also in den folgenden Kapiteln der Versuch unternommen, die lokale Theorie zu operativen Beweisen in arithmetischen Kontexten um Erkenntnisse zu Hürden beim Beweisen der Quersummenregel zu erweitern. Diese Erkenntnisse könnten dann auch Rückschlüsse auf Hürden in anderen operativen Beweisen zulassen.

4 Design der Studie

Eine Prämisse des symbolischen Interaktionismus ist, dass die Handlungen und Gedanken von Menschen das Resultat von Bedeutungszuschreibungen und Bedeutungsaushandlungen von Symbolen sind.

> Wir müssen erkennen, dass die Aktivität der Menschen darin besteht, dass sie einem ständigen Fluss von Situationen begegnen, in denen sie handeln müssen, und dass ihr Handeln auf der Grundlage dessen aufgebaut ist, was sie wahrnehmen, wie sie das Wahrgenommene einschätzen und interpretieren und welche Art geplanter Handlungslinien sie entwerfen. Dieser Prozess wird nicht eingefangen, wenn man die Handlung irgendeiner Art von Faktoren zuschreibt (zum Beispiel Motiven, Bedürfnis-Dispositionen, Rollenerfordernissen, sozialen Erwartungen oder sozialen Regeln), [...] Der auslösende Faktor umfasst oder erklärt nicht die Art und Weise, in der er selbst und andere Dinge in der Situation, in der gehandelt werden muss, berücksichtigt werden. Man muss den Definitionsprozess des Handelnden erschließen, um sein Handeln zu verstehen. (Abels 2010, S. 52)

Aus der theoretischen Perspektive ergibt sich für die Rekonstruktion von Hürden beim operativen Beweisen ein qualitatives Forschungsdesign. Die Methodik und Methodologie dieses Forschungsdesigns werden in diesem Kapitel gemeinsam dargestellt.

Im Abschnitt 4.1 wird Design Research als Forschungsparadigma in der Mathematikdidaktik vorgestellt und begründet, warum diese Arbeit dem Design Research zugeordnet werden kann. Das Abschnitt 4.2 enthält grundlegende Überlegungen, welche Eigenschaften Lernumgebungen zur Behandlung operativer Beweise haben müssen und daran anschließend die Erklärung, warum in dieser Studie drei unterschiedliche Lernumgebungen eingesetzt wurden. Abschließend werden die Lernumgebungen vorgestellt.

© Der/die Autor(en), exklusiv lizenziert an Springer Fachmedien Wiesbaden GmbH, ein Teil von Springer Nature 2025

A. Köhler, *Operatives Beweisen in der Grundschule*,
https://doi.org/10.1007/978-3-658-50005-4_4

Die weiteren Kapitel beinhalten das halbstandardisierte Interview als Erhebungsmethode, die Darstellung der wissenschaftlichen Aufbereitung der Daten sowie die Analysemethoden.

4.1 Design Research

Design Research wird in dieser Arbeit als Oberbegriff für eine Vielzahl von ähnlichen Konzepten genutzt, u. a. Design Studies, Design Experiments, Educational Design Research, Development(al) Research, Engeneering Research oder Design Science (Akker et al. 2006; E. C. Wittmann 1992; Link 2012; Plomp 2013; Prediger et al. 2015). Die Ursprünge in unterschiedlichen Ländern und unterschiedlichen Fachtraditionen können an dieser Stelle nicht vertieft werden. Das verbindende Element der unterschiedlichen Konzepte ist der Versuch, die Lehr-Lernpraxis aus einer theoretischen Perspektive heraus zu verbessern (Barab und Squire 2004, S. 2).

Dieses Ziel soll im Design Research durch folgende Charakteristika erreicht werden:

1) Design Research ist interventionistisch, d. h. es wird aktiv in den Lernprozess eingegriffen, um Veränderungen herbeizuführen und zu untersuchen.
2) Design Research ist prozessorientiert, d. h. es wird nicht nur auf Produkte des Lernens fokussiert, sondern auf den Weg dorthin.
3) Design Research ist am Nutzen orientiert, d. h. es wird darauf abgezielt, praktische Lösungen für reale Probleme im Bereich der Mathematikdidaktik zu finden. Die Qualität des Mathematikunterrichts soll verbessert werden und somit den Lernenden einen direkten Nutzen bringen.
4) Design Research ist theorieorientiert, d. h. es wird auf bestehenden Theorien aufgebaut und dazu beigetragen, neue Theorien zu entwickeln. Weil die Forschungsergebnisse kontextgebunden sind, wird zur Prävention einer Übergeneralisierung zumeist von lokalen Theorien gesprochen.
5) Design Research ist iterativ, d. h. der Forschungsprozess wird als ein zyklischer und wiederholender Vorgang betrachtet. Erkenntnisse aus einem Zyklus werden genutzt, um die Interventionen und das Verständnis der erforschten Lehr-Lernprozesse in den folgenden Zyklen zu verbessern. (van den Akker et al. 2006, S. 4–5)

Aufgrund des iterativen Charakters durchläuft Design Research typischerweise drei Phasen: Vorbereitung, Durchführung und retrospektive Analyse. In der Vorbereitungsphase wird der Forschungsrahmen festgelegt. Dies beinhaltet die Herleitung der Forschungsfragen aus dem Forschungsdesiderat, sowie die Planung des Forschungsdesigns.

Die Durchführungsphase beinhaltet die Implementierung der geplanten Interventionen. Weil in dieser Phase neue Forschungsdaten generiert werden, bildet die Durchführung die Grundlage für die folgende kritische Reflexion in der retrospektiven Analyse. Der Forscher muss eine ergebnisoffene Haltung in der Durchführung einnehmen. Die Bestätigung seiner Annahmen oder seines Designs darf kein Ziel sein (Cobb et al. 2003).

In der retrospektiven Analyse werden die erhobenen Forschungsdaten ausgewertet. Wesentliche Bestandteile dieser Phase sind daher die (Weiter-) Entwicklung lokaler Theorien sowie die Rückführung des konkreten Design-Experiments in den betreffenden Forschungskontext, aus denen wiederum Ideen für einen neuen Zyklus entstehen können (Gravemeijer und Cobb 2006). Die Beteiligung mehrerer Forschenden wird in dieser Phase als vorteilhaft angesehen (Cobb et al. 2003). Diese Annahme wird von der argumentationstheoretischen Perspektive (siehe Abschnitt 2.2) unterstützt: Forschende werden von Miller zwar als fortgeschrittene Lernende angesehen, die durch eine intraindividuelle Argumentation zur Generierung neuer Theorien nicht zwingend auf andere Interaktanten angewiesen sind. Dies negiert aber nicht die Rolle von Argumentationen als Katalysator zur Emergenz neuen Wissens im Forschungsprozess.

Mit Gravemeijer lässt sich noch ergänzen, dass die Theorieentwicklung geschichtet geschieht:

> At the level of the micro theories there is the cyclic process in which micro theories are tested and adapted. At the level of the local theories subsequent versions of an instructional course are tested and adapted in cyclic processes. At the level of the domain-specific instructional theory more indirect cyclic processes can be discerned; the domain-specific instructional theory functions as input and output of course development. (Gravemeijer 1998, S. 283)

Auf der Mikroebene durchläuft der Forschende abwechselnd Gedankenexperiment und tatsächliche Durchführung. Zu Beginn werden Vermutungen über die Gedanken und Handlungen der Kinder bei der Bearbeitung des geplanten Design-Experiments aufgestellt. Die Durchführung und Analyse der tatsächlich beobachteten Aktivitäten können dann einen neuen Mikrozyklus auslösen. Auf der domänenspezifischen („domain-specific") Ebene sind bestehende Theorien Grundlage für die Entwicklung eines Designs; und die Forschungsergebnisse eines Design-Experiments können wiederum neue Theorie erzeugen, mit der ein neuer Makrozyklus begonnen werden kann. Zwischen der Mikro- und Makroebene kann noch die Unterrichtsebene angesiedelt sein, wenn Design-Experimente im regulären Unterrichtssetting und nicht nur in Kleingruppen durchgeführt werden (Gravemeijer 1998, S. 282–283). Diese Ebene wird aber nicht weiter vertieft, weil diese Arbeit auf Hürden beim operativen Beweisen fokussiert und sich dabei auf Design-Experimente in Kleingruppen beschränkt (Prediger et al. 2015, S. 887–888).

Diese Arbeit lässt sich dem Design Research zuordnen, weil die fünf Charakteristika erfüllt werden: Es wurden drei Mikrozyklen im Rahmen einer Masterarbeit zum Design-Experiment Zahlenscheiben und neun Mikrozyklen in der Hauptuntersuchung durchgeführt. Es wurden sechs Interviews mit Zahlenscheiben, drei Interviews zur Neunerprobe und drei Interviews zur Quersummenregel in der Stellenwerttafel geführt. Die Durchführung der insgesamt zwölf Interviews erfolgte mit dem Ziel der interaktiven Konstruktion operativer Beweise. Es wurden also nicht nur die Lernstände der Kinder diagnostiziert, sondern der Versuch unternommen, fundamentale Lernprozesse auszulösen. Dies zeigt den interventionistischen Charakter dieser Arbeit.

Sie ist auch am Nutzen und an Theorie orientiert, weil Bezugstheorien (Symbolischer Interaktionismus, Argumentationstheorie), und auch domänenspezifische Theorien (Epistemologie mathematischen Wissens, operatives Prinzip, Produktive Irritationen) mit einer der Praxis betreffenden Forschungslücke (Hürden beim operativen Beweisen) zu einem Forschungsdesign verbunden wurden.

Die Prozessorientierung ergibt sich als logische Schlussfolgerung aus dem Symbolischen Interaktionismus und spiegelt sich in der gewählten Methodik wider (siehe dazu Abschnitt 2.1 und 4.4). Die Iterativität zeigt sich nicht nur in den Mikrozyklen, sondern auch in dem Anspruch, die Forschungsergebnisse in die lokale Theorie zu operativen Beweisen in arithmetischen Kontexten bereichernd einzubringen. Die kohärente Theorienutzung in den ersten beiden Phasen des Forschungsprozesses sowie die Verfeinerung und Überarbeitung der lokalen Theorien in der dritten Phase können hierbei auch als Qualitätskriterium guter wissenschaftlicher Arbeit im Sinne des Design Research verstanden werden (Prediger et al. 2015, S. 890).

Weil Design Research unterschiedliche Forschungsansätze unter sich vereint, soll im Folgenden zur Spezifizierung noch auf die interpretative Unterrichtsforschung eingegangen werden: Die interpretative Unterrichtsforschung hat ebenfalls das Ziel, Unterricht zu verbessern, indem Lehr-Lernprozesse verstanden und Theorien entwickelt werden, die diese Prozesse erklären können (Krummheuer

2004, S. 112). Sie ist in den 1970er Jahren als Antwort auf die Reformbestrebungen der Neuen Mathematik in den 1960er-Jahren entstanden. Aus Sicht der Interpretativen Unterrichtsforschung ist die Neue Mathematik gescheitert, weil die Reformen nur ungenügend die konstruktivistischen und sozialen Aspekte des Lernens bedacht haben. Bevor Unterrichtspraxis verbessert werden kann, müssen zunächst die Lehr-Lernprozesse genauer untersucht werden:

> Mathematikunterricht wird nicht als ein quasi naturwissenschaftlicher Prozeß (sic!) betrachtet, sondern als ein Ort der Sinnherstellung, als ein Ort subjektiver Konstruktionen und sozialer Konstitutionen mathematischer Bedeutungen. (Voigt 1995, S. 6)

Mathematisches Wissen kann nicht vermittelt werden, sondern muss in der Interaktion zwischen Lehrperson und Kinder ausgehandelt werden (Voigt 1991). Die Bedeutung des Sozialen bedingt daher auch, dass zur Rekonstruktion realer Lehr-Lernprozesse unterschiedliche Bezugsdisziplinen, u. a. der Symbolische Interaktionismus und die Mikroethnographie verwendet werden.

Um die „Bedingungen der Veränderbarkeit von Unterricht“ (Krummheuer und Naujok 1999, S. 23–24) untersuchen zu können, kommen aus interaktionistischer Perspektive nur qualitative Forschungsmethoden in Frage. Nur wenn die Bedeutungsaushandlungen rekonstruiert werden, können valide Deutungshypothesen über die kontextabhängige Bedeutung von Betonungen, Zeichnungen, Wörtern, oder allgemein die Bedeutung von Symbolen, getroffen werden. Aus diesem Grund werden zumeist videobasierte Fallstudien genutzt (Schwarzkopf 2015, S. 32). Es wird versucht, die Unterrichtswirklichkeit aus der „Binnenperspektive der Handelnden“ (Maier und Voigt 1991) zu verstehen. Erst darauf aufbauend können Vorschläge zur Verbesserung der Unterrichtspraxis gemacht werden (Krummheuer und Naujok 1999, S. 23).

Schwarzkopf (2016) weist außerdem darauf hin, dass Forschende sowohl eine normative, als auch eine deskriptive Perspektive einnehmen müssen:

> In the phase of planning, they try to have an influence on the teaching and learning processes from a mathematical point of view and assume that the learning of the children is more or less a result of the realized substantial learning environment. In the phase of analyzing data of the design experiments they assume that the social process of teaching and learning decides in a somehow autonomous way about the development of mathematics, i.e., the mathematical content of the learning process is a result of the social processes between teacher and students. (Schwarzkopf 2016, S. 11)

Operative Beweise können an der Schnittstelle zwischen den beiden Perspektiven verortet werden: Aus normativer Perspektive ergibt sich die Bedeutung des Beweisens aus einem Verständnis der Mathematik als beweisende Wissenschaft. Darüber zeigen operative Beweise die Gleichheit von Termen, die aus einer empirischen Sicht zunächst aussehen wie unterschiedliche Objekte. Sie sind daher aus normativer Perspektive auch für die Anbahnung algebraischen Denkens zentral (Akinwunmi und Steinweg 2024, S. 105). Aus deskriptiver Perspektive sind operative Beweise zentral, weil erst die erklärende Funktion des Beweises die Emergenz lokaler Theorien zu fundamentalen Lernprozessen ermöglicht (Schwarzkopf 2016, S. 11–12). Argumentationen werden daher in dieser Arbeit als leitendes Designprinzip genutzt. Und um fundamentale Lernprozesse besser zu verstehen, bildet die Analyse von Argumentationsprozessen den Schwerpunkt der rekonstruktiven Arbeit.

Eine zentrale Rolle bei der Initiierung von Argumentationen nehmen substanzielle Lernumgebungen ein, weshalb diese im nächsten Abschnitt thematisiert werden.

4.2 Lernumgebungen für operative Beweise

Lernumgebungen können aus verschiedenen Perspektiven definiert werden, u. a. aus pädagogischer oder methodisch-organisatorischer (Krauthausen 2018, S. 255). Im Folgenden soll eine stärker inhaltlich geprägte, mathematikdidaktische Sicht auf Lernumgebungen eingenommen werden: Es wird ausgeführt, welche Eigenschaften Lernumgebungen besitzen müssen, um das übergeordnete Ziel zu erreichen, Kinder bestmöglich zum gehaltvollen Mathematiktreiben anzuregen.

4.2.1 Lernumgebungen

> Der Stoff wird als lebendige, geschichtlich gewachsene, unterschiedlich darstellbare, unmittelbare und erweiterungsfähige Wissensstruktur betrachtet, deren Bedeutungsgehalt nicht ‚vermittelt' werden kann, sondern von den Schülern erarbeitet, entdeckt und konstruiert werden muss. Aufgabe des Lehrers ist es, ganzheitliche Themenkomplexe vorzustellen, mit deren Problemgehalt sich die Schüler aktiv-entdeckend und im sozialen Austausch untereinander auseinandersetzen können. Weiterhin muss er die Schüler zu ihren Aktivitäten anregen, er muss geeignete Darstellungsmittel und Sprechweisen einführen und den Unterricht der Natur des jeweiligen Themas entsprechend großschrittig steuern. (Wittmann 1992, S. 177)

Seit dem Paradigmenwechsel hin zum aktiv-entdeckenden Lernen und zum produktiven Üben nehmen Lernumgebungen im Mathematikunterricht eine zentrale Rolle ein. Mit diesem Begriff soll eine konzeptionelle Andersartigkeit zu anderen Begriffen wie denen der Aufgabe, dem Aufgabensystem und dem Aufgabenformat betont werden.

Die Begriffe Lernumgebung, Aufgabenformat und Aufgabe können im Hinblick auf ihre Größe in eine Reihenfolge gebracht werden: Die Aufgabe ist hierbei die kleinste Organisationseinheit und die Lernumgebung die größte (Wollring 2009, S. 12). Eine konkrete Aufgabe enthält nur noch wenige flexible Gestaltungsaspekte, wie z. B. die Wahl von Material oder die Sozialform. Gleichwohl lässt sich die konkrete Aufgabe durch Variationen des Zahlenraums, des Umfangs oder des Schwierigkeitsgrades in eine andere konkrete Aufgabe abändern. Dies gelingt besonders einfach, wenn die Aufgabe aus einem Aufgabenformat entspringt. Bekannte Aufgabenformate sind Zahlenmauern, Rechendreiecke oder ‚Wer trifft die 50?' (Krauthausen und Scherer 2022, S. 111–112). Krauthausen und Scherer (2022) definieren ein Aufgabenformat so:

> Ein Aufgabenformat besteht aus einer immer gleich dargestellten (formatierten) Grundform, die als Vorlage für unterschiedliche Frage- und Problemstellungen dient und dazu unterschiedlich ‚befüllt' werden kann. Wie von einem Vorlagenblock kann man immer gleichbleibende Grunddarstellungen als *Leerformate* abrufen […]. Zur *Formatierung* gehört neben der Grundform-Darstellung noch eine stets *gleichbleibende Regel*. (Krauthausen und Scherer 2022, S. 112, Hervorhebung im Original)

Aufgabenformate zeichnen sich also durch ein gleichbleibendes Format mit einer gleichbleibenden Konstruktionsregel aus. Was zunächst eintönig klingen mag, eröffnet vielfältige Lernchancen. Das Aufgabenformat Rechendreiecke kann für unterschiedliche Problemstellungen genutzt werden:

- Gibt es Rechendreiecke, die 3 (oder 2,1,0) ungerade Außenzahlen besitzen?
- Warum sind die drei Summen aus Außenzahl und gegenüberliegender Innenzahl in einem Rechendreieck immer gleich?
- Wie lassen sich die Innenzahlen bestimmen, wenn nur die Außenzahlen bekannt sind?
- Warum ändert sich nur eine Innenzahl, wenn zwei Außenzahlen um den gleichen Wert erhöht werden?
- …

Jede dieser Problemstellungen kann im Zentrum einer Lernumgebung stehen. Die Lernumgebung würde folglich auf dem Aufgabenformat Rechendreiecke aufbauen und „aus einem Netzwerk kleinerer Aufgaben“ (Wollring 2009, S. 13) bestehen, die durch die Problemstellung als Leitgedanken der Lernumgebung miteinander verbunden sind. Eine Bearbeitung dieser Problemstellungen eröffnet fundamentale Lernchancen, weil eine stichhaltige Begründung der oberflächlichen, durch das Aufgabenformat ausgelösten Muster das Erkennen und Ausnutzen mathematischer Strukturen erfordert. Die Relevanz solcher Aufgabenformate besteht weniger in der Lösung der konkreten Aufgaben, sondern darin, im Besonderen das Allgemeine zu sehen: Es geht also um das Ausbilden einer strukturellen Perspektive und um fundamentale Lernschritte, die über das Aufgabenformat hinaus von Bedeutung sind (Schwarzkopf 2003, S. 230–231). Lernumgebungen, die auf Aufgabenformaten aufbauen, erfüllen damit alle Kriterien, die Wittmann an *substanzielle* Lernumgebungen stellt:

> Lernumgebungen bester Qualität, sogenannte substantielle Lernumgebungen, müssen folgenden Kriterien genügen:
>
> 1. Sie müssen zentrale Ziele, Inhalte und Prinzipien des Mathematikunterrichts repräsentieren.
> 2. Sie müssen reiche Möglichkeiten für mathematische Aktivitäten von Schüler/-innen bieten.
> 3. Sie müssen flexibel sein und leicht an die speziellen Gegebenheiten einer bestimmten Klasse angepaßt (sic!) werden können.
> 4. Sie müssen mathematische, psychologische und pädagogische Aspekte des Lehrens und Lernens in einer ganzheitlichen Weise integrieren und daher ein weites Potential für empirische Forschungen bieten. (Wittmann 1998, S. 337–338, Herv. im Original)

Darüber hinaus gibt es auch substantielle Lernumgebungen, die nicht auf Aufgabenformaten aufbauen (Krauthausen und Scherer 2022, S. 113). Ein Beispiel hierfür könnte die Thematisierung von Städteentfernungen auf der Autobahn sein. Die Betrachtung der Entfernungen zu Bremen und Oldenburg an unterschiedlichen Punkten auf der Autobahn kann als empirische Begründungsgrundlage für das Konstanzgesetz der Differenz dienen (siehe Abbildung 4.1).

4 Auf der Autobahn von Dortmund nach Berlin:

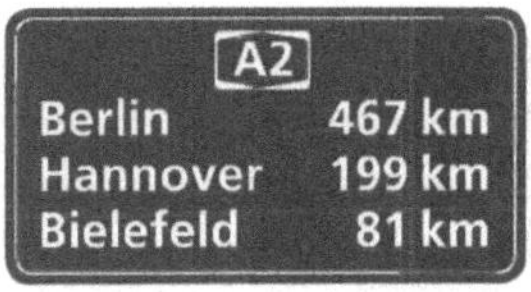

Auf weiteren Schildern stehen die Kilometerangaben:

Berlin	458	449	427	412
Hannover	190	181	159	144
Bielefeld	72	63	41	26

Berechne jeweils den Unterschied
a) zwischen Berlin und Hannover,
b) zwischen Berlin und Bielefeld. Vergleiche.

Abbildung 4.1 Autobahnstrecken im Zahlenbuch 4 (Wittmann und Müller 2005, S. 11)

Auf eine weitergehende Diskussion unterschiedlicher Definitionen von Lernumgebungen sei an dieser Stelle auf Weskamp (2018) verwiesen. Im Folgenden soll der Schwerpunkt darauf gelegt werden, welche zusätzlichen Anforderungen sich aus der theoretischen Perspektive dieser Arbeit an substanzielle Lernumgebungen ergeben.

Eine wesentliche Annahme dieser Arbeit ist, dass operative Beweise aus normativer Perspektive (Beweisen lernen und durch Beweisen lernen), von zentraler Bedeutung für den Mathematikunterricht sind: Beweisprozesse beginnen, wenn ein Bedürfnis nach erklärender Begründung entsteht, oder wenn zumindest ein Begründungsbedarf im kollektiv Geltenden signalisiert wird. Ein erklärender Beweis kann entwickelt werden, wenn die Unzulänglichkeit im kollektiv Geltenden durch die Einnahme einer strukturellen Perspektive aufgelöst werden kann. Verdichtet wurden diese Aspekte im Konzept der produktiven Irritationen. Eine Unzulänglichkeit oder ein Widerspruch kann der Auslöser für fundamentale Lernprozesse sein – allerdings nur, wenn der Widerspruch nicht zu oberflächlich und auch nicht zu erschütternd auf das bisherige Wissen des Lernenden wirkt; und auch nur, wenn der Lernende Möglichkeiten besitzt, aus der Objektivierung von Operationen den Widerspruch aufzulösen (siehe Kapitel 2). Weil Lernumgebungen zentrale inhaltliche Ziele des Mathematikunterrichts thematisieren, müssen produktive Irritationen und Argumentationen ein fester Bestandteil sein.

Lernumgebungen werden entweder aufgrund identifizierter Schwierigkeiten im Lehr-Lernprozess oder zur Weiterentwicklung von Theorien konzipiert (Gravemeijer und Cobb 2006, S. 37). Diese Arbeit adressiert beide Aspekte: Für die Weiterentwicklung der mathematischen Lehr-Lerntheorie eignet sich grundsätzlich jede Lernumgebung, mit der ein operativer Beweis entwickelt werden kann. Ausgewählt wurde eine Lernumgebung zum Beweis der Quersummenregel mit Plättchen in Stellenwerttafel, weil zu diesem Inhaltsbereich identifizierte Schwierigkeiten vorliegen. Warum hierfür drei unterschiedliche Lernumgebungen genutzt wurden, wird im nächsten Kapitel geklärt.

4.2.2 Zur Beziehung zwischen den drei entwickelten Lernumgebungen

Der Ausgangspunkt für die Entwicklung der drei Lernumgebungen war eine Forschungslücke bezüglich der Thematisierung der Quersummenregel in der Stellenwerttafel. Die Quersummenregel ist relevant für den Mathematikunterricht, weil sie als Rechenregel auf den ersten Blick irritieren kann – und weil die Irritation schon auf elementarem Niveau produktiv ausgeräumt werden kann. Die Quersummenregel für den Teiler Neun ergibt sich aus dem dekadischen Stellenwertsystem. Die Beschäftigung mit der Quersummenregel stellt folglich das dekadische Stellenwertsystem als eine der fundamentalen Ideen des Mathematikunterrichts in den Fokus des Unterrichtsgeschehens (Hartkens 2016, S. 127). Die Notwendigkeit von Lernumgebungen, die das dekadische Stellenwertsystem in den Fokus stellen, wird von Krauthausen gut zusammengefasst:

> Wir alle sind durch ›Ingebrauchnahme‹, d. h. (größtenteils unbewusste) Teilhabe an unserer Kultur in das *Zehnersystem* (dekadisches Stellenwertsystem) hineingewachsen und entsprechend sozialisiert worden, denn unsere zahlenmäßige, mathematische Umwelt basiert nahezu durchgängig auf dieser Art der Zahldarstellung. [...]
>
> Eine Kehrseite dieser tief verwurzelten *Selbstverständlichkeit* im Gebrauch der dekadischen Struktur des Zahlsystems ist es aber gleichzeitig, dass es durchaus schwerfallen kann, die dahinterstehenden grundlegenden Prinzipien wieder in den Bewusstseinshorizont zu rufen und mit wirklichem *Verstehen* zu füllen. (Krauthausen 2018, S. 18, Hervorh. im Original)

Das dezimale Stellenwertsystem ist demnach ein eigener inhaltlicher Lerngegenstand und der Aufbau eines soliden Verständnisses des Dezimalsystems Aufgabe des Mathematikunterrichts. Im Folgenden wird erstens in das dekadische Stellenwertsystem als fundamentale Idee eingeführt; zweitens wird die Stellenwerttafel als geeignetes Darstellungsmittel vorgestellt; drittens wird aus konstruktiver Perspektive der Quersummenregelbeweis betrachtet und viertens werden die bisherigen Studien aus der Forschung rezipiert.

(1) **Das dekadische Stellenwertsystem**

Diese Arbeit übernimmt die Definition des Dezimalsystems als fundamentale Idee von Wittmann:

> Das Zahlsystem ist dekadisch gegliedert, wobei sich die Tausenderstruktur in den Millionen, Milliarden usw. periodisch wiederholt. Außerdem ist der Zehner in zwei Fünfer gegliedert. (Wittmann 1995, S. 21)

Das Dezimalsystem basiert auf dem Bündelungs- und dem Stellenwertprinzip. Im Rahmen des Bündelungsprinzips werden Elemente einer Menge in Zehnergruppen zusammengefasst. Diese Bündelung setzt sich fort, bis keine neuen Zehnergruppen mehr entstehen können. Das Stellenwertprinzip besagt, dass der Wert einer Ziffer nicht nur von ihrer Höhe (0 bis 9), sondern auch von ihrer Position in der Zahl abhängt. So unterscheidet sich der Wert der Ziffer 2 in den Zahlen 123 und 231 aufgrund ihrer unterschiedlichen Positionen (Krauthausen 2018, S. 55). Der Zahlwert eines Zahlwortes ergibt sich als Summe der Produkte der Multiplikation von der jeweiligen Ziffer mit ihrem Stellenwert.

Ein fundiertes Verständnis des Dezimalsystems ist essentiell für das Erlernen von Mathematik (Scherer und Moser Opitz 2010, S. 130–131), da Verständnislücken bezüglich dieser fundamentalen Idee den arithmetischen Kompetenzaufbau erschweren (Gaidoschik 2015, S. 27).

(2) **Die Stellenwerttafel**

Die Stellenwerttafel, früher auch Abakus oder Rechenbrett genannt, wird vor allem in der dritten und vierten Klasse eingesetzt (Winter 1985, S. 23). Das Arbeiten mit der Stellenwerttafel kann auf allen drei Ebenen des E-I-S-Prinzips (Bruner 1974) erfolgen. Nach Käpnick bieten sich Stellenwerttafeln zur vertiefenden Auseinandersetzung mit dem Zehnersystem an, wenn bereits ein grundlegendes Vorwissen über das Bündelungs- und Stellenwertprinzip vorhanden ist. Dann können sie als Brücke „zwischen einer anschaulichen und abstrakt-formalen Darstellung von Zahlen“ (Käpnick 2014, S. 163–164) fungieren. Auf Grund dessen favorisieren u. a. Padberg und Büchter, Neubrand und Möller, Winter, Hartkens und Wittmann die Stellenwerttafel als Zugang zur Quersummenregel (Hartkens 2016, S. 132; Neubrand und Möller 1992, S. 157–159; Padberg und Büchter 2015, S. 100; Winter 1985, S. 24; Wittmann 1985, S. 11).

(3) **Die Quersummenregel**

Üblicherweise interessiert bei Divisionsaufgaben vor allem der Quotient. Die Quersummenregel stellt jedoch den Rest in den Mittelpunkt. Das schränkt den

Gebrauch für Sachaufgaben zwar ein[1], darf aber nicht über die Bedeutung hinwegtäuschen. Schließlich wirkt sich eine zu starke Orientierung an anwendungsbezogenen, empirischen Elementen verständnisschädigend aus (Steinbring 1994, S. 9).

Die Quersummenregel besagt, dass die Quersumme[2] einer Zahl den gleichen Rest bei Division durch neun und drei lässt wie die ursprüngliche Zahl (Winter 1985, S. 22). Mit ihr lassen sich daher effizient große Zahlen auf ihre Teilbarkeit durch neun und drei überprüfen. Dies ist kein alltägliches Problem und auch innermathematisch ist die Quersummenregel eher ein Randphänomen. Der Wert der Quersummenregel für den Mathematikunterricht der Grundschule liegt auch nicht in der Erkenntnis, welchen Rest eine dividierte Zahl lässt (Winter 1983a, S. 178). Von Bedeutung ist vielmehr, dass dadurch „das begriffliche Verständnis des Stellenwertsystems als ein abstraktes System innerer Beziehungen vertieft" (Voigt 2010, S. 82) wird. Insbesondere eignet sich die Quersummenregel gut zur Verdeutlichung operativer Strukturen:

> Die Tätigkeiten am Abakus können wir (als Lehrer!) in einen allgemeineren Rahmen stellen, nämlich in den der operativen Piagetschen Theorie, wie sie von E. Wittmann und anderen für die Mathematikdidaktik fortentwickelt worden ist. Elementarhandlungen des Typs E bestehen im Legen 1 Steines in irgendeine Spalte des Abakus, bedeuten also + 1, oder + 10, oder... Die zum Typ E inversen Handlungen E^{-1} bestehen im Entfernen 1 Steines (so vorhanden!) aus irgendeiner Spalte, bedeuten also – 1, oder – 10 oder .... Klar ist, daß (sic!) man Handlungen der beiden Typen kombinieren kann (Kompositionsfähigkeit!) und auf diese Weise Zahlen auf- und abbauen kann, und daß dieses Kombinieren assoziativ ist. Dieses Auf- und (vor allem!) Abbauen von Zahlen wird hier nun unter dem speziellen Gesichtspunkt der Teilbarkeit gesehen. Wie wirken sich Handlungen von der und der Art auf das Resteverhalten der gegebenen Zahl aus? Und umgekehrt: Was darf ich tun, wenn ich eine Zahl bekommen will, die denselben Rest hat wie die gegebene? (Winter 1983a, S. 182)

Die Teilbarkeit der Quersumme einer Zahl bei Division durch neun entspricht der Teilbarkeit der ursprünglichen Zahl. Weil die Drei ein Teiler der Neun ist, ergibt sich die Quersummenregel der Drei als unmittelbare Konsequenz. Die Quersummenregeln im dekadischen Stellenwertsystem lassen sich noch verallgemeinern auf Stellenwertsysteme mit unbekannter Basis b. Die Quersumme einer Zahl a im Stellenwertsystem zur Basis b ergibt sich durch sukzessives Abziehen von

---

[1] Winter nennt als mögliche Anwendungsorientierung Kalenderaufgaben, in denen nach einem bestimmten Tag in ferner Zukunft gefragt wird. Eine weitere Möglichkeit sind geometrische Musterfolgen, wo nach einem späten Folgenglied gefragt wird.

[2] Die Quersumme einer Zahl ist die Summe ihrer Ziffern.

Vielfachen von (b-1) von a. Es lässt sich daher schlussfolgern, dass sich Quersummenregeln auf alle Teiler von (b-1) anwenden lassen. Für diese Arbeit ist die Verallgemeinerung aber unwesentlich und daher nur eine Randnotiz.

Für einen operativen Beweis der Quersummenregel bietet sich die Stellenwerttafel an, weil in ihr der Übergang zwischen dem Objekt ‚Zahlwert der Zahl' und ‚Quersumme der Zahl' operativ betrachtet werden kann. Zum einen können beide Bedeutungen statisch in eine konkrete Zahldarstellung interpretiert werden. Zum anderen kann auch jede Zahl in ihre Quersumme überführt werden, indem z. B. bei einer Darstellung der Zahl mit Plättchen sukzessive alle Plättchen in die Einerspalte verschoben werden. Die allgemeingültige Wirkung des Verschiebens von Plättchen in die Einerspalte besteht darin, dass nur Vielfache der Neun als Differenzen entstehen. Die Teilbarkeit der Zahl ändert sich folglich nicht.

Für das sukzessive Verschieben ergeben sich mindestens drei Möglichkeiten, die sich in ihrer Abstraktheit unterscheiden: Die erste Alternative ist, dass die Plättchen nacheinander in die Einerspalte verschoben werden. Das sukzessive Entbündeln und Abziehen von Neunervielfachen wird in der Stellenwerttafel vorgenommen (siehe Abbildung 4.2).

	H	Z	E	Zahlwert	Anzahl der Plättchen
1.	●			100	1
2.		●●●●●●●●●●		100	10
3.		●		10=100-90	1
4.			●●●●●●●●●●	10	10
5.			●	1=10-9	1

Abbildung 4.2 Verschieben, Entbündeln und Entfernen von Plättchen am Beispiel 100

Das Abziehen von Neunervielfachen als Wirkung der Operation wird bei dieser Alternative in der Stellenwerttafel vorgenommen. Dafür ist jedoch die Anzahl an Plättchen und damit die Quersumme nicht zu jedem Zeitpunkt konstant.

Auch bei der zweiten Möglichkeit werden die Plättchen nacheinander in die Einerspalte verschoben. Hierbei wird das verschobene Plättchen jedoch nicht in zehn Plättchen der nächstkleineren Bündelungseinheit entbündelt. Die Anzahl der Plättchen bleibt damit zu jedem Zeitpunkt konstant (siehe Abbildung 4.3).

	H	**Z**	**E**	**Zahlwert**	**Anzahl der Plättchen**
1.	●			100	1
2.		●		10=100-90	1
3.			●	1=10-9	1

Abbildung 4.3 Verschieben eines Plättchens am Beispiel 100

Das Abziehen von Neunervielfachen kann bei dieser Möglichkeit zwar als Differenz schriftlich festgehalten werden. Das Verschieben ohne sichtbares Entbündeln entspricht dennoch einer stärker abstrakt geprägten Interpretation der Stellenwerttafel.

Die dritte Möglichkeit wird von Winter (1983a) genutzt (siehe Abbildung 4.4).

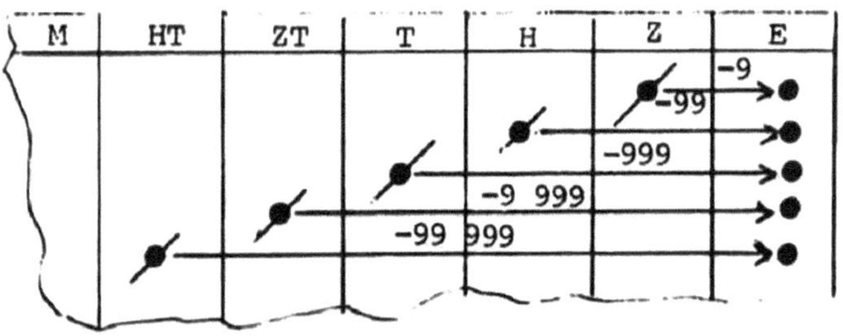

Abbildung 4.4 Verschieben eines Plättchens II (Winter 1983a, S. 181)

Bei dieser Möglichkeit wird jedes Plättchen, unabhängig von seiner vorherigen Positionierung, unmittelbar in die Einerspalte verschoben. Im Gegensatz zur vorherigen Möglichkeit werden also mehrere Verschiebehandlungen miteinander verkettet. So müssen zwar insgesamt weniger Verschiebehandlungen für den operativen Beweis betrachtet werden. Die Bedeutung der einzelnen Spaltenwechsel, wie z. B. das Verschieben eines Plättchens von der Hunderter- in die Zehnerspalte, ist in dieser Alternative allerdings nur über den Vergleich unterschiedlicher Differenzen möglich.

(4) Fallbeispiele

Winter (1985) hat eine vier Stunden umfassende Unterrichtseinheit in einer vierten Klasse zur Quersummenregel ausgewertet. In seinem Unterrichtsversuch zieht er unterschiedliche Denkanstöße zur Quersummenregel heran. Nachdem die Kinder die Division und den Umgang mit der Stellenwerttafel geübt haben, sollen Neunerweihnachtskugelkartons den Fokus auf den Rest lenken. Trotz Kenntnis der Quersumme entdeckt kein Kind spontan die Neunerregel. In der dritten Stunde erhielten die Kinder dann eine „massive Vorgabe" (Winter 1985, S. 25) in Form einer Tabelle um die Regel zu entdecken (siehe Abbildung 4.5).

Zahl	Neunerrest der Zahl	Quersumme der Zahl	Neunerrest der Quersumme

Abbildung 4.5 Schematische Darstellung der von Winter eingesetzten Tabelle

Im Zentrum der letzten Stunde stand die Begründung der Quersummenregel mit Hilfe der Stellenwerttafel. Das Verschieben eines Plättchens in eine andere Spalte erzeugt ein Vielfaches der Neun als Differenz, welche sich rechnerisch in Verbindung mit dem Stellenwertprinzip erklären lässt (Hartkens 2016, S. 135). Ein Hunderterplättchen wird beispielsweise zum Einerplättchen, wodurch eine Differenz von 99 überbrückt wird.

Winter muss jedoch feststellen, dass einige Kinder die Handlungsbedeutung des Plättchenverschiebens nicht verstanden haben (Winter 1985, S. 25). Die Kinder hätten erst den Unterschied zwischen zwei Zahlen berechnet und daraus auf die Handlung an der Stellenwerttafel geschlossen. Die Kinder begründen folglich nicht strukturell die Allgemeingültigkeit der Quersummenregel, sondern nur mit den konkret berechneten Differenzen. Darüber hinaus konnte auch der Quotient einer Zahl (34263) bei Division durch neun trotz Tafelbild nur „mit einiger Hilfe seitens des Lehrers" (Winter 1985, S. 26) ermittelt werden. Winter resümiert daher zu seinem Unterrichtsversuch, dass die Quersummenregel in einem inhaltlichen Bereich liegt, der gerade noch für die Primarstufe zugänglich ist. Passend dazu schreiben auch Prediger und Hefendehl-Hebeker der Stellenwerttafel eine wichtige „Brückenfunktion" (Prediger und Hefendehl-Hebeker 2016, S. 253) zu, die zwischen enaktiven Handlungen und der Zifferndarstellung vermittelt. Diese Vermittlung ist aber auch eine zusätzliche epistemologische Herausforderung – selbst für eine fünfte Klasse (Prediger und Hefendehl-Hebeker 2016, S. 253).

Auch Hartkens hat ein Experiment zu Plättchen in der Stellenwerttafel entwickelt und getestet. Sie stellt zwar strukturelle Lernerfolge fest, allerdings beziehen sich diese nur indirekt auf das dekadische Stellenwertsystem. Der Wissenszuwachs lokalisiere sich bei der Subtraktionsstrategie des Vereinfachens. So würden die Kinder zwar die Gleichheit von z. B. $-1000 + 1$ und -999 erkennen und zum geschickten Rechnen nutzen. Das Stellenwertprinzip bleibt aber im Hintergrund und wird folglich nicht vertieft (Hartkens 2016, S. 305).

Zusammenfassend lässt sich sagen, dass die Erarbeitung der Quersummenregel in der Stellenwerttafel aus konstruktiver Perspektive sinnvoll erscheint, weil mit ihr das Verständnis des dezimalen Stellenwertsystems vertieft werden kann. Die rekonstruktiven Analysen legen aber die Vermutung nahe, dass diesem Beweis Hürden immanent sind. Diese Hürden sollen durch drei unterschiedliche Lernumgebungen untersucht werden.

Die erste Lernumgebung thematisiert die Quersummenregel in der Stellenwerttafel. Die zweite Lernumgebung nutzt auch die Stellenwerttafel als Beweismittel, aber für die Neunerprobe als mathematischen Satz, der sich mit der gleichen allgemeingültigen Wirkung in der Stellenwerttafel begründen lässt wie die Quersummenregel. In der dritten Lernumgebung soll wiederum die Quersummenregel erarbeitet werden – hierfür werden jedoch Zahlenscheiben als selbst entwickelte Darstellung anstelle der Stellenwerttafel genutzt.

4.2.3 Quersummenregel in der Stellenwerttafel

Die Lernumgebung beginnt mit zwei parallelen Arbeitsaufträgen: Auf leeren, dreispaltigen Stellenwerttafeln (H, Z, E) soll ein Kind sechs unterschiedliche Zahlen mit genau sieben Plättchen darstellen. Die Zahlen des anderen Kindes sollen aus genau neun Plättchen bestehen. Die Zahlen sollen im nächsten Schritt von den Kindern gemeinsam in einer Tabelle nach ihrer Teilbarkeit durch neun sortiert werden (siehe Abbildung 4.6)

Durch 9 teilbar	Nicht durch 9 teilbar

Abbildung 4.6 Sortiertabelle

Beim Einsortieren wird vorhandenes Verständnis und Faktenwissen aktiviert. Bei Bedarf können die Lernenden auch auf halbschriftliche Rechenstrategien und schriftliche Rechenverfahren zurückgreifen. Wenn die Zahlen sortiert sind, wird ein Muster sichtbar: Alle Zahlen des einen Kindes sind durch neun teilbar, und alle Zahlen des anderen Kindes sind es nicht. Der Übergang zur Erklärung des Musters markiert auch den Übergang zur Einbindung der Stellenwerttafel.

Zur allgemeingültigen Begründung der Quersummenregel mit der Stellenwerttafel als Darstellungsmittel ist die Erkenntnis zentral, dass das Verschieben eines Plättchens in eine anliegende Spalte (Operation) dieselbe Wirkung hat wie das Hinzufügen/ Entfernen von neun Plättchen des gleichen Werts (Wirkung der Operation). Die Objektivierung der Operation soll durch operative Veränderungen erreicht werden:

- Eine der sechs Zahlen mit neun Plättchen in der Stellenwerttafel darstellen: Wie ändert sich die Teilbarkeit, wenn ein (oder mehrere) Plättchen in eine andere Spalte verschoben wird? Wie kann eine Zahl in eine andere rechnerisch überführt werden?
- Eine der sechs Zahlen mit sieben Plättchen in der Stellenwerttafel darstellen: Wie ändert sich die Teilbarkeit, wenn ein (oder mehrere) Plättchen verschoben werden?
- Warum sind nicht alle Zahlen, die mit sieben Plättchen gelegt werden, auch durch Sieben teilbar?
- Gibt es eine durch neun teilbare Zahl, die sich durch Verschieben eines (oder mehrerer) Plättchen in eine Zahl ändern lässt, die nicht durch neun teilbar ist?

Ein weiterer Impuls kann darin bestehen, den Farben der Wendeplättchen eine Bedeutung zuzuschreiben. Die Startzahl wird mit roten Plättchen gelegt, Veränderungen des Zahlenwerts durch Verschieben eines roten Plättchens werden mit blauen Plättchen ausgeglichen. Dementsprechend dürfen rote Plättchen nur verschoben und blaue Plättchen nur dazu- oder weggelegt werden. Wenn ein Plättchen in einen kleineren Stellenwert verschoben wird, entspricht der Zahlwert der roten Plättchen dem Zahlwert der neuen Zahl; der Zahlwert der roten und blauen

Plättchen entspricht dem Zahlwert der ursprünglichen Zahl. Die blauen Plättchen sind dementsprechend die Differenz der beiden Zahlen. Die Anzahl der blauen Plättchen ist immer ein Vielfaches der Neun, wobei sich die blauen Plättchen durch die Entbündelung immer zu Gruppen von neun Plättchen mit dem gleichen Stellenwert zusammenfassen lassen (siehe Abbildung 4.7).

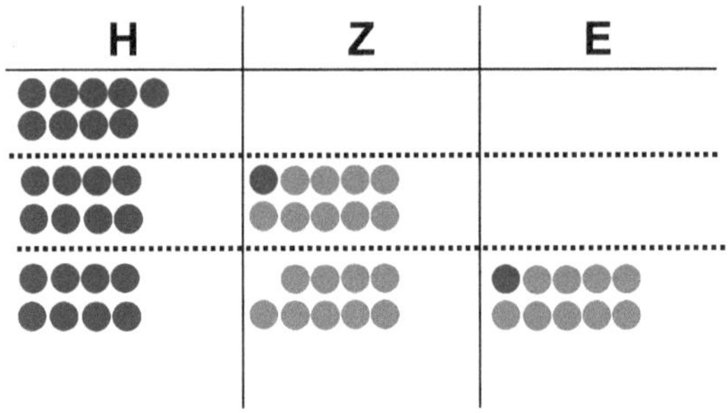

Abbildung 4.7 Das Verschieben eines roten Plättchens in die nächstkleinere Spalte wird durch das Ergänzen von neun blauen Plättchen ausgeglichen

Die Vergrößerung der Startzahl wäre nach dieser Bedeutungszuschreibung nur dynamisch darstellbar. Ein rotes Plättchen und neun blaue Plättchen (dazugelegt) werden gebündelt, die neun Plättchen werden also aus der Stellenwerttafel entfernt und das rote Plättchen in den nächsthöheren Stellenwert geschoben. Die entfernten blauen Plättchen werden neben die Stellenwerttafel gelegt, sodass trotzdem der Unterschied als Vielfaches der Neun sichtbar ist.

In der letzten Phase der Lernumgebung werden den Kindern noch neue Zahlen präsentiert:

1) 2104302 mit Plättchen in der Stellenwerttafel
2) 152721 mit Ziffern in der Stellenwerttafel
3) 9081 als Zahl ohne Stellenwerttafel
4) 1274 als Zahl ohne Stellenwerttafel

Die erste Zahl soll durch ihre Größe eine Quasi-Variable darstellen und so die Strukturnutzung provozieren. Die zweite Zahl abstrahiert die Darstellung, weil keine enaktiv verschiebbaren Plättchen mehr verwendet werden. Die letzten beiden Zahlen sind die abstraktesten Objekte, weil bei diesen Zahlen auch die Stellenwerttafel als Darstellungsmittel entfällt. Die dritte Zahl ist so gewählt, dass die Beurteilung der Teilbarkeit mithilfe der Quersummenregel durch eine Zerlegung in 9000 und 81 leicht kontrolliert werden kann. Entgegen der 9081 ist die 1274 ein Repräsentant der Menge aller Zahlen, die nicht durch neun teilbar sind.

4.2.4 Neunerprobe in der Stellenwerttafel

Die Lernumgebung wird Neunerprobe genannt, weil bereits Adam Ries die Verringerung der Quersumme um Neunervielfache als Probe auf Rechenfehler beschrieben hat (Wittmann und Müller 2020, S. 104). Eine ähnliche Lernumgebung für die dritte Jahrgangsstufe, die auf der gleichen allgemeingültigen Wirkung des Plättchenverschiebens beruht, findet sich außerdem bei Wittmann (Wittmann 2014, S. 218–219).

Es werden zunächst zwei Aufgabenserien genutzt, um eine Erwartungshaltung aufzubauen. Für die erste Aufgabenserie ist wird jede Ziffer von zwei bis fünf genau einmal benutzt, um zwei zweistellige Summanden zu bilden (siehe Abbildung 4.8).

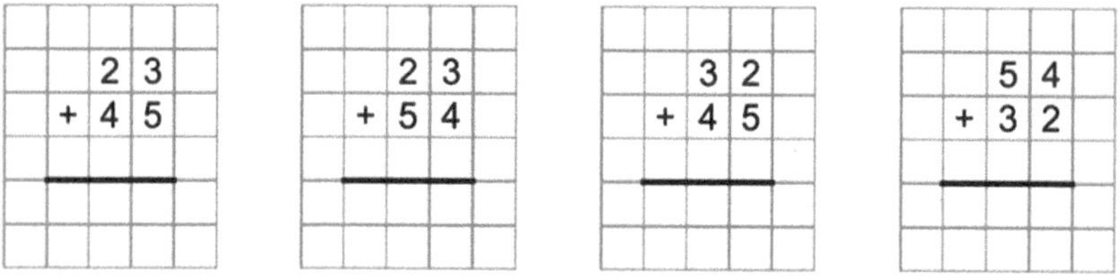

Abbildung 4.8 Erste operative Serie zur Neunerprobe

Die zweite Aufgabenserie nutzt zusätzlich die Ziffer sechs, um einen dreistelligen und einen zweistelligen Summanden zu bilden (siehe Abbildung 4.9).

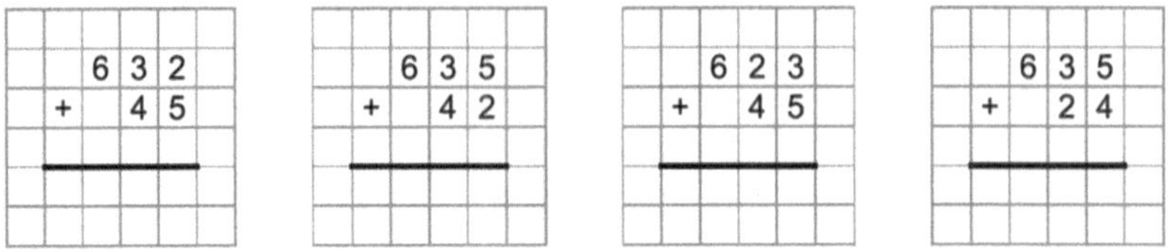

Abbildung 4.9 Zweite operative Serie zur Neunerprobe

In beiden Aufgabenserien entsteht kein Übertrag: in der ersten ist dies unmöglich, in der zweiten wird dies durch die Sechs an der Hunderterstelle verhindert. Die Anordnung der weiteren Ziffern hat für die Lernumgebung keine Bedeutung. Durch den fehlenden Übertrag gilt für jede Aufgabe, dass die Ziffernsumme der Summanden der Quersumme des Ergebnisses entspricht.

Für die nächste Phase des Interviews erhalten die Kinder die Ziffernkarten von zwei bis sieben. Es sollen zwei dreistellige Summanden gebildet und die Quersumme des Ergebnisses berechnet werden. Alle gelegten Aufgaben werden schriftlich fixiert. So ist ein gezielter Rückgriff auf bereits berechnete Aufgaben jederzeit möglich.

Anders als bei den ersten beiden Aufgabenserien können nun drei unterschiedliche Quersummen entstehen. Für die Entdeckung des Phänomens wird vom Interviewer darauf geachtet, dass die drei unterschiedlichen Quersummen auch tatsächlich erzeugt werden. Bei den Kindern wird sich dann irgendwann die Hypothese erhärten, dass Aufgaben ohne Übertrag die Quersumme 27, Aufgaben mit einem Übertrag die Quersumme 18 und Aufgaben mit zwei Überträgen die Quersumme 9 haben. Natürlich sollen die Kinder diese Entdeckung auch operativ beweisen. Allerdings wird nicht davon ausgegangen, dass dies für die Kinder an den schriftlich berechneten Aufgaben möglich ist. Daher erfolgt ein Darstellungswechsel.

Eine Additionsaufgabe wird ausgewählt und die Addition in der Stellenwerttafel ausgeführt. Um die Summe zu erhalten, werden die Plättchen einer Spalte zusammengeschoben. Wenn die Plättchenanzahl neun übersteigt, müssen Überträge vorgenommen werden. Bei jedem Übertrag werden zehn Plättchen gebündelt, indem ein Plättchen in die nächsthöhere Spalte verschoben und die anderen neun aus der Stellenwerttafel entfernt werden. Jeder Übertrag verringert folglich die Quersumme um Neun. Und weil zu Beginn der Addition immer 27 Plättchen in der Stellenwerttafel sind, können nur genau drei unterschiedliche Quersummen entstehen.

Abschließend sei noch angemerkt, dass der operative Beweis dieses Phänomens auch an den schriftlich berechneten Aufgaben möglich ist. Am Beispiel der Aufgabe $263 + 475$:

$$\begin{array}{cccc} & 2 & 6 & 3 \\ + & 4 & 7 & 5 \\ \hline & 6 & 13 & 8 \end{array}$$

Die schriftliche Addition erzeugt stellenwertweise Summen. Summen größer neun würden in der symbolischen Darstellung das Stellenwertprinzip verletzen, weshalb diese durch Bündelungen reduziert werden müssen:

$$6H + 13Z + 8E = 6H + 10Z + 3Z + 8E = 6H + 1H + 3Z + 8E = 7H + 4Z + 8E$$

Auch auf der schriftlichen Ebene ist erkennbar, dass jede Bündelung die Summe aller Bündel um neun verringert. Im Forschungsinteresse stehen jedoch die Hürden beim Beweisen mit Plättchen in der Stellenwerttafel. Außerdem wird dieser Beweis durch die fehlende Darstellung der mathematischen Objekte und Operationen auf der enaktiven oder ikonischen Ebene als weniger zugänglich eingestuft. Deshalb wird dieser Beweis in der Lernumgebung nicht forciert.

4.2.5 Quersummenregel mit Zahlenscheiben

Neben der Stellenwerttafel kann auch die geschickte Umformung einer Zahl als operativer Beweis genutzt werden. Meyer und Voigt zeigen hierfür einen Schulbuchauszug aus einem Lehrwerk für die sechste Klassenstufe Gymnasium in Nordrhein-Westfalen (Meyer und Voigt 2008, S. 144) (siehe Abbildung 4.10).

Aufgabe II

$$4752 = 4 \cdot 1000 + 7 \cdot 100 + 5 \cdot 10 + 2 \cdot 1$$
$$= 4 \cdot (999 + 1) + 7 \cdot (99 + 1) + 5 \cdot (9 + 1) + 2 \cdot 1$$
$$= 4 \cdot 999 + 4 + 7 \cdot 99 + 7 + 5 \cdot 9 + 5 + 2$$
$$= 4 \cdot 999 + 7 \cdot 99 + 5 \cdot 9 + (\underline{4 + 7 + 5 + 2})$$

Quersumme von 4752

Formuliere eine Regel, mit der du – nur durch das Berechnen der Quersumme einer Zahl – Aussagen über ihre Teilbarkeit durch 3 oder 9 treffen kannst.

Abbildung 4.10 Auszug aus „Fokus Mathematik 6.Gymnasium NRW" (Meyer und Voigt 2008, S. 144)

Das stellenweise Zerlegen und Separieren von der Quersumme offenbart auch in dieser Darstellung, dass die Quersumme und die ursprüngliche Zahl den gleichen Neunerrest besitzen müssen. Bezüglich der Entdeckung der Beweisidee wird festgestellt:

> Die aus Expertensicht bekannte formale Herleitung des Merksatzes wird am Beispiel konkretisiert und so weit dargestellt, bis ein bewältigbarer Rest verbleibt, den die Schüler selbst bestimmen sollen. (Meyer und Voigt 2008, S. 144)

Damit die Beweisidee für die Primarstufe zugänglich ist, wurde eine neue Darstellung konzipiert: Zahlenscheiben (siehe Abbildung 4.11).

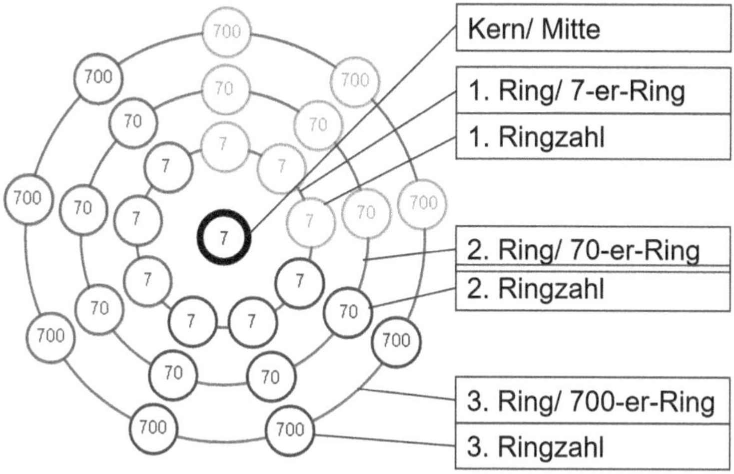

Abbildung 4.11 Glossar für Zahlenscheiben

Zahlenscheiben bestehen aus einem ‚Kern' und einer beliebigen Anzahl von ‚Ringen'. Im Kern wird die Kernzahl a, eine Ziffer ungleich Null, eingetragen. Auf dem ersten Ring wird genau neunmal die Kernzahl notiert. Die erste Ringzahl entspricht daher der Kernzahl. Auf jedem weiteren Ring steht an genau neun Positionen ein Zehnervielfaches der vorherigen Ringzahl. Am n-ten Ring würde dementsprechend an neun Positionen über den Ring verteilt die Zahl $a \cdot 10^{n-1}$ stehen.

Der Wert einer Zahlenscheibe ist die Summe aller Zahlen auf der Zahlenscheibe. Es ergibt sich durch die Aufbauregel für eine Zahlenscheibe mit der Kernzahl a und insgesamt n Ringen der Wert $a \cdot 10^{n+1}$:

$$\begin{aligned}&a + 9 \cdot \left(10^0 * a\right) + 9 \cdot \left(10^1 * a\right) + \ldots + 9 \cdot \left(10^n \cdot a\right)\\&= a + 9 \cdot a + 9 \cdot (10 \cdot a) + \ldots + 9 \cdot \left(10^n \cdot a\right)\\&= a \cdot 10^{n+1}\end{aligned}$$

Am Beispiel einer Zahlenscheibe mit der Kernzahl eins und drei Ringen soll die algebraische Begründung verdeutlicht werden (siehe Abbildung 4.12).

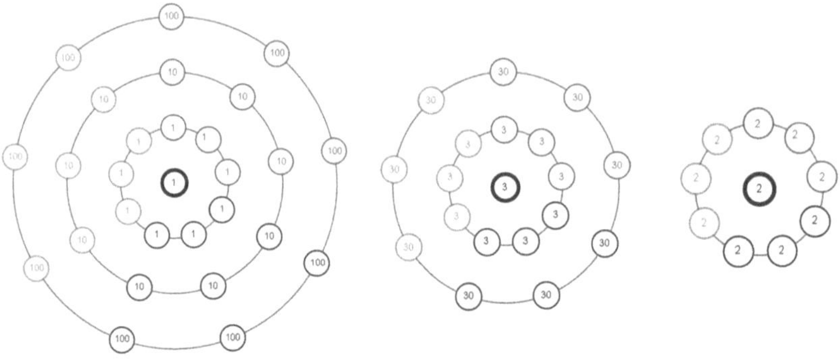

Abbildung 4.12 Zahlenscheiben 1000, 300 und 20

Der Einer aus dem Kern lässt sich mit den neun Einern aus dem ersten Ring zu einem Zehner bündeln. Der neu entstandene Zehner lässt sich wiederum mit den neun Zehnern aus dem zweiten Ring zu einem Hunderter bündeln. Und der Hunderter ergibt abschließend mit dem letzten Ring, bestehend aus neun Hundertern, einen Tausender. Dieses Vorgehen ist beliebig fortsetzbar und gilt für die anderen acht Ziffern ungleich Null analog. Verallgemeinernd lässt sich deshalb sagen, dass der Kern die Quersumme des Werts der Zahlenscheibe ist. Jeder dazukommende Ring bedeutet nur eine Verzehnfachung des vorherigen Zahlwerts, was die Konstanz der Quersumme gewährt.

Eine Zahl, die nicht der Form $a \cdot 10^{n+1}$ entspricht, muss stellenweise zerlegt und mit mehreren Zahlenscheiben dargestellt werden. In die Abbildung kann z. B. die Zahl 1320 gedeutet werden, wenn die drei Zahlenscheiben durch Addition ihrer Werte als Darstellung einer Zahl betrachtet.

Da jeder Ring aus neun gleichen Zahlen besteht, sind für die Teilbarkeit durch neun nur die Kerne entscheidend. Die Quersummenregel im Kontext von Zahlenscheiben lautet dann:

Wenn die Summe der Kerne einer Zahl, welche mit Zahlenscheiben dargestellt ist, durch neun teilbar ist, dann ist auch die ursprüngliche Zahl durch neun teilbar.

Oder genauer: Die Summe der Kerne einer Zahl, welche mit Zahlenscheiben dargestellt ist, lässt bei Division durch neun den gleichen Rest wie die ursprüngliche Zahl.

Mit Zahlenscheiben lässt sich aufgrund der stellenweisen Zerlegung einer Zahl auch deren Quotient bei Division durch neun effizient bestimmen. Ohne Zahlenscheiben würde die stellenweise Berechnung am Beispiel 1320 so aussehen:

$$1000 \div 9 = 111 \qquad Rest 1$$

$$300 \div 9 = 33 \qquad Rest 3$$

$$20 \div 9 = 2 \qquad Rest 2$$

$$1320 \div 9 = 146 \quad Rest 1 + 3 + 2 = 6$$

Die Stärke der Zahlenscheiben liegt nun darin, dass die Teilergebnisse durch Strukturnutzung von den Zahlenscheiben abgelesen werden können. Der Quotient lässt sich mit dem Distributivgesetz als Summe der Ringzahlen bestimmen.

$$\frac{9 \cdot 1 + 9 \cdot 10 + 9 \cdot 100 + 9 \cdot 30 + 9 \cdot 3 + 9 \cdot 2}{9} = \frac{9 \cdot (1 + 10 + 100 + 30 + 3 + 2)}{9}$$
$$= 1 + 10 + 100 + 30 + 3 + 2 = 111 + 33 + 2 = 146$$

Eine Quersumme größer als acht ist hierbei ein Sonderfall, da dann für den endgültigen Quotienten auch noch der Rest durch neun dividiert werden muss.

Zur besseren Übersichtlichkeit ist ein weiteres Merkmal der Zahlenscheiben die Untergliederung jedes Ringes in je drei gleichfarbige Ringzahlen (blau, rot, grün). Die Grundvorstellung der räumlich-simultanen Anordnung wird aktiviert, eine quasi-simultane Zahlerfassung ist möglich (Scherer und Moser Opitz 2010, S. 78). Außerdem fließt so auch die Drei als Teiler der Neun in die Darstellung mit ein.

Zahlenscheiben sind für die Kinder in den Interviews eine neue Darstellung von Zahlen. Damit sind sie zunächst Lernstoff. Die Lernumgebung muss folglich Vertrautheit mit der Darstellung schaffen, damit diese als Erkenntnismittel eingesetzt werden kann. Darüber hinaus kann auch kritisch eingewendet werden, dass die Darstellung einer Zahl mit Zahlenscheiben die Zerlegung einer (stellenweisen) Zerlegung der Zahl ist, da jeder Stellenwert selbst nochmal in Kern und mehrere Ringe mit je neun Ringzahlen zergliedert wird. Dadurch kann es dem Kind schwerfallen, die entsprechende Zahl tatsächlich noch als ein Objekt zu interpretieren. Die vielfältigen Interpretationsweisen können auch beispielhaft an der Berechnung der 1320 gezeigt werden:

$$A)\ 1320 = 1000 + 300 + 20$$

$$B)\ 1320 = 1 + 9 * 1 + 9 * 10 + 9 * 100 + 3 + 9 * 3 + 9 * 30 + 2 + 9 * 2$$

$$\begin{aligned} C)\ 1320 = {} & 1 + 3 * (1 + 1 + 1) + 3 * (10 + 10 + 10) + 3 * (100 + 100 + 100) + 3 \\ & + 3 * (3 + 3 + 3) + 3 * (30 + 30 + 30) + 2 + 3 * (2 + 2 + 2) \end{aligned}$$

$$\begin{aligned} D)\ 1320 = {} & 1 + (1 + 1 + 1 + 1 + 1 + 1 + 1 + 1 + 1) \\ & + (10 + 10 + 10 + 10 + 10 + 10 + 10 + 10 + 10) \\ & + (100 + 100 + 100 + 100 + 100 + 100 + 100 + 100 + 100) + 3 \\ & + (3 + 3 + 3 + 3 + 3 + 3 + 3 + 3 + 3) \\ & + (30 + 30 + 30 + 30 + 30 + 30 + 30 + 30 + 30) + 2 + (2 + 2 + 2 \\ & + 2 + 2 + 2 + 2 + 2 + 2) \end{aligned}$$

Die hier aufgelisteten Möglichkeiten intendieren bereits ein systematisches Vorgehen, da die Zahlenscheiben von innen nach außen berechnet werden. Auch wenn es noch viele weitere Möglichkeiten der Berechnung gibt, zeigen bereits diese Beispiele deutlich: Wie jedes Diagramm sind auch Zahlenscheiben mehrdeutig. Diese Mehrdeutigkeit kann, insbesondere bei einer neuen Darstellung, eine Herausforderung sein. Gleichzeitig bedeutet die Mehrdeutigkeit der Zahlenscheiben jedoch auch eine fundamentale Lernchance, weil in einer Darstellung die 1320, die Reste 1, 3, 2 und 0, die Quersumme 4 und diverse Dreier- und Neunervielfache gesehen werden können. Der operative Beweis gelingt, wenn der Lernende diese unterschiedlichen Interpretationen zueinander in Beziehung setzen kann.

Zur konkreten Umsetzung in der Lernumgebung:
Die Zahlenscheiben werden nach einer kurzen Beschreibung mit den Zahlen 1, 10, 100 und 1000 eingeführt (siehe Abbildung 4.13). Danach werden die Zahlenscheiben von den Kindern in Einzelarbeit in eine sinnvolle Reihenfolge gebracht. Der anschließende Vergleich der Sortierungen lässt erkennen, welche strukturellen Merkmale schon vor der Berechnung der Zahlenscheiben erkannt worden sind. Insbesondere können unterschiedliche Sortierungen einen authentischen Argumentationsanlass darstellen. Im Gespräch wird sich auf eine gemeinsame

Sortierung geeinigt, die zu einer operativen Serie mit einer systematischen Veränderung der Ringanzahl führt. In einem ersten Schritt wird der Zahlwert berechnet und im zweiten wird der Rest bei Division durch neun bestimmt.

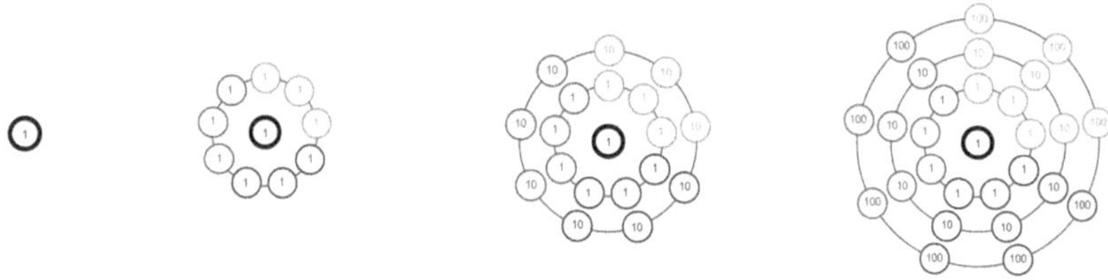

Abbildung 4.13 Zahlenscheiben der ersten operativen Serie

Anschließend erhalten die Kinder die Zahlenscheiben für die Zahlen 100, 200, 300 und 400 und den Arbeitsauftrag, diese Zahlenscheiben nach dem Rest zu sortieren. Zur Initiierung einer Irritation fehlt bei der 400 der Kern der Zahlenscheibe, wodurch sie zur Zahlenscheibe mit dem kleinsten Rest wird (siehe Abbildung 4.14).

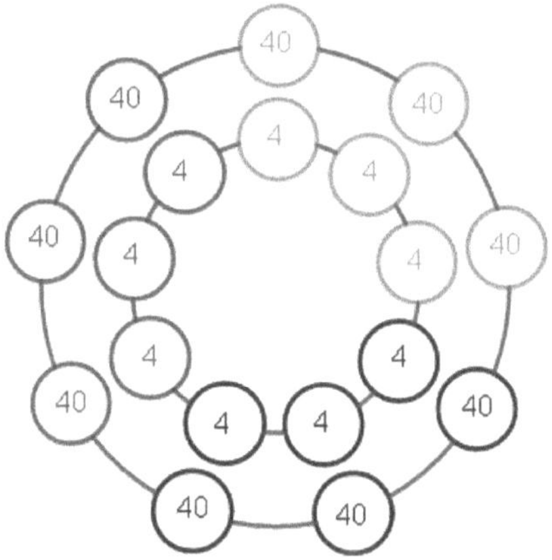

Abbildung 4.14 Zahlenscheibe 400 ohne Kern

So gibt es neben der Möglichkeit unterschiedlicher Sortierungen auch den fehlenden Kern als Argumentationsanlass. Nach dem Vergleich und der Reparatur der 400 entsteht erneut eine operative Serie. Diese zweite operative Serie (siehe Abbildung 4.15) erhöht den Kern bei konstanter Ringanzahl systematisch um Eins. Die Nutzung der beiden operativen Serien gründet in dem Anliegen, „den mathematischen Inhalt als so etwas wie ein lebendiges System nach und nach zu entwickeln" (Böttinger und Steenpaß 2010, S. 49).

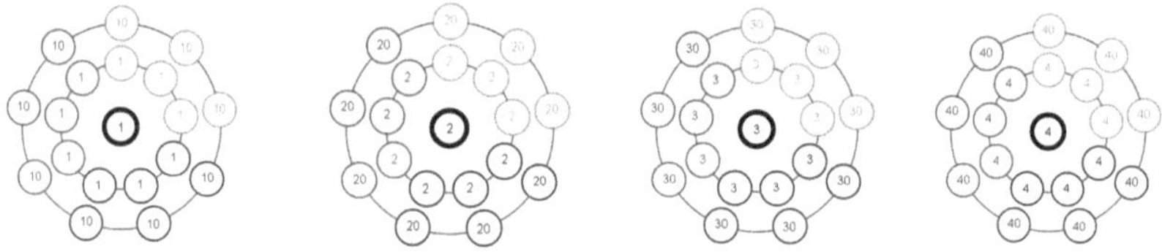

Abbildung 4.15 Zahlenscheiben der zweiten operativen Serie

Beide operativen Serien sind zweigeteilt. Während der erste Teil den Aufbau von Zahlvorstellungen als Zahlenscheiben fokussiert hat, soll mit dem zweiten Teil eine Brücke zur Quersummenregel geschlagen werden, indem die Zahlenscheiben zur Division durch neun genutzt werden (siehe Abbildung 4.16). Es ist den Bearbeitenden dabei überlassen, ob sie die Stufenzahlen als Kopfrechenaufgabe dividieren, die Teilergebnisse der vorherigen Aufgabe oder die Strukturen der Zahlenscheiben nutzen. In jedem Fall wird die übergeordnete Gesetzmäßigkeit, dass als Rest immer der Kern bleibt, erst reflektiv sichtbar. Zu dieser Entdeckung wird nach der Division der jeweils vier Zahlenscheiben nach einer Erklärung gefragt. Es ist allerdings nicht davon auszugehen, dass zu diesem Zeitpunkt des Interviews ein Kind bereits die Reduktion einer Zahl zu ihrer Quersumme als Subtraktion von Neunervielfachen begründen kann.

		Objekt: Zahlenscheiben		
		Operative Variation der Ringanzahl	Operative Variation der Kernziffer	
Operation	Wertberechnung durch Addition	1: Es entstehen Stufenzahlen.	3: Es entstehen Zahlen der Form $a \cdot 100$.	Aufbau Zahlvorstellung als Zahlenscheiben
	Division einer Zahlenscheibe durch neun	2: Stufenzahlen lassen den Rest 1.	4: Der Rest ist a.	Kern ist Rest; Basis für Quersummenregel

Abbildung 4.16 Konzeption der Lernumgebung Quersummenregel mit Zahlenscheiben

In den operativen Serien haben die Kinder jeweils eine Zahlenscheibe untersucht. In der nächsten Phase des Interviews werden nun Zahlen erforscht, die mit mindestens zwei Zahlenscheiben dargestellt werden müssen. Für das Legen dieser Zahlen erhalten die Kinder alle möglichen Zahlenscheiben von 1–9000 sortiert zur Verfügung gestellt:

1. Stapel: 1, 2, 3, …, 9
2. Stapel: 10, 20, 30, …, 90
3. Stapel: 100, 200, 300, …, 900
4. Stapel: 1000, 2000, 3000, …, 9000

Die Sortierung erfolgt somit nach den Stellenwerten. Um keine strukturellen Erkenntnisse vorwegzunehmen, wird den Schülern die Sortierung anhand der Ringanzahl erklärt. Jede Zahlenscheibe ist nur einmal vorhanden, die Kinder müssen sich also „mindestens auf organisatorischer Ebene austauschen, worauf […] häufig ein inhaltlicher Austausch [folgt]“ (Hartkens 2016, S. 123–124).

Die Aufgabe soll vor allem explorieren, ob es den Kindern gelingt, mehrere Zahlenscheiben zum Darstellen einer Zahl zu kombinieren. Aus diesem Grund ist die erste zu legende Zahl 310. Mit Hilfe „vorbereiteter Spontanität“ (Bräuning 2016, S. 5) wird dann in der konkreten Situation entschieden, welche weiteren Zahlen abgefragt werden.

In der letzten Phase des Interviews wird von konkreten Zahlen hin zur Quersummenregel verallgemeinert. Dazu fragt der Interviewer nach einer Regel, wie der Rest einer Zahl bei Division durch neun geschickt herausgefunden werden kann. Mit den Begriffen der Zahlenscheiben versuchen die Kinder die erkannten Strukturen zur Quersummenregel zu verallgemeinern und zu begründen. Wenn die Quersummenregel nicht oder falsch formuliert wurde, sollen zunächst Zahlen zu vorgegebenen Resten gefunden werden. So rücken die Kerne der Zahlenscheiben als Quersumme noch weiter in den Mittelpunkt. Die genaue Fragestellung richtet sich dabei nach der gefundenen Regel der Kinder und dem bisherigen Interviewverlauf.

4.3 Datenerhebung

Die Datenerhebung erfolgte in zwei Zyklen: Zunächst wurde eine Vorstudie mit drei Kinderpaaren einer dritten Klasse durchgeführt, um die Zugänglichkeit und Eignung der Zahlenscheiben zu untersuchen. In der Hauptstudie wurde jede Lernumgebung in drei Interviews mit Kindern aus der vierten Jahrgangsstufe eingesetzt. Die Hauptstudie wurde in der zweiten Jahreshälfte des Jahres 2019 durchgeführt. Insgesamt haben 26 Kinder teilgenommen, sechs Kinder davon in der Vorstudie. Auf einen Kriterienkatalog zur Auswahl der Kinder wurde verzichtet, da die Lernumgebungen weitestgehend am Rande des Unterrichtsstoffes anzusiedeln sind. Dementsprechend sind etwaige Beurteilungen von Lehrpersonen bezüglich der Leistungsstärke eines Kindes nicht nur durch kognitive Verzerrungen belastet, sondern auch nur bedingt aussagekräftig. An der Studie haben daher alle Kinder teilgenommen, von denen eine Einverständniserklärung der Eltern vorlag.

Argumentieren ist anstrengend (Miller 2006). Daher wird davon ausgegangen, dass die freie Beobachtung von Kindern beim Bearbeiten der Lernumgebungen keine geeignete Methode ist, um Hürden beim operativen Beweisprozess zu untersuchen. An geeigneten Stellen muss der Forschende nach Abwägung von fachlichen und fachdidaktischen Aspekten flexibel und wohlüberlegt in die Interaktion eingreifen können (Selter und Spiegel 1997, S. 101). Damit dennoch eine komparative Analyse zwischen unterschiedlichen Erhebungen möglich ist, erscheint der Einsatz eines Leitfadens zur Strukturierung sinnvoll. Daher wurde das halbstandardisierte Interviews als Methode dieser ausgewählt.

Das halbstandardisierte Interview als Methode zur Erforschung kindlichen Denkens wurde im deutschsprachigen Raum von Jean Piaget entwickelt (Voßmeier 2012, S. 55). Während die Methode bei Piaget revidierte klinische Methode genannt wird, finden sich bei anderen Autoren auch andere Begriffe wie leitfadengestütztes Interview, diagnostisches Interview oder diagnostisches Gespräch. Für eine tiefergehende Unterscheidung wird auf Voßmeier (2012) verwiesen.

Alle Begrifflichkeiten haben als Gemeinsamkeit, dass die Methode der Datenerhebung eine Balance aus Vorstrukturierung und Spontanität in der Erhebungssituation gewährleisten soll. Die ‚halbe' Strukturierung gewährleistet die Vergleichbarkeit der Daten. Die andere, ‚unstrukturierte Hälfte' der Methode erlaubt das situative Eingehen auf die interviewten Kinder bei unerwarteten Irritationen, Argumentationen oder ganz allgemein jedem Aspekt, der im Leitfaden nicht enthalten, aber für die Forschungsfrage relevant ist. Die vorbereiteten Fragen haben lediglich eine orientierende Funktion (Niebert und Gropengießer 2014).

Die Erstellung des Interviewleitfadens setzt umfassendes Wissen über den Forschungsgegenstand voraus. Nur so können relevante Fragen formuliert werden, die dem aktuellen Forschungsstand entsprechen (Friebertshäuser und Langer 2013). Aus interaktionistischer Perspektive ist zudem die fachliche Kompetenz der interviewenden Person zentral, da sie im Interview angemessen auf die Deutungen der Kinder eingehen muss. Auch die Einnahme anderer Rollen ist hierbei angedacht. Krumsdorf schreibt dazu:

> Zeitweise kann der Forscher auch dialogisch agieren, etwa indem er in die Rolle eines fiktiven Mitschülers schlüpft oder den Schüler als *advocatus diaboli* zum Widerspruch herausfordert. Die beschriebenen Rollenwechsel haben den Sinn, die Entwicklung beispielgebundenen Beweisens beim Schüler voranzutreiben, etwa wenn der Schüler sein Beweisverhalten zu sehr verfestigt. (Krumsdorf 2015, S. 163)

Halbstandardisierte Interviews können sowohl einen ermittelnden als auch einen vermittelnden Anspruch haben (Niebert und Gropengießer 2014). Ersteres entspricht einem diagnostischen Charakter, letzteres zielt auf Lernzuwachs ab. Die Interviews dieser Studie wurden mit dem Ziel konzipiert, Hürden im operativen Beweisprozess von Kindern aufzudecken. Durch kollektive Argumentationen zwischen den Interaktanten können diese Hürden möglicherweise überwunden werden. Da den Kindern die Interviewinhalte unbekannt sind, stehen grundlegende Lernprozesse im Fokus. Die Studie hat somit einen potenziell lernförderlichen Charakter.[3]

---

[3] Vermittelnd, bzw. Vermittlung von Wissen wird in anderen Kontexten vermieden, um die konstruktive Leistung beim Wissensaufbau hervorzuheben. Für die Unterscheidung der beiden Interviewausprägungen erscheint diese Begrifflichkeit nichtsdestotrotz angemessen.

Interviewt wurden Zweier- und Dreiergruppen von Kindern, um kollektive Argumentationen zu ermöglichen, ohne die Komplexität des Unterrichtsgeschehens in der Analyse berücksichtigen zu müssen (Prediger et al. 2012, S. 456). Diese Gruppensituation soll zudem eine angenehmere Atmosphäre schaffen, in der Gedankengänge leichter offengelegt werden können. Ziel ist es, „das Vorgehen des Kindes bei einer bestimmten mathematischen Tätigkeit zu beobachten und geschickt zu hinterfragen, um so sein Vorgehen im Speziellen zu verstehen, aber auch um allgemeine Erkenntnisse über das kindliche Denken zu gewinnen" (Selter und Spiegel 1997).

Insgesamt kann die Konzipierung der Interviews für diese Studie mit den Prinzipien zusammengefasst werden, wie sie von Selter und Spiegel bereits 1997 herausgearbeitet wurden (Selter und Spiegel 1997, S. 107–109). Diese lauten in Kürze:

1) Zielgerichtete Flexibilität
2) Angenehme Gesprächsatmosphäre
3) Transparenz
4) Herausforderung statt Belehrung
5) Annahme von Rationalität
6) Erzeugung (sozio-)kognitiver Konflikte
7) Entdeckung der Langsamkeit
8) Achtung vor Gesprächsroutinen
9) Relativität der Informationen
10) Reflexion des Designs

Im folgenden Kapitel wird beleuchtet, wie die Videoaufnahmen regelgeleitet aufbereitet und ausgewertet wurden.

4.4 Datenaufbereitung und -auswertung

> Unser eigenes Denken ist eine unzureichende Quelle für Kenntnisse über kindliches Denken. (Spiegel 1999, S. 124)

Die Dokumentation der Interviews erfolgte mittels Videoaufnahmen durch zwei Kameras. Durch die Verwendung von zwei Kameraperspektiven (Front- und Tischperspektive) wird die Qualität der Daten gesteigert, da subtile Interaktionen wie Blicke und Gesten besser erfasst werden. Im Anschluss an die Erhebung wurden die für das Forschungsinteresse relevanten Episoden transkribiert.

Die verwendeten Transkriptionsregeln orientieren sich an Kallmeyer (1979) und befinden sich im Anhang. Es wurde auf die Erfassung nonverbaler Elemente wie Zeigegesten geachtet, da diese häufig bedeutungstragend für die Interpretation sind. Die Videoaufnahmen wurden in der Transkription so anonymisiert, dass keine Rückschlüsse auf die beteiligten Kinder oder deren Schulen möglich sind.

Die Interviews können als Primärdaten angesehen werden. Bereits die Videoaufnahmen als Sekundärdaten können nicht alle Aspekte der Interaktion einfangen. Dieser Aspekt gilt auch für die Transkripte als Tertiärdaten: Auch wenn die Transkription regelgeleitet geschieht, ist sie selbst schon ein interpretativer Akt, weil die Videoaufnahmen nicht eins zu eins im Transkript abgebildet werden können. Die Transformation audiovisueller Daten in Transkripte bedeutet allerdings nicht nur eine Reduktion des Informationsgehalts, da eine aufmerksame Transkription auch Elemente enthalten kann, die in der Interaktion untergegangen sind:

> Das Transkript ist letztendlich als das Ergebnis einer Transformation von Daten zu wissenschaftlichen Zwecken anzusehen. Dabei kommt es einerseits notgedrungen zur Selektion relevanter Gesprächscharakteristika wie beispielsweise die Sprachmelodie oder nicht hörbare Handlungen (z. B. Gesichtsmimik, Kopfnicken oder Kopfschütteln). [...] Andererseits kommt es wiederum zu einer Komplexitätssteigerung (vgl. Langer et al. 2010). So können im Transkript Gesprächsaspekte festgehalten werden, welche von den Teilnehmenden in der gegenwärtigen Situation nicht wahrgenommen werden. Dies sind etwa Wort- und Satzabbrüche oder auch grammatikalische Fehler, die überhört werden. (Fuß und Karbach 2014, S. 26)

Die gleichzeitige Komplexitätsminderung und -steigerung hat einen positiven Verfremdungseffekt zur Folge (Krummheuer 1992, S. 52–53). Diese distanzierte und verstetigte Darstellung der Lehr-Lernprozesse im Transkript ist von zentraler Bedeutung für die Wissenschaftlichkeit der rekonstruktiven Analyse. Denn nur wenn die Analyse nachvollziehbar ist, kann den Forschungsergebnissen Aussagekraft zugestanden werden.

In dieser Arbeit wird eine interaktionistische Perspektive mit argumentationstheoretischem Fokus eingenommen. Die Datenauswertung erfolgte daher grundlegend mit der Interaktionsanalyse und darauf aufbauend wurden Argumente mit der funktionalen Argumentationsanalyse nach Toulmin rekonstruiert.

4.4.1 Interaktionsanalyse

Die in dieser Arbeit verwendete Interaktionsanalyse geht auf Voigt (1984) zurück. Ihr Ziel ist die Rekonstruktion der Bedeutungsaushandlungen zwischen Interaktanten. Sie besteht aus fünf Schritten, die in der folgenden Reihenfolge durchgeführt werden.

1) **Auswahl eines Textabschnitts**: Zunächst wird ein Textabschnitt aus einer Unterrichtsaufzeichnung ausgewählt, der für die Analyse relevant erscheint. Dabei hat sich die Auswahl von ‚krisenhaften‘ Situationen bewährt, in denen Verständnisprobleme oder Konflikte auftreten, weil solche Situationen die Beteiligten häufig zur Offenlegung ihrer Sichtweisen bewegen. Die Kriterien für die Textauswahl sind nicht klar festgelegt.
2) **Extensive Interpretation der ersten Sprechhandlung**: Die erste Äußerung des ausgewählten Abschnitts wird einer extensiven Interpretation unterzogen. Dabei wird sowohl der subjektive als auch der objektive Sinnzusammenhang rekonstruiert. Der subjektive Sinnzusammenhang bezieht sich auf die Sichtweise und Deutungen der handelnden Subjekte selbst. Der anschließend zu rekonstruierende objektive Sinnzusammenhang hingegen zielt auf eine Außenperspektive ab. Hier geht es darum, das Handeln und die Äußerungen der Subjekte in einen übergeordneten Kontext einzubetten und aus einer Beobachterperspektive zu deuten. Der objektive Sinnzusammenhang versucht folglich, die subjektiven Bedeutungszuschreibungen in einen größeren Sinnzusammenhang zu stellen und auf dieser Basis zu erklären. Ein hilfreiches Mittel für diesen Analyseschritt ist die gedankliche Verfremdung, die ihren Ursprung in der Ethnographie hat (siehe Jungwirth 2003).

3) **Einbeziehung der folgenden Äußerung**: Nach der Interpretation der ersten Äußerung wird die nächste Äußerung einbezogen. Hier wird also die Beziehung zwischen den verschiedenen Äußerungen hergestellt. Es wird rekonstruiert, wie die Interaktanten auf eine Äußerung reagieren, wie sie die Äußerung zu interpretieren scheinen und mit welcher Dynamik die Interaktion voranschreitet. Dieses Vorgehen hat seinen Ursprung in der Turn-by-turn-Analyse der Konversationsanalyse.
4) **Wiederholung und Reduktion**: Der Schritt 3 wird so lange wiederholt, bis von den vielen möglichen Interpretationen nur noch die schlüssigsten übrigbleiben.
5) **Anwendung auf andere Textabschnitte**: Die ermittelten Deutungshypothesen werden auf andere Textabschnitte angewandt. Dabei können sie bestätigt, ausdifferenziert, modifiziert oder verworfen werden. Durch diesen komparativen Vergleich wird Theorieentwicklung möglich, die über die Einzelfälle hinausweist (Krummheuer und Naujok 1999).

Für diese Arbeit wäre eine ausführliche Darstellung der Analysen zu umfangreich, daher finden sich hier nur die endgültigen Deutungshypothesen. Insbesondere heißt dies, dass Transkriptausschnitte in der Arbeit in kürzerer Form auftauchen als in der ausführlichen Analyse.

4.4.2 Funktionale Argumentationsanalyse

In der Mathematikdidaktik hat sich für die Rekonstruktion von Argumenten die funktionale Argumentationsanalyse nach Toulmin etabliert, weil in ihm die interaktionistische Perspektive und die Besonderheit mathematischer Wissenskonstruktion berücksichtigt werden können. Die funktionale Argumentationsanalyse nach Toulmin geht davon aus, dass sich jedes Argument in maximal fünf Komponenten zerlegen lässt: Datum, Konklusion, Argumentationsregel, Stützung und Ausnahmebedingung (siehe Abbildung 4.17). Die Komponenten besitzen dabei jeweils eine spezifische Funktion, um die Gültigkeit einer Aussage zu begründen (Schwarzkopf 2001, S. 257).

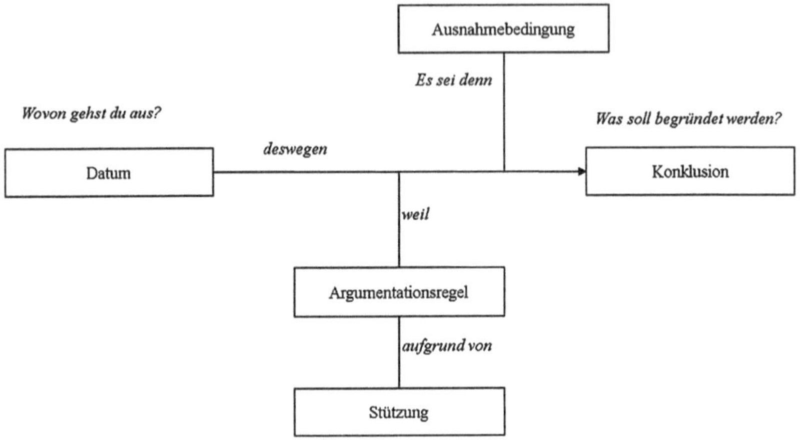

Abbildung 4.17 Toulmin-Schema

Die elementaren Bestandteile jedes Arguments sind das Datum, die Konklusion und die Argumentationsregel (Krummheuer 2003, S. 248). Daten sind die unstrittigen, also kollektiv geltenden Fakten, auf denen die Argumentation aufbaut. Das können empirische Beobachtungen, Statistiken oder allgemein anerkannte Tatsachen sein. Die Konklusion ist die argumentativ zu begründende Aussage und soll in das kollektiv Geltende überführt werden. Im Beweis könnten dementsprechend die Voraussetzungen als Daten und die Behauptung als Konklusion verstanden werden. Die Argumentationsregel (Wie ist die Verbindung vom Datum zur Konklusion?) stellt eine deduktive Verbindung zwischen Datum und Konklusion her. Diese Brückenfunktion bleibt jedoch häufig implizit, da sie keine weiteren inhaltlichen Aspekte aufweist. Sie zeigt nur auf, welcher Teil der gemeinsam geteilt geltenden Bedeutung zur Begründung der Konklusion genutzt wird.

Erst die Stützung und die Ausnahmebedingung zeigen die inhaltliche Plausibilität des Arguments an, indem sie die Anwendbarkeit der Argumentationsregel belegen. Ein formaler Zusammenhang zu den elementaren Bestandteilen des Arguments muss hierfür nicht existieren (Hartkens 2016, S. 70). Unter Berücksichtigung des symbolischen Interaktionismus verweist die Stützung als inhaltliche Einbettung des Arguments auf die aktivierte Rahmung des Argumentierenden. Über die Rationalität des Arguments wird innerhalb der Rahmung geurteilt

(Schwarzkopf 2003, S. 220). Die Stützung dient daher dazu, die Argumentationsregel selbst zu begründen und ihre Stichhaltigkeit für die Argumentation zu belegen.

Neben Stützungen können auch mögliche Gegenargumente und Einschränkungen berücksichtigt werden. Die Ausnahmebedingung weist deshalb auf Bedingungen hin, unter denen die Argumentationsregel nicht gilt. Sie eignet sich insbesondere, um die mathematische Güte von Argumenten festzustellen, da mathematisch-deduktive Argumentationen keine Ausnahmebedingung besitzen (Hartkens 2016, S. 70).

Die Entwicklung von Argumenten in mathematischen Lehr-Lernprozessen der Primarstufe besitzt einige Merkmale, die für die Anwendung der funktionalen Argumentationsanalyse berücksichtigt werden: Erstens geschieht die Entwicklung von Argumenten in der Interaktion. Argumente lassen sich daher nicht eindeutig einem Interaktanten zuweisen.

Zweitens werden Argumente nur so weit entwickelt, wie es in der Situation für nötig gehalten wird. Teile eines Arguments können folglich unausgesprochen bleiben, wenn sie bereits kollektiv akzeptiert sind:

> Wenn die Beteiligten ein entsprechendes Arbeitsinterim […] hergestellt haben, sich also gegenseitig unterstellen, die Situation zueinander kompatibel zu rahmen, können Stützungen implizit bleiben […]. (Schwarzkopf 2001, S. 264)

Gerade Stützungen sind aber zur Einordnung eines Arguments essenziell, da sie die inhaltliche und soziale Dimension von mathematischer Wissenskonstruktion konstituieren. Die Rekonstruktion von Argumenten geschieht daher in einer Symbiose aus der funktionalen Argumentationsanalyse und der Interaktionsanalyse.

5 Hürden im operativen Beweisprozess

Dieses Kapitel beinhaltet die Antworten aus der empirischen Untersuchung auf die Forschungsfrage:

Welche Hürden können im operativen Beweisprozess rekonstruiert werden?

Aus der komparativen Analyse der Interviews mit den drei unterschiedlichen Lernumgebungen haben sich zwei Ergebnisteile ergeben. Der erste Teil ist ein idealisiertes Modell über die Deutungsprozesse beim operativen Beweisen (Abschnitt 5.1). Dieses Modell basiert zu einem großen Teil auf dem bisherigen Forschungsstand. Die Entwicklung basiert jedoch auch maßgeblich auf der Analyse der unterschiedlichen Interviews. Aufgrund dieser Entstehung wird das Modell den Ergebnissen der empirischen Untersuchung zugeordnet – und der Beitrag dieser Arbeit wird in der verdichteten Darstellung gesehen.

Der zweite Teil fokussiert dann auf die Hürden, die in den operativen Beweisen der drei Lernumgebungen rekonstruiert wurden (Abschnitt 5.2). Das Kapitel beinhaltet nur solche Hürden, deren Ursachen als spezifisch für das operative Beweisen im Kontext der drei Lernumgebungen vermutet werden. In dem Kapitel wurden also keine Hürden aufgenommen, die Verstehen und Verständigung im Allgemeinen erschweren, wie beispielsweise Sprachbarrieren oder grundlegende Probleme bei der Division.

© Der/die Autor(en), exklusiv lizenziert an Springer Fachmedien Wiesbaden GmbH, ein Teil von Springer Nature 2025
A. Köhler, *Operatives Beweisen in der Grundschule*,
https://doi.org/10.1007/978-3-658-50005-4_5

5.1 Deutungsprozesse beim operativen Beweisen – ein idealisiertes Modell

Das Modell wurde im Wechselspiel mit den drei Lernumgebungen dieser Arbeit (Quersummenregel in der Stellenwerttafel, Neunerprobe in der Stellenwerttafel, Quersummenregel mit Zahlenscheiben) entwickelt. Aus Gründen der Lesbarkeit wird das Modell im Folgenden nur an der Lernumgebung ‚Quersummenregel in der Stellenwerttafel' beispielhaft ausgeführt. Verallgemeinernde Überlegungen zum Modell finden sich in Abschnitt 7.1.

Operative Beweise im weiten didaktischen Sinn bestehen idealisiert aus drei Phasen:

1. Übungskontext
2. Entdeckung des Phänomens, bzw. der Behauptung des operativen Beweises
3. Operativer Beweis der Behauptung

Die erste Phase ‚Übungskontext' beinhaltet eine produktive Übung. Im Vordergrund steht das Ausrechnen. Die Operationen werden als (gedankliche) Handlungen gedeutet, die Übergänge zwischen konkreten Zahlen als Objekte erzeugen. Beziehungen zwischen unterschiedlichen Aufgaben des Übungskontexts stehen nicht im Vordergrund, können aber zur geschickten Berechnung der Aufgaben genutzt werden. Die konkreten Zahlen in den Aufgaben sind nicht austauschbar, haben also keinen Variablencharakter. Am Ende dieser Phase steht eine Sammlung an berechneten Daten. Diese Daten bilden dann die Grundlage für das Erkennen von Mustern und Strukturen.

In der Lernumgebung ‚Quersummenregel in der Stellenwerttafel' besteht der Übungskontext aus dem Finden von Zahlen, die mit acht oder neun Plättchen in der Stellenwerttafel dargestellt werden, und dem Beurteilen der Teilbarkeit durch neun. Der Übergang in die zweite Phase erfolgt durch das Hineindeuten von Regelmäßigkeiten (siehe Abbildung 5.1).

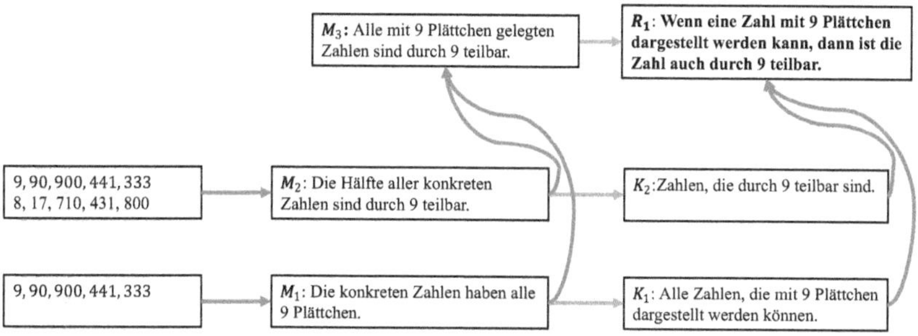

Abbildung 5.1 Entdeckung der Behauptung

Das erste Muster (kurz: M_1) ist von der Aufgabenstellung vorgegeben: Die Hälfte der konkreten Zahlen haben die gemeinsame Eigenschaft, dass sie mit neun Plättchen dargestellt sind. In der Sortiertabelle muss des Weiteren das Muster erkannt werden, dass die Hälfte der konkreten Zahlen durch neun teilbar ist und die andere Hälfte nicht (Muster M_2). Erst die Verbindung beider Muster zu einem neuen Muster bildet die Grundlage für die Behauptung des Phänomens: In allen konkreten Beispielen war es so, dass alle mit neun Plättchen dargestellten Zahlen durch neun teilbar sind (Muster M_3).

Erst durch eine Verallgemeinerung und Abstraktion entsteht die Behauptung des operativen Beweises: Wenn eine Zahl mit neun Plättchen dargestellt werden kann, dann ist die Zahl auch durch neun teilbar. In der Argumentation nimmt sie die Funktion der Argumentationsregel ein, weshalb die Behauptung im Modell auch mit R_1 bezeichnet wird. Die Behauptung ist eine Verallgemeinerung, weil die konkreten Zahlen als Vertreter der allgemeinen Objektklassen ‚Alle Zahlen, die mit neun Plättchen dargestellt werden können' (K_1) und ‚Zahlen, die durch neun teilbar sind' (K_2) gedeutet werden. Und es ist eine Abstraktion, weil die konkreten Zahlen nicht mehr vordergründig als empirische Objekte, sondern als relationale Objekte gedeutet werden. Für die Bedeutungszuschreibung wird also nicht mehr die „Welt der Dinge" herangezogen, sondern die Mathematik als „Welt der Beziehungen" (Steenpaß 2014, S. 65). Die erkannten Muster sind demnach die sichtbaren Zugänge zu den abstrakten mathematischen Objekten und Operationen.[1]

[1] Im Modell wird also von Mustern gesprochen, wenn sich die darin verknüpften Objekte und Operationen noch durch ihre empirischen Bezüge kennzeichnen. Wenn eine Abstraktion von den empirischen Bezügen gelingt, wird von Objektklassen gesprochen.

Losgelöst von der Lernumgebung bedeutet der Übergang in die zweite Phase zunächst also das Hineindeuten von mehreren Regelmäßigkeiten in die Aufgabensammlung aus der ersten Phase. Es müssen mehrere, aufeinander aufbauende Muster erkannt werden. Die Entdeckung des Phänomens setzt eine Verallgemeinerung und Abstraktion voraus.

Ergänzend sei noch erwähnt, dass sich die Behauptung des operativen Beweises auch aus einem anderen idealisierten Deutungsprozess ergeben kann. In diesem Deutungsprozess wird anstelle der Muster M_1 und M_2 ein anderes Muster M_4 erkannt. Im Unterschied zu den ersten beiden Mustern würde sich die Regelmäßigkeit in diesem Muster stärker auf die einzelnen konkreten Zahlen beziehen: Die 90 ist mit neun Plättchen dargestellt und durch neun teilbar; die 441 ist mit neun Plättchen dargestellt und durch neun teilbar – und analoges für weitere Zahlen. Aus dem Muster M_4 entwickelt sich das Muster M_3, wenn aus dem Vergleich der konkreten Zahlen erkannt wird, dass die Eigenschaft ‚durch neun teilbar' auf *alle* Zahlen zutrifft, die mit neun Plättchen dargestellt sind (siehe Abbildung 5.2).

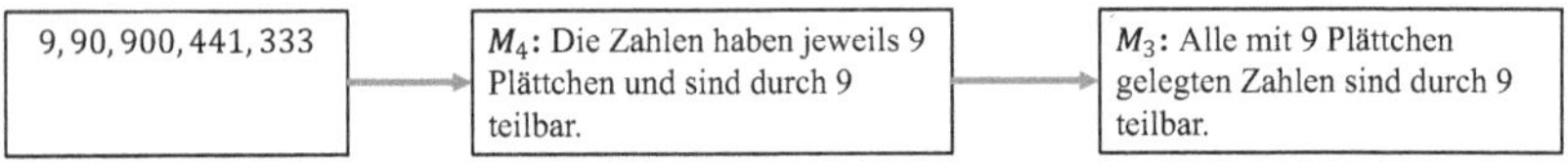

Abbildung 5.2 Alternative Entdeckung der Behauptung

Auch in diesem Deutungsverlauf erfordert der operative Beweis eine Abstraktion auf die Objektklassen K_1 und K_2. Und diese Abstraktion beinhaltet, dass die konkreten Aufgaben und Ergebnisse als Vertreter dieser Objektklassen gedeutet werden. Aus diesem Grund sind auch in dieser Deutungsalternative die beiden Muster M_1 und M_2 von grundlegender Bedeutung. Ohne das Wiedererkennen der abstrakten Objektklasse K_1 im konkreten Term als Muster M_1 und ohne das Wiedererkennen der abstrakten Objektklasse K_2 im konkreten Term als Muster M_2 kann der Beweis nicht geführt werden. Für die weitere Darstellung wird sich daher darauf beschränkt, nur die zentralen Muster M_1, M_2 und M_3 im idealisierten Modell aufzuführen.

Die dritte Phase des operativen Beweises ist die Erklärung des Phänomens. Nur wenn eine Abstraktion auf die Objektklassen und ihre Beziehung erfolgt ist, kann eine strukturelle Erklärung gelingen. Ansonsten sind nur empirische Begründungen möglich. Die Gegenstands- und Einsetzungsaspekte fließen für den Beweis in die Betrachtung konkreter Beispiele ein. Außerdem ist nun das Umrechnen (siehe Abschnitt 3.5.1) zentral: Die konkreten Terme in der Aufgabensammlung sind austauschbare Repräsentanten ihrer Objektklasse. Definierend für die Objektklassen sind ihre Konstruktionsregeln, welche aus Operationsvorschriften bestehen. Der Beweis der strukturellen Beziehung zwischen zwei Objektklassen muss folglich die strukturelle Beziehung zwischen den definierenden Operationen herstellen. Als vollständiges Schaubild ergibt sich Abbildung 5.3.

Die Pfeilfarben repräsentieren die unterschiedlichen Deutungsanforderungen. Die blauen Pfeile symbolisieren das Hineindeuten von Regelmäßigkeiten und die grünen Pfeile das Verallgemeinern und Abstrahieren von den konkreten Zahlen. Die orangen Pfeile drücken aus, dass sich die Objektklassen durch bestimmte Operationen definieren. Der operative Beweis besteht dann aus dem strukturellen Zusammenhang der beiden Operationsvorschriften P_1 und P_2. Dieser Zusammenhang ist der Beweis und die Erklärung für die Behauptung R_1 und ist mit der roten Farbe dargestellt. Im Modell können auch die drei Phasen eingezeichnet werden (siehe Abbildung 5.4).

Die zweite und dritte Phase des operativen Beweisens überlappen aufgrund der zentralen Stellung der Objekte und Operationen. In der zweiten Phase müssen sich die Lernenden von den empirischen Bezügen lösen und den nicht-formalen Darstellungen eine relationale Bedeutung aufprägen. Diese selbst erschaffene Landschaft (siehe Abschnitt 3.2) bildet dann in der dritten Phase die Grundlage für das Umrechnen im Beweis. Die Argumente in der zweiten Phase erzeugen eine Plausibilisierung des Phänomens, wohingegen die Argumente in der dritten Phase das Phänomen deduktiv zu beweisen versuchen. Die Bezugnahme auf Muster ist demnach in der zweiten Phase der notwendige Zugang zur mathematischen Struktur. Für den operativen Beweis muss die Deutung jedoch über die ‚sichtbaren' Muster (Akinwunmi und Steinweg 2024, S. 13) hinausgehen und es müssen im Konkreten abstrakte Objekte und Operationen gesehen werden. Auch dieser Deutungswandel hin zu abstrakten Objekten und Operationen als Begründungsgrundlage kann im Modell visualisiert werden (siehe Abbildung 5.5).

Darüber hinaus kann mit dem Modell auch schematisch dargestellt werden, welche Übergänge von Objekten in der jeweiligen Deutung im Vordergrund stehen (siehe Abbildung 5.6).

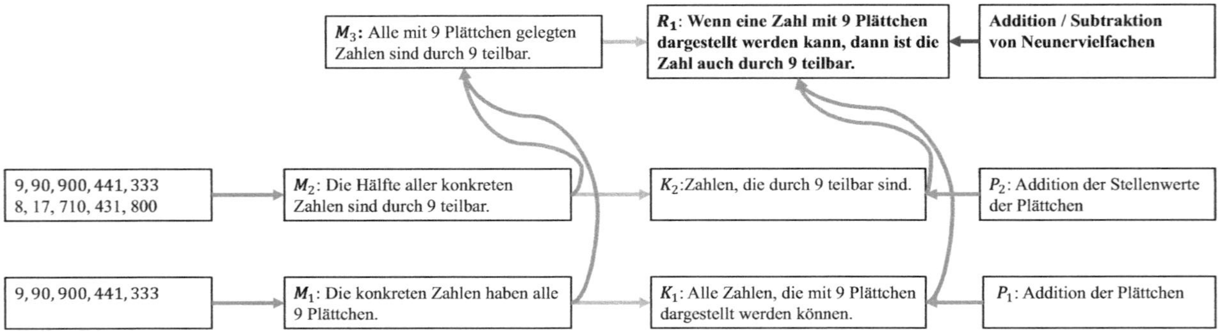

Abbildung 5.3 Idealisiertes Modell am Beispiel der Lernumgebung ‚Quersummenregel in der Stellenwerttafel'

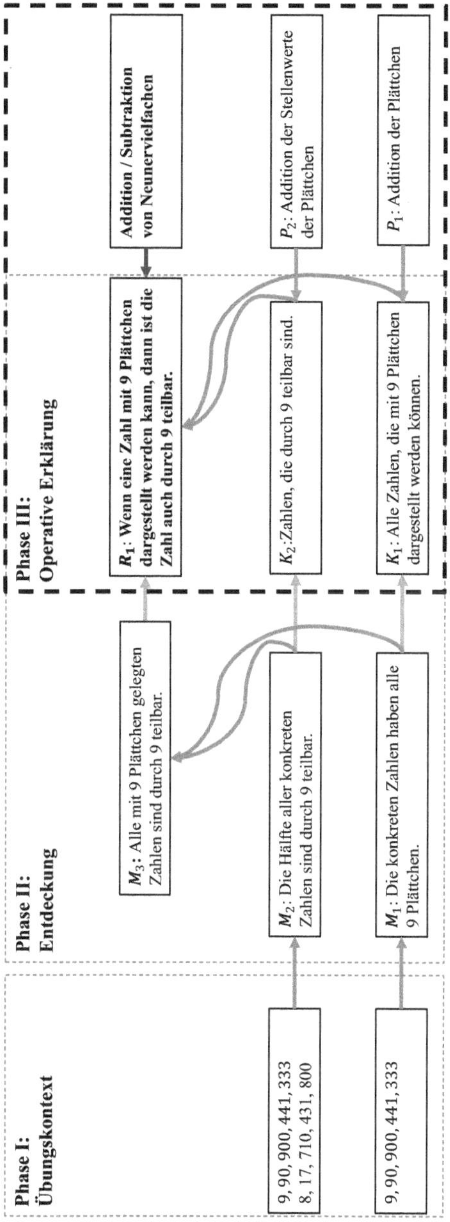

Abbildung 5.4 Phasierung des operativen Beweisens

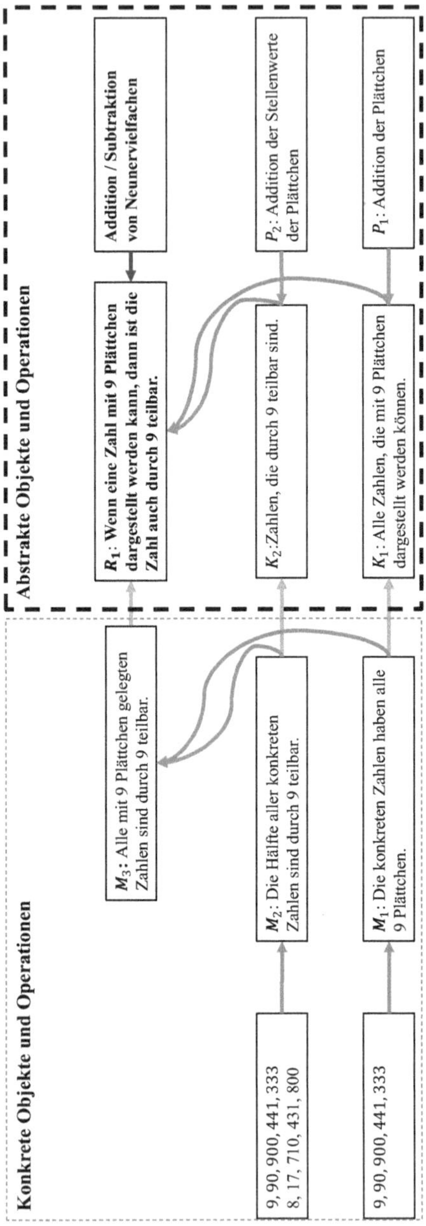

Abbildung 5.5 Konkrete und abstrakte Objekte und Operationen im operativen Beweisprozess

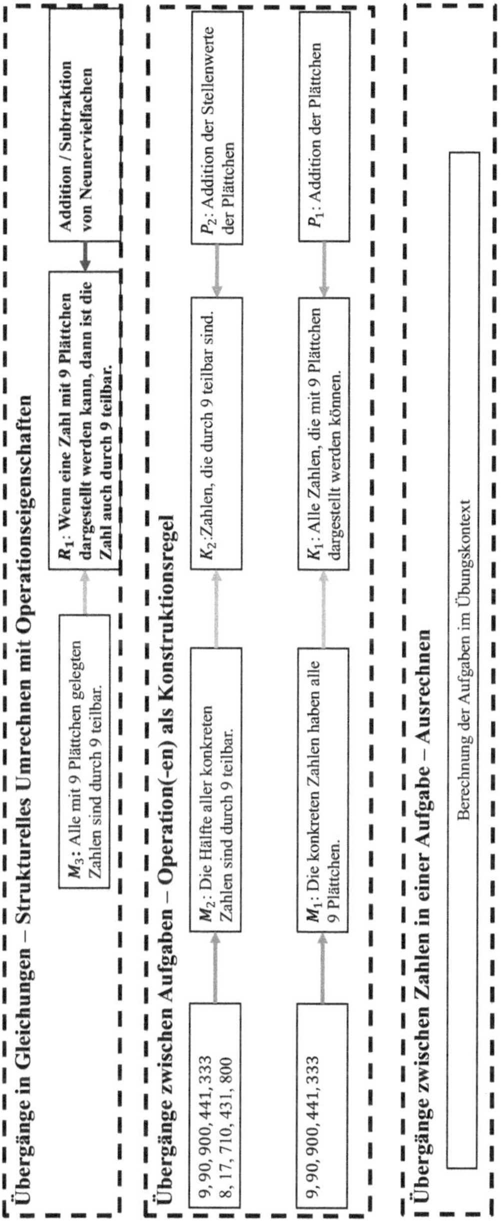

Abbildung 5.6 Übergänge zwischen Objekten im operativen Beweisprozess

Beim Ausrechnen sind die konkreten Zahlen die Objekte und die Operationen erzeugen die Übergänge. Danach stehen die Übergänge zwischen den unterschiedlichen Aufgaben im Vordergrund. Wie lautet die verbindende Konstruktionsregel? So werden die jeweiligen Aufgaben zu Objekten. Darauf aufbauend können die Übergänge zwischen Aufgaben mit unterschiedlicher Konstruktionsregel erforscht werden. Bei der Lernumgebung ,Quersummenregel in der Stellenwerttafel' sind es die Aufgaben mit der Konstruktionsregel ,Vielfache der Neun#, die ebenfalls die Konstruktionsregel ,Darstellung mit genau neun Plättchen' erfüllen. Aus der Beziehung beider Konstruktionsregeln resultiert das Verschieben von Plättchen als beweistragende Handlung.

In operativen Beweisen werden Mehrdeutigkeiten nicht-formaler Darstellungen genutzt, um die strukturelle Gleichheit unterschiedlich aussehender Aufgaben mithilfe von Operationseigenschaften zu zeigen. Auch ohne Gleichheitszeichen werden die beiden Aufgaben damit als Gleichung gedeutet. Beim operativen Beweis der Quersummenregel ist dies nur auf den zweiten Blick der Fall: Vordergründig beantwortet der Beweis die Frage, warum eine beliebige Zahl bei Division durch neun den gleichen Rest lässt wie ihre Quersumme. Die Division der 351 und ihrer Quersumme durch neun stellt jedoch eine Ungleichung dar:

$$351 : 9 \neq 9 : 9$$

Der Zusammenhang kann als Gleichung dargestellt werden, indem die Auswirkungen des Verschiebens als Umformungsschritte in die symbolische Eben überführt werden:

$$351 = 3 \cdot (99 + 1) + 5 \cdot (9 + 1) + 1 = 9 + 9 \cdot (3 \cdot 11 + 5 \cdot 1)$$

In der Gleichung zeigt sich der Übergang beider Aufgaben in der Zerlegung der 351 als Summe aus ihrer Quersumme und einem Vielfachen der Neun.

5.2 Rekonstruierte Hürden

Das Modell aus Abschnitt 5.1. zeigt auf, dass der operative Beweis der Quersummenregel in der Stellenwerttafel eine Vielzahl von notwendigen Umdeutungen beinhaltet. Real stattfindende Lehr-Lernprozesse haben aber keine idealisierten Verläufe. Dieses Kapitel beinhaltet daher die zusätzlichen Hürden, die in den Interviews mit den drei Lernumgebungen rekonstruiert wurden.

Die zusätzlichen Hürden lassen sich in drei Kategorien unterteilen: In der ersten Kategorie ‚Mehrdeutigkeit der Objekte‘ werden mögliche Objektbedeutungen und problematische Bedeutungsvermischungen adressiert. Die zweite Kategorie zeigt das Spektrum alternativer Verallgemeinerungen der Übergänge zwischen den Aufgaben auf. Die dritte Kategorie macht deutlich, dass es neben der intendierten strukturellen Deutung der nicht-formalen Darstellung weitere passende strukturelle Deutungen der gleichen Darstellung gibt, die dann jedoch nicht zum intendierten operativen Beweis führen.

Jede Kategorie differenziert sich in unterschiedliche Ausprägungen. Und jede Ausprägung konnte auch in unterschiedlichen Interviews und Lernumgebungen rekonstruiert werden. Aus Gründen der Lesbarkeit werden die Ausprägungen in diesem Kapitel dennoch nur beispielhaft an der Lernumgebung ‚Quersummenregel in der Stellenwerttafel‘ ausgeführt. In Kapitel 6 wird dann, sofern es die Datengrundlage hergibt, aus jeder Lernumgebung ein Fallbeispiel für jede Ausprägung analysiert.

5.2.1 Mehrdeutigkeit der Objekte

In Kapitel 3 wurde eine Präzisierung der Definition operativer Beweise herausgearbeitet. Jede mathematische Theorie baut auf „quasi-realen“ (Wittmann 2014, S. 227) Objekten auf. Das charakteristische Merkmal operativer Beweise ist, dass die quasi-realen Objekte leicht zugänglich sind. Damit wird nicht behauptet, dass jede Darstellung für jeden Lernenden im gleichen Maße zugänglich ist. Die leichte Zugänglichkeit soll ausdrücken, dass die quasi-realen Objekte von den Lernenden zunächst empirisch gedeutet werden können.

Durch die Rekonstruktionen kann die Zugänglichkeit nun weiter differenziert werden. Denn die nicht-formalen Darstellungen unterscheiden sich danach, inwiefern die verwendeten Objekte auch ohne Operationen als Bedeutungsgeber mehrdeutig genutzt werden (müssen) in zwei Arten:

1) Eindeutige Objekte
2) Mehrdeutige Objekte

Bei eindeutigen Objekten gibt es keine Widersprüche zwischen einer empirischen und strukturellen Deutung. Die empirische Deutung tritt für den operativen Beweis in den Hintergrund, muss aber nicht verworfen werden. Beispiele für eindeutige Objekte für einen operativen Beweis der Quersummenregel könnten sein:

1) Zahlbilder: Für einen operativen Beweis mit Zahlbildern kann aus jeder Bündelungseinheit, mit der eine Zahl dargestellt ist, genau ein Einer markiert werden. Die Zahl setzt sich dann aus den markierten Einern als ihrer Quersumme und Vielfachen der Neun zusammen.
2) Dienes-Material: Die gleiche Beweisidee des Markierens in jeder Bündelungseinheit kann auch mit Dienes-Material erfolgen. Eine andere Beweisidee könnte das Dienes-Material in ähnlicher Weise wie die Plättchen in der Stellenwerttafel verwenden: Die Quersumme würde dann nicht der Anzahl an Plättchen entsprechen, sondern der Anzahl an Bündelungseinheiten. Die beweistragende Handlung wäre nicht das Verschieben von Plättchen in eine angrenzende Spalte der Stellenwerttafel, sondern das Tauschen einer Bündelungseinheit in die nächstgrößere oder nächstkleinere Bündelungseinheit. Auch aus dem Tauschen würde sich die allgemeingültige Auswirkung explizieren lassen, dass die Teilbarkeit durch neun bei konstanter Quersumme ebenfalls unverändert bleibt.

Die Objekte in beiden Darstellungen werden als eindeutig bezeichnet, weil sich ihr Zahlwert während des Beweises nicht verändert. Ein Einerwürfel im Dienes-Material verändert seine Bedeutung nie in einen anderen Wert. Aus diesem Grund muss für den Beweis eine empirische Deutung des Objekts nicht verworfen werden. Dies ist bei mehrdeutigen Objekten anders.

Im Gegensatz dazu erfordert der Beweis der Quersummenregel mit Plättchen in der Stellenwerttafel veränderliche Bedeutungen. Der intendierte Beweis gelingt nur, wenn die Plättchen durch das Verschieben in eine andere Spalte auch eine andere anschauliche Bedeutung annehmen. Die Plättchen in der Stellenwerttafel werden daher als mehrdeutige Objekte bezeichnet.

Hierbei sei erneut angemerkt, dass die Nutzung von Mehrdeutigkeiten zentral für das operative Beweisen ist. Die fruchtbare Nutzung von Mehrdeutigkeiten bezieht sich allerdings auf unterschiedliche bedeutungsgebende *Operationen.* Beim Beweis des Zusammenhangs zwischen der Summe der ersten ungeraden Zahlen und den Quadratzahlen ist es zum Beispiel die Beziehung zwischen einer multiplikativen und additiven Deutung der Plättchen. In beiden Deutungen bleibt der Wert der einzelnen Plättchen unverändert. Nur die Verknüpfung mit unterschiedlichen operativen Strukturen erzeugt eine andere Deutung der Plättchen. Dagegen soll der Begriff ‚mehrdeutige Objekte' eine Mehrdeutigkeit der Objekte ausdrücken, die zusätzlich zur operativen Mehrdeutigkeit besteht. Diese zusätzliche Anforderung konnte als Hürde im operativen Beweisprozess rekonstruiert werden.

5.2.1.1 Verdeckt-eindeutige Objekte

In einem Interview wurden die Plättchen in der Stellenwerttafel nicht mehrdeutig, sondern **verdeckt-eindeutig** gedeutet. In dieser Deutung erhalten die Plättchen durch die erste Zuordnung in eine Spalte der Stellenwerttafel einen unveränderlichen Zahlwert. Diese Deutung wird als eindeutig bezeichnet, weil die Plättchen damit wie Dienes-Material verwendet werden. Diese Eindeutigkeit ist jedoch verdeckt, weil identische empirische Objekte unterschiedliche Bedeutungen besitzen können. Während sich die Bündelungseinheiten im Dienes-Material äußerlich unterscheiden, können in einer verdeckt-eindeutigen Deutung identische rote Plättchen in der gleichen Spalte einen unterschiedlichen Zahlwert besitzen, wenn ihre anfängliche Spaltenzuordnung different ist.

Mit dieser Deutung kann der in der Lernumgebung ‚Quersummenregel in der Stellenwerttafel' intendierte operative Beweis nicht geführt werden, weil das Verschieben der Plättchen die dargestellte Zahl nicht verändert. Ein Plättchen, das als erstes in die Hunderterspalte gelegt wird, behält seinen Wert auch nach dem Verschieben in eine andere Spalte. In dieser Deutung würde es folglich beliebig viele Darstellungen der 900 mit genau neun Plättchen geben. Eine davon könnte so aussehen wie in Abbildung 5.7 dargestellt.

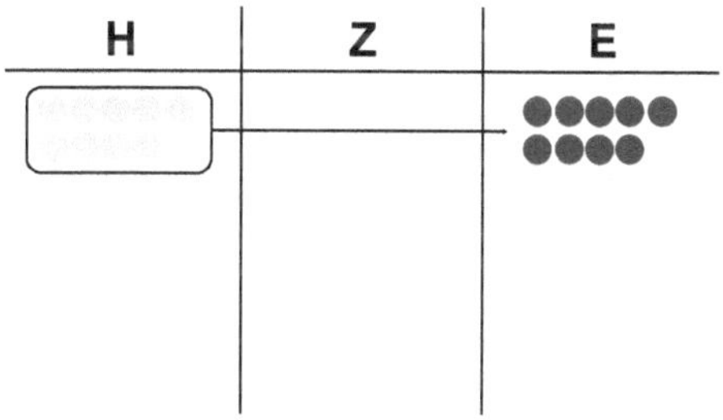

Abbildung 5.7 Verdeckt-eindeutige Plättchen in der Stellenwerttafel

Die neun Plättchen liegen zunächst in der Hunderterspalte und erhalten dadurch jeweils den Wert 100. Dieser Wert ändert sich auch beim Verschieben in die Zehner- und Einerspalte nicht. Ohne Kenntnis über die vergangenen Verschiebehandlungen könnte demnach die gleiche statische Darstellung von neun Plättchen in der Einerspalte beispielsweise auch für 90, 900 oder 540 stehen. Diese Deutung ist daher nicht tragfähig.

Aus den Unterschieden zwischen eindeutigen und mehrdeutigen Objekten wird in dieser Arbeit die Hypothese aufgestellt, dass Plättchen in der Stellenwerttafel im Speziellen und mehrdeutige Objekte im Allgemeinen weniger zugänglich sind als eindeutige Objekte. Denn operative Beweise mit mehrdeutigen Objekten implizieren einen Deutungsprozess, in dem sich der Lernende weitestgehend von der empirischen Anschaulichkeit der Objekte lösen muss. Die Notwendigkeit einer symbolischen, nicht-anschaulichen Deutung der Plättchen für den Beweis bedeutet jedoch nicht, dass die Plättchen die gleiche (schwierige) Zugänglichkeit für einen Beweis besitzen wie Darstellungen auf der symbolischen Ebene. Anders als symbolische Darstellungen ermöglichen die Plättchen die Übersetzung der Operation in eine Handlung, wenngleich die Anschaulichkeit dieser Handlung gegenüber Handlungen mit eindeutigen Objekten reduziert ist. Aufgrund der reduzierten Anschaulichkeit bietet sich die Einordnung von Beweisen mit mehrdeutigen Objekten an als Zwischenstufe zwischen anschaulich-operativen Beweisen mit eindeutigen Objekten und Beweisen, in denen Variablen nicht nur unter dem Gegenstands- und Einsetzungsaspekt, sondern auch als *„bedeutungsloses Zeichen“* (Malle 1993, S. 46, Hervorh. im Original) unter dem Kalkülaspekt verwendet werden.

5.2.2 Verallgemeinerung der Übergänge zwischen Objekten

Für einen operativen Beweis muss in den Übergängen zwischen Objekten eine allgemeine Struktur hineingedeutet werden. Dieses Ideal einer strukturellen Deutung konkurriert in der Realität jedoch mit anderen Perspektiven auf die Übergänge der Objekte. Insgesamt konnten in den Interviews vier konkurrierende Rahmungen identifiziert werden:

1) Nicht-beweisfähige Verallgemeinerungen
2) Fokus auf Beispielsammlung
3) Fokus auf Beispielfolge
4) Fehlende Verkettung von operativen Übergängen

Die Hürden dieser Kategorie zeigen in ihrer Gesamtheit, wie anspruchsvoll das gemeinsame Konstruieren des intendierten operativen Beweises ist. Insbesondere ist es schwierig zu ‚antizipieren‘, was genau das Phänomen ist und warum die empirische Evidenz nicht als Beweis ausreicht.

5.2.2.1 Nicht-beweisfähige Verallgemeinerungen

Nicht-beweisfähige Verallgemeinerungen treten vor allem in der zweiten Phase von operativen Beweisen auf. Sie zeichnen sich dadurch aus, dass in den beispielhaften Aufgaben Muster und Objektklassen erkannt werden, die nicht zum intendierten Beweis führen. In der Lernumgebung ‚Quersummenregel in der Stellenwerttafel' könnten nicht-beweisfähige Verallgemeinerung so aussehen, dass aus fünf ungeraden Zahlen mit der Quersumme neun verallgemeinert wird, dass jede ungerade Zahl durch neun teilbar ist. Durch nicht-beweisfähige Verallgemeinerungen entsteht in der Interaktion ein Zugzwang: Entweder kann die nicht-beweisfähige Verallgemeinerung ausgeräumt werden. Hierdurch kann jedoch das eigentliche Phänomen aus dem Blick geraten. Oder die nicht-beweisfähige Verallgemeinerung wird nicht korrigiert. Hierdurch kann aber die nicht-beweisfähige Verallgemeinerung vom Lernenden als kollektiv geltend und damit als wahre Aussage im Gedächtnis bleiben. Beide Möglichkeiten sind folglich mit negativen Konsequenzen für den Lehr-Lernprozess verbunden.

Die nicht-beweisfähige Verallgemeinerung im vorherigen Absatz ist ein Beispiel für eine Verallgemeinerung, die widerspruchsfrei zu allen berechneten Beispielen erfolgt. Darüber hinaus konnten als zweite Ausprägung nicht-beweisfähige Verallgemeinerungen rekonstruiert werden, die nur auf einem Teil der Beispiele basierten. In der Lernumgebung könnte diese Verallgemeinerung auftreten, wenn der Zusammenhang zwischen der Parität von natürlichen Zahlen und ihrer Teilbarkeit durch neun geäußert wird, obwohl bereits ein Beispiel einer ungeraden Zahl vorliegt, die nicht durch neun teilbar ist.

In der Interaktion gibt es dann die Möglichkeit, die missachtete ungerade Zahl als Gegenbeispiel zu deuten. Mit ihr wird ein Widerspruch gegen die empirische Haltbarkeit der nicht-beweisfähigen Verallgemeinerung erzeugt. Und auch gegen nicht-beweisfähige Verallgemeinerungen, die zunächst widerspruchsfrei zur Beispielsammlung sind, kann per Definition ein geeignetes Gegenbeispiel konstruiert werden, mit dem ein Widerspruch gegen die empirische Haltbarkeit entsteht. Damit ist diese Perspektive auf die Übergänge der Objekte einfacher zu modulieren als die folgenden drei Rahmungen, gegen die nur Widersprüche gegen die explanative Relevanz erzeugt werden können.

Darüber hinaus konnten auch Unterschiede rekonstruiert werden, auf welcher Grundlage verallgemeinert wurde. Neben der im idealisierten Modell dargestellten Verallgemeinerung von Mustern zu Objektklassen wurden auch Algorithmen unzulässig verallgemeinert.

5.2.2.2 Fokus auf Beispielsammlung

Der Fokus auf die Beispielsammlung zeichnet sich als Rahmung durch einen Rückzug ins Empirische aus. Strukturelle Fragen des Interviewers erhalten überwiegend empirisch geprägte Antworten. In der Lernumgebung ‚Quersummenregel in der Stellenwerttafel' versucht der Interviewer, an beispielhaften Verschiebehandlungen allgemeingültige Auswirkungen auf die Teilbarkeit der Neun zu thematisieren. Mit der Rahmung Fokus auf Beispielsammlung wird die Frage jedoch nur auf die konkrete Zahl bezogen:

> Die 144 ist durch neun teilbar. Wenn das Plättchen aus der Hunderter- in die Zehnerspalte verschoben wird, ist die neu entstehende Zahl dann auch durch neun teilbar?
>
> Ja, weil 54 zur Neunerreihe gehört.

Begründungsaufforderungen, die nicht auf einer konkreten Zahl aufbauen, werden in dieser Rahmung mit einem Rückgriff auf die erkannten, beweisfähigen Muster beantwortet:

> Sind alle Zahlen, die mit neun Plättchen dargestellt werden können, auch durch neun teilbar?
>
> Ja, weil dieser Zusammenhang von jedem Beispiel der Sammlung gestützt wird.

Insgesamt stellt diese Rahmung zu Beginn einer Lernumgebung kein Problem dar. Sie wird erst zur Hürde, wenn sie weiterhin bevorzugt gegenüber Strukturen zur Begründung eingenommen wird. Im Gegensatz zu nicht-beweisfähigen Verallgemeinerungen kann hier nur die explanative Relevanz angezweifelt werden. Wenn die Kinder jedoch ausreichend von der empirischen Evidenz des Phänomens überzeugt sind, führt die Anzweiflung nicht zur Modulation der Rahmung.

5.2.2.3 Fokus auf Beispielfolge

Auch beim Fokus auf eine Beispielfolge wurde ein Rückzug ins Empirische festgestellt. Gegenüber der vorherigen Rahmung werden Strukturen zwischen den Beispielen erkannt und genutzt – allerdings nicht, um das Phänomen zu erklären, sondern um die Teilbarkeit einer konkreten Zahl zu beurteilen. Es werden also Übergänge zwischen Aufgaben strukturell gedeutet, ohne diese jedoch mit der übergeordneten Problemstellung in Verbindung zu bringen. Dies stellt eine Hürde dar, weil damit die konkreten Beispiele nicht als Vertreter einer Objektklasse gedeutet werden. Die strukturellen Eigenschaften und Auswirkungen des

Übergangs werden nur auf ein konkretes Objekt bezogen – und nicht auf ein unbestimmtes Objekt.

In der Lernumgebung könnte sich diese Rahmung so äußern:

> Die 144 ist durch neun teilbar. Wenn das Plättchen aus der Hunderter- in die Zehnerspalte verschoben wird, ist die neu entstehende Zahl dann auch durch neun teilbar?
>
> Ja, weil die Zahl um ein Neunervielfaches reduziert wird.

Die Reduktion um ein Neunervielfaches wird nicht auf die übergeordnete Problemstellung bezogen, sondern nur um die neue fragliche Zahl zu beurteilen. Die Beantwortung einer verallgemeinernden Frage kann identisch zur vorherigen Rahmung erfolgen:

> Sind alle Zahlen, die mit neun Plättchen dargestellt werden können, auch durch neun teilbar?
>
> Ja, weil bisher jede neue Zahl in die Beispielfolge integriert werden konnte.

5.2.2.4 Fehlende Verkettung von operativen Übergängen

Auch in dieser Rahmung werden Übergänge zwischen Objekten strukturell gedeutet. Darüber hinaus bezieht sich die strukturelle Deutung aber nicht nur auf konkrete Objekte. Die konkreten Objekte werden mit dem Gegenstands- und Einsetzungsaspekt als Vertreter ihrer Objektklasse gedeutet. Es werden somit zwar operative Beweisschritte entwickelt, diese bleiben aber unverbunden nebeneinanderstehen. Für einen stichhaltigen operativen Beweis fehlt die Verkettung der Auswirkungen.

In der Lernumgebung Quersummenregel in der Stellenwerttafel kann sich diese Rahmung so zeigen:

Es kann jeweils für das einmalige Verschieben von der Hunderter- in die Zehnerspalte, von der Zehner- in die Einerspalte und auch für das Verschieben von der Hunderter- in die Einerspalte strukturell begründet werden, dass sich hierdurch die Teilbarkeit durch neun nicht ändert. Diese strukturellen Deutungen können aber nicht verkettet werden, um zu erklären, warum eine Zahl mit neun Plättchen den gleichen Rest bei Division durch neun lässt wie ihre Quersumme. Für verallgemeinernde Begründungsaufforderungen wird daher auch in dieser Stützung auf alternative, nicht-strukturelle Stützungen zurückgegriffen.

Ein Bestandteil dieser Hürde im Kontext der Quersummenregel in der Stellenwerttafel ist auch, dass aus der Unbestimmtheit der Zahl im operativen Beweis auch die Unbestimmtheit der Anzahl an Übergängen folgt:

- Um aus der 9 die Teilbarkeit der 27 zu beurteilen, benötigt es die Verkettung von zwei Übergängen, weil zweimal ein Plättchen von der Einer- in die Zehnerspalte geschoben wird;
- für die Beurteilung der 117 müssen drei Übergänge verkettet werden, weil zwei Plättchen von der Einer- in die Zehnerspalte geschoben und eins der beiden Plättchen dann noch von der Zehner- in die Hunderterspalte geschoben wird;
- für die Beurteilung der 441 müssen zwölf Übergänge beurteilt werden, weil acht Plättchen von der Einer- in die Zehnerspalte und vier Plättchen von der Zehner- in die Hunderterspalte geschoben werden müssen.

Ohne die konkrete Position der neun Plättchen zu kennen, ist also auch die Anzahl an Übergängen unbestimmt. Der Beweis erfordert nicht nur die Deutung von konkreten Zahlen als Unbestimmte, sondern auch die Explikation der Auswirkung der Verkettung einer unbestimmten Anzahl von Übergängen. Dies stellt eine weitere Besonderheit des operativen Beweises der Quersummenregel in der Stellenwerttafel dar.

5.2.3 Mehrdeutigkeit des Übergangs zwischen Objekten

Die vorherige Kategorie hat Verallgemeinerungsweisen vorgestellt, die das übergeordnete Phänomen nicht strukturell in den Blick nehmen. Diese Kategorie beinhaltet nun solche Deutungen, die zwar strukturell das übergeordnete Phänomen in den Blick nehmen, aber dennoch nicht zum intendierten operativen Beweis führen. Die Ursache wird hierfür in der Mehrdeutigkeit des Übergangs der Objekte gesehen. Drei Hürden in der Mehrdeutigkeit wurden rekonstruiert:

1) Vermischung von strukturellen Auswirkungen
2) Verdecktes Phänomen
3) Verdeckte latente Beweisidee

5.2.3.1 Vermischung von Übergängen und ihren strukturellen Auswirkungen

Bei der Vermischung von Übergängen und ihren strukturellen Auswirkungen werden die Eigenschaften und Auswirkungen von zwei verschiedenen Übergängen so vermischt, dass eine falsche Schlussfolgerung entsteht. In der Lernumgebung ‚Quersummenregel in der Stellenwerttafel' konnte dies folgendermaßen rekonstruiert werden:

In der Vorgeschichte der Phase wurde das Verschieben eines Plättchens von der Zehner- in die Hunderterspalte gedeutet als Entfernen eines Zehners und Hinzufügen eines Hunderters und damit strukturell begründet, dass sich die Teilbarkeit durch neun nicht ändert. Im weiteren Verlauf des Interviews wurden in einem ersten Schritt zu einer Zahl, die mit fünf Plättchen dargestellt war, vier Plättchen so in die Stellenwerttafel ergänzt, dass erneut ein Vielfaches der Neun entsteht. In einem zweiten Schritt wurde dann erneut eins der hinzugefügten Plättchen von der Zehner- in die Hunderterspalte verschoben. Anders als in der Vorgeschichte kommen die Kinder nun zum Schluss, dass die neu entstehende Zahl nicht durch neun teilbar sei.

Die Ursache wird in der Vermischung unterschiedlicher Handlungen und ihrer Auswirkungen gesehen:

1) Der Handlung ‚Verschieben eines Plättchens von der Zehner- in die Hunderterspalte' wurde die Eigenschaft ‚keine Auswirkung auf die Teilbarkeit durch neun' zugeschrieben:

$$9|54 \rightarrow 9|(54+90)$$

Das ‚alte' Objekt ist durch neun teilbar, und die Handlung ändert die Teilbarkeit nicht. Deswegen ist auch das ‚neue' Objekt durch neun teilbar.

2) In der Folge wurden Plättchen nicht nur verschoben, sondern auch ergänzt. Die Handlung ‚Dazulegen von Plättchen' hat die Eigenschaft ‚Auswirkung auf die Teilbarkeit durch neun'. Vier Plättchen in der Einerspalte sind nicht durch neun teilbar. Aber wenn fünf Plättchen in die Zehnerspalte dazugelegt werden, dann ist die neu entstehende Zahl durch neun teilbar. Allgemeiner: Das alte Objekt ist nicht durch neun teilbar, und die Handlung ändert die Teilbarkeit. Deswegen ist das neue Objekt durch neun teilbar.
3) Beim erneuten Verschieben eines Plättchens entsteht eine Vermischung der beiden Handlungen und ihrer Auswirkungen. Aus dem Dazulegen wird die Deutung übernommen, dass das alte Objekt, welches mit weniger als neun Plättchen dargestellt ist, nicht durch neun teilbar ist. Aus dem Verschieben wird die Deutung übernommen, dass sich durch die Handlung die Teilbarkeit nicht ändert. Aus der Vermischung entsteht die falsche Schlussfolgerung, dass deswegen das neue Objekt nicht durch neun teilbar ist. Weil 44 nicht durch neun teilbar ist, ist es 144 auch nicht.

Die Mehrdeutigkeit in diesem Kontext besteht darin, dass das neue Objekt aus zwei unterschiedlichen Übergängen resultieren kann: dem Dazulegen des neunten Plättchens und dem Verschieben des neunten Plättchens. Die Hürde besteht darin, dass die unterschiedlichen Übergänge auch unterschiedliche Eigenschaften besitzen. Die interviewten Kinder haben diese Hürde im Problemkontext des Interviews noch nicht überwunden, da sie das alte Objekt vom Übergang ‚Dazulegen' mit der strukturellen Auswirkung des Übergangs ‚Verschieben' vermischen.

5.2.3.2 Verdeckte strukturelle Auswirkung

Diese Kategorie zeichnet sich durch eine tragfähige strukturelle Deutung der Operation aus, die aber das Phänomen verdeckt. In der Lernumgebung ‚Quersummenregel in der Stellenwerttafel' könnte diese Hürde auftreten, wenn nur eine der beiden zentralen Auswirkungen des Verschiebens betrachtet wird. So könnte ein Kind das Verschieben eines Plättchens strukturell in Beziehung setzen zur Teilbarkeit der dargestellten Zahl: Das Verschieben verändert die dargestellte Zahl um ein Vielfaches der Neun. Dadurch hat das Verschieben keine Auswirkung auf den Rest bei Division durch neun.

Die Hürde besteht nun darin, dass für das Kind nur die eine strukturelle Auswirkung im Fokus steht. Die Auswirkung des Verschiebens auf die Quersumme wird nicht strukturell gedeutet. Und ohne die zweite strukturelle Auswirkung ist der operative Beweis nicht möglich.

5.2.3.3 Verdeckte latente Beweisidee

Diese Kategorie zeichnet sich durch eine strukturelle Deutung der Übergänge aus, die das Phänomen zwar nicht verdeckt, aber auch nicht zur intendierten Beweisidee des Interviewers führt. Die strukturelle Deutung der Kinder kann zwar zu einem anderen operativen Beweis des Phänomens weiterentwickelt werden. Dies setzt jedoch voraus, dass die abweichende strukturelle Deutung der Kinder und ihr Potential für die Weiterentwicklung zum operativen Beweis erkannt wird. Ohne Thematisierung bleibt für die Kinder im Unklaren, warum nicht ihre Deutung für den operativen Beweis genutzt wird. Auch kann für die Kinder so im Unklaren bleiben, wie sich die strukturelle Deutung des Interviewers von ihrer Deutung unterscheidet. Wenn sie die Deutung des Interviewers nicht nachvollziehen können, dann ist auch ein Verständnis des darauf aufbauenden operativen Beweises unmöglich. Die Hürde einer verdeckten latenten Beweisidee besteht demnach darin, dass der interaktiv entwickelte operative Beweis nicht zur ursprünglichen Deutung der Kinder passt und das Verständnis somit erschwert wird.

In der Lernumgebung ‚Quersummenregel in der Stellenwerttafel' konnte eine alternative Beweisidee rekonstruiert werden, die aus einer Kombination des intendierten Verschiebens von Plättchen als beweistragende Handlung und der Nutzung von Analogieschlüssen bestand. Die genutzten Analogieschlüsse lassen sich so schematisch auflisten:

1) Neun Plättchen in der Zehnerspalte erzeugen die Zahl 90, welche durch neun teilbar ist. Durch sukzessives Verschieben in die Einerspalte entstehen nur Zahlen der Neunerreihe – die Teilbarkeit ändert sich hierdurch also nicht.
2) Neun Plättchen in der Hunderterspalte erzeugen eine Zahl, die zehnmal so groß ist wie die 90. Auch das sukzessive Verschieben lässt sich analog zu 1) deuten: Wenn das Verschieben von der Zehner- in die Einerspalte die Teilbarkeitseigenschaft nicht ändert, dann gilt dies auch für das Zehnfache der Veränderung.

6 Fallbeispiele

Dieses Kapitel beinhaltet Fallbeispiele zu den Hürden aus dem vorherigen Kapitel. Es werden nur real stattgefundene Interaktionen analysiert. Dadurch kann nicht zu jeder Hürde aus jeder Lernumgebung ein Fallbeispiel angeführt werden. Diese Lücken wurden für die Lernumgebung Quersummenregel in der Stellenwerttafel bereits im vorherigen Abschnitt 5.2 gefüllt. Für die Lernumgebung Quersummenregel mit Zahlenscheiben erfolgt dies in Abschnitt 7.2. Auch eine Übertragung auf den operativen Beweis des Zusammenhangs zwischen der Summe der ersten ungeraden Zahlen und Quadratzahlen, sowie die Generalisierung auf andere operative Beweise in der Arithmetik findet im nächsten Kapitel statt.

Die Fallbeispiele in diesem Kapitel sollen vordergründig die Hürden illustrieren. Wenn in den Interviews eine Überwindung der Hürden rekonstruiert werden konnte, dann wird diese Überwindung auch mit aufgeführt.

6.1 Mehrdeutigkeit der Objekte

Die Mehrdeutigkeit der Objekte bezieht sich auf die grundlegende Deutung der verwendeten Objekte, ohne Berücksichtigung von Operationen als Bedeutungsgebern. Innerhalb dieser Perspektive auf die operativen Beweisprozesse konnte eine Hürde in der Lernumgebung ‚Neunerprobe in der Stellenwerttafel' rekonstruiert werden: Die verdeckt-eindeutige Nutzung der Plättchen.

© Der/die Autor(en), exklusiv lizenziert an Springer Fachmedien Wiesbaden GmbH, ein Teil von Springer Nature 2025

A. Köhler, *Operatives Beweisen in der Grundschule*,
https://doi.org/10.1007/978-3-658-50005-4_6

6.1.1 Verdeckt-eindeutige Objekte

Die Deutung der Plättchen als verdeckt-eindeutige Objekte konnte in der Lernumgebung Neunerprobe in der Stellenwerttafel rekonstruiert werden.

Erstes Fallbeispiel: Melina und Tomke – Neunerprobe in der Stellenwerttafel
Die Phase 3.1.5. ist Bestandteil der dritten Episode des Interviews. In der ersten und zweiten Episode wurde der Zusammenhang zwischen der Anzahl an Überträgen und der Quersumme des Ergebnisses entdeckt und formuliert. Die dritte Episode stellt den Beginn der Handlungen in der Stellenwerttafel dar. In der ersten Szene wird die Aufgabe 324 + 657 betrachtet. Die Aufgabe wurde von den Kindern so wie in Abbildung 6.1 dargestellt.

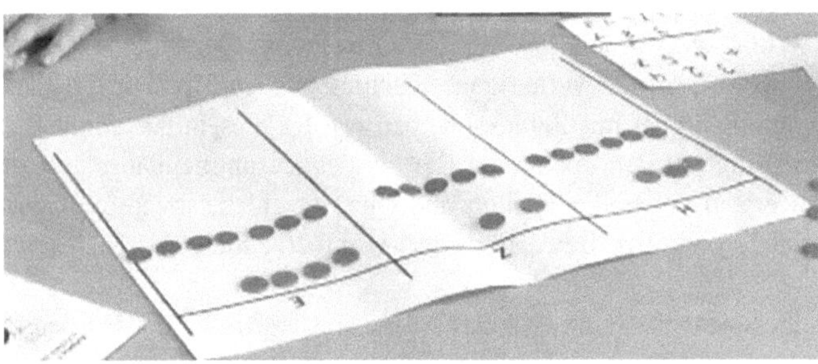

Abbildung 6.1 Darstellung der Aufgabe 324 + 657

Vor der Phase 3.1.5. haben Melina und Tomke zehn Einerplättchen in die Zehnerspalte geschoben:

Phase 3.1.5: Die Bedeutung des Verschiebens (00:34:01-00:35:51)		
541	I	Ihr habt gerade zehn Plättchen von hier da rüber (deutet mit Finger von E-Spalte zu Z-Spalte) geschoben, nä' Was bedeutet das'
542	M	Weil das ähm das ein Zehner ist sozusagen ein Zehnerpack ähm und das hat dann nichts bei den Einern verloren sozusagen.
543	I	Genau, aber dann habt ihr doch gerade aus zehn Einern zehn Zehner gemacht.
544	M	Ja weil zehn Einer sind ja ein Zehner
545	T	He ja
546	I	Aber ihr habt doch zehn Plättchen rübergeschoben
547	T	*Ja
548	M	*Ja, weil das Einer sind
549	T	Ein Plättchen (nimmt sich ein Plättchen von außerhalb der Stellenwerttafel und legt es in die E-Spalte) hier ist halt *ein Einer
550	M	*Eins. Also *eins (legt ein rotes Plättchen in Z-Spalte) zwei (legt ein zweites rotes Plättchen in die Z-Spalte) drei vier fünf sechs sieben acht neun zehn (legt dabei jeweils ein rotes Plättchen in die Z-Spalte). Man könnte auch so sagen, dass die so ein Pack sind, so übereinander (legt zehn Plättchen aufeinander)
551	T3 3	*Eins zwei drei vier fünf sechs sieben acht neun zehn
552	T	Ja
553	M	(nimmt 6 Plättchen in die Hand und stapelt sie übereinander) (leise) sechs+
554	T	*Sieben
555	M	*(nimmt 7. Plättchen) Acht (nimmt 8. Plättchen)*neun (nimmt 9. Plättchen)
556	T	*neun
557	M	Zehn (nimmt 10. Plättchen)
558	T	Und das wird dann von hier (tippt auf Einerspalte) da (tippt auf Zehnerspalte) rübergeschoben und ist ein Zehner
559	M	Weil das ja ein Zehner ist

Die Plättchen erhalten ihre Bedeutung durch ihre erste Zuordnung zu einer Spalte der Stellenwerttafel. Danach werden die Plättchen nicht mehr umgedeutet, der Umdeutung wird explizit widersprochen (Turn 548). Stattdessen halten sie die anschauliche Deutung der Plättchen aufrecht. Sie führen die Bündelung aus, indem sie zehn Einerplättchen in die Zehnerspalte verschieben und diese als „Pack" deuten (Turn 550). Die Stellenwerttafel fungiert für die Plättchen nur bei der ersten Zuordnung als Bedeutungsgeber. Danach hat die Stellenwerttafel nur noch die Funktion, die Bündelungseinheiten zu sortieren.

Im Toulmin-Schema kann diese Deutung der Plättchen in der Stellenwerttafel wie in Abbildung 6.2 zusammengefasst werden.

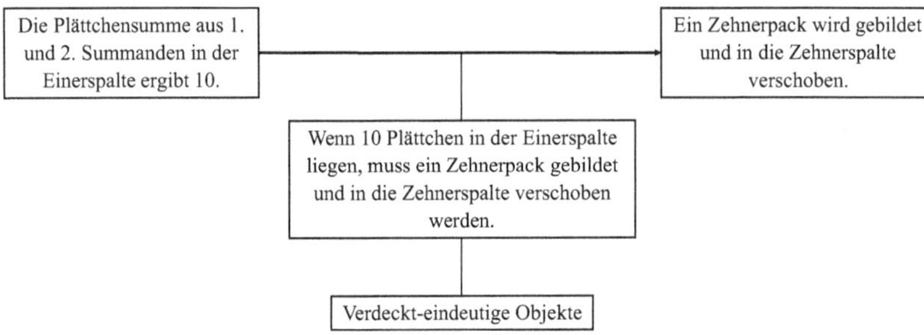

Abbildung 6.2 Toulmin-Schema zum Fallbeispiel ‚verdeckt-eindeutige Objekte'

Die Deutung der Plättchen als verdeckt-eindeutige Objekte zeigt sich auch bei der nächsten Aufgabe im Interview. Die Kinder haben 257 + 643 dargestellt und vor Beginn des Transkriptausschnitts bereits zehn Einerplättchen in die Zehnerspalte verschoben.

585	I	Ok, wie gehts dann weiter'
586	M	Ähm
587	T	Dann müssen (langgezogen)wir+ *zehn
588	M	*Fünf plus vier sind Neun.
589	T	Neunzehn
590	M	Ja, ne nein **Neunzig**. Plus zehn sind dann hundert, also nochmal eine Null und dann kommen ähm und dann kommt der Hunderter sozusagen (greift die 4 roten Plättchen und schiebt sie nach unten zum Zehnerpack) und das sind jetzt alles Zehner, nur dieser eine Zehnerpack halt nicht ehm so das sind halt vier Zehner fünf Zehner (schiebt dabei die 14 roten Plättchen in die H-Spalte) sechs sieben (tippt dabei jeweils auf ein blaues Plättchen in der Z-Spalte) zehn Zehner (schiebt die fünf blauen Plättchen aus Z-Spalte in H-Spalte) also, das sind jetzt einhundert (leiser) Zehner man könnte so+ alle zusammennehmen (dreht die fünf blauen Plättchen auf die rote Seite). Das sind alles zusammen ein Hunderter. Und dann sind das halt ähm eins zwei drei vier fünf sechs sieben acht. Acht sind das <u>jetzt</u> gerade und dann ähm kommt noch ein Hunderter und dann sinds neunhundert. (Aufteilung in H-Spalte: 2 blaue Plättchen, 6 rote Plättchen darunter und nebeneinander und darunter ein Haufen aus 19 roten Plättchen) Und dann sinds neunhundert. (lacht) Viel mit verschieben.

Der Interviewer fragt nach der weiteren Addition in der Stellenwerttafel (Turn 585). Für die Kinder scheint dies nicht trivial zu sein, darauf deuten zumindest Melinas „Ähm" in Turn 586 und die gedehnte Aussprache von Tomke in Turn 587 hin. In ihrer Aussage nutzt sie keinen Artikel vor „zehn" (Turn 587). Der fehlende Artikel könnte entweder auf eine verkürzte mündliche Ausdrucksweise hindeuten oder darauf, dass es für Tomke immer noch zehn Objekte sind (Einerplättchen) sind und nicht ein Objekt (Zehner). Letztere Interpretation ist plausibler, da Tomke die von Melina genannte Addition „Fünf plus vier sind neun" (Turn 588) so aufgreift, dass diese Neun mit den von ihr genannten Zehn zusammen Neunzehn ergeben (Zeile 589).

Melina zeigt in Turn 590, wie sie sich die zweite Bündelung in der Stellenwerttafel vorstellt.

Die vier Zehner und fünf Zehner der Aufgabe summieren sich mit dem Zehnerpack zur Hundert. Dieser Hunderter gehört in die Hunderterspalte, weshalb nach der Einerspalte auch in der Zehnerspalte „nochmal eine Null" (Turn 590) entsteht. Sie schiebt die zehn Plättchen mit der Bedeutung Einer und die neun Plättchen mit der Bedeutung Zehner zusammen in den unteren Teil der Hunderterspalte. Ein relevanter Teil des Bündelns scheint für sie auch darin zu bestehen, die Plättchen auf die gleichfarbige Seite zu drehen. Nach dem zweimaligen Bündeln ergibt sich als Darstellung der 900 (siehe Abbildung 6.3).

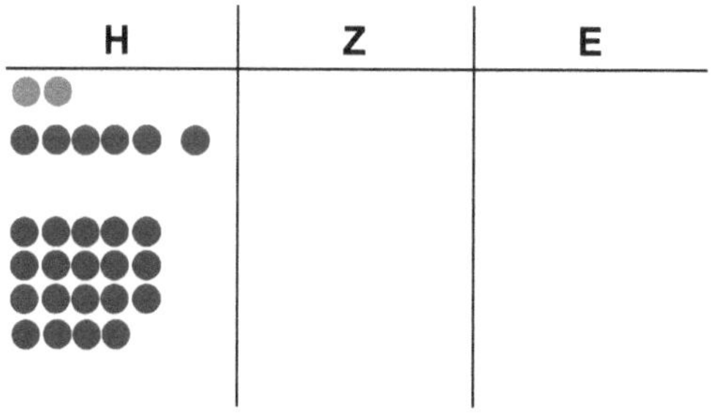

Abbildung 6.3 Darstellung der 900 nach zweimaligem Bündeln

In der Hunderterspalte liegen zwei blaue und sechs rote Hunderter sowie ein Hunderter, der aus 19 Plättchen besteht. Abschließend deutet Melina auch bereits eine Problematik dieser Deutung an: Mehrfaches Bündeln bedeutet das Verschieben von vielen Plättchen, was unübersichtlich werden kann. Darüber hinaus besteht die Problematik dieser verdeckt-eindeutigen Deutung darin, dass das korrekte Interpretieren der Darstellung das Wissen über den Anfangszustand voraussetzt. Ohne dieses Wissen könnte die obige Darstellung ohne vorherige Bündelung auch als 2700 oder mit einer vorherigen Bündelung als 1800 gedeutet werden.

Zweites Fallbeispiel: Julia und Philip – Neunerprobe in der Stellenwerttafel
Vor dem Ausschnitt haben die Kinder bereits bei zwei Aufgaben jeweils eine Bündelung durch das Umdeuten eines Plättchens und das Entfernen von neun anderen Plättchen vollzogen. Nun markiert der Interviewer die Bedeutung des Verschiebens als klärungsbedürftig:

Phase 3.2.3: Bedeutung des Verschiebens von Plättchen (00:32:20-00:34:00)

244	I	Was heißt denn das Rüberpacken'
245	P	Weil man einen mehr hat also zehn. dann ist ja auch wie hier (nimmt notierte Aufgabe 375+246=621 in die Hand).. die Zeh- die fünfundsiebzig (deckt die drei und zwei mit einer Hand ab) sagen wir jetzt mal und denn...also wenn man jetzt fünf plus sechs rechnet, sind das ja auch elf und da macht man ja auch nen Übertrag. Und der Übertrag ist genau wie dieses eine Plättchen das man dann rüber tut.
246	I	Genau aber ähm (4sec) ab wie vielen also wie viele Plättchen pack ich immer zusammen um dann eins rüberzuschieben'
247	P	Zehn
248	I	Ok, also, wenn hier jetzt zehn Plättchen sind (legt 10 rote Plättchen in E-Spalte) Was bedeuten denn diese zehn Plättchen' Sind das ähm zehn Einer zehn Zehner
249	P	Zehn Einer, also sozusagen ein Zehner
250	I	Genau
251	P	Und deshalb das Plättchen zum Zehner
252	I	Also so (schiebt ein Plättchen von E nach Z) und was mache ich mit denen hier' (zeigt auf die Plättchen in E-Spalte)
253	P	Die kommen weg
254	I	Wie viele sind das'
255	P	Neun
256	I	Sind das immer neun' Können das auch mal acht sein oder zwölf'
257	P	Nein, immer nur neun.
258	I	Okay, dann jetzt nochmal zurück zur Aufgabe

In Turn 245 interpretiert Philip die Frage des Interviewers als Frage nach der Ursache für das Verschieben eines Plättchens. In Turn 249–251 deutet Philip die zehn Plättchen zunächst als ein Objekt, um danach ein Plättchen als Zehner umzudeuten. In Turn 252 übersetzt der Interviewer die Äußerung von Philip in die Handlung in der Stellenwerttafel und fragt anschließend nach der notwendigen

Handlung für die verbleibenden neun Plättchen. Philip muss für die Anzahl nicht nachdenken und er kann auch sofort äußern, dass immer neun Plättchen entfernt werden.

Das Anzweifeln der Anzahl der zu entfernenden Plättchen markiert das Entfernen von neun Plättchen als Konklusion des Arguments. Aus dem Ausschnitt wird deutlich, dass sich diese Konklusion aus dem Bündelungsprinzip des dekadischen Stellenwertsystems ergibt: Wenn in einer Spalte mehr als neun Plättchen sind, dann muss gebündelt werden. Und dieses Bündeln bedeutet das Entfernen von neun Plättchen, weil die Stellenwerttafel, nicht nur bei der ersten Zuordnung, die Bedeutung der Plättchen bestimmt. Folglich werden neun der zehn Plättchen entfernt, weil das zehnte Plättchen des Bündelns in der neuen Spalte den zehnfachen Wert annimmt. Das Plättchen wird mehrdeutig interpretiert. Anders als im ersten Fallbeispiel konnte hier also die Hürde der Umdeutung der Plättchen überwunden werden (siehe Abbildung 6.4).

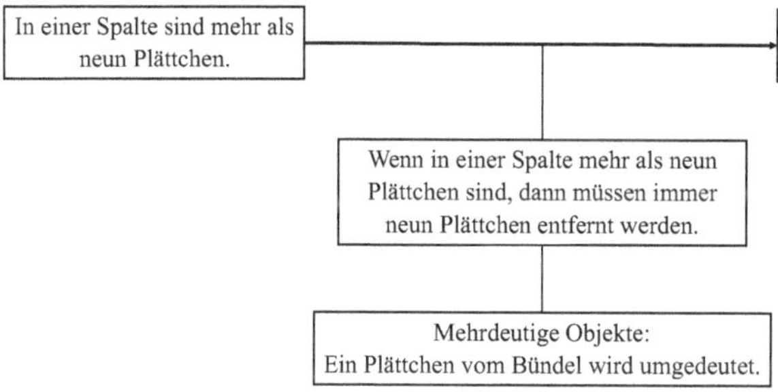

Abbildung 6.4 Toulmin-Schema zum Fallbeispiel ‚mehrdeutige Objekte'

6.2 Verallgemeinerung der Übergänge zwischen Objekten

Die Verallgemeinerung der Übergänge zwischen Objekten wurde in vier Ausprägungen als Hürde rekonstruiert:

1) Nicht-beweisfähige Verallgemeinerungen
2) Fokus auf Beispielsammlung
3) Fokus auf Beispielfolge
4) Fehlende Verkettung der operativen Übergänge

Zu den ersten drei Ausprägungen wird im Folgenden für jede Lernumgebung mindestens ein Fallbeispiel analysiert. Die fehlende Verkettung der operativen Übergänge konnte nur in den beiden Lernumgebungen mit den Plättchen in der Stellenwerttafel nachgewiesen werden. Ein fiktives Beispiel dieser Hürde für die Lernumgebung ‚Quersummenregel mit Zahlenscheiben' wird in Abschnitt 7.2 dargestellt.

6.2.1 Nicht-beweisfähige Verallgemeinerungen

Erstes Fallbeispiel: Hanna, Nina, Saskia – Quersummenregel in der Stellenwerttafel
Vor der Phase 2.5.2. haben die Kinder schon mit neun Plättchen in der Stellenwerttafel operiert. In der Szene 2.5. wurden dann mit acht Plättchen in der Stellenwerttafel operiert. In der Phase 2.5.1. hat der Interviewer gefragt, ob mit acht Plättchen eine Zahl gelegt werden kann, die durch neun teilbar ist. Dies wurde von den Kindern verneint: Die 9, 18 und 27 lassen sich nicht mit acht Plättchen darstellen – daher wäre es unmöglich. Nach diesem Fokus auf eine Beispielsammlung (siehe Abschnitt 5.2.2 und 6.2.2) äußert Hanna eine nicht-beweisfähige Verallgemeinerung:

Phase 2.5.2: Mit acht Plättchen kann man nur Vielfache von acht legen (00:18:29-00:19:38)

272	H	Da kann man nur Zahlen machen, die man durch acht teilen kann.
273	S	Ja
274	N	Stimmt

Hanna fügt dem Argument aus Phase 2.5.1 hinzu, dass mit acht Plättchen nur Zahlen gelegt werden können, die durch acht teilbar sind (Zeile 272). Diese Verallgemeinerung resultiert vermutlich aus einem erkannten Muster zwischen der Anzahl der Plättchen und der Höhe des Divisors, durch den die möglichen Zahlen teilbar sind. Wenn Zahlen mit neun Plättchen durch neun teilbar sind, dann sind Zahlen mit acht Plättchen durch acht teilbar. Mit Toulmin kann das Argument wie in Abbildung 6.5 dargestellt werden:

Diese nicht-beweisfähige Verallgemeinerung besitzt einen Widerspruch zur vorhandenen Aufgabenbasis. Denn zu Beginn wurden die Zahlen 8, 17, 710 und 800 gelegt – sowohl die 17 als auch die 710 sind somit Gegenbeispiele der Verallgemeinerung. Außerdem stellt auch die zum Zeitpunkt der Äußerung in der Stellenwerttafel gelegte 26 (siehe Abbildung 6.6) ein Gegenbeispiel dar.

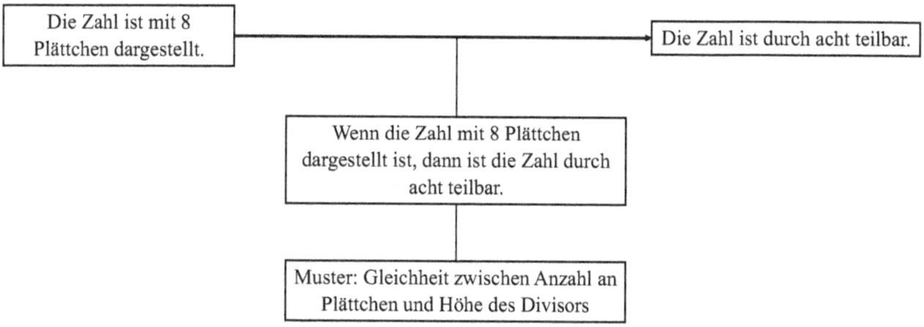

Abbildung 6.5 Toulmin-Schema zum ersten Fallbeispiel ‚nicht-beweisfähige Verallgemeinerung'

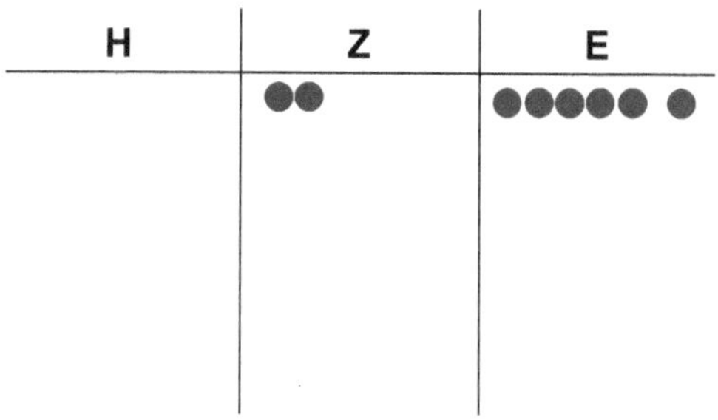

Abbildung 6.6 Schematische Darstellung der gelegten 26

Die nicht-beweisfähige Verallgemeinerung wird von Hanna also vermutlich nur getroffen, weil sie die Teilbarkeit durch acht bei den Zahlen 17, 710 und 26 nicht aus ihrem Faktenwissen beurteilen kann oder weil ihr diese Zahlen zum Zeitpunkt der Äußerung nicht bewusst sind.

```
275  I  (3sec) Ähm du hast gesagt nur Zahlen die durch acht man teilen kann.
        Welche Zahl liegt denn da gerade'

276  H  Sechsundzwanzig

277  I  Ist sechsundzwanzig durch acht teilbar'

278  H  Ja

279  N  Mhh

280  S  Nein

281  H      Nein
```

Der Interviewer nutzt die von Saskia gelegte Zahl, um einen Widerspruch gegen die empirische Haltbarkeit von Hannas Äußerung zu konstruieren. Die kurzen Beurteilungen von Nina und Saskia reichen dann auch aus, damit sie ihre Hypothese verwirft (Turn 278–281).

Zweites Fallbeispiel: Celina und Yasmin – Quersummenregel in der Stellenwerttafel
Auch im Interview mit Celina und Yasmin fragt der Interviewer danach, ob mit acht Plättchen ein Vielfaches der Neun gefunden werden kann.

Phase 2.2.2: Celina probiert die neunte Zahl der Achterreihe (00:22:26-00:24:13

388 Y Dann ist das nicht durch neun teilbar, denn mit acht Plättchen geht das nicht, nur mit neun

389 C Aber in der Achterreihe kommt auch einmal die neun vor

390 Y Ja einmal (lacht)

391 C Ja, dann gehts auch eine Zahl durch neun teilbar

392 I Ok, dann leg mal.

393 C Ich rechne einfach acht mal neun... Acht mal neun kann ich einfach rechnen. Mal neun sind zweiundsiebzig.

394 Y (zum Interviewer) *Bist du eigentlich in die erste Klasse gegangen früher'

395 C *Eins zwei drei vier fünf sechs sieben (hat jeweils ein Plättchen in die Zehnerspalte gelegt) (legt zwei Plättchen in E) sind neun Plättchen

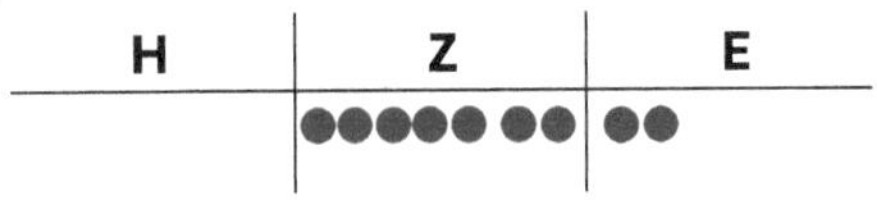

396 I Und du solltest ja nur acht mit acht Plättchen benutzen

397 C (nimmt ein Plättchen aus der Einerspalte) Geht nicht

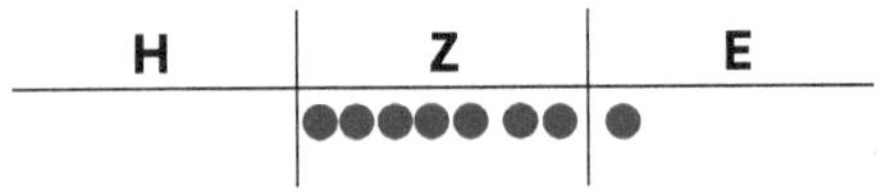

In Turn 388 geht Yasmin geht über die konkreten Zahlen hinaus und schlussfolgert für die Objektklasse „Zahl mit 8 Plättchen", dass keine dieser Zahlen durch neun teilbar ist. In Turn 389 widerspricht Celina: In der Achterreihe kommt auch „einmal die neun" vor. Da sie von der Achterreihe spricht, denkt sie vermutlich an den Term $9 \cdot 8$. Damit schlussfolgert sie aus der 9 als Multiplikator, dass das Produkt durch neun teilbar ist. Oder sie schlussfolgert aus der Kommutativität, dass der Term auch zur Neunerreihe gehört (siehe Abbildung 6.7). In Turn 390 stimmt Yasmin zu, dass die Neun einmal vorkommt. Unklar bleibt, ob sie dies als Verletzung gegen ihre konstruierte Objektklasse wahrnimmt und wenn ja, ob sie trotz der Verletzung an ihrer Objektklasse festhält.

In der Interaktion bleibt im Verborgenen, ob die Aufgabe nur das einfachste Beispiel für das Erfüllen des Arbeitsauftrages ist, oder ob diese Aufgabe auch das einzige Beispiel für sie darstellt. Es ist für sie vermutlich das einzige Beispiel, weil sie nur vom einmaligen Vorkommen spricht. Terme wie $18 \cdot 8$ oder $90 \cdot 8$ würden für sie daher nicht infrage kommen.

Ihre Verallgemeinerung ist nicht-beweisfähig und damit lässt sich ein Widerspruch gegen die empirische Haltbarkeit erzeugen. In diesem Fall kann ein Widerspruch zwischen der Kommutativität der Multiplikation und ihrer Vorstellung konstruiert werden, dass der Multiplikand immer die Anzahl der benötigten Plättchen angibt: $9 \cdot 8$ und $8 \cdot 9$ führen zur gleichen Zahl in der Stellenwerttafel, benötigen aber unterschiedlich viele Plättchen für die gleiche Zahl. Entweder die Kommutativität der Multiplikation oder die Vorstellung, dass der Multiplikator die Anzahl der benötigten Plättchen angibt, muss folglich falsch sein. In Turn 395 wird die Verallgemeinerung schließlich durch das Gegenbeispiel der 72 verworfen.

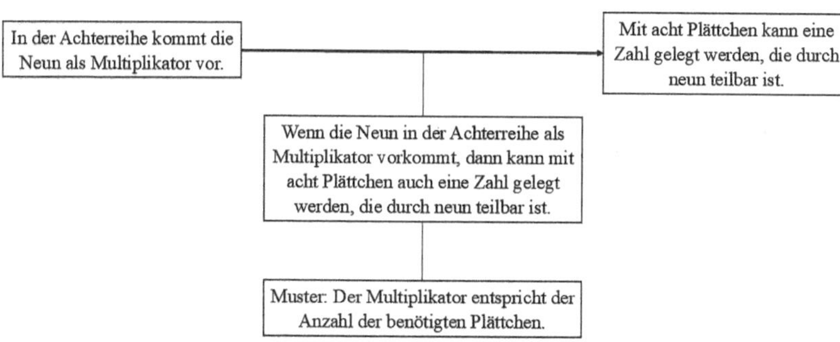

Abbildung 6.7 Toulmin-Schema zum zweiten Fallbeispiel ‚nicht-beweisfähige Verallgemeinerung'

Drittes Fallbeispiel: Julia und Philip – Neunerprobe in der Stellenwerttafel

Die Kinder haben mit den Ziffernkarten als erstes die Aufgabe $634 + 257 = 891$ und dann die Aufgabe $675 + 243 = 918$ gelegt, aufgeschrieben, und die Summe und Quersumme berechnet. Die Phase 2.2.2. beginnt nach dem Berechnen der Quersumme der zweiten Aufgabe:

Phase 2.2.2: Besprechung der Aufgabe (00:15:02-00:15:18)	
112 P	Wieder die achtzehn.
113 I	Wieder achtzehn mhh. Pass auf, diesmal veränder ich mal die Aufgabe (vertauscht Ziffern, sodass die Aufgabe 375+246 liegt) rechnet mal die Aufgabe aus.
114 P	(4sec) (zu den beiden aufgeschriebenen Zahlen blickend) Immer achtzehn+

Philip erkennt „wieder die achtzehn" und abstrahiert hiermit passend von den konkreten Ziffern der 918 auf ihre Quersumme. Alternativ hätte er auch artikulieren können, dass die Summe wieder aus den gleichen Ziffern Eins, Acht und Neun besteht oder dass spaltenweise die gleichen Ziffern addiert werden, da in beiden Aufgaben spaltenweise die Sechs und die Zwei; die Fünf und die Drei; und die Sieben und die Vier addiert werden.

$$\begin{array}{rr} 634 & 675 \\ +257 & +243 \end{array}$$

Mit einer pessimistischen Interpretation geht Philip auf diese Aspekte nicht ein, weil sie ihm nicht auffallen. Mit einer optimistischen Deutung geht Philip auf diese Aspekte nicht ein, weil sein Erkenntnisinteresse bei der Quersumme liegt.

Der Turn 114 kann pessimistisch und optimistisch interpretiert werden. Vielleicht möchte Philip nur ausdrücken, dass in den beiden bisherigen Aufgaben die Quersumme Achtzehn war. Dies hat er aber bereits in Turn 112 ausgedrückt. Plausibler ist daher, dass er in den bisherigen Aufgaben mehrere Muster erkennt. Für das erste Muster verallgemeinert er von den vorliegenden Additionsaufgaben auf alle Aufgaben mit den Ziffern Zwei bis Sieben. Für das zweite Muster verallgemeinert er von den vorliegenden Quersummen auf Quersummen weiterer Aufgaben. Aus der Verbindung beider Muster ergibt sich schließlich das Muster „immer achtzehn": Wenn mit den Ziffernkarten Zwei bis Sieben Aufgaben gebildet werden, dann ergibt sich immer die Quersumme 18. Mit Toulmin könnte dies wie in Abbildung 6.8 dargestellt werden.

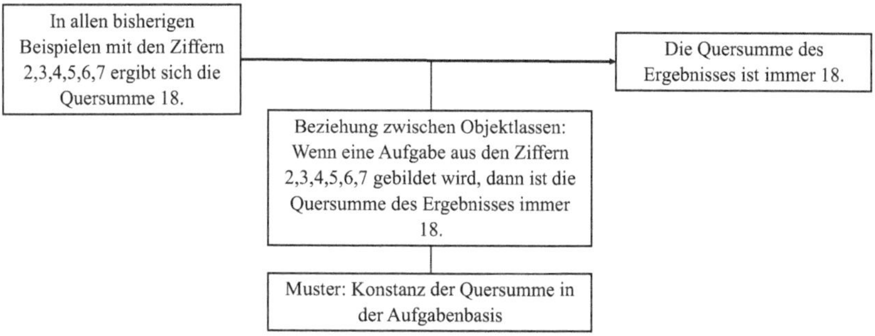

Abbildung 6.8 Erstes Toulmin-Schema zum dritten Fallbeispiel ,nicht-beweisfähige Verallgemeinerung'

Diese Verallgemeinerung ist widerspruchsfrei zur bisherigen Aufgabensammlung. Sie ist jedoch nicht-beweisfähig, weil die Quersumme des Ergebnisses auch neun oder siebenundzwanzig sein kann. Der Interviewer erzeugt in Turn 113 einen Widerspruch gegen die empirische Haltbarkeit des Arguments, da das Ergebnis der dritten Aufgabe 375 + 246 die Quersumme neun hat. Am Ende des Aufschreibens und Berechnens entsteht folgende Interaktion:

Phase 2.3.2: Besprechung der Aufgabe (00:15:45-00:16:51)		
124	P	Diesmal kommt was anderes (6sec) (greift zu den vorher berechneten Aufgaben) (nimmt roten Stift und schreibt unter die 621 „9") n neun.
125	I	Hm (11sec) jetzt haben wir ja schon zwei unterschiedliche Quersummen raus, neun und achtzehn. Geht die Quer *summe siebenundzwanzig gar nicht'
126	P	*Acht. Vielleicht, aber dann muss man.. vielleicht ja hier irgendwie so eine (?3sec) also höhere Summe machen, also zum Beispiel so (hat Aufgabe 675+324 gelegt) ungefähr. *Oben die hohen
127	I	*Rechnet das mal aus
128	P	Und unten die tiefen oder andersherum

Philip merkt an, dass nun eine Quersumme ungleich 18 berechnet wurde (Turn 124). Der Interviewer stimmt der Korrektheit der Quersumme 9 indirekt zu und fragt anschließend, ob die Quersumme 27 überhaupt möglich sei. Die folgende Äußerung von Philip zeigt erneut die interviewspezifische Rahmung: Er bringt die Quersumme 27 in Verbindung mit den Ziffernkarten. Zwei Interpretationen seiner Äußerungen in den Turns 126 und 128 sind möglich:

In die bisherigen Aufgaben 375 + 246 = 621, 634 + 257 = 891 und 675 + 243 = 918 deutet er die Regelmäßigkeit hinein, dass der erste Summand für eine hohe Summe ebenfalls hoch sein muss:

$$375 \rightarrow Quersumme9$$
$$634 \rightarrow Quersumme18$$
$$675 \rightarrow Quersumme18$$

Gegen diese Deutung spricht, dass er zum Erzeugen der Quersumme 27 die Aufgabe 675 + 324 legt. Der erste Summand seiner Aufgabe entspricht dem ersten Summanden der Aufgabe 675 + 243, welche in Szene 2.2 berechnet wurde. Es wird daher als unwahrscheinlich angenommen, dass Philip die zweite Aufgabe aus seiner ‚Mustergrundlage' exkludiert hat, da die Anzahl der berechneten Aufgaben zu diesem Zeitpunkt noch überschaubar ist. Außerdem wäre es mit diesem unterstellten Muster sinnvoller, einen möglichst großen ersten Summanden zu legen.

Es erscheint plausibler, dass Philip eine Korrelation zwischen der Höhe des Ergebnisses und der Höhe der Quersumme vermutet:

$$621 \rightarrow Quersumme9$$
$$891 \rightarrow Quersumme18$$
$$918 \rightarrow Quersumme18$$

Mit diesem Muster und den bisher berechneten Aufgaben lässt sich die Schlussfolgerung ziehen, dass für die Quersumme eine Summe erreicht werden muss, die größer als 918 ist. Dieses Kriterium wird von seiner Aufgabe 675 + 324 = 999 erfüllt. Seine Äußerungen zur Anordnung der Summanden („oben die hohen und unten die tiefen") bauen in dieser Deutung auf dem Muster auf und stellen lediglich die notwendigen Handlungen dar, durch die eine hohe Summe entsteht. In Turn 128 ergänzt er dann abschließend, dass aufgrund der Kommutativität der Addition die Summanden auch „andersherum" gelegt werden können.

Die Berechnung der neuen Aufgabe hat folglich zwei Deutungsprozesse angestoßen: Erstens hat Philip einen inhaltlichen Widerspruch zu seinem vorherigen Argument erkannt: Wenn die Quersumme bei einer Aufgabe Neun ist, dann kann sie nicht immer 18 sein. Dementsprechend müssen die Konklusion, die Argumentationsregel und die Stützung verworfen werden. Zweitens hat er mit der ‚Größenkorrelation' von Summe und Quersumme ein neues Muster konstruiert, dass alle bisherigen Aufgaben widerspruchsfrei inkludiert. Mit Toulmin kann sein Argument wie in Abbildung 6.9 dargestellt werden.

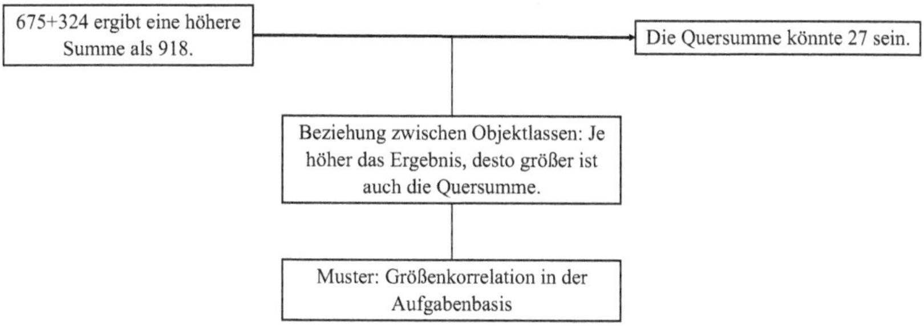

Abbildung 6.9 Zweites Toulmin-Schema zum dritten Fallbeispiel ‚nicht-beweisfähige Verallgemeinerung'

Die gelegte Aufgabe 675 + 324 hat das Ergebnis 999 und damit tatsächlich die Quersumme 27. Damit ein Widerspruch gegen die empirische Haltbarkeit des Arguments entsteht, wird im Anschluss das größtmögliche Ergebnis 1395 erzeugt. 1395 ist größer als 999, hat aber die kleinere Quersumme. Die Kinder erkennen den Widerspruch an und verwerfen ihre Hypothese. Nach Betrachtung der fünften Aufgabe 753 + 642 = 1395 werden alle Aufgaben miteinander verglichen:

Szene 2.6: Vergleich der Aufgaben (00:20:29-00:22:10)		
Phase 2.6.1: Immer plus neun (00:20:29-00:21:16)		
157	I	Wieso gibt es also ich möchte wissen wie sich die Quersumme verändert und vor allem wieso' Also ihr habt jetzt ein Ergebnis oder eine Aufgabe gefunden mit dem der Quersumme siebenundzwanzig, eine oder drei Aufgaben die ein Ergebnis liefern mit der Quersumme achtzehn und ein Ergebnis mit der Quersumme neun. Seht ihr da Unterschiede' Was diese drei Aufgaben gemeinsam *haben
158	P	*Ah
159	I	Und sich von den anderen unterscheiden'
160	P	Immer plus neun.. neun plus neun sind achtzehn, plus neun sind siebenundzwanzig.
161	I	Okay, also das es schon mal immer neun Unterschied sind. Das ist auf jeden Fall schon mal ne gute- ähm was gutes was dir auffällt.

Der Interviewer fragt erst allgemein nach Unterschieden und möchte dann auf die drei Aufgaben mit Quersumme 18 fokussieren. Noch bevor der Interviewer seine Äußerung beendet, scheint Philip etwas aufzufallen. Turn 159 könnte die Beschreibung seiner Entdeckung einer neuen Regelmäßigkeit sein: Philip bringt die Quersummen in eine Reihenfolge – er deutet in den unterschiedlichen Quersummen eine Aufbauregel hinein: Zwischen den Quersummen ist die Differenz „immer plus neun".

Phase 2.6.2: Weitere Auffälligkeiten ((00:21:17-00:22:10)

162	I	Fällt euch noch was auf' Bei der schriftlichen Addition' (8sec) Schaut euch mal die Überträge an
163	P	Ah da (tippt auf Aufgabe 675+324=999) ist kein Übertrag, da da (zeigt auf die Aufgaben mit Quersumme 18) sind immer nur einer und hier (zeigt auf 375+246=621) sind sogar zwei. Also wenn man ein hohes Ergebnis hat, dann sind da keine. Wenn man ein äh noch etwas tieferes hat immer ein Übertrag. Also bei achtzehn ist immer ein Übertrag, bei siebenundzwanzig ist keiner und bei neun ist sind zwei.
164	I	Hm das klingt ja merkwürdig. Hast du ne Idee woran das liegt' Also wieso verändert der Übertrag die Quersumme'
165	P	(4sec) (leise) Puh+

Der Interviewer fragt nach weiteren Auffälligkeiten bei der schriftlichen Addition. Nach acht Sekunden fordert er dazu auf, die Überträge anzuschauen. Philip kommt dieser Aufforderung in Turn 163 nach und nennt die unterschiedliche Anzahl an Überträgen als Auffälligkeit. Die Position der Überträge scheint für ihn nicht von Bedeutung zu sein. Er spricht in diesem Turn von „Ergebnis" und meint damit die Quersumme des Ergebnisses der Additionsaufgabe. Da jede Aufgabe mit der Berechnung der Quersumme endet, kann diese aber auch gewissermaßen als Ergebnis betitelt werden. Damit konnte die Hürde „nicht-beweisfähige Verallgemeinerungen" in diesem Interview überwunden werden.

Viertes Fallbeispiel: Ilva und Türkan – Quersummenregel mit Zahlenscheiben

Dieser Ausschnitt stammt aus der Bearbeitung der ersten operativen Serie (siehe Abbildung 6.10.) Die berechneten Reste der Zahlenscheiben 1, 10, 100 und 1000 wird angesprochen:

Phase 1.4.3: Besprechung der Ergebnisse und erneute Klärung der Division mit Rest
Beide haben bei der Zahlenscheibe 1 den Rest 1, bei der Zahlenscheibe 10 den Rest 1, bei der Zahlenscheibe 100 den Rest 10 und bei der Zahlenscheibe 1000 den Rest 100.

40	I	Ok ihr habt ähm wieder das gleiche Ergebnis. Bei den ersten beiden Zahlen sagt ihr Rest eins. Ähm bei der Zahlenscheibe mit dem Ergebnis hundert sagt ihr Rest zehn.
41	T	**Nee**, ich glaub da (tippt mit Stift auf Zahlenschiebe 1000) muss das tausend- ne *(..)
42	Il	*Hä'
43	I	Rest ist ja das, was *nicht mehr
44	T	*übrig
45	I	Genau, was übrig bleibt. Kann wenn man durch neun teilt zehn übrig bleiben'
46	T	Nein
47	Il	Nein, eins.
48	I	Genau
49	T	Ja
50	I	Dann verbessert das mal. (Ilva und Türkan korrigieren den schriftlich notierten Rest) Und kann dann Rest hundert bleiben'
51	T	*Nein
52	Il	*Nein. überall rest eins.

Der Interviewer thematisiert die hohen Reste und wiederholt ergänzend seine mathematische Deutung (Turn 40 und 43). Türkan komplettiert seinen Satz und zeigt damit, dass sie eine ähnliche Deutung einnimmt. Der Widerspruch zwischen ihrer Deutung und den berechneten Resten 10 und 100 bemerkt sie jedoch erst durch die (suggestive) Nachfrage des Interviewers (Turn 45–46). Ilva kann dann auch ohne zu zögern den korrekten Rest benennen (Turn 47) – auch von der 1000 (Turn 52).

53	I	(4sec) Ähm
54	T	Nein, das ge- ne.
55	I	(5sec) Du sagst immer Rest eins, du sagst nein.
56	T	Äh
57	Il	Äh
58	T	Das kann doch nicht überall Rest eins sein, oder'
59	I	(zuckt mit den Schultren)

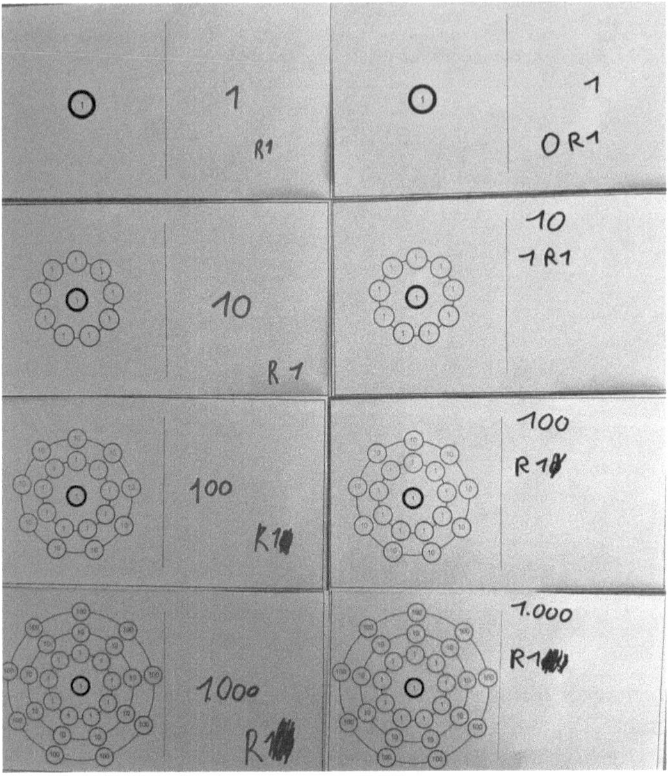

Abbildung 6.10 Arbeitsblätter von Ilva (rote Schrift) und Türkan nach Korrektur der Reste

Anschließend widerspricht Türkan wortarm Ilva (Turn 53). Nach fünf Sekunden Stille markiert der Interviewer diesen Widerspruch als klärungsbedürftig. Türkans Begründung kann so interpretiert werden,

- dass sie es unwahrscheinlich findet, dass vier unterschiedliche Zahlen den gleichen Rest besitzen;
- oder dass sie es sogar für unmöglich hält, dass vier unterschiedliche Zahlen den gleichen Rest besitzen.

Beide Interpretationen zeigen, dass die Fokussierung auf die Divisionsreste eine neue Perspektive auf die Operation darstellt, die für die Kinder ein neues irritierendes Phänomen erzeugt.

60	I	(7sec) Dann müsstest du dich ja irgendwo verrechnet haben. Wieso kann denn nicht *überall Rest eins sein'
61	Il	*Also haben wir es richtig'
62	T	Wei- also (6sec) (lacht und zuckt mit den Schultern)
63	Il	Oh türkan
64	I	Wie habt ihr denn den Rest ausgerechnet' Also wie habt ihr zum Beispiel bei der Tausend gerechnet' Das ist ja ne ziemlich große Zahl, die man durch neun teilen muss.
65	Il	Weiß ich nicht
66	T	Ja, also äh also.. immer nen paar Nullen wegnehmen, dann ist es halt einfacher.
67	Il	(kichert) Türkan

In Turn 60 adressiert der Interviewer die Irritation auf zweifache Weise: Zunächst schlussfolgert er, dass dann die Berechnungen fehlerhaft sein müssen. Danach fordert er für die Behauptung von Türkan eine Begründung ein – diese versucht es mit einer Antwort, die sich aus dem Verlauf der Interaktion und weniger aus der Mathematik ergibt (Turn 61).

Die Frage zum Rechenweg von $1000 \div 9$ (Turn 64) wird von Türkan damit beantwortet, dass sie die Aufgabe einfacher gemacht hat durch „immer nen paar Nullen wegnehmen" (Turn 66). Sie markiert diesen Rechentrick folglich als allgemeingültig und nicht nur für die 1000 passend. Die Nutzung dieses Rechentricks bedeutet zum einen, dass die Strukturen der Zahlenscheiben nicht genutzt wurden. Zum anderen wird dieser Rechentrick als ursächlich für die hohen Reste angesehen: Aus dem Unterricht kennen sie vermutlich Analogieaufgaben:

$$45 \div 9 = 5 \rightarrow 450 \div 9 = 50$$

Diese Analogie wird auf die Berechnung der Reste übertragen: Wenn $10 \div 9$ den Rest eins lässt, dann lässt $100 \div 9$ den Rest zehn und $1000 \div 9$ den Rest 100. Die Berechnung der Reste resultiert daher aus einer nicht-beweisfähigen Verallgemeinerung eines Algorithmus.

Die Kinder wundern sich nicht über die hohen Reste, weil sie sich in einer Rechenrahmung befinden, in der die inhaltliche Einsicht nicht mitaktiviert wird. Erst durch die Nachfrage des Interviewers (Turn 43 und 45) wird eine andere

Rahmung aktiviert, in der den Kindern bewusst ist, dass beim Verteilen oder Aufteilen nur etwas Rest sein kann, was kleiner ist als der Divisor.

Die Hürde in dieser Phase kann daher in der **Verallgemeinerung einer strukturell nicht durchdrungenen algorithmischen Rechenmethode** gesehen werden: Die vorstellungsgebundenen, strukturellen Eigenschaften der Operation sind vorhanden, treten aber zugunsten einer (nicht vollständig verstandenen) Rechenmethode in den Hintergrund. Mit Toulmin können die beiden Argumente mit sich widersprechenden Konklusionen wie in Abbildung 6.11 dargestellt werden.

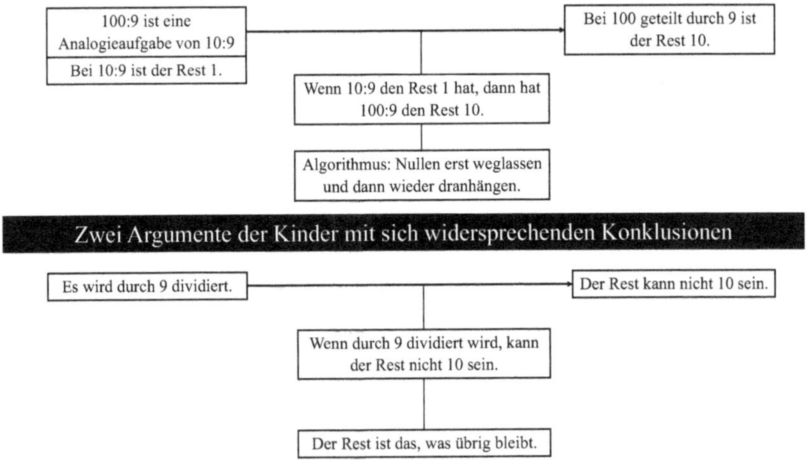

Abbildung 6.11 Toulmin-Schema zum vierten Fallbeispiel ‚nicht-beweisfähige Verallgemeinerung'

6.2.2 Fokus auf Beispielsammlung

Der Fokus auf die Beispielsammlung wird zur Hürde im operativen Beweisprozess, wenn diese Rahmung so verfestigt ist, dass keine strukturelle Perspektive entwickelt wird. Um die Problematik dieser Verfestigung aufzuzeigen, zeichnet das erste Fallbeispiel die Rekonstruktion dieser Rahmung im Verlauf des Interviews nach: Von Phasen, in denen die Einnahme dieser Rahmung funktional ist bis hin zu den Phasen, wo die Entwicklung des operativen Beweises intendiert war.

Erstes Fallbeispiel: Hanna, Nina und Saskia – Quersummenregel in der Stellenwerttafel

In der ersten Episode hat der Interviewer den Kindern den gemeinsamen Arbeitsauftrag gegeben, jeweils mit acht und neun Plättchen die zwei kleinsten Zahlen, die größte Zahl und eine andere beliebige Zahl mit gemalten Plättchen in der Stellenwerttafel darzustellen. Die Kinder haben die Zahlen 8, 17, 710, 800; 9, 18, 810 und 900 in der Stellenwerttafel dargestellt. Anschließend wurden die Zahlen von den Kindern nach ihrer Teilbarkeit durch neun sortiert. Es wurde festgestellt, dass genau die Zahlen, welche mit neun Plättchen dargestellt sind, auch durch neun teilbar sind.

Die Szene beginnt mit der Verneinung der Kinder auf die Frage vom Interviewer, ob das beobachtete Phänomen Zufall sei, dass die Zahlen mit neun Plättchen durch neun teilbar sind, wohingegen dies auf die Zahlen mit acht Plättchen nicht zutreffe (Turn 126–129):

Phase 2.1.1: Legen einer ersten Zahl (00:07:51-00:09:03)

126	I	Also irgendwie liegen alle mit neun Plättchen auf dieser Seite, alle mit acht Plättchen auf dieser Seite.
127	S	Ja
128	I	Glaubt ihr das das Zufall ist'
129	S	Nö
130	I	Ok aber dann würde das ja heißen ähm ich habe mal ne Stellentafel mitgebracht zufälligerweise. Wenn ich da jetzt neun Plättchen reinlege. Macht das mal eben also- weiß nicht. Also wenn ihr zum Beispiel- (Kinder legen Plättchen in die Hunderterspalte) Ja genau.
131	S	Einfach alle hier rein (Hanna und Saskia legen die Zahl 900, 17sec)
132	I	Das würde ja also da sind jetzt neun Plättchen drinne und wenn das stimmt was ihr sagt, dass das bei neun Plättchen jede Zahl durch neun teilbar ist egal wo die Plättchen liegen-
133	S	Eheh, glaube ich nicht
134	H	MhMh

Die Phase markiert den Beginn des Operierens mit Plättchen in der Stellenwerttafel, vorher wurden lediglich Plättchen in die Stellenwerttafel gemalt. Die Verneinung des Zufalls als Ursache für die Einordnung der Zahlen wird vom Interviewer in Turn 132 umgedreht und in eine nicht äquivalente Aussage zugespitzt: Wenn die Teilbarkeit durch neun der mit neun Plättchen gelegten Zahlen (immerhin eine davon war frei wählbar für die Kinder) kein Zufall war, dann muss diese Eigenschaft für alle Zahlen gelten, die sich durch neun Plättchen in der Stellenwerttafel darstellen lassen. Dem widersprechen Saskia und Hanna.

Ihnen könnte aus einer sozialen Rahmung heraus bewusst sein, dass die Problemstellung vom Interviewer geplant war. Oder sie könnten den Zufall nur auf die konkreten, vorliegenden Objekte beziehen: Der Rest von 9, 18, 810 900 bei Division durch neun ist gleich und nicht vom Zufall abhängig. Der Interviewer fragt an dieser Stelle nicht nach dem Grund des Widerspruchs, sondern nach einem Gegenbeispiel:

```
135 I Bei welcher Zahl geht das denn nicht'
136 S Äh zum Beispiel wenn hier (tippt auf Einerspalte) ein Plättchen
      liegt, dann geht das ja auch nicht.
137 I Dann mach das mal.
138 S (schiebt ein Plättchen von H nach E) Das würde ja nicht gehen
139 I Welche Zahl liegt da jetzt'
140 S Achthunderteins
141 I Dann überprüf mal ob die durch neun teilbar ist oder welchen Rest
      die lässt.
142 S Öh
143 I Entweder im Kopf oder wenn ihr was schreiben wollt, könnt ihr hier
      auch auf Papier (Interviewer gibt den Kindern ein kariertes Blatt)
      schreiben. Wie ihr möchtet
```

Um ein Beispiel zu generieren, verschiebt Saskia ein Plättchen von der Hunderter- in die Einerspalte, sodass die Zahl 801 entsteht. Der Ursprung dieses Gedankens kann in der Phase vermutet werden, in der die Kinder die Teilbarkeit der Zahlen untersucht haben. Dort haben sie wiederholt folgende Regel verwendet: Wenn ein Zehntel einer Zahl zur Neunerreihe gehört, dann ist die Zahl selbst auch durch neun teilbar. 801 wäre folglich nicht durch neun teilbar, weil 80,1 kein Bestandteil der Neunerreihe ist. Hierin zeigt sich eine Charakteristik der Rahmung dieser Kinder: Die Beurteilung der Teilbarkeit der fraglichen Zahl erfolgt danach, ob in ihr die Neunerreihe erkannt wird. 81 ist Bestandteil der Neunerreihe und daher durch neun teilbar; 810 ist $10 \cdot 81$ und daher auch durch neun teilbar – für die 801 sehen die Kinder keine ähnliche Zahl der Neunerreihe, daher ist sie nicht durch neun teilbar. Der Übergang von der 810 zur 801 wird an dieser Stelle also nicht zur Beurteilung der Teilbarkeit genutzt.

Ohne nach einer Begründung für die Generierung genau dieser Zahl zu fragen, soll die Teilbarkeit kontrolliert werden. Für das ggf. hilfreiche Notieren von Rechenschritten erhalten die Kinder Papier.

Phase 2.1.2: Überprüfung der 801 (00:09:04-00:10:45)

144	H	(schreibt die Neunerreihe auf das Blatt) (zu Saskia)(.)+
145	S	(zu Hanna) Ja keine Ahnung
146	I	(4sec) Wie könnt ihr das ausrechnen' Nina rechnet schon was im Kopf
147	N	Ja
148	I	Was rechnest du im Kopf'
149	N	Äh die Neunerreihe
150	S	(Ist doch viel zu schwer?) Man könnte äh die Neunerreihe hier (zeigt auf das karierte Blatt) hinschreiben und dann immer eine eins hinten dran. Eine null.
151	H	Ne null, stimmt (beginnt zu schreiben)
152	I	Mhh, das ist ja schon mal nicht so eine schlechte Idee.
153	H	(schreibt zunächst die Neunerreihe auf und ergänzt dann bei jeder Zahl eine Null, sodass die Neunzigerreihe entsteht, 42sec)
154	S	Guck das ist die Neunerreihe und dann passt das ja nicht
155	I	Ok aber ähm das ist jetzt ja sozusagen die Neunzigerreihe. Also zwischen- ich würde behaupten zwischen neunzig und hundertachtzig gibt es auch noch Zahlen die durch neun teilbar sind oder'
156	S	Ja
157	I	Zum Beispiel die neunundneunzig, also neunzig plus neun.

In dieser Phase wird der Fokus auf eine Beispielsammlung deutlich: Es wird zunächst die Neunerreihe aufgeschrieben, die als vollständige Liste aller Zahlen, die durch neun teilbar sind, gedeutet wird. Um die Liste nun zur Teilbarkeitsbeurteilung der 801 nutzen zu können, wird die Liste mit dem Anhängen einer Null modifiziert. Durch diese Modifikation enthält die Liste nicht mehr alle Vielfachen der Neun – dies ist den Kindern aber nicht bewusst. Ihre Schlussfolgerung ist daher: Die 801 ist kein Bestandteil ihrer Liste (genannt Neunerreihe) und deshalb auch nicht durch neun teilbar (Turn 154). Im Toulmin-Schema kann das Argument wie in Abbildung 6.12 zusammengefasst werden.

Der Interviewer zweifelt anschließend die Schlussfolgerung von Saskia an, indem er die Lückenhaftigkeit der Liste durch das Verzehnfachen der Zahlen anspricht (Turn 155). Saskia stimmt dem Widerspruch zu, dennoch benennt der Interviewer mit der 99 noch beispielhaft ein fehlendes Vielfaches der Neun in der Liste.

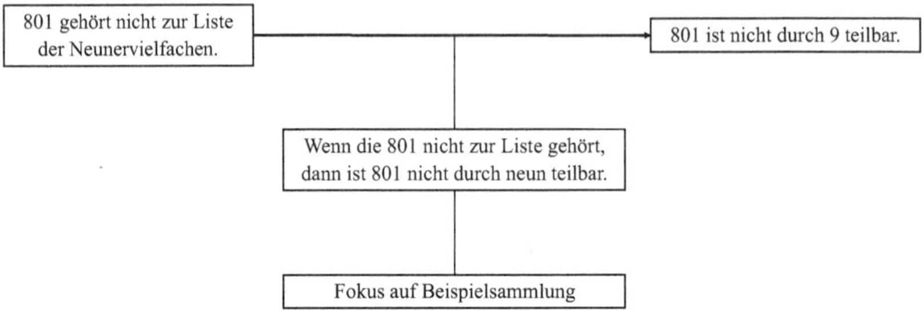

Abbildung 6.12 Erstes Toulmin-Schema zum ersten Fallbeispiel ‚Fokus auf Beispielsammlung'

Phase 2.1.3: Neunerreihe als Hilfe nutzen (00:10:46-00:11:42)		
158	I	Aber vielleicht hilft euch das trotzdem. Weil ihr habt hier (zeigt auf Stellenwerttafel) ja ähm achthunderteins gelegt. Welche Zahl von den Zahlen von denen ihr wisst das sie durch neun teilbar sind ist da denn dicht dran'
159	S	(5sec) Äh (tippt auf 810) die
160	H	Achthundertzehn
161	S	Ja
162	I	Wie hilft euch das weiter'
163	S	(3sec)(zu Hanna) Mach da (tippt auf Blatt) mal einen Punkt hinter+
164	H	Ja
165	I	Wenn ihr wisst, dass achthundertzehn durch neun teilbar ist, ist achthunderteins dann auch durch neun teilbar'
166	S	Öh (schaut zu den anderen beiden) (5sec) Ja
167	H	Ja
168	S	Weil man wenn man neun wegnimmt ist ja achthunderteins
169	I	Genau
170	S	Und dann kann man das auch durch neun teilen.
171	I	Ok, also ist achthunderteins auch durch neun teilbar.
172	S	Ja
173	H	Ja
174	I	Ähm schreibt die Zahl ruhig nochmal auf und pack die mit in die Spalte durch neun teilbar. Das wir das nicht vergessen
175	H	(schreibt Zahl auf)

Obwohl ins kollektiv Geltende aufgenommen wurde, dass die Teilbarkeitsbeurteilung anhand der Liste in ihrer aktuellen Form nicht fehlerfrei möglich ist, markiert der Interviewer die Liste als grundsätzlich geeignete Basis für die Teilbarkeitsbeurteilung, weil man in ihr Zahlen findet, die in der Nähe der fraglichen Zahl liegen. Von dieser unstrittigen Aussage ausgehend möchte der Interviewer wissen, inwiefern die Nähe zur 810, deren Teilbarkeit durch neun bekannt ist, für die Teilbarkeitsbeurteilung der 801 genutzt werden kann (Turn 162 und 165).

Diese strittige Frage wird von Saskia mit der Summenregel der Teilbarkeit beantwortet: Von der 810 zur 801 werden genau neun weggenommen und deshalb ist 801 auch durch neun teilbar. Ihr gelingt es demnach, aus einem vertrauten Objekt, dessen Teilbarkeit durch neun ihr als Eigenschaft aus der Zugehörigkeit zur Liste der Neunervielfachen bekannt ist, und der Subtraktion eines Neunervielfachen als Operation zu schlussfolgern, dass dann auch das neu entstandene Objekt durch neun teilbar sein muss. Damit moduliert sie ihre Rahmung strukturell. Sie gleicht das fragliche Objekt nicht nur mit ihrer Liste ab, sondern nutzt die strukturelle Beziehung einer Listenzahl zum fraglichen Objekt. Mit dem Toulmin-Schema lässt sich ihr Argument wie in Abbildung 6.13 darstellen.

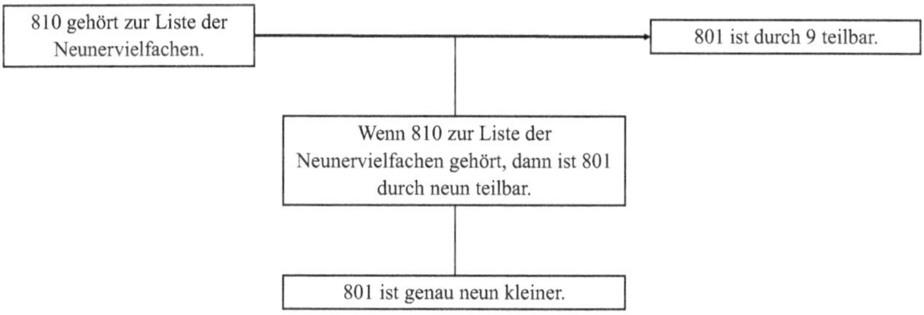

Abbildung 6.13 Zweites Toulmin-Schema zum ersten Fallbeispiel ‚Fokus auf Beispielsammlung'

Diese Modulation rückt danach aber wieder in den Hintergrund und die Teilbarkeit wird wieder, sofern es möglich ist, mit dem Fokus auf die Beispielsammlung beantwortet.

Szene 2.2: Gibt es ein Gegenbeispiel? (00:11:43-00:14:04)		
Phase 2.2.1: Konfrontation mit bisheriger Behauptung (00:11:43-00:13:05)		
176	I	Du hattest doch behauptet das die Zahl nicht durch neun teilbar ist oder'
177	S	Ja
178	I	Dann müssen wir ja- gibt es vielleicht doch ne eine andere Zahl die man mit neun Plättchen legen kann, die nicht durch neun teilbar ist'
179	S	Öh (8sec) mhh
180	I	Das ist ne schwierige Frage nä'
181	S	Ja

Die Frage nach einer anderen, nicht durch neun teilbare Zahl ist für die Kinder nicht beantwortbar. Daher fragt der Interviewer im folgenden Abschnitt nach operativen Veränderungen in der Stellenwerttafel. Der Bezug zum Finden einer Zahl, die nicht durch neun teilbar ist, wird allerdings nicht expliziert:

182	I	Ähm ihr habt ja die kleinste Zahl
183	S	Neun
184	I	Direkt gefunden, neun (legt neun rote Plättchen in die Stellenwerttafel) Was mache ich in der Stellenwerttafel, um zur nächstgrößeren Zahl zu kommen'
185	S	(legt ein Plättchen von E in Z) Ein Plättchen nach da
186	I	Ok, das verschieben geht ja superschnell. Aber was bedeutet das eigentlich'
187	S	Das nen Zehner dazukommt und bei den Einern ein weniger.
188	I	Das heißt ähm-
189	S	Also wenn man von hier (tippt auf Einerspalte) dann wird hier (tippt auf Zehnerspalte) ein weniger und da (tippt auf Einerspalte) ein weniger
190	H	Da (zeigt auf Zehnerspalte) ein **mehr** *und da ein weniger
191	S	*ein mehr und da ein weniger.
192	I	Dann wird die Zahl zehn größer'
193	H	*Nein, neun
194	S	*Nein, neun

Hier zeigt sich, dass sich die Interaktanten bereits seit über zehn Minuten mit der Erforschung eines mathematischen Phänomens in der Stellenwerttafel beschäftigen. Ohne den Kontext des Interviews wäre die Frage nach der nächstgrößeren Zahl wohl (im Zahlenraum der natürlichen Zahlen) mit zehn beantwortet worden – in der Stellenwerttafel könnte dementsprechend ein Einerplättchen hinzugefügt werden. Mit dem Kontext des Interviews wird die Frage von den

Kindern so gedeutet, dass die nächstgrößere Zahl gefunden werden soll, die mit neun Plättchen dargestellt werden kann.

Das Finden dieser Zahl gelingt den Kindern problemlos. Die Frage des Interviewers wird in die richtige Handlung übersetzt und die Bedeutung der Handlung herausgestellt: Es wird ein Einer weniger, und ein Zehner mehr, die Gesamtwirkung der Operation ist also eine Erhöhung der Zahl um neun. Die Frage in Turn 192 ist aus vorherigen Interviews motiviert, in denen die Kinder Probleme hatten bei der Berücksichtigung beider Auswirkungen. Hier scheint dies jedoch eine bereits bewältigte stoffliche Hürde zu sein: Hanna und Saskia benennen die Auswirkung des Verschiebens ohne Zögern bei der ersten Nachfrage und Hanna korrigiert sofort den Versprecher von Saskia (Turn 189–190).

Ausdruck der übergeordneten Problemstellung ist außerdem, dass die Frage in Turn 186 nach der Bedeutung des Verschiebens von den Kindern mit der Veränderung des Zahlenwertes (+10, −1) und nicht mit der Nennung der neu entstandenen Zahl (18) beantwortet wurde. Die Interaktion wird mit der Untersuchung der Auswirkung des Verschiebens weiterer Plättchen fortgesetzt:

Phase 2.2.2: Noch mehr Plättchen verschieben (00:13:06-00:14:04)

195	I	Und wenn ich jetzt noch einen rüberschieben würde, was würd dann passieren'
196	S	Dann ist die ist die nochmal neun größer.
197	I	Also öhm kann ich dann überhaupt(3sec) Also wenn ich ein Plättchen rüberschiebe (schiebt das Plättchen in Z zurück nach E, sodass wieder alle 9 Plättchen in E liegen), das hier (zeigt auf die Plättchen in der Einerspalte) ist durch neun teilbar, ich schieb ein Plättchen rüber (schiebt ein Plättchen von E nach Z) plus neun, dann ist es immer noch durch neun teilbar.
198	S	Ja

Aus der kurzen Interaktion in den Turns 195–196 lässt sich schlussfolgern, dass den Kindern auch ohne tatsächlich durchgeführte Verschiebehandlung bewusst ist, dass das Verschieben eines Plättchens von der Einer- in die Zehnerspalte die dargestellte Zahl immer um neun erhöht. Danach nutzt der Interviewer diese erkannte allgemeingültige Wirkung der Operation in Verbindung zur Neun als Objekt, welches durch neun teilbar ist, um daraus schlussfolgern zu können, dass das neu entstandene Objekt ebenfalls durch neun teilbar ist. Die Schlussfolgerung hat sich damit aus dem kollektiv Geltenden bedient und die Summenregel der Teilbarkeit in leicht abgewandelter Form benutzt. Saskia hat die Summenregel der Teilbarkeit für den Schluss von 810 auf 801, also für die Subtraktion von neun genutzt, wohingegen der Interviewer die Summenregel der Teilbarkeit für den Schluss von 9 auf 18, also für die Addition von neun, genutzt hat. Da die

Summenregel der Teilbarkeit erstmalig von Saskia verwendet wurde, fußt ihre Zustimmung in Zeile 67 vermutlich nicht nur auf einer sozialen Rahmung.

```
199 I Kann ich vielleicht drei Plättchen rüberschieben, damit es dann nicht
      mehr durch neun teilbar ist‘
200 S Nö
201 H Nö
202 I Wieso nicht‘
203 S Weil das sechsunddreißig ist und das kann man auch durch neun teilen.
204 I Und was ist mit sieben Plättchen' Wenn ich sieben Plättchen von hier
      rüberschiebe, dann geht das doch bestimmt, oder‘
205 S Nö
206 H Nö
207 I Wieso nicht‘
208 S Weil es dann zweiundsiebzig sind und das kann man auch durch neun
      teilen
209 I Ok, also egal wie viele Plättchen in von der Einer in die Zehnerspalte
      schiebe, die Zahl ist trotzdem immer noch durch neun teilbar‘
210 S Ja
211 H Ja
212 N Mhm
```

Anschließend fragt der Interviewer, ob das Verschieben von drei oder sieben Plättchen eine Zahl erzeugen wird, die nicht mehr durch neun teilbar ist. Hanna und Saskia verneinen dies. Als Begründung ihrer Aussage nutzen sie allerdings nicht mehr die operative Veränderung. Stattdessen benennen sie nun die entstehenden Objekte (36, 72) und schließen daraus auf die Teilbarkeit durch neun. Hierfür lassen sich zwei Hypothesen aufstellen:

- Die restwerterhaltende Wirkung einer Verschiebehandlung kann nicht auf die Verkettung mehrerer Verschiebehandlungen verallgemeinert werden.
- Die Kinder erkennen an dieser Stelle nicht die übergeordnete Problemstellung des Interviews, sondern deuten die Fragen zur Teilbarkeitsbeurteilung empirisch als aufeinanderfolgende, voneinander weitestgehend isolierte Zahlen. In dieser Rahmung ist es rational, mit vorhandenem Faktenwissen anstelle von operativen Veränderungen zu argumentieren, da diese einfacher zu kommunizieren sind und somit weniger Widerspruch zu erwarten ist.

So oder so lässt sich festhalten, dass die Kinder zur Beurteilung der 36 und 72 auf ihre Liste der Neunervielfachen zurückgreifen. Die operative Veränderung von der Neun als bekanntem Objekt wird nicht genutzt. Dieser Rahmung entsprechend können die Kinder die Frage in Turn 209 beantworten: Jede mögliche Verschiebehandlung von den neun Einerplättchen in die Zehnerspalte resultiert in einer Zahl, die in der Neunerreihe zu finden ist. Jede resultierende Zahl ist folglich durch neun teilbar (siehe Abbildung 6.14). In dieser Interpretation wird vorausgesetzt, dass die Kinder sich nur auf die neun Plättchen in der Einerspalte beziehen. Denn die Frage des Interviewers lässt zwar auch andere oder unbekannte Plättchenanzahlen als Deutungen zu, die unmittelbare Bejahung von den Kindern macht es jedoch unwahrscheinlich, dass die Frage des Interviewers von den Kindern dahingehend gedeutet wurde.

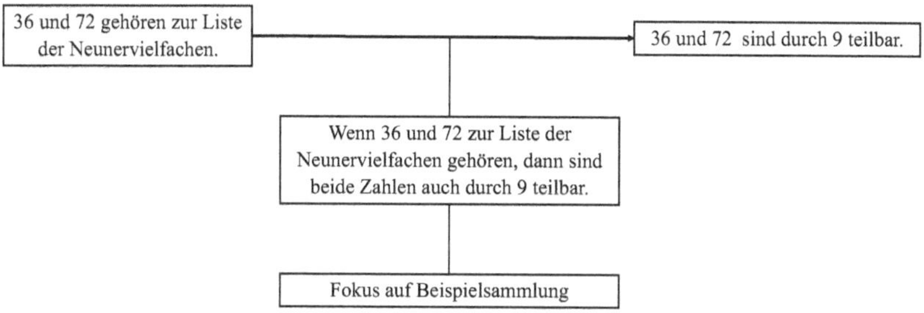

Abbildung 6.14 Drittes Toulmin-Schema zum ersten Fallbeispiel ‚Fokus auf Beispielsammlung'

Der Fokus auf die Beispielsammlung setzt sich in der Szene 2.4 fort, in der das Verschieben eines Plättchens aus der Hunderterspalte in die Einer- und Zehnerspalte thematisiert wird:

Phase 2.4.1: Verschieben eines Plättchens in die Einer- und Zehnerspalte(00:15:06-00:15:44)		
126	I	(6sec) Mhh was passiert denn, wenn alle Plättchen in der Hunderterspalte sind (legt die Zahl 900 in die Stellenwerttafel)'
127	S	Sinds neunhundert
128	I	Das ist durch neun teilbar, ok.
129	S	Ja
130	I	Aber wenn ich eins in die Zehnerspalte schiebe, dann ja vielleicht nicht mehr oder' (schiebt ein Plättchen von H in Z)
131	S	Doch
132	H	Doch
133	I	Wieso'
134	S	Weil das hier auch da (tippt auf geschriebene Zahl 810 in Spalte „durch 9 teilbar") liegt
135	I	(4sec) Ok und wenn ich von der Hunderterspalte (schiebt das Plättchen aus Z in H) in die Einerspalte schiebe' (schiebt das Plättchen aus H in E)
136	S	(3sec) Immer noch, weils auch da (tippt auf geschriebene Zahl 801 in Spalte „durch 9 teilbar") liegt
137	N	Stimmt

In dieser Phase stehen den Kindern mehrere Begründungen zur Verfügung. Die 810 und 801 wurde in der ersten Arbeitsphase aufgezeichnet und als teilbar durch neun beurteilt, weil 81 Bestandteil der Neunerreihe ist. Später wurde die Neunerreihe aufgeschrieben und zur Neunzigerreihe modifiziert. Die Teilbarkeit der 810 könnte also zweitens über die Zugehörigkeit zur Liste begründet werden. Drittens könnte dem kollektiv Geltenden entnommen werden, dass die Veränderung um 90 oder um neun die Teilbarkeit einer Zahl durch neun nicht verändert.

Von beiden Zahlen wird die Teilbarkeitsrelation zur Neun über die erste Möglichkeit begründet. Dies zeigt, dass Saskia in dieser Phase die Verschiebehandlungen des Interviewers nicht als Beispiele aller möglichen Verschiebehandlungen deutet. Für sie steht vielmehr die Beurteilung der konkreten Zahlen im Vordergrund. Vielleicht versteht sie auch, dass der Interviewer auf die Allgemeinheit abzielt. Aber weil sie durch die bisherigen Beispiele genügend Gewissheit über die Gültigkeit des Phänomens erlangt hat, sieht sie keine Notwendigkeit für eine mathematisch-strukturelle Begründung. In jedem Fall zeigt sich in dieser Phase (erneut), dass die Kinder bevorzugt auf ihre Beispielsammlung zurückgreifen. Dies lässt sich mit dem Toulmin-Schema in Abbildung 6.15 zusammenfassen.

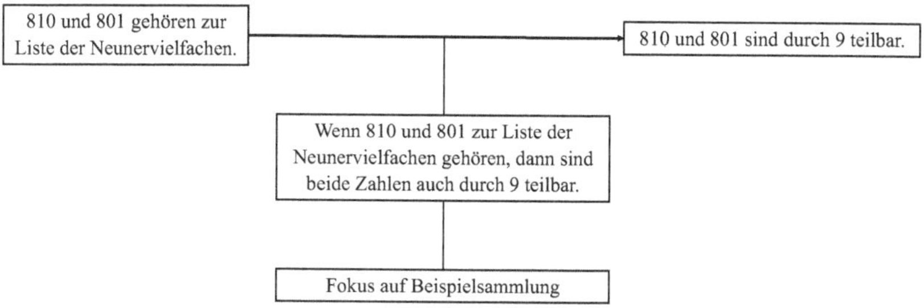

Abbildung 6.15 Viertes Toulmin-Schema zum ersten Fallbeispiel ‚Fokus auf Beispielsammlung'

Der Fokus auf die Beispielsammlung zeigt sich auch in Phase 3.3.1. Vor dieser Phase wurden die zwei kleinsten Zahlen mit einem Plättchen und fünf Plättchen aufgezeichnet. Aus einem Vergleich mit den beiden kleinsten Zahlen mit acht und neun Plättchen aus dem Beginn des Interviews wurde die Gemeinsamkeit herausgestellt, dass die Differenz zwischen den zwei kleinsten Zahlen jeweils neun beträgt. Danach beginnt die Phase 3.3.1:

Phase 3.3.1: Zahlen finden mit fünf Plättchen (00:23:17-00:24:46)

331 I Genau. Ähm könnt ihr damit erklären, wieso dann ähm das nur bei der Neunerreihe funktioniert, dass die Zahlen immer durch neun teilbar bleiben' (10sec) Oder ich frag mal anders. Könnt ihr mit ähm fünf Plättchen ne Zahl legen, die durch neun teilbar ist'

332 S Nö

333 I (4sec) Wie kannst du dir da so sicher sein'

334 S (3sec) Weils so is (3sec) Die neunzig kann man ja nicht mit fünf Plättchen legen, die einundachtzig nich, die zweiundsie- (holt tief Luft) mhh weil die fünf Plättchen reichen nicht. Die reichen nichtmal für die neun.

Die Neunerdifferenz wird vom Interviewer als relevant gekennzeichnet, um zu begründen, dass nur Zahlen der Neunerreihe durch neun teilbar *bleiben* (Turn 331). Die Frage impliziert demnach bereits einen Spezialfall der Summenregel der Teilbarkeit als Antwort: Von einem Objekt, das bekanntlich durch neun teilbar ist, soll in Verbindung mit der restwerterhaltenden Eigenschaft des Verschiebens auf die Teilbarkeit des neu entstandenen Objekts geschlossen werden. Die Frage ist jedoch in doppelter Hinsicht unglücklich formuliert:

- Die Frage markiert die neu entstehenden Zahlen schon als Teil der Neunerreihe. Die eingeforderte Begründung ist damit obsolet.
- Eine hinreichende Begründung könnte schon das Nennen einer beliebigen anderen Zahl sein, die nicht durch neun teilbar ist. Weil diese Zahl nicht durch neun teilbar ist, kann sie dies also auch nicht bleiben. Die allgemeingültige Wirkung des Verschiebens ist zur Begründung folglich nicht notwendig.

Wie die Frage von den Kindern interpretiert wurde, bleibt im Unklaren. Nach zehn Sekunden ändert der Interviewer die strittige Frage und fragt nun, ob mit fünf Plättchen eine Zahl darstellbar ist, die durch neun teilbar ist. Unmittelbar antwortet Saskia, dass dies nicht möglich sei. In ihrem Argument wird der verfestigte Fokus auf eine Beispielsammlung deutlich: Sie scheint systematisch zu überprüfen, ob die Neunervielfachen ihrer Liste durch fünf Plättchen dargestellt werden können. Hierbei nutzt sie die 90, 81 und 72 als erste Zahlen zur Überprüfung, was die zentrale Bedeutung der ersten zehn Neunervielfachen für sie untermauert. In vorherigen Phasen hat sie die Neunerreihe aufgeschrieben und dann zur Neunzigerreihe ergänzt. Nur diese Liste hat sie aufgeschrieben vor sich liegen. Sie hätte also auch z. B. die 90, 180 und 270 überprüfen können. Stattdessen nutzt sie die Neunerreihe.

Nach den ersten drei Beispielen verallgemeinert sie, dass die fünf Plättchen nicht reichen. Um diese Konklusion zu unterstreichen, nennt sie als scheinbar besonders aussagekräftiges Beispiel, dass nicht mal die neun damit gelegt werden könne. Mithilfe von Toulmin lässt sich ihr empirisches Argument wie in Abbildung 6.16 darstellen.

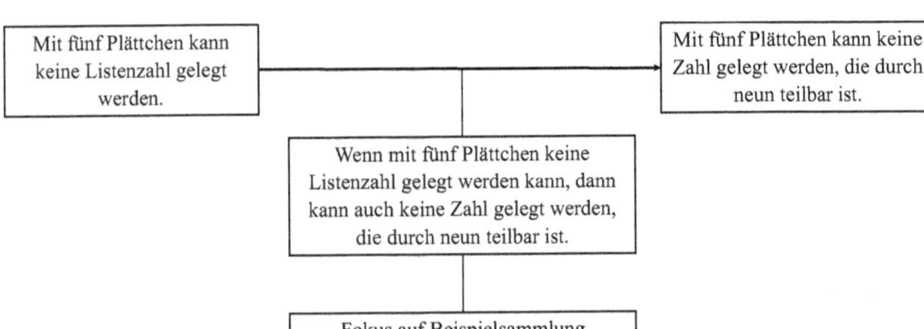

Abbildung 6.16 Fünftes Toulmin-Schema zum ersten Fallbeispiel ‚Fokus auf Beispielsammlung'

Die Strittigkeit ist für den Interviewer damit noch nicht beigelegt:

335 I Ja aber ich kann ja auf jeden Fall größer werden als die neun. Guck mal jetzt (hat ein Plättchen von E nach Z verschoben, es liegen nun vier Plättchen in E und ein Plättchen in Z) bin ich ja schon mal viel größer als die neun.

336 S Ja, reicht immmer noch nicht. Weil denn sind das hier (zeigt auf Einerspalte) ja nur vier und nicht acht. Einer.

337 N Das wären ja dann vierzehn.

338 I Genau, das wären vierzehn.

339 S Und nicht achtzehn.

340 H Ja, und dann würden ja noch vier fehlen.

341 I (zustimmend) Mh.

In Turn 335 widerspricht der Interviewer dem Datum von Saskias Argument: Mit fünf Plättchen lassen sich Zahlen finden, die größer als neun sind. Sie verteidigt jedoch ihre Schlussfolgerung damit, dass 14 zwar größer als neun sei, aber immer noch vier Einer(-plättchen) zu klein für die 18 als Neunervielfaches. Für die Rationalität der 18 lassen sich mehrere Hypothesen aufstellen:

- 18 ist die Listenzahl, die am dichtesten an der 14 liegt.
- Saskia nutzt die Grundvorstellung des Auffüllens. In dieser Rahmung ist die Konklusion „14 ist fünf zu groß" nicht möglich
- Sie berücksichtigt die Plättchenanzahl und geht davon aus, dass insgesamt neun Plättchen in der Stellenwerttafel liegen müssen, damit die Zahl durch neun teilbar ist. 18 ist dann nur ein beliebiges oder besonders einleuchtendes Beispiel dafür, dass die dadurch entstehende Zahl durch neun teilbar ist. Ihr „immer" könnte folglich ausdrücken, dass die Höhe der Zahl nicht relevant für die Beurteilung der Teilbarkeit ist.

Auch dieser Einwand des Interviewers, der die explanative Relevanz des Arguments anzweifelt, führt also nicht zum Verlassen einer Rahmung, der der Fokus auf die Beispielsammlung als Erklärung des Phänomens ausreicht.

Zweites Fallbeispiel: Julia und Philip – Neunerprobe in der Stellenwerttafel
Diese Szene hat sich noch vor dem Operieren in der Stellenwerttafel ereignet. Die Kinder haben gerade in Szene 2.6. das Muster zwischen der Anzahl an Überträgen und der Quersumme des Ergebnisses entdeckt. Danach beginnt Szene 2.7.

Szene 2.7: Aufgabe mit Quersumme 18 (00:22:11-00:24:55)		
Phase 2.7.1: (00:22:11-00:23:44)		
166	I	Ähm könnt ihr mit dem Wissen, könnt ihr damit eine Aufgabe legen ähm das genaue Ergebnis ist mir egal. Ich möchte nur ähm das die Quersumme achtzehn ist. Also mit den sechs Ziffern wieder eine Aufgabe legen, das Ergebnis ist mir egal, es soll nur die Quersumme soll achtzehn sein. Wie könntet ihr das machen'
167	P	Hm hm (12sec) Aber man braucht man muss erstmal gucken das man an den das man irgendwie guckt, das man erstmal schon mal in den Zehnerbereich kommt. Also man guckt
168	I	Was meinst du mit dem Zehnerbereich'
169	P	Man guckt jetzt irgendwie so zum Beispiel (legt Aufgabe 753+624) dann rechnet man das schonmal in Gedanken aus. Also sieben, sieben und dreizehn und dann rechnet man das zusammen. Also sieben plus sieben sind vierzehn. (leiser werdend) Die vierzehn plus die dreizehn sind+ (3sec) hm siebenundzwanzig.
170	I	Schreib die Aufgabe mal auf

Der Interviewer fordert auf, dass eine Aufgabe mit der Quersumme 18 gelegt werden soll. Philip antwortet darauf, dass man in den Zehnerbereich kommen muss. Der Interviewer möchte das genauer erklärt bekommen und fragt nach (Turn 168). Philip legt eine Aufgabe, um seine Idee zu illustrieren. Für die Aufgabe bildet er spaltenweise Summen und addiert diese danach. Den „Zehnerbereich" hat er in der Hunderterspalte gelegt, indem er die beiden größten Ziffernkarten benutzt hat. Insgesamt scheint er das Muster aus Szene 2.6. erfolgreich für die Generierung einer Aufgabe mit vorgegebener Quersumme nutzen zu können.

Nach dem Legen berechnet Philip wahrscheinlich spaltenweise die Summe: „sieben, sieben und dreizehn" ergibt sich aus den Termen $3 + 4$ (Einerstelle), $5 + 2$ (Zehnerstelle) und $7 + 6$ (Hunderterstelle). Anschließend addiert er die Zwischenergebnisse schrittweise. Das Abklingen der Stimme nach der 14 deutet auf einen antizipierten Widerspruch hin: Die Summe aus 14 und 13 ist 27 und nicht 18. Wenn die Quersumme trotz Übertrag 27 wäre, dann müsste auch das Muster aus Szene 2.6 wieder angepasst oder verworfen werden.

Der Interviewer geht inhaltlich nicht auf die Äußerung ein, sondern verlangt das schriftliche Festhalten der Aufgabe.

Phase 2.7.2: Notieren der Aufgabe (00:23:45-00:24:34)		
171	P	(schreibt „753")
172	J	(schreibt „624")
173	P	(schreibt „1377")
174	J	(schreibt „18")
Phase 2.7.3: Besprechung der Aufgabe (00:24:35-00:24:55)		
175	P	Hm ja stimmt
176	I	Achtzehn und nicht siebenundzwanzig. Aber du hast du gerade im Kopf sieben plus sieben plus dreizehn gerechnet. Wieso stimmte das nicht'
177	P	Achso weil man sieben plus sieben plus drei plus eins (zeigt dabei jeweils auf die Ziffer des Ergebnisses) rechnen muss.
178	I	Genau, also nicht plus dreizehn, sondern plus drei und plus eins.

Die Irritation wird durch die schriftliche Berechnung ausgeräumt: Der Fehler bei der Berechnung der Quersumme lag bei der 13, die für die Quersumme als 1 + 3 berücksichtigt werden muss.

Diese Szene ist ein Beispiel dieser Hürde, weil die in Abschnitt 5.2.2.2. definierten Merkmale zutreffen. Die Differenz der Quersummen 27 und 18 irritiert die Kinder. Die Irritation wird aber nicht produktiv ausgelöst, weil die Interaktanten kein Interesse an einer strukturellen Erklärung der Abweichung zeigen. Stattdessen endet die Strittigkeit mit einer Beilegung auf empirischer Ebene: Das konkrete Ergebnis ist 1377, also ist die Quersumme $1 + 3 + 7 + 7 = 18$. Das konkrete Ergebnis wird nicht als Vertreter der Objektklasse ‚Ergebnis mit einem Übertrag' gesehen, und die Differenz zwischen 13 und $1 + 3$ wird nicht strukturell erklärt. Es werden auch keine strukturellen Beziehungen zu anderen konkreten Aufgaben in den Blick genommen. Zur Ausräumung der Irritation genügt die korrekte Einordnung der 1377 in die Beispielsammlung. Im Toulmin-Schema lässt sich dies so zusammenfassen, wie es in Abbildung 6.17 dargestellt ist.

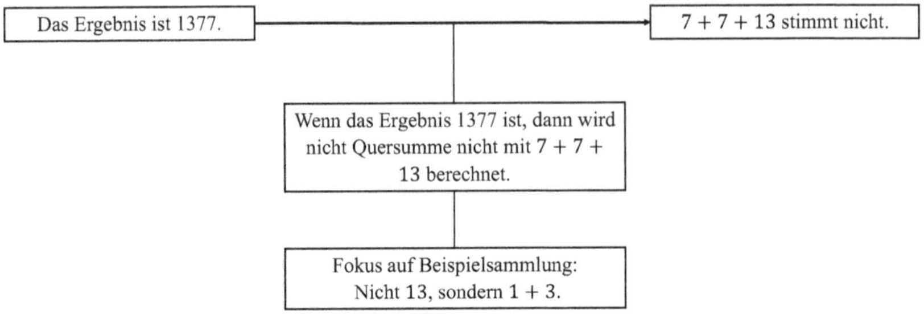

Abbildung 6.17 Toulmin-Schema zum zweiten Fallbeispiel ‚Fokus auf Beispielsammlung'

Drittes Fallbeispiel: Ilva und Türkan – Quersummenregel mit Zahlenscheiben
In der Szene 2.4 steht die Teilbarkeit der Ringe im Vordergrund. Der Interviewer lenkt den Fokus auf den ersten Ring der 300 (siehe Abbildung 6.18):

Phase 2.4.1: Am Beispiel 300 (00:23:57-00:25:01)

230	I	Okay, ähm. Wenn pro Ring ähm zum Beispiel neun mal die drei ist (3sec) Ist das dann durch neun teilbar'
231	Il	(7sec) (schüttelt mit dem Kopf)
232	T	Welche Zahl'
233	I	Wenn ich mir zum Beispiel ähm nur diesen (fährt mit Stift um ersten ring der Zahlensche 300, die vor Türkan liegt) Ring angucke
234	T	Mh
235	I	Welchen Rest lässt der' Wenn ich durch neun teile'
236	Il	Ähm
237	T	(10sec) **Gar keinen**

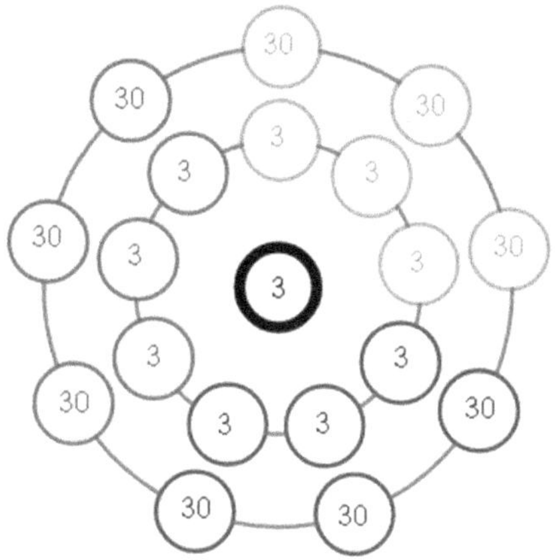

Abbildung 6.18 Zahlenscheibe 300

Ilva verneint in Turn 231, dass die Summe der Zahlen auf dem ersten Ring durch neun teilbar ist. Die Ursache hierfür kann im Unterschied zwischen Multiplikator und Multiplikand vermutet werden: $3 \cdot 9$ ist Bestandteil der Neunerreihe und könnte vermutlich korrekt beurteilt werden Der Ring legt jedoch die Deutung der 27 als $9 \cdot 3$ nahe.

Der Interviewer fragt in Turn 230 nach dem Rest des ersten Rings, ohne die Ringsumme zu nennen. Stattdessen nutzt er den kollektiv geltenden Fakt, dass auf dem ersten Ring der 300 neun Dreien sind. Türkan zeigt an, dass sie nicht weiß, auf welche Zahlenscheibe sich der Interviewer bezieht (Turn 232). Die Klärung der Interviewerfrage kann erst fortgesetzt werden als geklärt wurde, dass nun nur ein Ring betrachtet werden soll (Zeile 233–235).

Das Zögern der Kinder kann mehrere Gründe haben:

- Türkan muss über die Reversibilität der Operation nachdenken, bevor sie sie argumentativ nutzen kann.
- Sie bildet zunächst das Produkt von neun mal drei und teilt dieses dann wieder durch neun.

Der Interviewer fordert eine Begründung für die Aussage in Turn 237 ein:

238	I	Wieso gar keinen'
239	T	Äh (3sec) also weil das ergeben doch eben siebenundzwanzig. Also die klei also die da (fährt mit Stift um 3er-Ring).
240	I	Mhh
241	I1	Vier
242	T	Ich hab nicht den da drin gerechnet (berührt mit Stift den Kern der Zahlenscheibe 300).
243	I	Genau, nur den ring.

Als Begründung nennt Türkan die Ringsumme – sie nutzt also Faktenwissen der Aufgabe 27 ÷ 9 und nicht die Neunerstruktur des Rings. Daraus lässt sich jedoch nicht schließen, dass ihr diese Begründung nicht zur Verfügung stehen würde: Sie kann die Kommunikation des Faktenwissens als einfacher einstufen oder die Nachfrage des Interviewers auch so interpretieren, dass die Neunerstruktur als Begründung für ihn nicht ausreicht – immerhin hat der Interviewer in der Frage bereits die multiplikative Struktur verwendet („neun mal die drei"). In beiden Deutungen steht für Türkan nur die Beurteilung des einen konkreten Rings im Vordergrund. Der Dreierring wird nicht als Repräsentant der Objektklasse ‚Neun gleiche Zahlen' gedeutet. Daher zeigt sich auch in diesem Argument der Fokus auf die Beispielsammlung. Mit Toulmin kann ihr Argument wie in Abbildung 6.19 dargestellt werden.

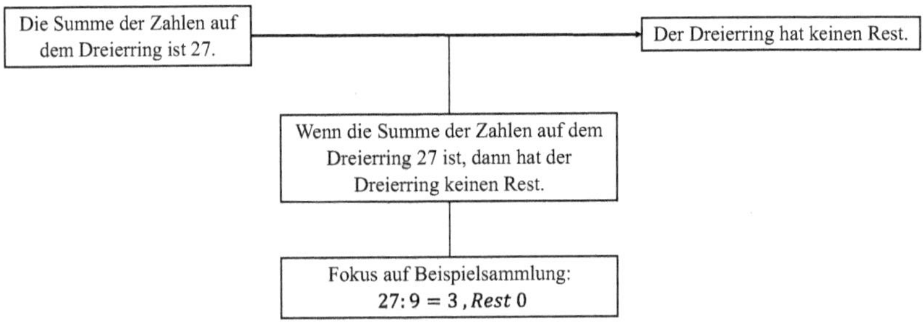

Abbildung 6.19 Erstes Toulmin-Schema zum dritten Fallbeispiel ‚Fokus auf Beispielsammlung'

Der Fokus auf die Beispielsammlung von konkreten Aufgaben zeigt sich auch im weiteren Verlauf des Interviews. Nach der Bearbeitung der operativen Serien soll die 311 mit Zahlenscheiben dargestellt werden:

Szene 3.1: Betrachtung der Zahl 311 (00:28:54-00:32:59)		
Phase 3.1.1: 311 legen		
310	I	Ok ähm. Jetzt habt ihr ja bei vielen- mit vielen Zahlenscheiben herumgerechnet nä‵ Irgendwie ähm Zahlenscheiben ähm wo der Ring immer ein größer wird (zeigt auf Zahlenscheiben 10, 100, 1000) und Zahlenscheiben, wo der Kern immer eins größer wird. Ähm (5sec) ich möchte als nächstes es gibt natürlich nicht nur die Zahlenscheiben, sondern ähm alle Zahlenscheiben von eins bis neun, wo es nur den Kern gibt (zeigt Zahlenscheiben 1-9 und legt die Zahlenscheiben als Stapel auf den Tisch), alle Zahlenscheiben von eins bis neun, wo der Kern und ein Ring drumherum ist (zeigt Zahlenscheiben 10-90 und legt die Zahlenscheiben als Stapel auf den Tisch). Genauso wie mit zwei Ringen (zeigt Zahlenscheiben 100-900 und legt die Zahlenscheiben als Stapel auf den Tisch)und mit drei Ringen (zeigt Zahlenscheiben 1000-9000 und legt die Zahlenscheiben als Stapel auf den Tisch). Ähm was ich als nächstes von euch möchte ist, das ihr mit den Zahlenscheiben die Zahl dreihunderteIf legt.
311	T	Wie‵
312	Il	Wie‵ Also wie mit den Zahlenscheiben, so dass ich eine Zahlenscheibe nehm also ein paar mehr und da davon die Summe soll dreihundertzehn ergeben'
313	I	Dreihundertelf
314	Il	Dreihundertelf
315	I	Genau
316	Il	Achso, da brauche ich jetzt ja *schonmal (greift zu den Zahlenscheiben) die Eins, die zehn sind ja schon elf. Die dreihundert brauchen wir
317	I	*Genau, dann überlegt mal wie ihr das zusammenmacht.
318	T	Ähm
319	Il	Ähm hiervon (nimmt die Zahlenscheibe 100 in die Hand) drei Stück.

Der Interviewer führt in Turn 310 die Zahlenscheibenkarten ein. Hiermit sollen die Kinder nun die 311 legen. Ilva deutet die Aufforderung des Interviewers so, dass sie eine geeignete Additionsaufgabe finden muss (Turn 312). Damit setzt sie an dieser Stelle bereits voraus, dass 310 bzw. 311 nicht mit einer Zahlenscheibe gelegt werden kann. In ihren weiteren Handlungen versucht sie die 311 dann durch Vielfache von Stufenzahlen zu erreichen: eine 1, eine 10 und dreimal die 100.

320	T	Ja aber ja also *vielleicht könnte man einfach die (nimmt die 100 kurz in die Hand) nehmen-
321	Il	*Ja dann komm
322	T	Ne
323	Il	Ne, aber die (hier?) brauchen wir doch auf jeden Fall denn das hier (hat die Zahlenscheiben 10 und 1 in der Hand) is doch elf.
324	T	Ja das ergibt- ne doch das ergibt elf.
325	Il	Ja und denn müsste nur noch die dreihundert daraus (zeigt auf die Stapel der Zahlenscheiben) rauskriegen.
326	T	Ja
327	Il	(unverständlich) müssen wir hier (nimmt die 100 vom Stapel in die Hand) von doch...ne davon müssen wir (nimmt zusätzlich die 200 vom Stapel in die Hand) *drei (von?) nehmen.
328	T	*Aber man kann ja eigentlich auch von da (zeigt auf Stapel mit a*1000 Zahlenscheiben) was nehmen, weil das sind dann ja- Ne *das is da dann über.
329	Il	*(nimmt die Zahlenscheibe 300 in die Hand) Ne, müssen wir doch hier von den dreihunderter nehmen.
330	T	Ja (3sec) (.) Wir müssen aber auch ausrechnen wie- überhaupt auch (leiser) dreihundert-
331	Il	Warte mal...(schaut auf berechnete Zahlenscheibe 300) is ja dreihundert, ja.
332	T	Mhh ja.
333	Il	Fertig.
334	I	Wie hast du das so schnell gerechnet' Oder woher hast du *das denn schon gewusst'
335	Il	*(.)
336	T	Weil wir haben das hier (tippt auf Zahlenscheibe 300) schon von da (zeigt auf berechnete Zahlenscheibe 300) gemacht.
337	I	Ah ok, also die Zahlenscheiben kanntet ihr schon.
338	T	Ja und das (zeigt auf Zahlenscheiben 10 und 1) sind halt elf.
339	Il	Die beiden zusammen. Das ist die zehn und da liegt die eins.

Türkan nimmt die 100 kurz in die Hand und schlägt sie als passende Zahl zur Darstellung der 311 vor. Es ist möglich, dass sie hier die Idee der Stufenzahlen von Ilva weiterführt. Sie verwirft jedoch ihren Vorschlag. Im weiteren Verlauf wird dieser auch nicht erneut aufgegriffen.

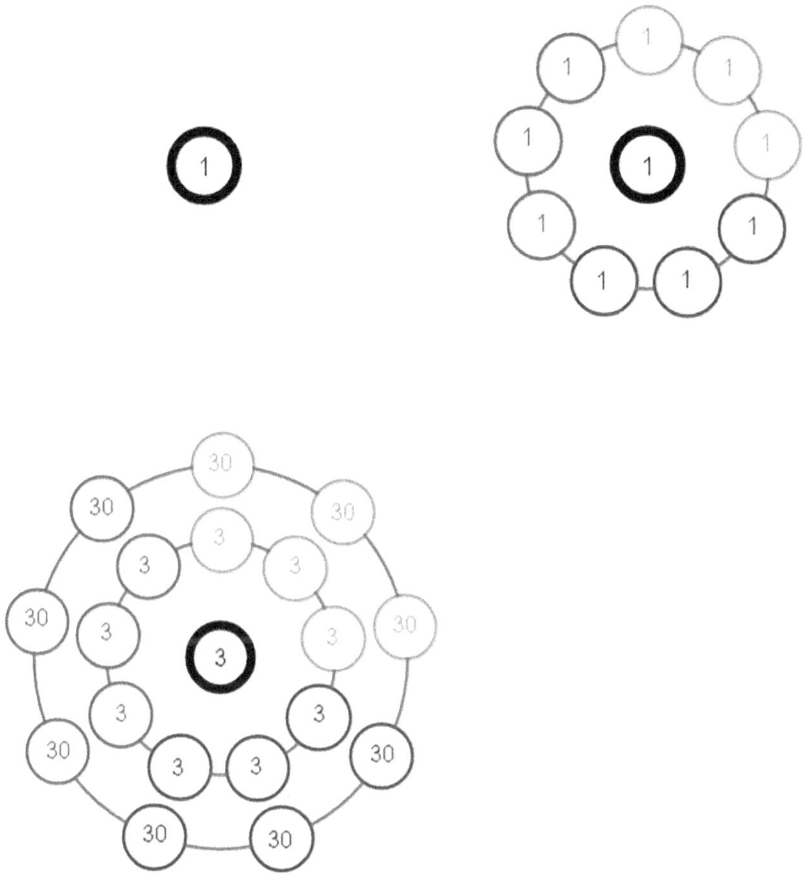

Abbildung 6.20 Schematische Darstellung der gelegten 311

Für Ilva scheint festzustehen, dass die 11 „auf jeden Fall“ (Turn 323) durch die Zehn und die Eins dargestellt werden muss. Sie reduziert die Problemstellung dadurch auf die Frage, wie die 300 mit Zahlenscheiben dargestellt werden kann (Turn 325). Sie nimmt danach auch die 300 aus dem Stapel und verifiziert die Korrektheit mit der 300 aus der operativen Serie (Turn 331) (siehe Abbildung 6.20). Optimistisch interpretiert, hilft ihr das Ausrechnen zu Beginn des

Interviews somit in dieser Phase, eine geschlossene Schlussfolgerung zu stützen: Die Zahlenscheibe hat den Wert 300, weil dieser Wert bereits ausgerechnet wurde. Im Hinblick auf die Entwicklung des operativen Beweises kann die Verfügbarkeit einer empirischen Einordnung aber auch als Hürde gesehen werden. Solange der Wert der Zahlenscheibe der Beispielsammlung entnommen werden kann, gibt es keine Notwendigkeit für die Fokussierung auf die Strukturen der Zahlenscheiben.

Türkan nimmt in Turn 328 Bezug auf die Tausender-Zahlenscheiben. Anscheinend bemerkt sie jedoch selbst, dass diese Zahlenscheiben aufgrund ihrer Größe ungeeignet für die Darstellung der 311 sind. Abschließend fordert der Interviewer eine Erklärung der Lösung ein (Turn 334). Türkan begründet die Korrektheit der 300 erneut mit einem Fokus auf die Beispielsammlung. Sie ergänzt, dass die beiden anderen Zahlenscheiben zusammen 11 ergeben.

Ilvas Bemerkung in Turn 339 kann so verstanden werden, dass sie die Zerlegung in Stufenzahlen betonen möchte. Hierfür spricht, dass sie die 300 auch mit drei Zahlenscheiben darstellen wollte. Vermutlich möchte sie jedoch auch hier „nur" die Korrektheit des Schlusses stützen: Beide Zahlenscheiben sind ebenfalls aus der Beispielsammlung bekannt, deshalb muss die Summe elf korrekt sein. Für das Toulmin-Schema ergibt sich die Abbildung 6.21.

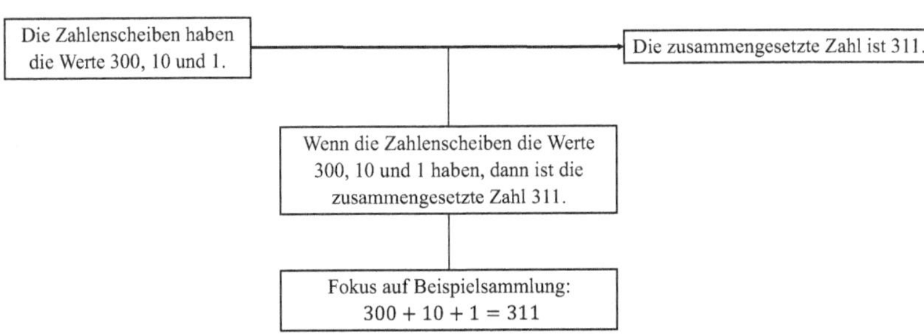

Abbildung 6.21 Zweites Toulmin-Schema zum dritten Fallbeispiel ‚Fokus auf Beispielsammlung'

Der Fokus auf die empirische Beispielsammlung verhindert die Entwicklung neuer, struktureller Überlegungen.

Nach der 311 in Szene 3.1 wurde in der Szene 3.2 die 441 gelegt und ihr Rest bestimmt. In der Szene 3.3 steht die 620 im Mittelpunkt. Das Legen gelingt zügig, die Bestimmung des Rests stellt für die Kinder jedoch ein Problem dar. Aus diesem Grund möchte der Interviewer am Beispiel der 100 die Ringstrukturen erforschen:

```
Phase 3.3.4: Ringe am Beispiel 100 (00:39:57-00:40:39)

422  I   Denn gucken wir uns ähm die Zahlenscheibe (legt die Zahlenscheibe
         100 zu den Kindern) mal genauer an, die hundert. Wieso lässt-
         lassen die Ringe keinen Rest'

423  Il  Wegen da in der Mitte eine eins steht.
```

In Turn 423 stellt Ilva eine Beziehung zwischen den Ringen und dem Kern der Zahlenscheibe 100 her. Möglicherweise möchte sie auf die konkreten Zahlbeziehungen verweisen: Wenn aus der Summe die Eins vom Rest exkludiert wird, ergibt sich die Summe 99. Und die Teilbarkeit der 99 lässt sich aus dem Faktenwissen beurteilen. Mit den bisher rekonstruierten Argumenten ist jedoch eine andere Deutung plausibler. Ilva führt für die Konklusion, dass die Ringe keinen Rest lassen, als unbezweifelbare Aussage heran, dass der Kern einer Zahlenscheibe ihren Rest angibt. Sie zeigt hiermit zwar strukturelles Verständnis der Summenregel der Teilbarkeit: Der Rest einer Zahl kann bestimmt werden, indem die Zahl geschickt zerlegt wird, und indem dann die Reste addiert werden. Wenn der Kern einer Zahlenscheibe also dem Rest entspricht, dann muss der übrige Teil der Zahlenscheiben keinen Rest lassen.

Die Gültigkeit dieser Argumentationsregel wäre aber erst nach dem operativen Beweis der Quersummenregel strukturell hergeleitet. Ilva stützt die Gültigkeit ihrer Argumentationsregel mit einem Fokus auf die Beispielsammlung. Die Aussage, dass der Kern den Rest angibt, wird von Ilva als Datum angeführt, weil sie durch die empirische Evidenz der bisherigen Beispiele von der Korrektheit überzeugt ist. Schematisch kann dies wie in Abbildung 6.22 dargestellt werden.

Das Argument ist eine Inversion der anvisierten Erkenntnis. Der Fokus auf die Beispielsammlung ermöglicht eine umgedrehte kausale Struktur zwischen den Aussagen im Datum und in der Konklusion.

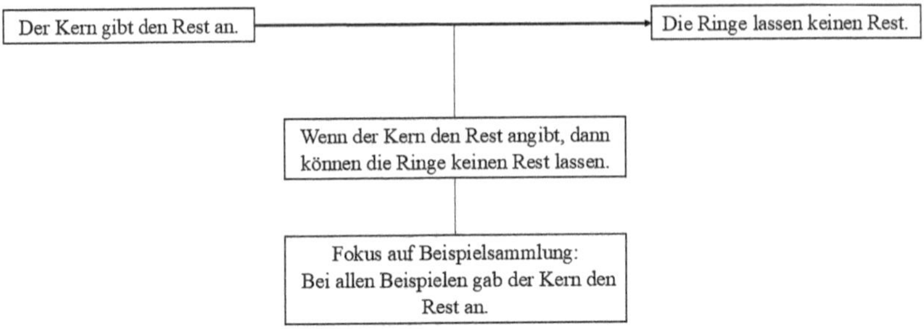

Abbildung 6.22 Drittes Toulmin-Schema zum dritten Fallbeispiel ‚Fokus auf Beispielsammlung'

424	I	(3sec) Ähm
425	T	Weil vielleicht diese Zahlen diese (fährt mit Finger um einen Ring) sind halt halt durch neun teilbar und die hier (zeigt auf den Kern) halt dann nicht'
426	I	Ok, aber wieso sind die Zahlen *ähm durch neun teilbar'
427	T	*Weil wenn man wenn man wenn man das sind denn ja hundert. Und wenn man die eins da minus eins dann minus einhundert macht, dann sinds ja neunundneunzig und das kann man ja durch neun. Also das is d-
428	I	(zustimmend) Mhh
429	T	Das kann man ja durch neun.

In den Turns zeigt sich der Fokus auf die Beispielsammlung noch in einem weiteren Argument. Nach dem Zögern des Interviewers in Turn 424 stellt Türkan einen nicht-vertauschten kausalen Zusammenhang zwischen dem Kern und den Ringen einer Zahlenscheibe her: Weil die Ringe keinen Rest lassen, gibt der Kern den Rest der Zahlenscheibe an. Ihr „Vielleicht" kann ausdrücken, dass sie ihre Aussage nur vielleicht für eine Begründung hält oder dass die nachfolgende Begründung nur vielleicht eine richtige Aussage ist. Optimistisch gelesen deutet sie die Ringe als neue relationale Objekte mit der Eigenschaft „teilbar durch neun", weil jeder Ring aus neun gleichen Zahlen besteht. Hierfür spricht auch ihre Zeigebewegung, die einen Ring langfährt. Als dieser optimistischen Interpretation ergibt sich ein strukturelles Argument (siehe Abbildung 6.23).

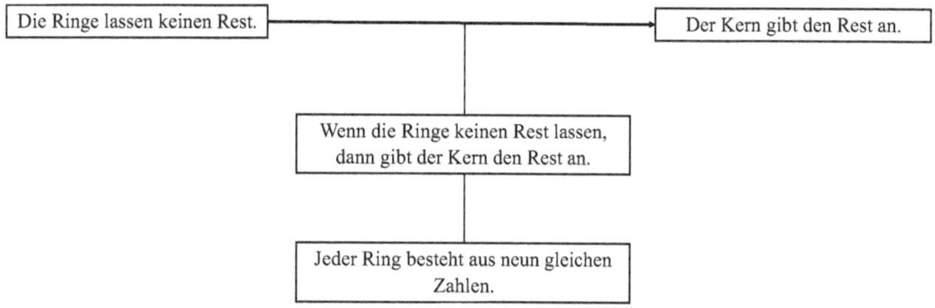

Abbildung 6.23 Viertes Toulmin-Schema zum dritten Fallbeispiel ‚Fokus auf Beispielsammlung'

In Turn 426 fordert der Interviewer eine Begründung für die Aussage ein, dass die Ringe durch neun teilbar sind. Danach zeigt Türkan erneut ihr Verständnis der Summenregel der Teilbarkeit. Der Kern wird abgezogen und es ergibt sich eine konkrete Zahl, die sich gut mit Faktenwissen beurteilen lässt. Die Frage des Interviewers wird hier also nicht strukturell als Frage gedeutet, warum grundsätzlich jeder Ring keinen Rest lässt. Stattdessen werden Eigenschaften der konkreten Zahl zur Begründung herangezogen. Dies kann sich optimistisch gedeutet daraus ergeben, dass die Nachfrage in Turn 426 von Türkan so gedeutet wird, dass die Begründung mit den relationalen Objekten in Turn 425 nicht ausreicht. Daher ergänzt sie eine Begründung, die sich auf einer empirischen Deutung stützt. Pessimistischer gedeutet hat Türkan auch bereits in Turn 425 die 99 im Blick gehabt und nicht $9 \cdot 1 + 9 \cdot 10$. Für sie würde in dieser Deutung nicht die übergeordnete Problemstellung im Zentrum stehen, sondern die Einordnung der konkreten Zahlenscheibe. Für das Toulmin-Schema ergibt sich die Abbildung 6.24.

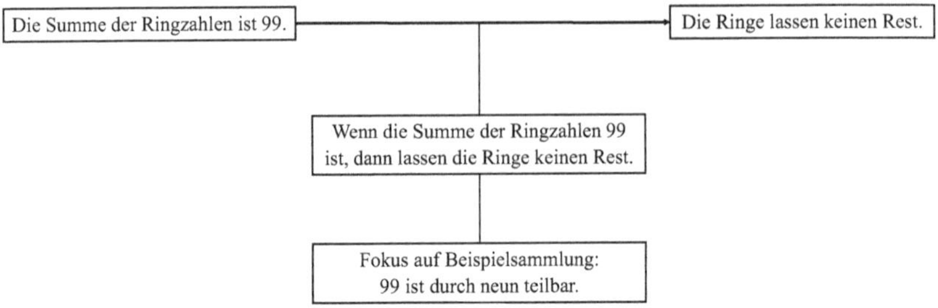

Abbildung 6.24 Fünftes Toulmin-Schema zum dritten Fallbeispiel ‚Fokus auf Beispielsammlung'

6.2.3 Fokus auf Beispielfolge

Erstes Fallbeispiel: Celina und Yasmin – Quersummenregel in der Stellenwerttafel
In der Phase geht es um Beurteilung, ob die 710 durch neun teilbar ist:

Phase 1.2.2: Einordnung der 710 und 350 (00:04:31-00:05:38)

55 Y Das ist nicht durch neun teilbar (legt die 710 in die Spalte „nicht durch 9 teilbar")

56 I Wieso nicht'

57 C Zeig

58 Y (nimmt die 710 wieder in die Hand und zeigt sie Celina) Ähm naja weiß nicht hm-

59 C Einundsiebzig nicht, aber zweiundsiebzig.

60 Y Ja.

61 I Genau. Und deswegen einundsiebzig nicht'

62 Y Ja

63 I Okay. Dann leg die da hin.

64 Y (legt die 710 in die Spalte „nicht durch 9 teilbar") Siebenhundertzehn.

65 I Ach siebenhundertzehn. Macht das einen Unterschied'

66 C Man kann aber auch die Null (tippt auf die Einerziffer der 710) erstmal weglassen und dann wieder ranhängen.

Celina leitet die Teilbarkeit der 710 aus der strukturellen Beziehung zu einer anderen konkreten Zahl her: Weil 71 nicht durch neun teilbar ist, ist auch das

Zehnfache von 71 nicht durch neun teilbar. Sie entwickelt also ein strukturelles Argument, dessen Konklusion sich auf eine konkrete Zahl bezieht (siehe Abbildung 6.25).

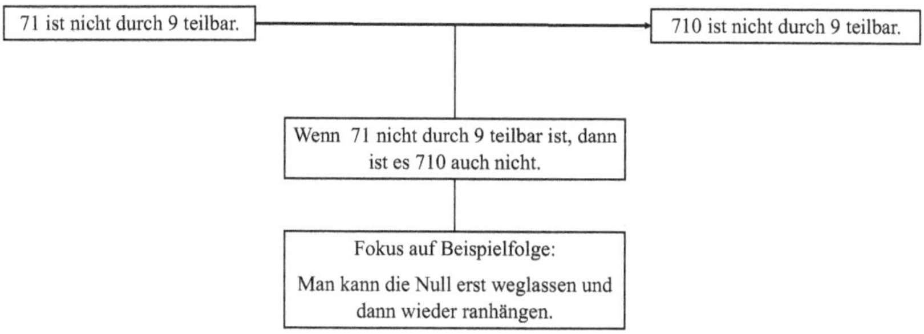

Abbildung 6.25 Erstes Toulmin-Schema zum ersten Fallbeispiel ‚Fokus auf Beispielfolge'

Die Stützung im Argument bezieht sich auf die Gültigkeit des Übergangs von Datum zu Konklusion. In der Interaktion wird von niemandem die strukturelle Beziehung zwischen der 71 und 710 angezweifelt. Es bleibt daher im Unklaren, inwieweit die Stützung auf inhaltlichem Verständnis fußt. Denn die Ableitung der Teilbarkeit des Zehnfachens einer Zahl vor der Teilbarkeit der ursprünglichen Zahl funktioniert nur bei Divisoren, die keine Vielfachen von zwei oder fünf sind. Die Teilbarkeit der 270 durch sechs könnte beispielsweise nicht von der Teilbarkeit der 27 durch sechs abgeleitet werden.

Als zusätzliche Stützung für die Korrektheit des Datums könnte auch noch ihre Aussage in Turn 59 gedeutet werden: 72 ist durch neun teilbar, deswegen ist es 71 nicht.

Ein ähnliches Argument wird für die Beurteilung der 332 artikuliert. Die Zahl wurde von den Kindern zunächst in die Spalte „durch 9 teilbar" einsortiert. Nachdem die 333 in die gleiche Spalte einsortiert wurde, entsteht folgende Interaktion:

Phase 1.2.7: Einordnung der 332 (00:12:00-00:12:12)

175 C Dann kann es dreihundertzweiunddreißig aber auf jeden Fall nicht sein (legt 332 weiter nach oben an die Stelle, wo vorher die 333 lag, siehe Abbildung)

176 I Wieso nicht' Wenn dreihundertdreiunddreißig durch neun teilbar ist, wieso kann dreihundertzweiunddreißig nicht durch neun teilbar sein'

177 Y *Weil

178 C *Weil das eins weniger ist.

179 Y Ja und das würde dann nicht gehen.

Aus der Teilbarkeit der 333 wird die Teilbarkeit der 332 geschlussfolgert. Die Beispielfolge besitzt die Differenz neun. Wenn also die Differenz zwischen zwei Zahlen nur eins beträgt, dann können nicht beide Zahlen durch neun teilbar sein. Mit dem Toulmin-Schema kann das Argument wie in Abbildung 6.26 dargestellt werden.

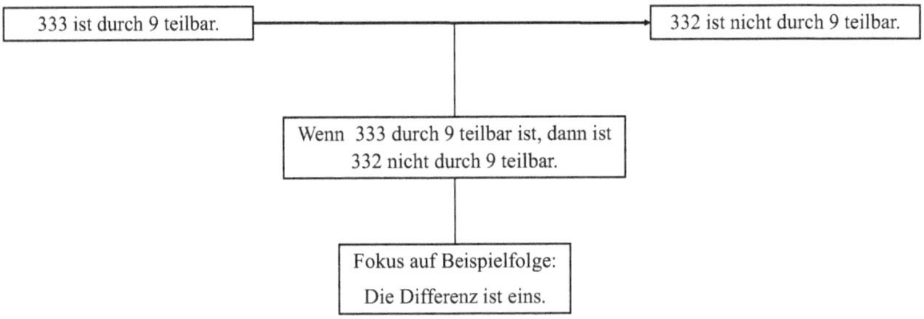

Abbildung 6.26 Zweites Toulmin-Schema zum ersten Fallbeispiel ‚Fokus auf Beispielfolge'

Das erste Fallbeispiel zeigt Beispiele, in denen die Rahmung im Übungskontext rekonstruiert wurde. Hier ist die Rahmung funktional – sie wird erst zur Hürde, wenn ihr Fokus auf die Beurteilung konkreter Zahlen verfestigt ist und dadurch das Erkennen der übergeordneten Problemstellung und das Entwickeln des operativen Beweises erschwert wird.

Zweites Fallbeispiel: Melina und Tomke – Neunerprobe in der Stellenwerttafel
Der Ausschnitt stammt aus der zweiten Episode des Interviews. In dieser Episode wird der Zusammenhang zwischen der Quersumme des Ergebnisses und der Anzahl an Überträgen ausgeschärft. Vor der Szene 2.4 wurden bereits Ergebnisse

mit der Quersumme 9 und 18 produziert. Die nun gelegte Aufgabe $642 + 357 = 999$ hat demnach als erstes die Quersumme 27.

Die Rekonstruktion des Fokus auf die Beispielfolge befindet sich in erst in der Phase 2.5.1. Die Szene 2.4 wird mit in das Fallbeispiel aufgenommen, weil sie gut den changierenden Prozess zwischen dem Konkreten und Allgemeinen beim operativen Beweisen zeigt.

Szene 2.4: Betrachtung der Aufgabe 642+357=999 (00:14:34-00:17:37)

Phase 2.4.1: Die Aufgabe 642+357=999 wird berechnet. (00:14:34-00:14:57)

216	M	Sechshunderzweiundvierzig
217	T	(schreibt 642)
218	M	(runzelt die Stirn) **Ah**
219	T	(schreibt 357)
220	M	Neun, neun, neun (lacht)

Das Ergebnis der Aufgabe wird berechnet. Melina wirkt irritiert, als sie auf die Ziffernkarten blickt. Vielleicht hat sie im Turn 218 bereits die Quersumme im Kopf berechnet. Ihr „Ah" könnte dann ausdrücken, dass nun endlich ein Beispiel der Quersumme erzeugt wurde, die am Ende der operativen Serie von Episode eins vermutet wurde.

Phase 2.4.2: Berechnung und Betrachtung der Quersumme (00:14:58-00:16:07)

221	T	Aha. Neun plus neun plus neun. Immer noch (.)
222	M	*(berechnet und notiert die Quersumme auf dem Blatt)
223	T	*Jetzt (geht?) (zu Melina) Ja, so passt es auch (hübsch?) Ist gleich
224	M	Neun plus Neun plus Neun(..) Siebenundzwanzig(..) ja jetzt hatten wir Recht.
225	I	Ehm trotzdem kommt da ja nicht **immer** Siebenundzwanzig raus wie ihr vorher gedacht habt, weil jetzt habt ihr eine Aufgabe wo Siebenundzwanzig als Quersumme rauskommt, einmal Achtzehn
226	M	Neun und neun
227	I	Und zweimal Neun.
228	M	Das kommt doch eigentlich auch darauf an, wie man die Zahlen *legt
229	T	*legt
230	I	Ganz genau, aber worauf da genau'
231	M	(schaut nach oben rechts in die Luft) Eigentlich eher auf die Größe der Zahlen oder die Niedrigkeit der Zahlen, weil wenn man (zu einer?) (schaut auf die schriftlich gerechneten Aufgaben vor sich auf dem Tisch) fünf eine ähm zwei dazulegen würde, dann würde das sieben ergeben. Aber wenn man zu ner fünf zum Beispiel ne sechs dazu dann ist es ja elf. Das ist dann ganz anderes ähm Ergebnis und dann kannst du halt auch eine andere Quersumme ausrechnen.

In den Turns 221–223 wird die Quersumme berechnet und die Ästhetik des Geschriebenen angesprochen. Danach postuliert Melina in Turn 224 ausgehend von der Summe mit Quersumme 27, dass sie nun Recht hätten. Dieser Aussage widerspricht der Interviewer im nächsten Turn mit dem Hinweis auf die drei vorherigen Aufgaben, bei denen die Quersumme des Ergebnisses nicht 27 war. Melina kann den Widerspruch nachvollziehen, da sie die vom Interviewer begonnene Aufzählung der bisherigen Quersummen zu Ende bringt (Turn 226). Anschließend wiederholt sie ihren Erklärungsansatz (Turn 228) und führt ihn auf Nachfrage des Interviewers (Turn 230) genauer aus (Turn 231): Ausschlaggebend ist die „Größe der Zahlen oder die Niedrigkeit der Zahlen"; Elf wäre ein „ganz anderes […] Ergebnis" als Sieben. Es liegt nahe, dass Melina in ihrer Aussage schon dem Übertrag eine erklärende Funktion zuschreibt, da sie zunächst allgemein die Größe der Zahlen als relevant herausstellt und dann ein Ergebnis ohne Übertrag einem Ergebnis mit Übertrag gegenüberstellt (siehe Abbildung 6.27).

1.Aufgabe	**2.Aufgabe**	**3.Aufgabe**	**4.Aufgabe**
743	543	542	642
+265	+267	+367	+357
11	11	1	
1008	810	909	999

Abbildung 6.27 Berechnete Aufgaben

Für die Rationalität hinter den genannten Zahlen lassen sich mehrere plausible Hypothesen aufstellen:

a) Fünf plus sechs könnte von ihr konstruiert oder aus der zweiten Aufgabe übernommen worden sein, wenn sie den Übertrag aus der Einerstelle zunächst zur vier addiert hat.
b) Fünf plus zwei könnte von ihr konstruiert oder aus der zweiten Aufgabe übernommen worden sein, wenn sie den Übertrag aus der Zehnerstelle nicht berücksichtigt hat.
c) Die Elf könnte von ihr konstruiert oder aus der zweiten Aufgabe übernommen worden sein. Die Elf könnte für Melina das größte Ergebnis mit Übertrag sein, welches mit den Ziffernkarten bisher gelegt wurde oder generell möglich ist. Oder die Elf ist nur ein beliebiger Repräsentant der Objektklasse „Ergebnis größer neun"

d) Die Sieben taucht in keiner Summe als Ziffer auf und ist daher höchstwahrscheinlich von Melina als Repräsentant niedriger Zahlen genannt worden.

Eine kohärente Interpretation ergibt sich nur, wenn die von Melina genannten Zahlen nicht aus vorherigen Aufgaben stammen, sondern für das Argument neu konzipiert wurden. Hierdurch erscheint es dann auch plausibel, dass die Aufgabe 5 + 2 für Melina ein Beispiel für ein Zwischenergebnis kleiner als Zehn ist und die Aufgabe 5 + 6 ein Beispiel für ein Zwischenergebnis größer als Neun. Mit dem Vergleich stützt sie ihre Argumentationsregel, dass die Höhe der Zwischenergebnisse Einfluss auf die Quersumme des Ergebnisses hat, mit dem Übertrag als differente Auswirkung hoher Zwischenergebnisse. Mit dem Toulmin-Schema könnte ihr Argument wie in Abbildung 6.28 aufgeschlüsselt werden.

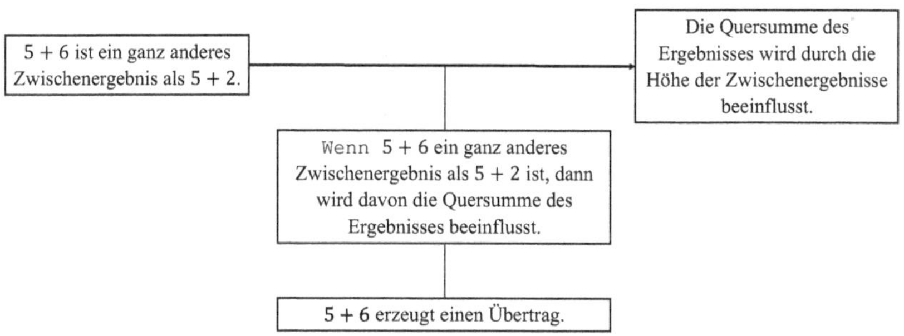

Abbildung 6.28 Erstes Toulmin-Schema für das zweite Fallbeispiel ‚Fokus auf Beispielfolge'

Die Bezugnahme auf den Übertrag bleibt in der Interaktion implizit. Sie wird nicht vom anderen Kind und auch nicht vom Interviewer aufgegriffen. Stattdessen fragt der Interviewer nach weiteren Auffälligkeiten:

Phase 2.4.3: Interviewer fragt nach anderen Auffälligkeiten (00:16:08-00:17:37)

232 I Mhm, fällt euch an dem Ergebnis äh an den Aufgaben noch was auf' Wieder bei der Rechnung'

233 M Bei welcher (.) rechnung' Hä wie' Bei welcher Rechnung'

234 I Naja ihr habt ja viermal habt ihr was gerechnet und-

235 M Ja, diese Rechnungen (tippt auf 543+267=810) nä'

236 I Genau, zweimal ist neun rausgekommen (zeigt auf Ergebnisse mit Quersumme 9), einmal achtzehn *(zeigt auf Ergebnis mit Quersumme 18) und einmal *siebenundzwanzig und irgendwie müssen da doch noch Unterschiede sein.

237 T *Achtzehn einmal

238 M *Hier fällt mir.. hier hier (tippt mehrfach mit Finger auf die Aufgabe 543+267=810) hier fällt mir auf wir haben da (zeigt auf Ergebnis 1008) eigentlich nur eine Null mehr gehabt.

239 T *Ja

240 M *Weil wir ähm weil weil (leiser) wir *die+ **Sieben** das (tippt auf die 6 und 4 von 743+265=1008) is ne zehn (tippt unter die Zehnerstelle von 1008) und dann ist es ja ein Übertrag (tippt auf die kleine Eins in der Hunderterspalte) und ne Null. Is ne Null also.

241 T *Weil diese zwei (tippt auf die 6 und 4 von 743+265=1008)

242 T Ja

243 M Und dann ist da (tippt auf 0 in der Hunderterstelle von 1008) wieder ne Null, weils ja zehn ergeben und dann kann man ja keinen Übertrag mehr machen und muss man die Eins mit hinschreiben. Und denn haben wir eins plus acht gerechnet. Und das sind gleich neun. Und hier (zeigt auf 543+267=810) haben wirs so ähnlich gemacht. Da wars dann ähm acht plus eins wieder, nur wir haben eine- eine Null weniger gehabt, weil das hier (tippt auf 3 und 7) ne zehn ergibt nen Übertrag vi- vier plus Sieben sind dann elf. Also wenn wir das- den Übertrag nicht machen (leiser) hätten+ gehät- mü-

244 T Machen müssten

245 M Machen müssten, dann hätten wir da ja auch ne zehn raus und dann hätten wir da noch ne Null und dann wärens (leiser) Acht+ Also (3sec) ja.

Zu Beginn werden Rahmungsdifferenzen überbrückt und ein Arbeitsinterim entwickelt: Es sollen weitere Unterschiede aus den bisherigen Aufgaben gefunden werden. Ohne lange überlegen zu müssen, vergleicht Melina die Ergebnisse 810 und 1008 und stellt fest, dass bei letzterer lediglich eine Null mehr ist (Turn 238). Sie abstrahiert damit auf die Ziffern der Summen, da der Stellenwert der Ziffern für ihre Aussage nicht relevant ist. Die Frage des Interviewers hat sie folglich so interpretiert, dass ihr noch etwas anderes an den Aufgaben auffallen muss als die Konstruktion der Summanden. Folgerichtig sucht sie Besonderheiten in den berechneten Summen und findet diese in den Summen der ersten und zweiten Aufgabe.

In den weiteren Turns dieser Phase beschreibt Melina das Zustandekommen der unterschiedlichen Ergebnisse. Interessant ist hierbei in Turn 240 und 243, dass sie ein neues mathematischen Objekt durch Weglassen eines eigentlich entstehenden Übertrags konstruiert:

Wenn man den Übertrag von Drei und Sieben wegließe, würde bei der Zehnerstelle der Summe auch eine Null stehen. Der zweite Übertrag wird regulär gemacht, wodurch insgesamt 800 als Summe mit der Quersumme Acht entstehen würde.

Insgesamt kann die Szene 2.4 so zusammengefasst werden: Melina nimmt eine strukturelle Perspektive auf das Phänomen ein. Diese Perspektive ist aber schlecht zu kommunizieren und wird von den anderen Interaktanten nicht erkannt. Der Interviewer fragt nach weiteren Auffälligkeiten und erhofft sich dadurch einen Bezug zum Übertrag, der eigentlich schon vorhanden ist. Melina hingegen kann die Frage des Experten nach weiteren Auffälligkeiten so deuten, dass ihre Bezugnahme auf die Höhe der Zwischenergebnisse unpassend ist. Die Folge dieses Missverständnisses zeigt sich in der Phase 2.5.1: Der Interviewer fragt nach weiteren Aufgaben mit Quersumme 27. Da die Bedeutung des Übertrags als übergeordnetes Phänomen nicht vom Interviewer bestätigt wurde, zieht sich Melina in das Empirische zurück. Die Frage des Interviewers wird nur auf das Erzeugen einer weiteren konkreten Aufgabe reduziert – und nicht als Frage nach Strukturen verstanden, die zur Quersumme 27 führen.

Szene 2.5: Spaltenweise Vertauschung von Ziffern zur Generierung neuer Aufgaben (00:17:38-00:22:21)		
Phase 2.5.1: Weitere Aufgaben mit Summe 999 (00:17:38-00:18:35)		
246	I	(5sec) Mhh.. ihr habt jetzt ja eine Aufgabe gefunden, bei der die Quersumme wirklich siebenundzwanzig war.
247	M	Ja
248	I	So wie ihr auch gedacht *hattet
249	M	*Weil-
250	I	Kann man auch ne- Gibt es noch mehr Aufgaben, bei denen das Ergebnis neunhundertneunundneunzig ist'
251	T	Neunhundertneunundneunzig
252	I	Oder bei der *das Ergebnis
253	T	*Da (tippt auf die berechnete Aufgabe 642+357=999)
254	M	Siebenundzwanzig ist'
255	I	Genau
256	M	Ähm also wenn man also so man müsste *eigentlich
257	I	*Ihr dürft gerne ausprobieren und denn ausschreiben
258	M	Ja (greift zu einem leeren Blatt)
259	T	Ich schreibe (greift zum gleichen Blatt und legt es vor sich hin)
260	M	(tauscht die Ziffernkarten 6 und 3) So

Der Interviewer fragt zunächst nach weiteren Aufgaben mit der Summe 999 und verändert die Frage dann nach weiteren Aufgaben mit Quersumme 27 (Turn 250 und 252–255). Melina vertauscht nach kurzem Überlegen die Ziffern an der Hunderterstelle vom ersten und zweiten Summanden vertauscht und erzeugt so eine neue Aufgabe mit Quersumme 27. Aus einem bekannten Beispiel leitet sie folglich mithilfe struktureller Überlegungen ein weiteres Beispiel her. Das Konkrete steht im Vordergrund.[1] Mit dem Toulmin-Schema kann dies wie in Abbildung 6.29 zusammengefasst werden:

[1] Es könnte daher auch als empirisch-konstruktives Argument eingeordnet werden (Schwarzkopf (2003, S. 231–232).

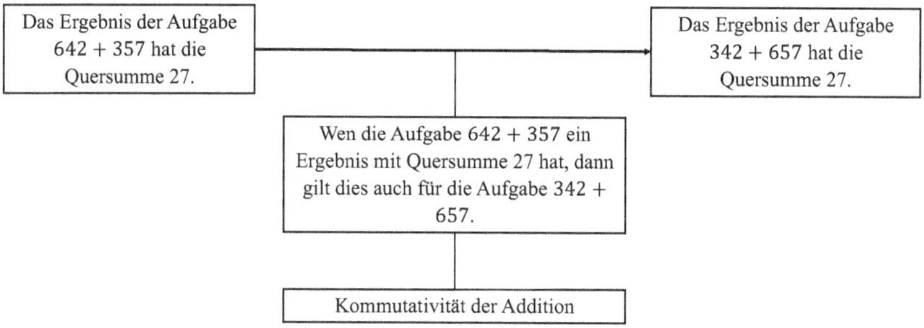

Abbildung 6.29 Zweites Toulmin-Schema für das zweite Fallbeispiel ‚Fokus auf Beispielfolge'

Drittes Fallbeispiel: Leon und Thore – Quersummenregel mit Zahlenscheiben
Der Interviewer hat bereits die neue Darstellung „Zahlenscheiben" eingeführt. Er betonte, dass der Aufbau von Zahlenscheiben immer gleich sei. Die Kinder zeigten keine Anzeichen für Verständnisprobleme. Anschließend haben die Kinder den ersten Teil des ersten Arbeitsblattes bearbeitet. Die Phase setzt ein, als die Kinder mit dem zweiten Teil des ersten Arbeitsblattes beginnen:

Phase 1.2.2: Beginn zweiter Teil, erstes Arbeitsblatt: Division durch neun der ersten Zahlenscheibe (00:04:53-00:07:30)

19	I	Ok, wenn ihr das beide habt, dann geht es jetzt auf der rechten Seite weiter. Und zwar sollt ihr jetzt die Zahlenscheiben immer durch neun teilen.. Und überlegen was kommt als Ergebnis raus und ganz wichtig welcher Rest kommt raus.
20	T	Hä'

Der vorausgesetzte Begriff „Rest" war nicht bekannt oder dessen Bedeutung zumindest in dem Moment unklar. Das „Hä" könnte alternativ auch Verwunderung darüber ausdrücken, was das Besondere sei – Divisionsaufgaben mit Rest könnten Routineaufgabe für die Kinder sein. Auch könnten die Kinder sich fragen, was der Interviewer unter dem „Ergebnis" versteht: den Wert der Zahlenscheibe oder den Quotienten.

21 I Ok also zum Beispiel ähm bei der ersten (tippt mit Finger auf die Zahlenscheibe 1 von Thores Arbeitsblatt) wär das eins geteilt durch neun. Was kommt da raus'

22 T Null

23 I Und welcher Rest'

24 T Ähm minus minus acht'

25 I (zu Leon) Was denkst du'+

26 L Acht'

27 I Als Rest' Was bleibt über' Die- neun passt keinmal in die eins rein, das hast du ja schon gesagt. Wie viel bleibt dann noch über'

28 T Hä' Achso Acht

29 I Du hast nur einen und acht bleiben über'

30 T Minus acht'

31 I Nicht wie viele noch fehlen würden. Sondern nur das was über bleibt.

32 T (.)

Hier bestätigt sich der Eindruck, dass die Kinder eine abweichende Bedeutungszuschreibung für den Rest haben. Thore könnte den Rest in einer aufteilenden Grundvorstellung operativ als ‚Acht müssen noch subtrahiert' werden. Diese Interpretation könnte er aus dem stellenweisen Subtrahieren übertragen haben: Wenn der Subtrahend in einem Schritt größer als der Minuend ist, kann die hieraus resultierende negative Zahl als unvollständige Operation angesehen werden. Das Ergebnis der Subtraktion $3-7 = -4$ würde demgemäß gedeutet werden als Handlungsaufforderung, ein anderes Zwischenergebnis der stellenweisen Subtraktion um vier zu reduzieren.

In den folgenden Turns gibt es keine Hinweise darauf, dass Thore ‚minus minus acht' gemeint hat. Die Doppelung ist an dieser Stelle daher nur sprachlicher Herkunft und besitzt für Thore keine inhaltliche Bedeutung. Die Antwort „Acht" von Leon in Zeile 26 kann mehrere Bedeutungen haben:

- Er hat eigentlich die gleiche Bedeutungszuschreibung wie Thore. Durch die Nachfrage des Interviewers variiert er jedoch die Antwort. Oder er möchte ebenfalls ausdrücken, dass noch acht subtrahiert werden müssen. Hierbei würde er die Nachfrage des Interviewers dahingehend interpretieren, dass nur strittig ist, welche Zahl noch subtrahiert werden muss.
- Leon interpretiert den Rest als das, was noch bis zum nächsten Neunervielfachen fehlt.

Möglicherweise haben für die Kinder „acht" und „minus acht" in dieser Situation auch die gleiche Bedeutung: Von Neun passt einer in die Eins und acht bleiben übrig. In den weiteren Turns kann jedenfalls keine gemeinsame geteilt geltende Deutung des Rests für die Aufgabe 1:9 hergestellt werden. Der Interviewer wiederholt die Aufgabe und markiert den Quotienten null als unstrittig. Mit dem „Reinpassen" (Turn 27) interpretiert der Interviewer die Aufgabe ebenfalls in der Grundvorstellung Aufteilen. Nach der Antwort von Thore in Turn 28 stellt der Interviewer die Korrektheit infrage. Daraufhin wechselt Thore den Rest von acht wieder auf „minus acht'". Das Anheben der Stimme zeigt seine Unsicherheit darüber, ob der Interviewer den Begründungsbedarf mit der Antwort befriedigt sehen wird.

In Zeile 31 betont der Interviewer, dass er unter dem Rest nicht die Differenz zum nächsten Neunervielfachen versteht. Auf diesen Hinweis reagiert Thore nur kurz und leider unverständlich. Wenn die Kinder den Rest als noch zu bewältigende Subtraktion deuten, würde dieser Hinweis aber auch die Bedeutungszuschreibung der Kinder nicht anzweifeln.

Insgesamt zeigt sich in diesem Ausschnitt eine potenzielle Hürde, die in Übungskontexten zur Anbahnung operativer Beweise bestehen kann. Der Übungskontext enthält Aufgaben, von denen vermutet wird, dass an ihnen das Entwickeln und Führen des operativen Beweises besonders zugänglich ist. Dies können zum Beispiel die kleinsten Beispiele einer Folge sein, wie hier die kleinste Stufenzahl. In Verbindung mit den anderen Stufenzahlen 10, 100 und 1000 kann der Aufbau der Zahlenscheiben durchdrungen werden. Zum Zeitpunkt der Bearbeitung stehen für die Kinder aber noch nicht diese übergeordneten Übergänge zwischen verschiedenen Aufgaben im Fokus, sondern nur die Übergänge innerhalb einer Aufgabe. Und hier kann dann die Sinnhaftigkeit für solche operativen Grenzfälle des Phänomens, wie hier 1:9, unklar sein.

Untermauert wird diese Interpretation vom weiteren Verlauf der Interaktion. Mit der Beziehung zur nächsten Aufgabe 10:9 kann auch die Aufgabe 1:9 als Mitglied der Beispielfolge hergeleitet werden:

33	I	Vielleicht wird das klarer, wenn ihr euch das beim zweiten (zeigt auf Zahlenscheibe 10 auf Arbeitsblatt von Thore) anguckt. Wie ist das denn bei zehn geteilt durch neun'
34	L	(Einen?)
35	I	Und der Rest'
36	L	(4sec) (Keine Ahnung?)

Die Frage des Interviewers kann sich wieder auf den Quotienten und den Rest beziehen. Die Probleme in der Verständigung führen an dieser Stelle vermutlich dazu, dass die Kinder „keine Ahnung“ (Turn 36) haben bezüglich der Aufgabe.

37	I	Die neun passt einmal in die zehn und wie viel bleibt dann noch über'
38	T	**Einer**
39	I	Genau.. Und das schreibt ihr auch auf.
40	T	Es bleibt immer einer übrig.
41	I	Wie bist du da jetzt so schnell drauf gekommen' Rechne das- Wie bist du da jetzt so schnell drauf gekommen'
42	T	Weil neun durch zehn sind eins und dann bleibt immer einer übrig

In Turn 37 ändert der Interviewer die Frage nach dem Rest zur Frage danach, wie viel übrig bleibt. Nun kann Thore ohne zu zögern die korrekte Antwort geben. Anschließend äußert er noch, dass „immer“ einer übrig bleiben würde (Turn 40 und 42) – vermutlich ist dies seine Antwort auf die Entdeckerfrage des Arbeitsblattes. Auf Nachfrage des Interviewers bezieht er diese Verallgemeinerung vordergründig nur auf die vorliegende Aufgabe. Damit bleibt unklar,

- ob er nur ausdrücken wollte, dass die Aufgabe 10:9 immer den gleichen Rest besitzt,
- oder ob er ausdrücken wollte, dass die Summe aus Kern und Einerring immer den gleichen Rest besitzt,
- oder ob er sich zunächst auf die operative Serie bezogen hat und nur durch die Nachfrage des Interviewers die Plausibilität an einer Aufgabe beispielhaft gezeigt hat.

Das Vertauschen vom Dividenden und Divisor („neun durch zehn“) deutet daraufhin, dass die konkrete Aufgabe für ihn nicht im Vordergrund steht. Eine weitere Deutung ergibt sich in Verbindung mit der Entdeckerfrage der operativen Serie (siehe Abbildung 6.30).

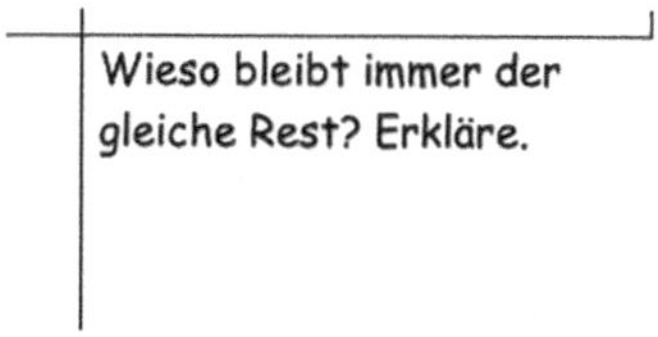

Abbildung 6.30 Ausschnitt vom Arbeitsblatt

Die Formulierung der Entdeckerfrage ermöglicht einen Schluss vom Rest der ersten Aufgabe auf den Rest der weiteren Aufgaben: Wenn der Rest der ersten Aufgabe eins ist, dann müssen auch alle anderen Aufgaben den Rest eins lassen. Die Stützung des Arguments wäre in dieser Deutung nicht mathematisch-strukturell, würde aber geschickt die Gestaltung des Arbeitsblattes für Erkenntnisgewinne ausnutzen.

43 I Ok, denn schreib das schon mal hin. Also Ergebnis eins und Rest eins.

44 L (setzt mit Stift unten auf dem Arbeitsblatt an)

45 I Ne, da (zeigt auf oberen Teil vom Arbeitsblatt) bei der Zahlenscheibe.

46 T Achso, da (setzt den Stift in der Zeile der Zahlenscheibe 1 an)

47 I Genau, also Ergebnis eins Rest eins.

48 T Hier' (zeigt auf Zahlenscheibe 1) (leiser) Ja nä'+

49 I Was kommt da denn-

50 T Ergebnis eins Rest eins. Ja hä'

51 I (zu Leon) Würdest du auch sagen das da das Ergebnis eins ist' Eins geteilt durch neun' Wie oft passt die neun in die eins'+

52 L Null mal

53 I Genau. Und was bleibt über'

54 T Einer.

55 I Genau. Also null Rest eins.

56 T (leise, schreibend) Null Rest eins+

In diesem Abschnitt wird ausgehandelt, was unter dem Ergebnis verstanden werden soll. Zunächst geht es in Turn 43 darum, das Ergebnis der Divisionsaufgabe 10:9 zu notieren. Leon allerdings scheint als Ergebnis die Antwort auf die Entdeckerfrage unten auf dem Arbeitsblatt zu verstehen – zumindest setzt er dort den Stift an (Turn 44). Die Korrektur des Interviewers wiederum (Turn 45) scheint Thore in Turn 46 so zu interpretieren, dass als Ergebnis der Wert der ersten Zahlenscheibe zu verstehen ist – zumindest zeigt er auf die Zahlenschreibe mit dem Wert 1. Die Bestätigung des Interviewers in Turn 47 scheint sich aber wieder auf die zweite Aufgabe des Zettels zu beziehen.

In diesen Turns findet sich somit eine ungeplante produktive Irritation:

1. Thore möchte routinemäßig „Quotient 1 und Rest 1“ auf das Arbeitsblatt schreiben. Er vertraut hierfür zunächst der fachlichen Autorität des Interviewers: Es wurde auf die Zahlenscheibe Eins gezeigt, also wird auch dort das Ergebnis und der Rest notiert.
2. Thore bemerkt, dass für diese Zahlenscheibe auch Null als Quotient festgehalten wurde. Der Quotient kann aber nicht Null und Eins sein.
3. Die Irritation wird nicht aufgelöst, indem das Ergebnis der Zahlenscheibe Zehn zugeordnet wird. Stattdessen möchte der Interviewer, bezogen auf die Zahlenscheibe Eins klären, ob Eins oder Null als Quotient korrekt ist. Leon kann zunächst aus dem kollektiv Geltenden wiederholen, dass der Quotient Null ist (Turn 52). Thore kann anschließend erstmalig den Rest korrekt benennen (Turn 54).

Aber warum nennt Thore nun auf die gleiche Frage des Interviewers (Was bleibt über?) nicht mehr „minus acht“, sondern Eins als Rest? Die Ursache wird in der Relation zwischen den beiden besprochenen Divisionsaufgaben gesehen. Die Besprechung der 10:9 ermöglicht es ihm die Dividenden zueinander in Beziehung zu setzen: Der Quotient von 10:9 ist Eins und Zehn ist genau neun größer als Eins. Also muss der Quotient von 1:9 Null sein. Der operative Grenzfall wird aus einem anderen Beispiel hergeleitet. Damit kann die Irritation auch als produktiv angesehen werden, weil mit ihr die Strukturen zwischen zwei Aufgaben in den Fokus rücken – auch wenn dies nur geschieht, um auf die Eigenschaft einer konkreten Zahl zu schließen. Zusammenfassend ergibt sich für das Toulmin-Schema die Abbildung 6.31.

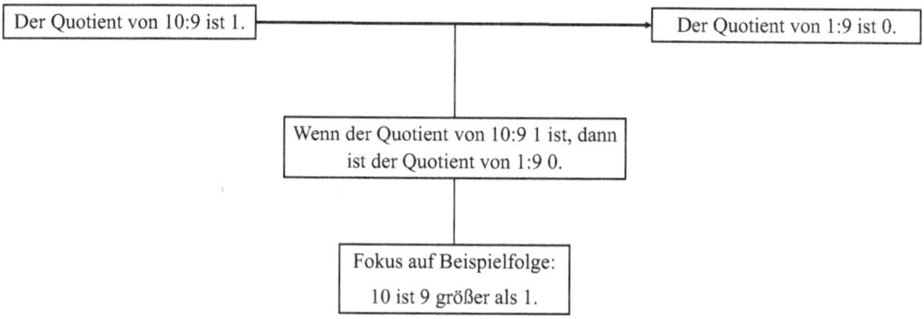

Abbildung 6.31 Erstes Toulmin-Schema für das dritte Fallbeispiel ‚Fokus auf Beispielfolge'

Der Fokus auf die Beispielfolge lässt sich auch noch in der zweiten Episode des Interviews rekonstruieren. In der Szene 2.2 steht die 602 im Mittelpunkt:

Szene 2.2: Betrachtung der 602 (00:27:59-00:31:59)		
Phase 2.2.1: Legen der 602 (00:27:59-00:28:25)		
158	I	Okay, denn nehmt jetzt mal die Zahl sechshundertzwei.
159	T	Sechshundertzwei.. zwei, dann brauchen wir *... da
160	L	*Warte nein.. da (legt die Zahlenscheibe 2)
161	T	Ja zwei und dann warte, ich hab, sechshundert, sechshundert, sechshundert, sechshundert.. da (nimmt die 600 aus dem Stapel und legt sie rechts neben die 2)

Die 602 (siehe Abbildung 6.32) wird zielgerichtet gelegt. Die Anordnung der Zahlenscheiben legt jedoch nahe, dass die Kinder die Zahlenscheiben nicht mit den Ziffern im Zahlwort identifizieren, weil sie nicht entsprechend ihren Positionen im Zahlwort angeordnet sind.

Phase 2.2.2: Quotient von 602 (00:28:26-00:30:07)		
162	I	Und was bleibt da für ein Rest, wenn man die durch neun teilt' Sechshundertzwei'.. oder.. was für ein Ergebnis und welcher Rest bleibt'
163	L	(12sec) Zwei (?3sec) und vier bleiben als Rest
164	I	Bei sechshundertzwei'
165	T	*Warte
166	L	*Ne

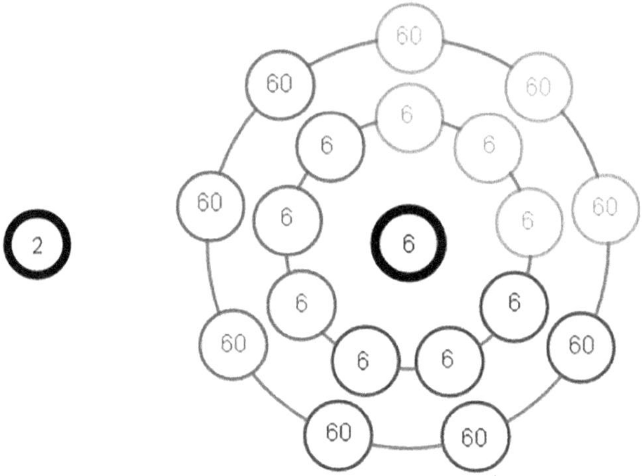

Abbildung 6.32 Gelegte 602 (schematische Darstellung)

Der Interviewer fragt zunächst nur nach dem Rest und dann auch nach dem Ergebnis. Mit der Frage nach dem Ergebnis wird den Kindern eine Möglichkeit der Restbestimmung aufgezeigt, die den Quotienten nutzt, und nicht die Strukturen der Zahlenscheiben. Leons Antwort in Turn 163 ist leider nur zu einem geringen Anteil akustisch verständlich, wodurch die Rationalität hinter der Vier als Rest nicht rekonstruiert werden kann. Die Nachfrage des Interviewers legt keine Rationalität offen (Turn 164–166).

167	I	Können da nicht auch wieder die Zahlenscheiben bei helfen'
168	T	Sechshundertzwei (nimmt 600 in die Hand und tippt einzelne Zahlen mit dem Finger an)(14sec) Das *sind
169	I	*Leg die mal bitte auf den Tisch
170	L	(18sec) Sechsundsechzig mal kann man die durchteilen und-
171	T	(leise) Sechsundsechzig mal+
172	I	Und was bleibt als Rest'
173	T	Als Rest, wenn man die (leiser werdend) sechsundsechzig mal neun rechnet+.. dann bleiben da, dann bleiben da, dann bleiben da vier' Ne **zwei**
174	I	Wie bist du denn hier auf die sechsundsechzig gekommen Leon'
175	L	Weil ich habe das immer plus elf gerechnet und bei eins warens elf, bei zwei warens zweiundzwanzig und da kam ich auf die sechsundsechzig.

Der Rest zwei in Turn 173 könnte bedeuten, dass er für die 600 keinen Rest ermittelt hat. Mit mehr Sicherheit lässt sich die Rationalität hinter der 66 als Quotient rekonstruieren. Leon stellt eine Beziehung her zwischen der Aufgabe 100:9 mit bekanntem Quotienten und der Aufgabe 600:9 mit noch unbekanntem Quotienten. Die 600 lässt sich, ausgehend von der 100 als Startzahl, durch die fünffache Addition von 100 erreichen. Also kann auch der Quotient der 600 ermittelt werden, indem zur 11 fünfmal die 11 addiert wird. Leon nutzt also Strukturen, um die Eigenschaft einer konkreten Zahl herzuleiten. Die Korrektheit des Quotienten wird nicht durch die Strukturen der Zahlenscheibe gestützt, sondern durch den Fokus auf die Beispielfolge (siehe Abbildung 6.33).

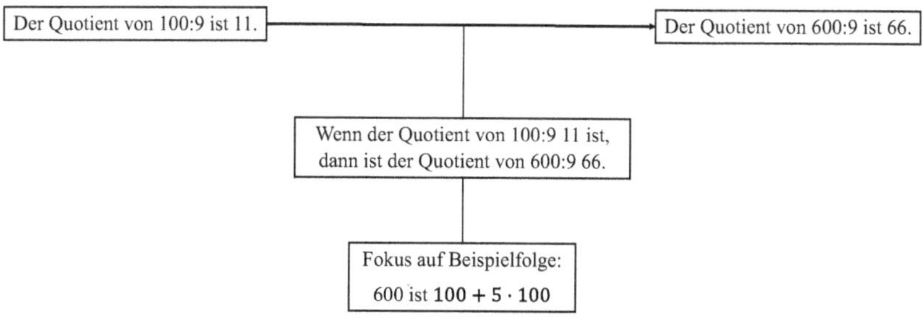

Abbildung 6.33 Zweites Toulmin-Schema für das dritte Fallbeispiel ‚Fokus auf Beispielfolge'

Phase 2.2.3: Rest von 602 (00:30:08-00:30:34)		
176	I	Ok, und was bleibt dann als Rest'
177	L	Mhh
178	T	Elf_mal_neun
179	L	Zwei
180	T	(nickt) Zwei. (leise) Drei'+
181	I	Ihr habt gesagt, bei dem (keine Zeigebewegung) Ergebnis ist es elf, Rest eins, zweiundzwanzig, Rest zwei, dreiunddreißig, Rest drei, und dann ist es hier (keine Zeigebewegung)'
182	L	Sechs.
183	I	Genau.

In Turn 178 könnte Thore den Gedanken von Leon aufgreifen. Er könnte die von Leon genannte elf multiplikativ mit der neun verbinden. Vielleicht ist dies auch nur ein Zwischenschritt, um anschließend das Ergebnis noch zu versechsfachen. Die Reihenfolge der Faktoren zeigt, dass sich Thore in der Neunerreihe bewegt. Die Nutzung der Zahlenscheiben würde die Neun als Multiplikator bedeuten.

Leon wiederholt in Turn 179, dass er den Rest zwei vermutet. Thore stimmt ihm zu. Leise schiebt er jedoch noch eine „Drei“ hinterher (Turn 180). Seine Überlegungen zum Rest scheinen also noch nicht beendet zu sein. Der Interviewer geht darauf nicht ein, sondern greift das Muster in den Beispielen auf (Turn 181). Leon kann das vom Interviewer begonnene Muster fortsetzen und sechs schlussfolgern. Die 66 wird von ihm nicht genannt, was seinen Fokus auf den Rest ausdrückt. Der Interviewer bestätigt die Korrektheit, obwohl unklar bleibt, ob sich Leon auf die 602, auf die 600, oder nur auf die Fortsetzung des Musters vom Interviewer bezieht. Da er zuvor bereits strukturelle Beziehungen zwischen der 100 und 600 genutzt hat, erscheint es als wahrscheinlich, dass er die Sechs in Verbindung zur 600 nennt. Pessimistisch gedeutet basiert die Herleitung des Restes in dieser Phase nur aus der Fortsetzung des Musters (siehe Abbildung 6.34).

Optimistisch gedeutet ist die Argumentationsregel erneut durch den Fokus auf die Beispielfolge gestützt. Mit dem Bezug auf die 600 ergibt sich für das Toulmin-Schema die Abbildung 6.35.

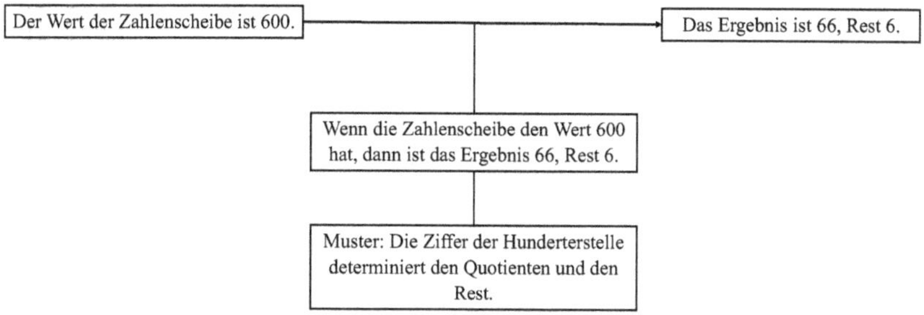

Abbildung 6.34 Drittes Toulmin-Schema für das dritte Fallbeispiel ‚Fokus auf Beispielfolge'

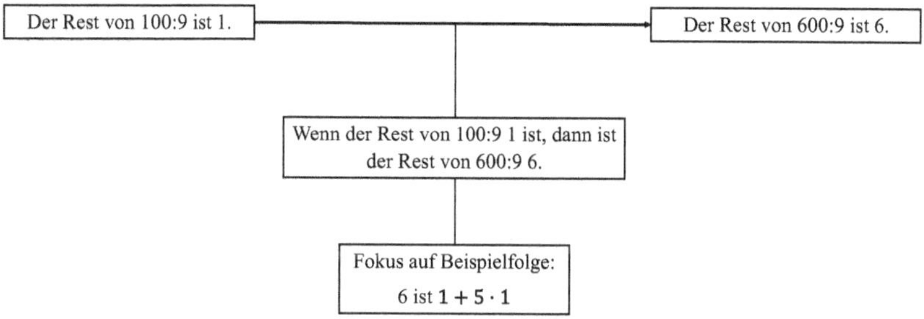

Abbildung 6.35 Viertes Toulmin-Schema für das dritte Fallbeispiel ‚Fokus auf Beispielfolge'

Die Interaktion setzt sich damit fort, dass der Interviewer die Beziehung des Quotienten und des Restes zur Zahlenscheibe herstellt (Turn 184):

Phase 2.2.4: Division mit Zahlenscheiben (00:30:35-00:31:43)

184	I	Wo, also (3sec)ähm, findet ihr die Ergebnisse sechsundsechzig und sechs auch irgendwo da bei der Zahlenscheibe'
185	T	Sechsundsechzig und sechs (greift zu der Zahlenscheibe 600)
186	L	Ähm, die beiden und die (zeigt nacheinander auf die Ringe und Mittelzahl der 600)
187	T	Ja
188	I	Okay, könnt ihr das erklären, warum das Ergebnis genau da so auch steht'
189	L	(3sec) Ähm, weil das immer neun sind (fährt mit dem Finger um den 9*60=540er Ring und um den 9*6 Ring)
190	I	Okay.. und wieso'
191	L	(lacht)
192	T	(lacht)
193	I	Also das war schon vollkommen richtig, aber kannst du das noch ein bisschen genauer erklären'
194	L	Öhh
195	T	Mhh, das, das sind alles neun immer (fährt mit dem Finger den 9·60 Ring entlang)
196	I	Mhm
197	T	Und dann ähm, und das ist dann der zehnte (zeigt auf Mittelzahl)
198	L	(leise) Das geht doch leicht+
199	I	Also was bleibt immer über'
200	T	Zehn, ne, irgend-, unter-
201	I	Wo steht denn der Rest immer'
202	L	Der Rest steht immer in der Mitte
203	T	Ja
204	I	Aha, okay
205	L	Und ähm, die anderen beiden Zahlen stehen immer, also (zeigt auf die Diagonalen entlang mehrerer Ringe) die beiden, die beiden, die (zeigt nacheinander auf mehrere Diagonalen).. die muss man immer zusammenrechnen.
206	L	Mhm

In den Zeilen 184–187 zeigt sich, dass Thore und Leon die Zahlen 66 und 6 auf die Zahlenscheibe der 600 beziehen. In einer pessimistischen Deutung erkennen Thore und Leon in den „beiden" (Turn 186) nur den Rest. In einer optimistischeren Deutung stellen Thore und Leon gemeinsam fest, dass Quotient und Rest sich an den „beiden" (Turn 186) Ringzahlen und der Mittelzahl ablesen lassen. Aus Leons Geste wird geschlussfolgert, dass er die 66 in Relation zu den

Ringen und die sechs in Relation zur Mittelzahl setzt. Zwar äußert nur Leon den Zusammenhang der Zahlen zur Zahlenscheibe. Thore antwortet allerdings als erstes (Turn 185) und stimmt Leon in seiner Aussage zu (Turn 187). Es wird danach eine Argumentation initiiert (Turn 188).

Das vom Interviewer benutzte Wort „Ergebnis" (Turn 188) wird vermutlich von Leon als Quotient interpretiert, was ersichtlich wird, weil er nach kurzer Zeit mit Worten und Händen die Ringstruktur als Begründung heranzieht (Turn 189). Alternativ deutet er Ergebnis als Rest und möchte darauf verweisen, dass die Ringe keinen Rest lassen. Auch hier würde er eine strukturelle Begründung anstreben, in der die Neunervielfachen der Zahlenscheibe als Struktur erkannt und argumentativ eingebunden werden. Die erste Alternative unterstellt weniger Komplexität und wird daher als plausibler angesehen. In dieser Deutung dienen die Neunervielfachen als strukturelle Stützung, um von den Ringzahlen auf den Quotienten zu schließen. Mit dem Toulmin-Schema kann das Argument wie in Abbildung 6.36 dargestellt werden.

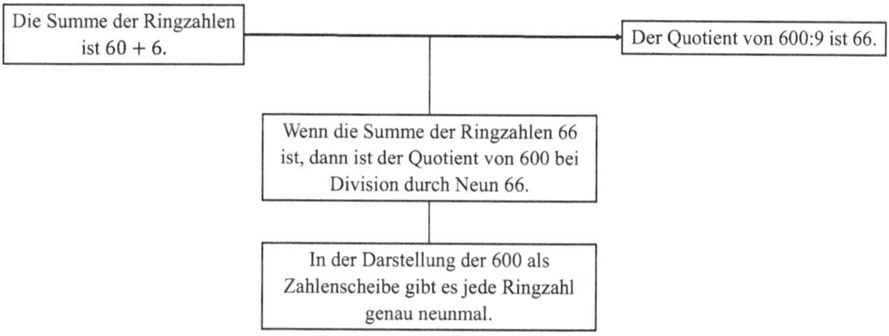

Abbildung 6.36 Fünftes Toulmin-Schema für das dritte Fallbeispiel ‚Fokus auf Beispielfolge'

Wenn die Kinder unter Ergebnis Rest verstehen, ist neben der strukturellen Stützung auch noch eine empirische Stützung denkbar (siehe Abbildung 6.37).

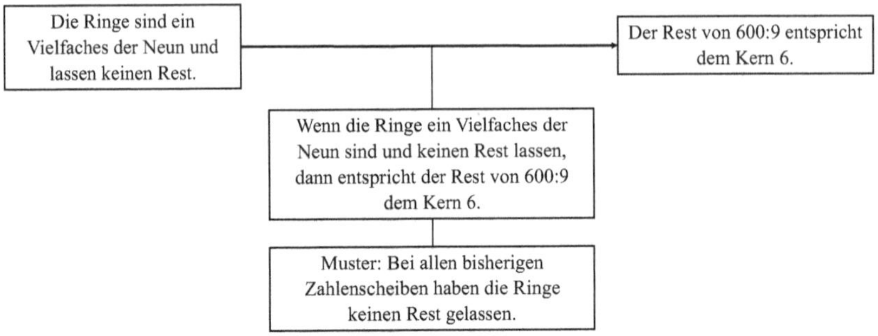

Abbildung 6.37 Sechstes Toulmin-Schema für das dritte Fallbeispiel ‚Fokus auf Beispielfolge'

Das Argument wird akzeptiert, soll aber noch weiter expliziert werden. Die erneute Begründungsaufforderung ist für beide vielleicht zu künstlich, banal oder undeutlich. Das nachfragende „wieso" könnte durch Erfahrungen aus dem alltäglichen Unterricht auch so wahrgenommen worden sein, dass die Begründung falsch gewesen sein muss. Auf jeden Fall erzeugt die Nachfrage bei beiden ein Lachen (Turn 190–192). Der Interviewer deutet das Lachen als Verunsicherung und bekräftigt die beiden in ihrem Argumentationsansatz (Turn 193).

In Turn 195 zeigt auch Thore an, dass er die Neunerstruktur der Ringe sieht. Da der Interviewer die Argumentation danach noch nicht beendet, setzt Thore seinen Gedanken fort. Die Sechs als Zahlenkern nennt er das „Zehnte" (Turn 197). In Zusammenhang mit der Zahlenscheibe 10 könnte die Aussage so verstanden werden: Auf dem innersten Ring sind neun Einsen und die Eins vom Kern ist die Zehnte. Thore argumentiert aber am Beispiel 600 und erklärt, dass *jeder* Ring aus neun gleichen Zahlen besteht. Die ordinale Interpretation des Kerns als zehntes Element lässt sich daher nur eingebettet in die Divisionsvorstellung des Verteilens nachvollziehen: Jeder Ring besteht aus neun gleichen Ringzahlen, die sich gerecht an neun imaginäre Personen verteilen lassen. Die innerste Ringzahl taucht hingegen neunmal im Ring und einmal im Kern auf. Das ‚Zehnte' ist für Thore daher das, was beim Verteilprozess übrigbleibt.

Leon hat gegenüber Thore keine Einwände (Turn 198) und der Interviewer fragt nach dem Rest. Seine Antwort „Zehn" revidiert er sofort selbst (Turn 200). Er muss also eine Ungereimtheit in seiner eigenen Aussage wahrgenommen haben. Sein letztes Wort in der Äußerung ist „unter". Möglicherweise muss Thore hier zwei Bedeutungen der Mittelzahl in Verbindung bringen: Auf der einen Seite die Deutung als zehnter Teil der Summe und auf der anderen Seite die Deutung als Rest der Division. Er verwendet also zunächst die Deutung als Teil der Summe und nimmt dann den Widersprich wahr, dass bei vollständiger Division durch neun der Rest Zehn unmöglich ist. Alternativ meint er die zehnte Sechs – dies würde aber das „unter“ nicht erklären.

Bevor Thore seinen Gedanken aber weiter ausschärfen kann, formuliert der Interviewer in Turn 201 seine Frage um. Er verengt die offene, allgemeine Frage auf den geometrischen Ort des Rests. Während die Kinder also vorher durchaus versucht haben, allgemeine Aussagen herzuleiten, reicht nun mit der Verengung (zumindest vorerst) das Verweisen auf den richtigen Ort. Der Interviewer nutzt darüber hinaus auch ein verallgemeinerndes „immer“. Diese Verallgemeinerung des Interviewers ist mathematisch unkorrekt, weil der Rest nur bei Summen von Zahlenscheibenkernen kleiner als Neun unmittelbar abgelesen werden kann. In der Interaktion haben die Kinder aber bisher nur Zahlen kennengelernt, für die die Aussage gültig ist. Sie hinterfragen die Verallgemeinerung vom Interviewer daher nicht, sondern beide sind sich einig, dass der Rest immer dem Kern entspricht.

Die Aussage in Turn 205 ist zwar nicht unmathematisch, aber unpräzise. Das Addieren der Ringzahlen ist zwar notwendig, aber nicht hinreichend bei einer Mittelzahl/-ensumme größer acht. Dann muss für den Quotienten der Zahl zur Summe der Ringzahlen noch der Quotient der Quersumme addiert werden. Allerdings muss auch hier berücksichtigt werden, dass die Kinder bisher kein Beispiel berechnet haben, das gegen diese Regel verstoßen hätte. Die Vermutung von Leon ist daher durchaus bemerkenswert, weil sie in den Zahlenscheiben neben der geschickten Restbestimmung auch eine Erklärung für die Entstehung des Quotienten hineindeutet.

Insgesamt kann in dieser Phase der Beginn der Überwindung des Fokus auf die Beispielfolge gesehen werden. Zur Bestimmung von Quotienten und Rest werden nicht mehr bekannte Beispiele herangezogen, sondern Merkmale der Zahlenscheiben.

6.2.4 Fehlende Verkettung der operativen Übergänge

Erstes Fallbeispiel: Hanna, Nina und Saskia – Quersummenregel in der Stellenwerttafel

Die Ausgangssituation der Phase 3.2.4 ist, dass jeweils die zwei kleinsten Zahlen verglichen werden sollen, die mit einem, fünf, acht und neun Plättchen dargestellt wurden. Vor den Kindern liegen demnach die Zahlen 1 und 10; 5 und 14; 8 und 17; sowie 9 und 18.

Phase 3.2.4: Differenz zwischen den Zahlenpaaren (00:22:22-00:23:16)		
342	I	Wie viel größer werden die denn immer'
343	S	(9sec) Um so viele Plättchen, die man mehr nimmt.
344	I	Äh ich meine von der kleinsten jeweils zur zweitkleinsten.
345	H	Neun
346	I	Ok, also egal wie viele Plättchen ich lege, von der kleinsten zur zweitkleinsten Zahl ist der Unterschied immer neun.
347	S	Ja
348	I	Woran liegt das'
349	H	(5sec) Weil man immer eins zu den Zehnern schiebt und eins wegnimmt.
350	S	Ja
351	I	Genau, also man nimmt immer ein Einer weg und ein Zehner dazu und das macht den Unterschied von plus neun
352	S	Hier (deutet auf Einerspalte) nimmt man dann ja einen weg und dafür ist da einer dazu. Das sind dann neun, joa.

Der Interviewer markiert in seiner Frage, dass es eine Regelmäßigkeit bei den Zahldifferenzen gibt. Nach einigem Zögern benennt Saskia die Plättchen als Ursache: Die Zahlen werden um so viele Plättchen mehr, die man mehr nimmt. Ihre Antwort basiert demnach entweder auf einer selektiven Darstellungsauswahl oder ist falsch. Nur wenn sie sich auf die Zahlen eins, fünf, acht neun *oder* auf die Zahlen zehn, vierzehn, siebzehn, achtzehn bezieht, stimmt die Aussage. Denn von der eins zur vierzehn ist die Differenz 13, obwohl nur vier Plättchen hinzugenommen werden.

In beiden Deutungen vergleicht sie folglich Zahlenpaare mit ungleicher Plättchenanzahl. Dies könnte den Schluss zulassen, dass Saskia in diesem Moment keinen Zusammenhang zwischen der Interviewerfrage und der übergeordneten Problemstellung des Interviews erkennt. Ebenso plausibel ist nach Ansicht des Autors jedoch, dass das Phänomen, auf das die Frage des Interviewers abzielte, für Saskia kein Phänomen war, da für sie bereits in Phase 2.3.1 (siehe Abschnitt 6.2.2) in das kollektiv Geltende übernommen wurde, dass die Differenz beim Verschieben eines Plättchens von der Einer- in die Zehnerspalte immer neun ist. Die Frage des Interviewers konnte daher von Saskia auch so gedeutet werden, dass es über diese Regelmäßigkeit hinaus noch etwas an den mit Plättchen dargestellten Zahlen zu entdecken gäbe.

Um die Rahmungsdifferenz zu verkleinern, präzisiert der Interviewer seine Frage in Turn 344. Wie in der vorherigen Phase wird das intendierte Phänomen nun von den Kindern benannt und begründet, dass diese Wirkung immer so eintrete (Turn 349) (siehe Abbildung 6.38).

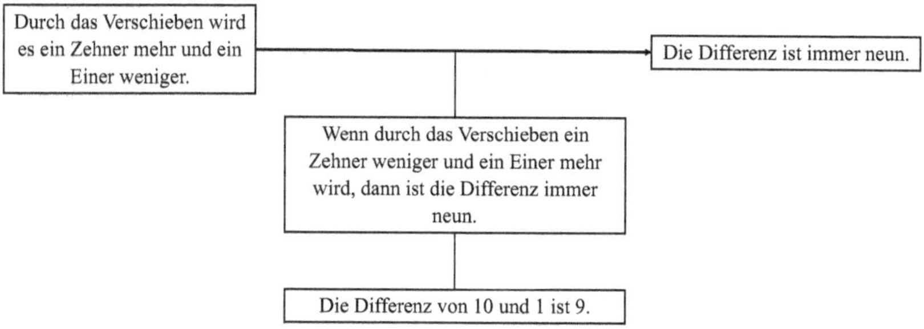

Abbildung 6.38 Erstes Toulmin-Schema für das erste Fallbeispiel ‚fehlende Verkettung der operativen Übergänge'

Auch im nächsten Abschnitt wurde eine strukturelle Stützung für den Übergang von der Zehner- in die Hunderterspalte rekonstruiert. Vor der Phase wurde die ursprüngliche Einschätzung, dass die 144 nicht durch neun teilbar ist, korrigiert, indem die Zahl losgelöst von der Stellenwerttafel in zwei Vielfache der Neun zerlegt wurde. Der Interviewer möchte nun untersuchen, ob die Teilbarkeit der 144 auch aus Handlungen in der Stellenwerttafel geschlussfolgert werden kann:

Phase 3.4.2: Bezug zur Stellenwerttafel (00:26:53-00:27:37)

371 I Hätte ich das auch in der Stellenwerttafel sehen können' Also bei der Zahl (schiebt ein Plättchen von H nach Z, es liegen nun vier Plättchen in E und fünf Plättchen in Z) sagt ihr noch die ist durch neun teilbar.

372 S Ja

373 H Mhm

374 I Fünfundvierzig, die kennt ihr aus der Neunerreihe. Wie viel wird die Zahl *jetzt

375 S *Vierundfünfzig

376 H Das ist vierundfünfzig.

377 I Äh genau, das ist vierundfünfzig. Ähm wie viel größer wird jetzt die Zahl, wenn ich ein Plättchen rüberschiebe'

378 S Um neunzig.

379 I (6sec) Ok genau und ähm (3sec) wenn die Zahl vorher durch neun teilbar ist und dann was dazukommt, was auch durch neun teilbar ist, dann ist zusammen ja auch noch durch neun teilbar.

380 S Ja.

Diese Phase liest sich wie eine Wiederholung der Phase 2.1.3. Am konkreten Beispiel stimmen die Kinder der Schlussfolgerung des Interviewers mithilfe der Summenregel der Teilbarkeit zu: Weil die 54 als Vielfaches der Neun um ein Vielfaches der Neun vergrößert wird, ist auch 144 durch neun teilbar. Die Summenregel der Teilbarkeit wird hier zwar vom Interviewer eingebracht – die erste argumentative Verwendung und Überführung in das kollektiv Geltende stammt jedoch von Saskia.

Phase 3.4.3: Verallgemeinerung (00:27:38-00:28:14)

381	I	Das heißt es ist egal, wo die neun Plättchen liegen, die Zahlen sind immer durch neun teilbar' (10sec) Würdet ihr sagen ja oder nein'
382	S	(14sec) Ja
383	I	(4sec) Wieso'
384	S	Keine Ahnung

In der letzten Phase dieser Szene sollen die Kinder beurteilen, ob sich daraus schlussfolgern lässt, dass alle mit neun Plättchen darstellbaren Zahlen durch neun teilbar sind. Nach langem Zögern stimmt Saskia der Verallgemeinerung zu – ohne zu Zögern konstatiert sie jedoch, dass sie nicht in der Lage ist, diese kollektiv fragliche Verallgemeinerung argumentativ in das kollektiv Geltende überführen zu können.

An dieser Stelle hätte sie „nur" die beiden strukturell begründeten Übergänge miteinander verketten müssen: Neun Plättchen in der Einerspalte sind durch neun teilbar. Das Verschieben von Plättchen aus der Einerspalte in die Zehnerspalte oder von der Zehnerspalte in die Hunderterspalte ändert die Teilbarkeit nicht, weil die Zahl bei jedem Übergang nur um neun oder neunzig größer werden kann. Aus diesem Grund muss jede Zahl, die mit neun Plättchen dargestellt wird, durch neun teilbar sein.

Die Hürde, die von Saskia noch nicht überwunden wurde, ist daher die Verkettung mehrerer operativer Übergänge. Für diese Kategorisierung ist hierfür auch zweitrangig, ob sie die Frage des Interviewers auf alle Zahlen bezieht, die sich in einer dreispaltigen Stellenwerttafel mit neun Plättchen darstellen lassen, oder auf alle Zahlen, die sich in einer Stellenwerttafel mit mehr bzw. beliebig vielen Spalten darstellen lassen. In beiden Fällen gelingt es ihr nicht, mehrere Übergänge miteinander zu verketten.

In der Szene 3.5 wurde anschließend versucht, die Neunervielfachen als Differenzen noch sichtbarer in der Darstellung zu machen. Wenn die 900 in der Stellenwerttafel mit neun Plättchen gelegt wird und dann ein Plättchen in die Zehnerspalte verschoben wird, ist zuerst die 900 und dann die 810 dargestellt.

Die Differenz ist in einer statischen Deutung der Darstellung nicht erkennbar, weil entweder nur die eine oder die andere Zahl dargestellt wird. Dies wird vom Autor als eine mögliche Schwierigkeit des operativen Beweises der Quersummenregel in der Stellenwerttafel angesehen. Aus diesem Grund wird in der Szene 3.5 eine Aufgabe gestellt, deren Lösung zu einer Abschwächung dieser Schwierigkeit führen könnte:

1) Eine große Zahl wird vom Interviewer mit neun blauen Plättchen in der Stellenwerttafel gelegt, z. B. die 900.
2) Ein Plättchen wird vom Interviewer in eine kleinere Spalte verschoben, sodass z. B. die 810 entsteht.
3) Die Kinder müssen die Darstellung mit roten Plättchen auffüllen, damit die Summe aus den roten und blauen Plättchen wieder die ursprüngliche Zahl ergibt. Für das Beispiel würde sich demnach anbieten, neun rote Plättchen in die Zehnerspalte zu legen.

Im bisherigen Interviewverlauf haben die Kinder schon an mehreren Stellen strukturell begründen können, dass die Differenz immer und unabhängig vom ausgehenden Objekt gleich ist, und dass diese Differenz ein Neunervielfaches ist. Die Kinder können daher auch die Differenzen aller Beispielzahlen passend ausgleichen:

- Von der 900 ausgehend verschiebt der Interviewer ein Plättchen in die Zehnerspalte. Um die 810 wieder zur 900 zu ergänzen, legen die Kinder neun rote Plättchen in die Zehnerspalte.
- Der Interviewer verschiebt ein weiteres Plättchen von der Hunderter- in die Zehnerspalte. Die Kinder ergänzen erneut neun rote Plättchen in der Zehnerspalte. Auf Nachfrage bestätigen die Kinder, dass dies allgemeingültig für jedes Plättchenverschieben von der Hunderter- in die Zehnerspalte gilt.
- Das Verschieben eines Plättchens von der Zehner- in die Einerspalte gleichen die Kinder durch das Ergänzen von neun roten Plättchen in der Einerspalte aus.
- Das Verschieben eines Plättchens von der Hunderter- in die Einerspalte gleichen die Kinder durch das Ergänzen von neun roten Plättchen in der Zehnerspalte und neun roten Plättchen in der Einerspalte aus.

Anschließend lenkt der Interviewer das Gespräch erneut auf die Begründung der Teilbarkeitseigenschaft aller Zahlen, die mit neun Plättchen in einer dreispaltigen Stellenwerttafel gelegt werden können:

Phase 3.5.7: Verallgemeinerung (00:33:08-00:33:39)

437	I	Ihr habt das genau richtig gemacht. Ähm könnt ihr damit jetzt erklären wieso ähm es bei neun Plättchen egal ist, wo die liegen, dass die Zahl trotzdem immer durch neun teilbar ist'
438	S	Ähm weil man... immer irgendwie entweder neun oder neun- oder neunundneunzig dazutut wieder dann
439	H	Du meinst **neunzig**
440	S	Das kann man ja auch durch äh neun teilen
441	I	Ja, genau.

Saskia erkennt in ihrer Antwort (Turn 438), dass ein Bezug zu den Ausgleichshandlungen aus den vorherigen Phasen hergestellt werden soll. Um dem Allgemeinheitsanspruch der strittigen Frage zu entsprechen stellt sie heraus, dass je nach Verschiebung *immer* die gleiche Differenz entsteht und durch Plättchen hinzufügen ausgeglichen werden kann. Als Beispiele nennt sie zweimal neun, wobei sie beim zweiten Aussprechen abbricht, und die neunundneunzig nennt. Das Ausgleichen impliziert nur eine Verschieberichtung, nämlich in eine kleinere Spalte hinein. Daher benennt Saskia zwei von drei möglichen Differenzen. Hanna ergänzt daraufhin die fehlende mit Nachdruck und unterstellt Saskia hierbei, dass ihr ein Fehler unterlaufen ist (Turn 439). Saskia reagiert auf Hanna mit: „Das kann man ja auch durch äh neun teilen" (Turn 440). Sie widerspricht also nicht der Korrektur von Hanna, sondern nutzt sie stattdessen, um ihr ursprüngliches Argument zu stützen: Die Entstehung der Differenzen von 9, 90 und 99 ist unstrittig und diese Differenzen sind für die vom Interviewer eingeforderte Konklusion relevant, weil somit alle möglichen Differenzen Neunervielfache sind.

Für das Argument von Saskia eröffnen sich nun zwei mögliche Deutungen:

- Die blauen Plättchen werden als (neue) Zahl interpretiert. Die roten Plättchen sind dann die Differenz der Zahl zur 900, die Summe der blauen und roten Plättchen entsprechend 900. Mit dieser Deutung würde die Frage des Interviewers so verstanden werden, dass die mit den neun blauen Plättchen darstellbaren Zahlen in ihrer Teilbarkeit durch neun teilbar sind, weil von einem Vielfachen der Neun Vielfache der Neun subtrahiert wurden. Die Summenregel der Teilbarkeit würde also in der Grundvorstellung des Abziehens genutzt werden.
- In der Stellenwerttafel wird immer die 900 als Zahl gesehen. Das Ausgleichen mit roten Plättchen wird wie ein Schieberegler auf einem Zahlenstrahl verstanden: Umso mehr blaue Plättchen in eine kleinere Spalte verschoben werden, desto kleiner wird dieser Teil der 900 und desto öfter muss der

Schieberegler von der 900 in Neunerschritten wegbewegt werden. In dieser Rahmung würde die Frage des Interviewers so verstanden werden, dass abhängig von der Verteilung der blauen Plättchen die 900 in der Stellenwerttafel immer durch neunervielfache repariert wird. Und weil die 900 oder die roten Plättchen durch neun teilbar sind, ist es auch der zu ergänzende Teil bis zur 900. Die Summenregel der Teilbarkeit würde also in der Grundvorstellung des Ergänzens genutzt werden.

Aus dem Transkript kann nicht mit Sicherheit geschlossen werden, welche Grundvorstellung genutzt wurde. Dies ist für den operativen Beweis der Quersummenregel aber auch zweitrangig. Relevant ist, dass die restwerterhaltende Eigenschaft der Verschiebehandlung erkannt und argumentativ genutzt wird. Das „auch" in Turn 440 macht hierbei deutlich, dass für Saskia die Teilbarkeitseigenschaft zur Neun bei den Differenzen im Vordergrund steht. Und dies macht wiederum nur Sinn, wenn sie dies als relevante Eigenschaft zur Beurteilung der Zahlen ansieht, die sich mit neun Plättchen darstellen lassen. Insgesamt erscheint es damit plausibel. dass sie die Hürde der fehlenden Verkettung der operativen Übergänge überwunden zu haben. Mit Toulmin lässt sich ihr strukturelles Argument wie in Abbildung 6.39 darstellen:

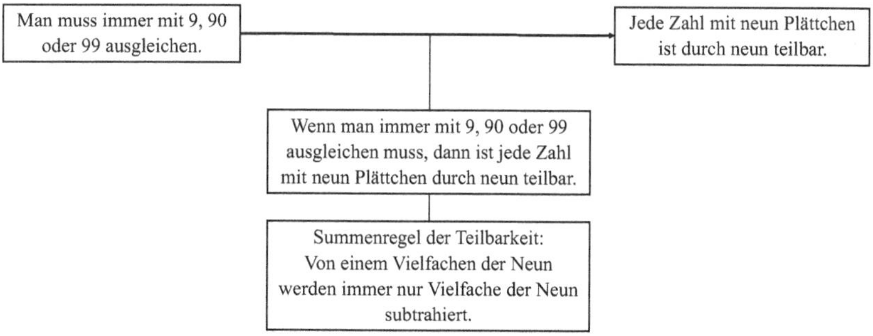

Abbildung 6.39 Zweites Toulmin-Schema für das erste Fallbeispiel ‚fehlende Verkettung von Übergängen'

Zweites Fallbeispiel: Julia und Philip – Neunerprobe in der Stellenwerttafel

Vor der Phase haben die Kinder bereits zwei Aufgaben in der Stellenwerttafel gelegt und mit jedem Übertrag neun Plättchen aus der Stellenwerttafel entfernt.

In der Phase 3.3.1 fragt der Interviewer nun, ob die Kinder mit dem Wissen eine Regel formulieren können:

```
Phase 3.3.1: Formulierung einer Regel (00:35:44-00:38:00)
277  I   Kannst du dann oder könnt ihr dann ähm sogar vielleicht eine
         Regel formulieren' Ähm mit der sich also mit der man voraussagen
         kann, wie groß die Quersumme vom Ergebnis ist'
278  P   (leise) Die Quersumme+
279  I   (3sec) Also ihr habt irgendeine Aufgabe ähm meinetwegen so (legt
         mit den Ziffernkarten die Aufgabe 357+246, 6sec) und ohne es
         auszurechnen, könnt ihr vorab sagen wie groß die Quersumme ist'
280  P   (schüttelt mit dem Kopf)
281  J   (schüttelt mit dem Kopf
282  I   Könnt ihr sagen, wieviele Überträge entstehen'
283  P   (3sec) Öh zwei
284  I   Und was würde das mit der Quersumme machen'
285  P   Das wird ne neun sein.
```

Die Frage in Turn 277 wird ohne Bezug zu einem konkreten Beispiel gestellt. Philip bricht seine anschließende Äußerung ab. Im Turn 279 konkretisiert der Interviewer seine Frage mit der Aufgabe 357 + 246:

```
357
+ 246
1 1
= 603
```

Der Interviewer lässt aber offen, welche Quersumme vorhergesagt werden soll. Daher können sich die Turns 280 und 281 auch aus dem ungenauen Arbeitsauftrag ergeben. Die Kinder können die Quersumme nicht vorhersagen, weil sie nicht wissen, welche Quersumme gemeint ist. Gegen diese Deutung spricht, dass die Kinder in ähnlichen Interaktionen eine klärende Nachfrage gestellt haben. In den Turns 282–285 kann dann mit einer zweiteiligen Frage des Interviewers die korrekte Quersumme vorhergesagt werden. Als Hürde in dieser Phase wird daher die Verkettung des Übergangs von der Aufgabe zur Anzahl der Überträge mit den Übergängen in der Quersumme (von 27 zu 18, und von 18 zu 9) gesehen.

286	I	Wieso'
287	P	Glaube ich, weil wenn man jetzt mal ausrechnet. Das sind ja sieben plus sechs sind ja dreizehn ein Übertrag. Die eins geht auf die vier also ne fünf ei eine **Null** ein Übertrag sind sechs. Sechs plus zehn plus zehn sind **sechsundzwanzig**+ Mal ne ganz andere Zahl...(leiser) sechsundzwanzig+
288	I	(9sec) Ähm
289	P	Oder sechs
290	I	Kannst du das nochmal sagen' Was du gedacht hast'
291	P	Also die sieben plus die sechs sind dreizehn ein Übertrag. Fünf plus vier plus eins sind zehn, also eine Null ein Übertrag. Drei plus sechs ne drei plus drei sind sechs, also sechs plus null plus (Stimme erhöht) **drei**.
292	I	Genau *neun
293	P	*Sind neun
294	I	Dann passt es wieder.

Der Turn 287 setzt sich chronologisch aus folgenden Rechenschritten zusammen:

1) Bei den Einern werden die Sechs und Sieben addiert.
2) Bei den Zehnern werden die Fünf und die Vier und die Eins vom Übertrag addiert.
3) Bei den Hundertern werden die Drei und die Zwei und die Eins vom Übertrag addiert.
4) Insgesamt ergibt sich für Philip $6 + 10 + 10$. Er möchte alle Zwischenergebnisse addieren und vergisst hierbei die drei Einer. Ein möglicher Grund hierfür ist, dass die Zehnerziffer eine Null ist und daher nicht berücksichtigt wird – daher macht er es auch in der Einerstelle nicht. Wenn die drei Einer mitberücksichtigt werden, ergibt sich als Summe 29. Die Ursache für die Abweichung von 27 liegt im doppelten Zählen der Überträge. Philip zählt zwei Plättchen sowohl in ihrer neuen als auch in ihrer ursprünglichen Spalte mit.
5) Philip wundert sich, dass die Quersumme nicht 9, 18 oder 27 ist.

Die Sechs in Turn 289 kann eine inhaltliche Wiederholung von Phase 1.2.1 sein: Dort hat Philip auch die Ziffernkarten addiert mit den Zwischenergebnissen $10 + 10 + 7$ und als Quersumme 7 genannt. In Turn 291 ermittelt Philip schließlich die korrekte Quersumme, indem er die schriftliche Addition der Aufgabe „im Kopf“ ausführt.

Der korrekten Berechnung im Turn 291 geht kein inhaltlicher Einwand voraus, aus dem Philip seinen Fehler in Turn 289 erkennen könnte. Er kann aber aus dem Zögern des Interviewers geschlossen haben, dass seine Berechnung fehlerhaft war, weshalb er seine Rechnung wiederholt.

Diese Phase beinhaltet im Turn 286 die Begründungsaufforderung vom Interviewer, warum die Aufgabe 357 + 246 die Quersumme Neun haben wird. Die Kinder haben diese Neun auch bereits in Turn 283 mit der Anzahl an Überträgen hergeleitet. Die Stützung ihrer Herleitung blieb zwar implizit. An anderer Stelle haben die Kinder aber bereits genannt, dass bei jedem Übertrag genau neun Plättchen entfernt werden. Und jede Aufgabe beginnt mit 27 Plättchen. Eine optimistische Deutung der Turns 277–285 könnte daher mit Toulmin wie in Abbildung 6.40 dargestellt werden.

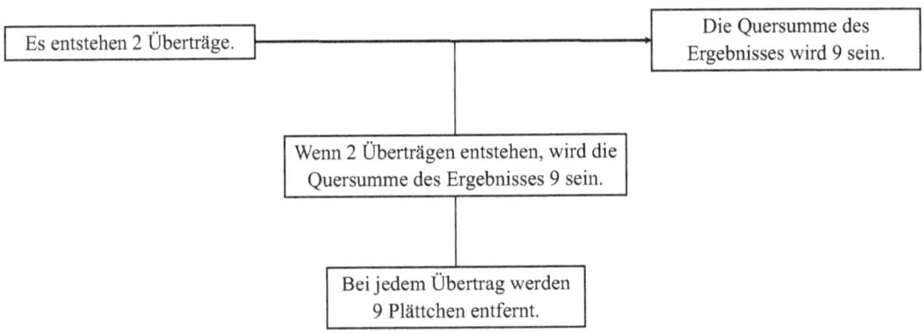

Abbildung 6.40 Erstes Toulmin-Schema für das zweite Fallbeispiel ‚fehlende Verkettung von Übergängen'

Mit einer pessimistischen Deutung stützt sich das Argument auf ein empirisches Musterverständnis. Bisher hatte jede Aufgabe mit zwei Überträgen die Quersumme 9, also wird dies auch bei der neuen Aufgabe so sein (siehe Abbildung 6.41).

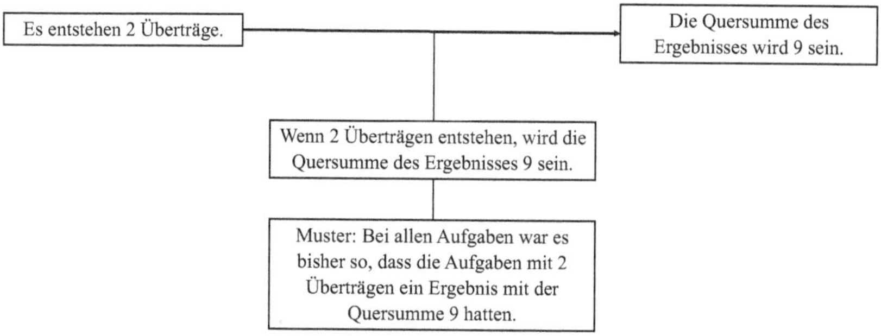

Abbildung 6.41 Zweites Toulmin-Schema für das zweite Fallbeispiel ‚fehlende Verkettung von Übergängen'

Die Begründung der Neun als Quersumme in den Turns 287–293 rekurriert nicht auf den Erkenntnissen zum Übertrag. Philip greift stattdessen auf die schriftliche Addition zurück. Vielleicht hat er die Begründungsaufforderung des Interviewers so gedeutet, dass die Bezugnahme auf die Überträge nicht ausreichend ist. Vielleicht zeigt sich hier aber auch die Hürde des Fokus auf die Beispielsammlung. Für Philip stehen nicht die strukturellen Eigenschaften der Überträge im Vordergrund, sondern die Einordnung der konkreten Zahl in die Beispielsammlung. Für diese empirische Deutung ist es rational, die Ergebnisziffern als Datum zu nutzen – selbst wenn diese Ergebnisziffern für das Einordnung zunächst noch erzeugt werden müssen. Im Toulmin-Schema kann das Argument wie in Abbildung 6.42 zusammengefasst werden:

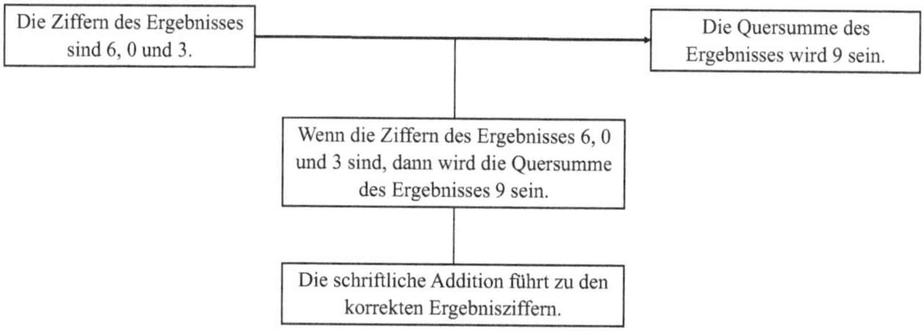

Abbildung 6.42 Drittes Toulmin-Schema für das zweite Fallbeispiel ‚fehlende Verkettung von Übergängen'

6.3 Mehrdeutigkeit des Übergangs zwischen Objekten

Die Mehrdeutigkeit des Übergangs zwischen Objekten wurde in drei Ausprägungen als Hürde rekonstruiert:

1) Vermischung von Übergängen und ihren strukturellen Auswirkungen
2) Verdeckte strukturelle Auswirkung
3) Verdeckte latente Beweisidee

Zur zweiten Ausprägung ‚verdeckte strukturelle Auswirkung' wird aus jeder Lernumgebung ein Fallbeispiel dargestellt. In den Interviews mit der Lernumgebung ‚Quersummenregel mit Zahlenscheiben' konnten keine Fallbeispiele für die erste und dritte Ausprägung rekonstruiert werden. Die Generalisierbarkeit der beiden Ausprägungen auf den operativen Beweis mit Zahlenscheiben wird in Abschnitt 7.2 diskutiert.

6.3.1 Vermischung von Übergängen und ihren strukturellen Auswirkungen

Erstes Fallbeispiel: Hanna, Nina und Saskia – Quersummenregel in der Stellenwerttafel
Die Kinder haben die Zahlen 8, 17, 710, 800, 9, 18, 810 und 900 auf den vorbereiteten leeren dreispaltigen Stellenwerttafeln notiert und anschließend nach ihrer Teilbarkeit durch neun sortiert. Die Kinder haben entdeckt, dass alle mit neun Plättchen dargestellten Zahlen durch neun teilbar sind. Dennoch wurde von Saskia verneint, dass dies für alle Zahlen gilt, die mit neun Plättchen dargestellt werden können. Als erstes Gegenbeispiel wurde von Saskia 801 gelegt. Mithilfe der Neunzigerreihe konnte geschlussfolgert werden, dass 801 durch neun teilbar ist, weil 801 genau neun kleiner als 810 ist.

In der Szene 2.3 wird das Verschieben von Plättchen aus der Zehner- in die Hunderterspalte thematisiert:

Phase 2.3.1: Ein Plättchen in die Hunderterspalte schieben (00:14:05-		
213	I	Mhh vielleicht geht das dann aber ja wenn ich hier zum Beispiel schon vier rüber geschoben hab (schiebt vier Plättchen von E nach Z, es liegt die Zahl 45), wenn ich von der Zehner in die Hunderterspalte schiebe, oder` (Saskia schiebt ein Plättchen von Z nach H, es liegt 135) Was passiert dann`
214	S	Dann ist es-
215	I	Wie verändert sich die Zahl dann`
216	S	Dann wird nen- Hunderter mehr und ein Zehner weniger
217	I	Was heißt das'
218	S	Wird neunzig mehr
219	I	Ist meine Zahl dann noch durch neun teilbar oder nicht mehr'
220	S	Doch
221	I	Wieso'
222	S	Weil neunzig kann man ja auch durch neun teilen

Die übergeordnete Fragestellung dieser Episode ist, ob sich eine Zahl mit neun Plättchen finden lässt, die nicht durch neun teilbar ist („vielleicht geht das dann", Turn 213). In der vorherigen Phase haben die Kinder festgestellt, dass Zahlen, bei denen die neun Plättchen in der Einer- oder Zehnerspalte liegen, immer durch neun teilbar sind. Der Interviewer schlägt daher vor, nun ein Plättchen aus der Zehner- in die Hunderterspalte zu verschieben. Er legt die Zahl 45 und markiert diese sprachlich als Beispiel. Saskia vollzieht die Verschiebehandlung. Sie beginnt eine Antwort zu formulieren, bricht dann aber ab (Turn 214). Ihr Zögern wird darin vermutet, dass sie bereits die Teilbarkeit der 135 im Blick hat und nicht darin, dass ihr die Deutung der Plättchendarstellung schwerfällt.

Der Interviewer geht darauf nicht ein, sondern fragt nach der operativen Veränderung (Turn 215). Dies gelingt den Kindern problemlos. Der Interviewer markiert die Veränderung um 90 als relevant für die Teilbarkeitsbeurteilung der neu entstandenen Zahl. Saskia bestätigt, ohne die 135 konkret zu benennen, dass diese durch neun teilbar ist. Hierfür fordert der Interviewer eine Begründung ein (Turn 221). In Turn 222 lässt Saskia dann erkennen, dass sie die Summenregel der Teilbarkeit allgemeiner versteht als nur die Veränderung um neun: 90 ist ein Vielfaches der neun, und damit ist die Zahl durch neun teilbar, wenn sie es vor der Veränderung ebenfalls war. Ihr Argument lässt sich mithilfe der funktionalen Argumentationsanalyse wie in Abbildung 6.43 darstellen.

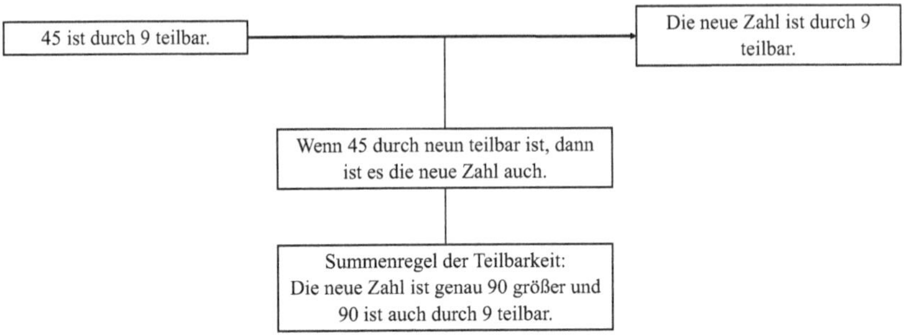

Abbildung 6.43 Toulmin-Schema für das erste Fallbeispiel ‚Vermischung von Übergängen und ihren strukturellen Auswirkungen'

Eine strukturgleiche Verschiebehandlung wird in der späteren Phase 3.3.2. anders gedeutet. Die Phase 3.3.2 hat zum Gegenstand, in der Stellenwerttafel mit fünf Plättchen und der gelegten Zahl 14 genau vier Plättchen so zu ergänzen, dass eine Zahl entsteht, die durch neun teilbar ist. Die Kinder legen unmittelbar vor dem Beginn des Transkriptausschnitts als Möglichkeiten die Zahlen 18 und 54.

```
342 I Könnte ich auch eins hier rüber schieben (schiebt ein Plättchen von
      Z nach H, es liegen nun vier Plättchen in E, vier Plättchen in Z,
      und ein Plättchen in H)
343 H (10sec) Nein
344 I Wieso nein'
345 S (10sec) Weil das so ist (Kinder lachen) ... weil man kann ja schon
      nicht mal die vierundvierzig durch neun teilen
346 H (3sec) Stimmt
347 I (9sec) Mhh
348 S (leise) Aber die hundert auch nich+
349 I Genau, die hundert ja auch nicht, genau.
350 H Nur wenn die vier (zeigt auf vier Plättchen in E-Spalte) da liegen
      (tippt auf Z-Spalte).
351 I Dann würd das wieder gehen'
352 H (nickt)
353 I Dann wärns (wieder einhundertachtzig?), ne'
354 S Ja
```

Bezogen auf die 54 fragt der Interviewer, ob auch eines der Zehnerplättchen in die Hunderterspalte verschoben werden kann (Turn 342). Nach zehnsekündiger Stille antwortet Hanna, dass die entstehende Zahl 144 nicht durch neun teilbar sei. Die Nachfrage des Interviewers wird von Saskia sinngemäß so beantwortet: Wenn die 44 nicht durch neun teilbar ist, dann ist es auch die 144 nicht. Später räumt sie jedoch noch ein, dass auch die 100 nicht durch neun teilbar sei.

Die Interaktion wird durch Hannah weitergeführt, indem sie vorschlägt, die vier Einerplättchen in die Zehnerspalte zu legen. Dadurch wird die Beurteilung der 144 durch die Zerlegung in 100 und 44 nicht vertieft und die Stützung des Arguments bleibt verborgen. Auch verpufft die Chance, Saskias Fehlvorstellung zur additiven Zerlegung einer Zahl und ihrer Teilbarkeit, an der sie selbst bereits Zweifel äußert, durch strukturelle Überlegungen zu korrigieren. Da dies jedoch nicht im Kerninteresse dieser Arbeit steht, wird hierauf nicht weiter eingegangen. Eine alternative Interpretation besteht darin, dass Saskia nur einen Teil der operativen Veränderung betrachtet: Nur die Erhöhung um 100, aber nicht die Verringerung um 10. Dies ist jedoch unwahrscheinlich, da in ihrer Äußerung keine Anzeichen für den Übergang von der 54 zur 44 bzw. 144 rekonstruierbar sind.

In beiden Phasen ist das Ausgangsobjekt eine zweistellige Zahl, deren Teilbarkeit die Kinder durch die Zugehörigkeit zur Neunerreihe (oder durch anderes Faktenwissen) beurteilen können. Ebenfalls wird in beiden Szenen die gleiche operative Veränderung durchgeführt: die neue Zahl entsteht durch das Verschieben eines Plättchens von der Zehner- in die Hunderterspalte. Eine weitere Gemeinsamkeit besteht darin, dass in beiden Phasen die Teilbarkeit des neuen Objekts beurteilt wird, indem mithilfe der Addition als Operation das Objekt in zwei Teile zerlegt wird: In Phase 2.3.1 in 45 und 90; und in Phase 3.3.2 in 100 und 44.

Ein Erklärungsansatz für die vermeintlichen Unterschiede der beiden Argumente könnte sein, dass beide Argumente einen Algorithmus zur Überprüfung der Zahl ausdrücken: Die Beurteilung der Zahl erfolgt durch mehrere Schritte. Und sobald ein Schritt des Algorithmus nicht erfüllt ist, ist die Zahl nicht durch 9 teilbar (siehe Abbildung 6.44).

Algorithmus	144	135
1. Die Zahl wird zerlegt.	144 = 100 + 44	135 = 45 + 90
2. Die Teilbarkeit des einen Teils wird überprüft.	44 ist nicht durch 9 teilbar. Damit ist auch 144 nicht durch 9 teilbar.	45 ist durch 9 teilbar.
3. Die Teilbarkeit des anderen Teils wird überprüft.		90 ist durch 9 teilbar. Beide Teile sind durch 9 teilbar, also ist es auch 135.

Abbildung 6.44 Beurteilung der 144 und 135

Zu diesem Erklärungsansatz passt die zögerliche Äußerung von Saskia in Phase 3.3.2, dass auch die 100 nicht durch neun teilbar ist. Sie äußert jedoch einleitend ein „aber" (Turn 348). Sie könnte also in dem Moment erkannt haben, dass ihr Algorithmus nicht funktioniert, weil die Reste beider Teile wieder zusammen neun ergeben könnten. Ohne diese Erkenntnis wäre eine Äußerung wie ‚und die Hundert ist auch nicht durch neun teilbar' rationaler gewesen.

Dennoch ist so noch nicht geklärt, wieso die beiden Zahlen unterschiedlich zerlegt werden. Die geschickte Zerlegung der neuen Zahl gelang nur in der Phase 2.3.1. Der Grund hierfür wird in der Vermischung von strukturellen Auswirkungen gesehen. Die weniger geschickte Zerlegung der 144 in 100 und 44 ergibt sich aus der Chronologie des Interviews: In Phase 2.3.1. wird das Verschieben des Plättchens (die reale Handlung) interpretiert als Wegnehmen eines Zehners und Dazulegen eines Hunderters. Als Auswirkung dieser Handlung wird erklärt, dass die Teilbarkeit durch neun dadurch erhalten bleibt (bzw. sich nicht ändert). Die Ausgangssituation in Phase 3.3.2 ist eine andere: Es sind nun fünf Plättchen statt neun und es müssen Plättchen dazugelegt und nicht verschoben werden. Es soll eine Handlung durchgeführt werden, deren Auswirkung die Teilbarkeit durch neun der mit Plättchen dargestellten Zahl wieder herstellt. In dieser Phase 3.3.2 denken die Kinder daher noch im „Dazulegen". Obwohl vom Interviewer ein Plättchen von der Zehner- in die Hunderterspalte verschoben wird, deuten die Kinder die Handlung als ein Plättchen in die Hunderterspalte dazulegen. Während nun in die Darstellung von den Kindern nur eine Teilhandlung des Verschiebens gedeutet wird, wird die gleiche Schlussfolgerung wie in Phase 2.3.1 gezogen: Das operativ veränderte Plättchen ändert die Teilbarkeit nicht. Und weil 44 nicht durch 9 teilbar ist, ist es auch 144 nicht.

Die Hürde besteht darin, dass unterschiedliche, sich ähnelnde Übergänge unterschiedliche Eigenschaften besitzen. Die Kinder haben diese Hürde im Problemkontext des Interviews noch nicht überwunden, da sie die die Eigenschaft „Teilbarkeit ändert sich nicht" des Übergangs Verschieben auf den Übergang Dazulegen übertragen.

Zweites Fallbeispiel: Melina und Tomke – Neunerprobe in der Stellenwerttafel
In der vorherigen Phase haben die Kinder die Aufgabe 542 + 367 in der Stellenwerttafel gelegt (siehe Abbildung 6.45).

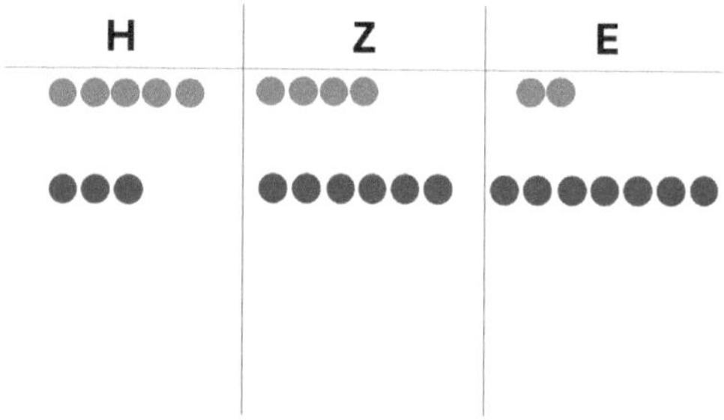

Abbildung 6.45 Schematische Darstellung der gelegten Aufgabe

Vor dem Addieren der Aufgabe in der Stellenwerttafel fragt der Interviewer nach der Anzahl der Plättchen, die in der Stellenwerttafel liegen. Diese Frage wird von den Kindern zunächst unterschiedlich und vermutlich mit Berücksichtigung von Stellenwerten beantwortet. Schließlich nennt Tomke die Anzahl 28:

Phase 3.3.3: 28 Plättchen (00:39:28-00:40:26)		
620	T	Achtundzwanzig Plättchen liegen da genau drinne.
621	I	Wie kommst du auf achtundzwanzig`
622	M	Ja weil neun *plus neun
623	T	*Neunzehn (zeigt in Richtung der Zehner- und Hunderterspalte) (.)
624	M	Äh neun plus *zehn (zeigt auf Zehnerspalte) sind neunzehn
625	T	*zehn sind neunzehn
626	M	Und das (tippt auf die Einerspalte) sind auch nochmal neun. Sind achtundzwanzig.
627	I	Zähl mal nach.
628	M	Eins zwei *drei vier fünf sechs sieben acht neun zehn elf zwölf dreizehn vierzehn fünfzehn sechzehn siebzehn achtzehn neunzehn zwanzig einundzwanzig zweiundzwanzig dreiundzwanzig vierundzwanzig (leiser) fünfundzwanzig sechsundzwanzig siebenundzwanzig+ (tippt jeweils auf ein Plättchen in der Stellenwerttafel)
629	T	*drei vier fünf sechs sieben acht neun zehn elf zwölf dreizehn vierzehn fünfzehn sechzehn siebzehn achtzehn neunzehn zwanzig einundzwanzig zweiundzwanzig dreiundzwanzig vierundzwanzig fünfundzwanzig sechsundzwanzig siebenundzwanzig
630	M	Ich hab einen vergessen.
631	T	Ey. Eins zwei drei vier fünf sechs sieben acht neun zehn elf zwölf dreizehn vierzehn fünfzehn sechzehn siebzehn achtzehn neunzehn zwanzig einundzwanzig zweiundzwanzig dreiundzwanzig vierundzwanzig (leiser) fünfundzwanzig sechsundzwanzig siebenundzwanzig+ (tippt jeweils auf ein Plättchen in der Stellenwerttafel) (.) (reißt die Arme nach oben)
632	M	(Ach?) Siebenundzwanzig`
633	T	(lacht)
634	M	Stimmt, drei mal neun, siebenundzwanzig. Hätte man leichter rechnen können.
635	I	Genau. Und vor allem sind das ja ähm genau diese sechs Ziffern (zeigt auf die Ziffernkarten), die da am Anfang liegen.
636	T	Ja.
637	M	Genau
638	I	Und das ist ja- die sind immer zusammen siebenundzwanzig. Ähm
639	M	Aha.

In den Turns 620–626 zeigt sich die Rationalität hinter der Plättchenanzahl 28. Die Kinder sehen spaltenweise Plättchenanzahlen von neun, zehn und neun. Beide Kinder sehen demnach weiterhin zehn Plättchen in der Zehnerspalte und neun Plättchen in der Hunderterspalte.

Der Interviewer fordert deshalb nochmal auf nachzuzählen, wodurch die richtige Summe ermittelt wird. Melina vermutet zunächst einen Rechenfehler („Ich hab einen vergessen“, Turn 630) und ist sich selbst nach dem Nachzählen bezüglich des Ergebnisses unsicher, da sie fragend die 27 nennt (Turn 632). Davor kann ihr „Ach“ (Turn 632) so interpretiert werden, dass sie von der Abweichung der erwarteten Plättchenanzahl überrascht ist.

Das „Drei mal neun“ in Turn 634 kann unterschiedliche Bedeutungen haben: Sie kann ein Muster in den Quersummen erkennen, oder damit geschickt die Summe der Ziffernkarten berechnen, oder es ist die erste Aufgabe, die ihr zur 27 einfällt. Eine Verbindung zu $8 + 10 + 9$ ist hingegen schwer herzustellen.

Anschließend erwähnt der Interviewer, dass am Anfang durch die gleichen Ziffern immer 27 Plättchen in der Stellenwerttafel liegen. Melina quittiert dies mit einem „Aha.“. Die Verbindung zu den Ziffernkarten scheint in der Rahmung der Kinder nicht mehr aktiviert zu sein (Turn 635–639).

Insgesamt zeigt sich auch in dieser Phase die Vermischung von strukturellen Auswirkungen. Das Verschieben eines Plättchens in die Hunderterspalte als Auswirkung der Spaltensumme Zehn in der Zehnerstelle wird vermischt mit der Spaltensumme Zehn als Auswirkung der Addition der Plättchen in der Zehnerstelle. In der einen Deutung hat das Addieren als Handlung also die Auswirkung, dass die Plättchen in der Zehnerspalte bleiben und auch als zehn gezählt werden. In der zweiten Deutung hat das Addieren als Handlung also die Auswirkung, dass ein Plättchen in die Hunderterspalte hinzugefügt werden muss. Durch die Vermischung beider Deutungen des Übergangs wird ein Plättchen doppelt gezählt, was zur Plättchenanzahl 28 führt. Mithilfe des Toulmin-Schemas kann das Argument wie in Abbildung 6.46 dargestellt werden.

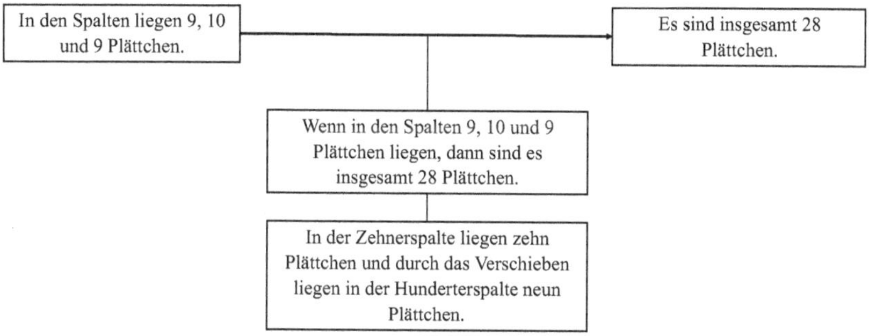

Abbildung 6.46 Toulmin-Schema für das zweite Fallbeispiel ‚Vermischung von Übergängen und ihren strukturellen Auswirkungen‘

6.3.2 Verdeckte strukturelle Auswirkung

Erstes Fallbeispiel: Melina und Tomke – Neunerprobe in der Stellenwerttafel
Die Szene 3.1 beinhaltet die erste Aufgabe in der Stellenwerttafel. Von der Aufgabe $324 + 657 = 981$ wird der erste Summand oben in der Stellenwerttafel und mit blauen Plättchen dargestellt. Der zweite Summand wird darunter mit roten Plättchen dargestellt (siehe Abbildung 6.47). Die Kinder nehmen folglich eine

Deutung ein, in der die Zuordnung zum ersten oder zweiten Summanden durch die Farbe und Position angezeigt wird.

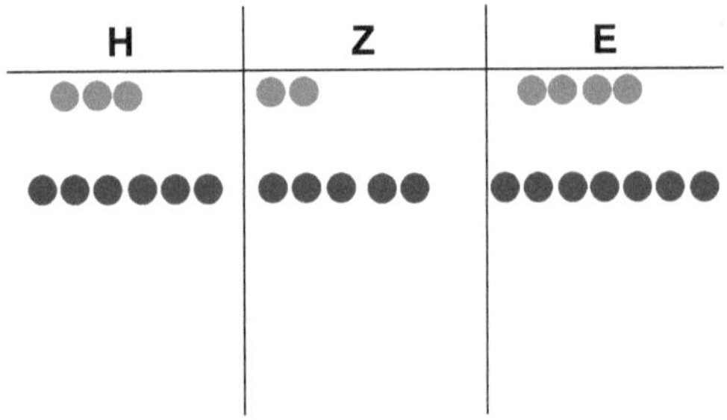

Abbildung 6.47 Darstellung der gelegten Aufgabe

Phase 3.1.2: Klärung des Bündelungszwangs in der schriftlichen Notation (00:30:17-00:31:07)		
480	M	Das sind, äh das ist das gelegt. Und der Übertrag.. den machen wir jetzt eigentlich gar nicht..*Aber.. ähm.. der Übertrag macht man da ja eigentlich nur als Ersatz für die elf, weil es einfacher ist.. Ähm hier (zeigt auf H-Spalte) würde man rechnen drei plus ähm also jaa drei plus sechs (neun?) is egal.
481	T	*Der Übertrag wäre hier (zeigt auf Zehnerspalte).
482	M	Also man kann auch vier plus sieben, das sind elf. Elf plus .. also erstmal zwei plus fünf.. sind sieben. Und elf plus sieben sind achtzehn ja
483	T	Ja
484	M	Und drei plus sechs sind dann halt neun und dann die achtzehn plus neun-

Tomke zeigt im Turn 481 an, dass sie den Übertrag, wie in der symbolischen Ebene, in der Zehnerspalte der Stellenwerttafel lokalisiert. Für sie steht daher der Übertrag als Resultat im Vordergrund, andernfalls hätte sie auf die Einerspalte oder die elf Plättchen als Ursprung verwiesen.

Ungefragt spricht Melina den Übertrag an, den sie als den Ersatz für die Elf ansieht, weil es so einfacher sei (Turn 480). Abschließend verbalisiert sie noch die Addition in der Hunderterspalte. Die Addition in der Zehnerspalte bleibt hingegen von ihr zunächst unerwähnt. Die Gründe hierfür bleiben im Unklaren.

In Turn 482 leitet Melina mit „auch" ein, was darauf hindeuten könnte, dass sie nun eine Alternative beschreibt, welche auf dem schrittweisem Rechnen aufbaut: Sie erzeugt spaltenweise Zwischenergebnisse und addiert diese schrittweise (Turn 482 und 484). Der Unterschied könnte für sie demnach darin bestehen, dass Sie nun

1. anders als in Zeile 480 bei den Einern anfängt, oder
2. die Plättchensumme in der Stellenwerttafel als Alternative zum Übertrag sieht, oder
3. dass die Elf nun mit den sieben Plättchen in der Zehnerspalte addiert werden und somit der Übertrag in der Stellenwerttafel geschieht. Mit dieser Vorgehensweise würde Melina, auch wenn es ihr nicht bewusst ist, nur erneut die Ziffernkarten spaltenweise addieren, nun dargestellt mit Plättchen in der Stellenwerttafel. So würde sie nicht berücksichtigen, dass die Quersumme durch den Übertrag verringert wird. Der neu entstandene Zehner und der verbleibende Einer würden so als Elf und nicht als Zwei in der Quersumme gezählt werden. In der Stellenwerttafel entstünde so eine andere Quersumme des Ergebnisses (27) als durch die schriftliche Addition (18).

Die Unstimmigkeit in der dritten Deutung sieht der Autor als ursächlich für den Abbruch ihrer Äußerung in Turn 484 an. Sie hat gedanklich schon realisiert, dass aus der Addition von Achtzehn und Neun eine andere Quersumme als Achtzehn herauskommen wird. Die Hürde im operativen Beweisprozess besteht darin, dass sie eine geeignete strukturelle Deutung der Addition in der Stellenwerttafel vornimmt, die jedoch die für den operativen Beweis zentrale Auswirkung verdeckt. Sie interpretiert das Addieren statisch als spaltenweisen Vereinigen der roten und blauen Plättchen und die Stellenwerttafel als Darstellung, in der kein Bündelungszwang herrscht. Auch mit dieser Deutung können die 27 Plättchen als 981 gelesen werden. Problematisch ist diese Deutung nur im Hinblick auf den operativen Beweis, weil dieser auf dem Entfernen von jeweils neun Plättchen als strukturelle Auswirkung jeder Bündelung aufbaut. Ohne den Bündelungszwang geht so auch die Gleichheit der Plättchenanzahl mit der Quersumme der dargestellten Zahl verloren. Für eine Darstellung der Hürde im Toulmin-Schema ergibt sich Abbildung 6.48.

Aus der Unstimmigkeit (Turn 482 und 484) im kollektiv Geltenden resultiert eine Irritation in Turn 486:

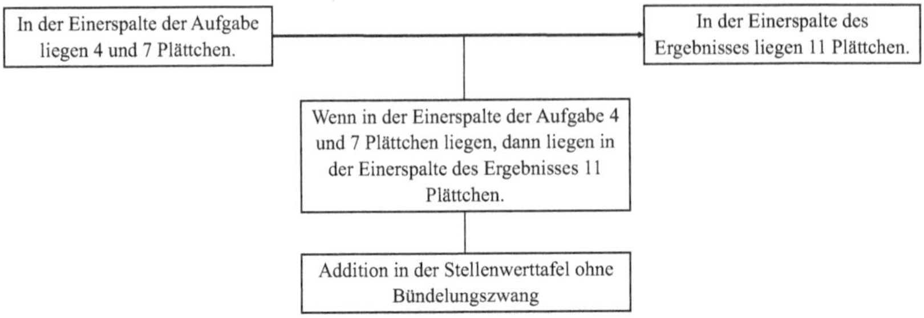

Abbildung 6.48 Erstes Toulmin-Schema für das erste Fallbeispiel ‚verdeckte strukturelle Auswirkung'

Phase 3.1.3: Bündeln ikonisch und symbolisch (00:31:08-00:33:07)		
485	I	Hm ihr habt ja *gesagt hier sind vier plus sieben, also elf, zwei plus fünf sieben und drei plus *sechs neun
486	M	(leise) *Hä'
487	T	*Aber den Übertrag' (tippt auf Z-Spalte)
488	I	Das heißt denn wär die Zahl doch- (schreibt auf Blatt „6")
489	M	Ja. Hä'
490	I	(streicht „6" durch) Äh warte
491	M	Das geht aber gar nicht. Das ist dann anders.
492	I	(schreibt „9711")
493	T	Ah
494	I	(Interviewer dreht Blatt mit 9711 zu den Kindern) Das ist doch jetzt die Zahl oder'
495	T	Da (zeigt auf Stelle zwischen 9 und 7) muss noch ein Punkt hin.
496	I	Neuntausendsiebenhundertelf
497	M	Frau Musterfrau vergisst den auch immer
498	T	Da (trägt Punkt zwischen 9 und 7 nach) so.

Der Interviewer greift die Idee der spaltenweisen Addition auf (Turn 485). Melina drückt zunächst Zustimmung aus. Dies kann entweder aus der geschriebenen „6" resultieren, die sie aus ihrer Perspektive auch als Neun lesen könnte. Oder sie stimmt noch den Ausführungen des Interviewers aus Turn 485 zu. In Turn 491 zeigt sie mit einem „aber" einen Widerspruch an: etwas ginge nicht und müsse anders gemacht werden. Da der Interviewer zu diesem Zeitpunkt noch keine Zahl auf dem Blatt notiert hat, bezieht sie sich wahrscheinlich auf den Übertrag als zentralen Unterschied bei der spaltenweisen Berechnung zwischen schriftlicher Addition und Stellenwerttafel: Wenn die Elf in der schriftlichen Addition einen Übertrag verursacht, dann „geht es nicht“, dass in der Stellenwerttafel die Elf ohne Auswirkung bleibt. Deswegen muss die Handlung in der Stellenwerttafel noch angepasst werden, bzw. „anders“ sein. Auch Tomkes Einschub in Turn 487 könnte aus solch einer Deutung resultieren.

In Turn 494 schreibt der Interviewer die Zahl 9711 auf ein leeres Blatt. Die 9711 setzt sich zusammen aus den Zwischenergebnissen Neun, Sieben und Elf der spaltenweisen Addition. Durch Missachtung des Bündelungszwangs auf symbolischer Ebene entsteht so ein Widerspruch zur 981 in der Stellenwerttafel. Die Kinder gehen zunächst jedoch nicht auf diesen Widerspruch ein. Stattdessen bemängeln sie die äußere Form der notierten Zahl (Zeile 495–498). Der Widerspruch wird anschließend vom Interviewer expliziert:

499	I	Liegt da (zeigt auf Stellenwerttafel) neuntausendsiebenhundertelf'
500	M	Nein, nein. Hä'
501	I	Aber ich habe doch Elf, Sieben, Neun (zeigt dabei auf jeweilige Spalte in Stellenwerttafel).
502	M	Elf Einer sind richtig, aber wenn man die Eins mhmh- ja. Ähm wenn man die Eins plus die Sieben sind dann das ja eigentlich achtzehn, also müsste da eine eins (zeigt auf geschriebene 9711) und da eine acht hin (zeigt etwas weiter links auf die geschriebene 9711)... Hä' Ich versteh mich gerade selber nicht mehr..Doch, is ja so. *Weil das sind ja- ne.

In Turn 502 stecken mehrere Widersprüchlichkeiten: Die von Melina geäußerte „achtzehn“ kann ein Versprecher sein (wenn sie 80 oder acht Zehner sagen wollte), oder sie antwortet in einer Deutung, in der sie sieben und elf addiert hat. Dann würde sie aber entweder den Einer von Elf zur Sieben addieren oder den Zehner für die Addition mit der Sieben umdeuten. Wahrscheinlicher ist unter Einbeziehung ihrer Zeigebewegung, dass sie nicht 18 meinte, sondern 81, oder dass sie ikonisch 18 und symbolisch 81 meinte und ihr der Widerspruch zu dem Zeitpunkt nicht bewusst war. Eine dritte Möglichkeit wäre, dass sie zunächst von der Ziffernsumme 18 spricht und später beim Ergebnis von 81, weil sie während des Verbalisierens mit Hilfe der schriftlichen Rechnung geschlussfolgert hat, was richtig ist. Dies ist aber unwahrscheinlich, weil sie während ihrer Äußerung nicht auf die schriftlich notierte Aufgabe schaut.

503	I	*Wieso darf ich wieso darf ich da nicht einfach also wieso darf ich nicht elf Einer schreiben'
504	M	Ne, weil das ja (tippt mit Stift auf Stelle unter 1Z von 9711) ähm das ist ja ähm *(Das is?) (kreist mit Stift um 1 und 7) kein Zehner
505	T	*Das (tippt mit Finger auf Z-Stelle von 9711) is kein Zehner. Und das (tippt auf H-Spalte von 9711) is ja- das ist eigentlich der Zehner und das- (tippt mit Finger auf Z-Stelle von 9711)
506	M	Da müsste eigentlich Neunhundert, da ne acht und da ne eins (schreibt mit Finger die Zahl über den Blatt schwebend)
507	T	Jaa, also wäre die Zahl dann so (nimmt Blatt)
508	I	Das heißt, ich darf da in der Einerstelle darf nur ne einstellige Zahl stehen, nä'
509	M	Ja
510	T	(Hat 981 auf das Blatt geschrieben) So wäre die Zahl dann.

In Zeile 504 wird deutlich, dass Melina die Problemstelle richtig lokalisiert. Ihr „das" könnte sich auf den einen Zehner beziehen, dann würde sie den Zehner noch als zehn Einer deuten. Auch ein Bezug auf die sieben Hunderter ist möglich. Dann würde sie richtig benennen, dass die sieben Zehner durch die symbolische Stellenwertschreibweise zu sieben Hundertern geworden sind. In Zeile 506 ergänzt sie, dass 981 die richtige Schreibweise sei. Den konkreten Fehler in 9711 benennt sie nicht.

Aus der Äußerung von Tomke in Turn 505 lässt sich schlussfolgern, dass sie zu diesem Zeitpunkt des Interviews die zehn Einer noch nicht zum Zehner umgedeutet hat. Sie sieht noch elf Einer und nicht einen Einer und einen Zehner.

Der Turn 508 vom Interviewer suggeriert mit dem „das heißt" die Wiederholung von Aussagen im kollektiv Geltenden. Tatsächlich fasst der Interviewer die Antworten von Melina und Tomke so zusammen, dass ein Zirkelschluss auf seine eigene Frage (Zeile 503) entsteht: Man darf nicht elf Einer schreiben, weil in der Einerstelle nur eine einstellige Zahl stehen darf.

511	M	Naja (.) ...*das ist ja der Einer (tippt auf E-Spalte der Stellenwerttafel), das is der Zehner (tippt auf Z-Spalte der Stellenwerttafel) und der Hunderter (tippt auf H-Spalte der Stellenwerttafel), das muss man schon beachten.
512	T	*Nicht die obere (zeigt auf Blatt mit den Zahlen 9711 und 981), die untere.
513	T	Das wäre dann *die Zahl (zeigt auf von ihr geschriebene 981)
514	I	*Ok
515	M	Man darf ja die (zeigt mit Finger auf die 981) äh die die ähm-
516	T	Elf nicht einfach hinschreiben, *weil da (zeigt auf 7 der 9711)
517	M	*Nein nein nein anders. Die elf ist ja auch ein Zehner, also aber du musst ja die Einser dahin (zeigt auf E-Stelle von 9711), das ist zwar ein Zehner (zeigt auf Z-Stelle der 9711), aber das (zeigt auf 7 der 9711) ist ja auch ein Zehner. Dann darf man den nicht einfach bei Hundert hinschreiben. Sondern einfach plus Ei- Zehn rechnen. Das sind dann achtzig.

In der abschließenden Äußerung schafft es Melina, die zehn Einer als neues Objekt zu deuten und so mit den sieben anderen Zehnern zu addieren. Auffällig ist, dass ihr dies erst gelungen ist, als sie die zugeschriebenen Bedeutungen der Plättchen („Zehner", „Achtzig") und nicht nur die Anzahl der Plättchen in der Stellenwerttafel zur Erklärung nutzt. Die Klärung der Strittigkeit ist demnach darauf zurückzuführen, dass sie die Ziffern in ihren korrekten Zahlenwerten im Kontext der Aufgabe deutet.

In ihrem Argument nutzt sie die Darstellung der Plättchen in der Stellenwerttafel, um als Datum anzuführen, dass die Ziffer Sieben den Stellenwert „Zehner" haben muss, und dass diese Ziffer daher nicht bei „Hundert" hingeschrieben werden darf (Turn 516). Hieraus schließt sie auf den Bündelungszwang: Damit die Position der Sieben nicht verrutscht, darf auf der Einerposition nur eine einstellige Zahl stehen. Dies stützt sie mit der Deutung der Plättchen in der Einerspalte: In der Elf steckt auch ein Zehner. Dies wurde mithilfe des Toulmin-Schemas in Abbildung 6.49 dargestellt.

Insgesamt markiert diese Phase den Beginn der Überwindung der Hürde „verdeckte strukturelle Auswirkung". Interaktiv wird ausgehandelt, dass nach der Addition der Plättchen im Kontext dieser Problemstellung nur noch Spaltensummen kleiner zehn vorhanden sein dürfen. Das Interview wird dann fortgesetzt mit der Frage des Interviewers, welche Handlung in der Stellenwerttafel ausgeführt werden muss, damit es nicht mehr elf Einer sind. Die Beantwortung dieser Frage wurde bereits in Abschnitt 6.1.1 analysiert.

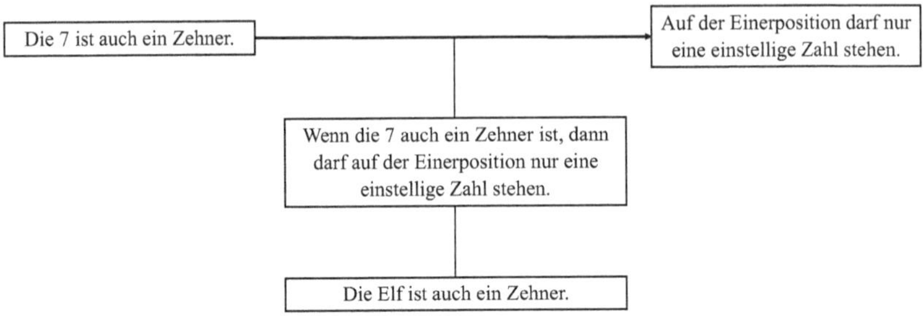

Abbildung 6.49 Zweites Toulmin-Schema für das erste Fallbeispiel ‚verdeckte strukturelle Auswirkung'

Zweites Fallbeispiel: Julia und Philip – Neunerprobe in der Stellenwerttafel
Eine andere Ausprägung dieser Hürde zeigt sich im Interview mit Julia und Philip. Die beiden entfernen zwar bei jedem Übertrag neun Plättchen – dass es aber immer genau neun Plättchen sind, bleibt in ihrer Deutung des Bündelns verdeckt.

In der Szene 3.2 geht es um die Aufgabe $375 + 246 = 621$ in der Stellenwerttafel. In der Phase 3.2.1 wurden beide Summanden von den Kindern mit roten Plättchen dargestellt (siehe Abbildung 6.50).

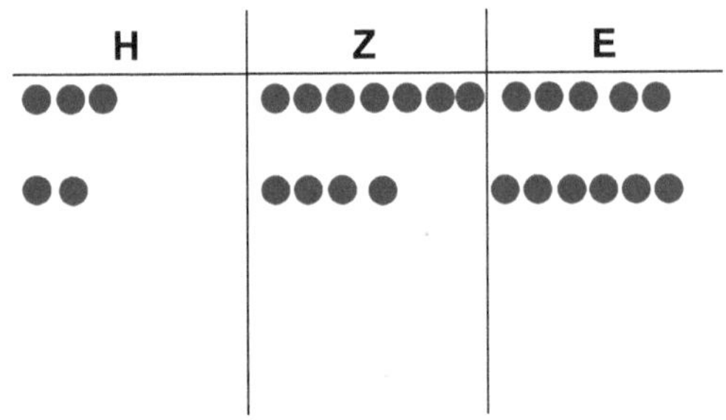

Abbildung 6.50 Darstellung der gelegten Aufgabe

Nun fragt der Interviewer nach der Addition in der Einerspalte:

Phase 3.2.2: Besprechung des Vorgehens (00:31:03-00:32:19)

228	I	Ok und jetzt ähm lasst uns mal ganz langsam durchgehen was ähm wie ihr jetzt die beiden Zahlen addieren würdet. Was macht im Einer, in der Einerspalte'
229	P	Erstmal die eins zwei drei vier fünf sechs plus die eins zwei drei vier fünf (berührt dabei jeweils ein entsprechendes Plättchen) sind elf. Dann kommt wieder einer rüber (legt ein Plättchen aus der Einerspalte in die Zehnerspalte) einer bleibt und der Rest *geht wieder runter (schiebt neun Plättchen aus der Einerspalte raus)
230	I	*Wieso ähm packst du bei elf einen rüber und einer bleibt' Mach ich das bei sieben auch so'
231	P	Bei sieben
232	I	Wenn das sieben Plättchen wären' Würde ich bei sieben Plättchen auch einen rüberpacken'
233	P	Bei sieben Plättchen n-
234	J	(schüttelt mit dem Kopf) Nein.
235	I	Warum nein' Wann mach ich das denn immer'
236	P	*Immer wenn
237	J	*Immer wenn die Zahl ähm größer als neun ist. Also halt so zehn oder so
238	P	Zehn, ab zehn packt man einen rüber und der Rest geht runter.
239	I	Und wieviele pack ich denn immer rüber' *Also wenn ich fünfzehn habe, packe ich auch einen rüber und vierzehn nehme ich raus'
240	P	*(leise) Einen
241	P	Und
242	I	Oder
243	P	Und fünf bleiben hier

In Turn 228 kann das „ganz langsam“ den Kindern signalisieren, dass die Handlungen in der Stellenwerttafel wichtig sind. Philip führt die Addition in der Einerspalte aus, indem er die Summe aus 5 und 6 benennt. Als Auswirkung verschiebt er ein Plättchen in die Zehnerspalte, eines lässt er in der Einerspalte „und der Rest“ wird aus der Stellenwerttafel entfernt.

In Turn 230 fragt der Interviewer nach einer Begründung für das „Rüberschieben“ eines Plättchens und für das „Dableiben“ eines anderen Plättchens. Er ergänzt zu dieser Frage die Frage danach, ob dies bei sieben auch so sei. Dieser Turn lässt mehrere Deutungen zu: Da der Interviewer nur von „elf“ und „sieben“ spricht, können die Kinder dies auf die symbolische Aufgabe, nur auf die Ziffern oder auf die Plättchen in der Stellenwerttafel beziehen. Auch könnten die Kinder die zweite Frage so verstehen: Muss bei der *Ziffernkarte* Sieben auch verschoben werden? Dies könnte die Äußerungen von Philip in Turn 231 und 233 erklären.

Außerdem können die Fragen in Turn 230, 232 und 235 sowohl empirisch als auch strukturell beantwortet werden. Mögliche empirische Deutungen der Fragen mit möglichen Antworten wären:

- Turn 230: Muss bei der Sieben auch ein Plättchen verschoben und eins in der Spalte gelassen werden? Nein, weil die Sieben nicht Elf ist.
- Turn 235: Warum muss bei sieben Plättchen kein Plättchen „rübergepackt" werden? Weil sieben Plättchen nicht elf sind. Und bei welchen Zahlen muss ein Plättchen verschoben und ein Plättchen in der Spalte gelassen werden? Nur bei elf Plättchen.

Eine strukturelle Deutung versteht die konkrete Anzahl als austauschbares Beispiel, an dem die Addition mit Übertrag untersucht wird. Spätestens ab Turn 236 kann diese Deutung bei den Kindern rekonstruiert werden. Sie verstehen, dass sich das ungenaue „das" in der zweiten Frage vom Interviewer in Turn 235 nicht auf die Elf als konkrete Plättchenanzahl bezieht, sondern auf das grundsätzliche Verschieben eines Plättchens – ausgelöst durch die Addition zweier Plättchenmengen. Im Verborgenen bleibt in dieser Phase, ob die Kinder das Verschieben von der Zehner- in die Hunderterspalte ebenfalls nur als konkretes Beispiel betrachten und sie die Erklärungen auf jeden Spaltenübergang beziehen.

In Turn 237 findet sich, sofern Julia mit Zahl die Spaltensumme meint, eine passende Beschreibung der Bedingung, die zum Verschieben eines Plättchens führt. Ihr „zehn oder so" drückt (optimistisch gedeutet) nicht Unsicherheit über die Bedingung aus, sondern eine Verallgemeinerung: Der Bündelungszwang entsteht auch bei Zahlen, die größer als zehn sind. Da sich die Interviewten in der vierten Klasse befinden, kann die optimistische Deutung als die wahrscheinliche angesehen werden.

In Turn 238 markiert auch Philip die Zehn als Bündelungseinheit. Danach erklärt er noch, dass der „Rest runtergeht". Unter Rest kann er entweder die übrigen 9 Plättchen der Bündelung verstehen oder alle übrigen Plättchen in der Spalte. In den abschließenden Turn 239–243 wird die Deutungsvielfalt in Turn 238 durch die Rückführung auf die konkrete Spaltensumme 15 reduziert – wenngleich auch hier die Zuordnung der 15 Plättchen zu einer Spalte unbestimmt bleibt. Philip bestätigt dann erneut seine Deutung: Ein Plättchen wird verschoben, fünf bleiben in der Spalte. Die Frage des Interviewers, ob 14 Plättchen entfernt werden, beantwortet er nicht mit der Korrektur der Anzahl auf Neun, sondern mit der Anzahl Plättchen, die nicht entfernt werden. Philip kann also allgemein begründen, dass der Bündelungszwang in der Stellenwerttafel das Umdeuten eines Plättchens und das Entfernen der „restlichen" Plättchen verursacht. In seiner Deutung steht die Anzahl der entfernten Plättchen aber nicht im Fokus. Mit dem Toulmin-Schema kann dies wie in Abbildung 6.51 dargestellt werden.

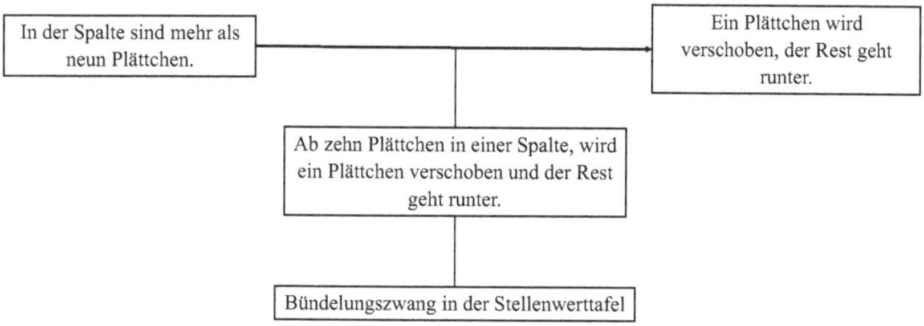

Abbildung 6.51 Toulmin-Schema für das zweite Fallbeispiel ‚verdeckte strukturelle Auswirkung'

Alles in allem nimmt Philip also eine Deutung des Bündelungszwangs ein, in der die entfernten neun Plättchen immer nur „der Rest" sind. Als konkrete Anzahlen sieht er nur die Anzahl der verschobenen und der nicht verschobenen Plättchen – die Anzahl der entfernten Plättchen wird nicht konkret bestimmt. So bleibt die relevante strukturelle Auswirkung für den operativen Beweis verdeckt, obwohl der Bündelungszwang in der Stellenwerttafel strukturell gedeutet wird.

Drittes Fallbeispiel: Leon und Thore – Quersummenregel mit Zahlenscheiben
Diese Phase stellt den Beginn des Operierens mit den Zahlenscheibenkarten dar. Die Kinder haben also bereits die beiden operativen Serien aus der Episode 1 bearbeitet.

Phase 2.1.1: 310 mit drei Zahlenscheiben (00:24:42-00:26:34)		
125	I	Und zwar, habe ich ganz viele von diesen Zahlenscheiben ausgedruckt. Ich habe.. ganz kleine von eins bis neun alle ausgedruckt (legt Zahlenscheibenstapel 1-9 auf den Tisch) Mit einem Ring (legt Zahlenscheiben 10, 20,…90 auf den Tisch) wieder von eins bis neun, alles da (3sec) Mit zwei Ringen auch (legt Zahlenscheibenstapel 100, 200,…, 900 auf den Tisch), und natürlich auch *mit drei Ringen.
126	L	*Drei auch
127	I	Ihr sollt mir jetzt mit den Zahlenscheibenkarten die Zahl dreihundertzehn legen.

Der Interviewer führt die Zahlenscheibenkarten ein. Leon stimmt in Turn 126 in die Äußerung des Interviewers ein und folgt dabei der Kategorisierung der Zahlenscheiben durch ihre jeweilige Ringanzahl. Welche Beziehung zwischen der Ringanzahl einer Zahlenscheibe und dem daraus abzuleitenden Stellenwert ihres Kerns besteht, wird dabei nicht deutlich. Dementsprechend handelt es sich hier zunächst einmal um eine eher empirische Kategorisierung der Zahlenscheiben.

128	T	(greift zur Zahlenscheibe 1000, legt sie dann wieder weg) wir brauchen doch erstmal.. warte, darf ich mal- (8sec)
129	I	Dabei immer schön laut denken. Was denkt ihr dabei.
130	L	(greift die 10)
131	T	(zu Leon) Neun, das sind schon mal zehn.
132	L	Das sind zehn. Und dann hundert. **Ah** (greift die 100 und legt sie zur 10) macht hundertzehn.

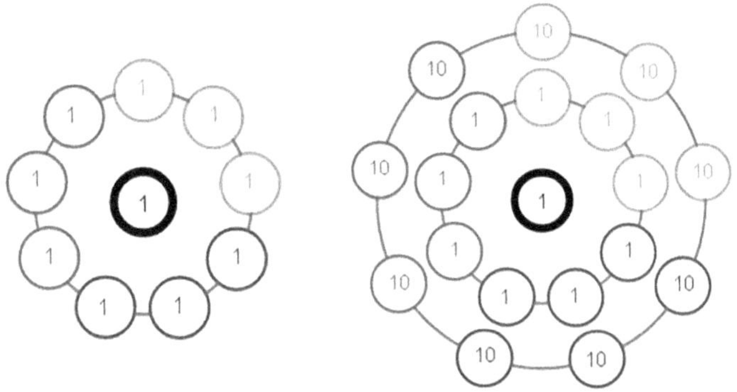

Abbildung 6.52 Schematische Darstellung der gelegten 110

Thore greift zunächst zur Zahlenscheibe 1000 (Turn 128). Danach überlegt er einige Sekunden und auch Leon äußert sich nicht. Die Zahlenscheibe 1000 kommt zur Darstellung einer dreistelligen Zahl nicht infrage. Es liegt daher die Vermutung nahe, dass die Kinder sich hier noch mit den Zahlenscheiben als Darstellung vertraut machen müssen. Leon greift in Turn 130 die Zahlenscheibe 10. Die anschließende Äußerung von Thore deutet darauf hin, dass er den Wert der Zahlenscheibe nicht aus der Bearbeitung der operativen Serie abruft, sondern erneut ausrechnet. Dies erhärtet den Eindruck einer fehlenden Vertrautheit mit der Darstellung.

Die Neun als Zwischenergebnis legt nah, dass er zunächst die Ringsumme ermittelt und dann den Kern addiert hat. Leon bestätigt den Wert („das sind zehn“) und benennt die 100 als nächsten Schritt der Lösung („und dann“, Turn 132). Anders als bei der 10 kann er ohne zu Zögern die richtige Zahlenscheibe greifen. Sein betonter Ausruf kann sich aus dem Wiedererkennen der 100 aus der operativen Serie ergeben oder aus der Nutzung der Strukturen der Zahlenscheiben: Die 10 hat einen Ring, also muss die 100 einen Ring mehr besitzen. Die Zahlenscheiben 100 und 10 bilden dann für ihn ein neues Objekt: die 110 (siehe Abbildung 6.52).

133	I	**Drei**hundertzehn
134	T	Dreihundertzehn, warte hier (greift kurz zum Tausenderstapel und dann zum Hunderterstapel)
135	L	*(leise) Dreihundertzehn, jetzt brauchen wir *noch+
136		*(legt die 200 vom Stapel zur Seite und nimmt die darunterliegende 300 in die Hand) *dann brauchen wir diese (hat die Zahlenscheibe 300 in der Hand)
137	L	Warte mal, ja.
138	T	Ne, **die** (legt die 300 weg und legt die 200 zu den anderen beiden Zahlenscheiben) So dann (3sec) (leise) warte, das sind neun (zeigt auf die Zahlenscheibe 100), das sind dann (zwei?)
139	L	Das sind zwanzig (zeigt mit Finger auf die Mitte der 200, erst kreisend, dann vertikal) und das sind ähm *sechzig
140	T	*Ne das sind
141	L	Hundertzwanzig, hundertachtzig plus zwanzig sind zweihundert. Zweihundert ähm zehn haben wir rau- äh dreihundertzehn.
142	T	Ja.

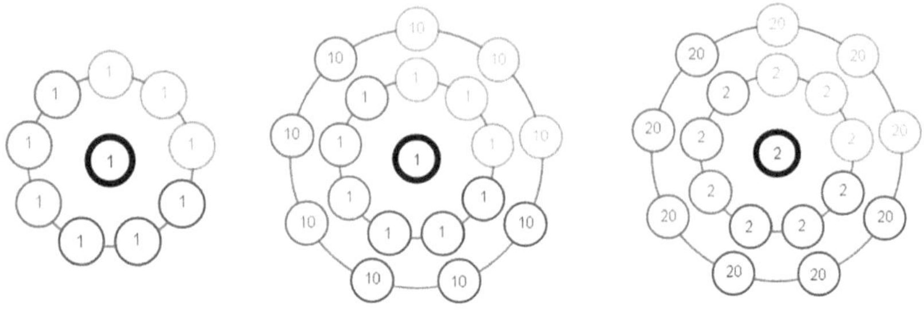

Abbildung 6.53 Schematische Darstellung der gelegten 310

Der Interviewer merkt an, dass die 310 dargestellt werden sollte. Leon vollführt daraufhin folgende Handlungen:

1. Kurzer Griff zum Tausenderstapel
2. 200 wird zur Seite gelegt.
3. 300 wird in die Hand genommen und als passend angesehen.
4. 300 wird weggelegt.
5. 200 wird in die Hand genommen und als passend angesehen.

Leon könnte den Interviewer daher so verstanden haben, dass die dargestellte 110 zur 310 zu ergänzt werden soll.

In Zeile 138 hat könnte sich Thore auf den ersten Ring der 100 und 200 beziehen: Bei der 100 hat er neun gezählt, daher müssen es auf dem ersten Ring der 200 „zwei" mal neun sein. Leon nutzt beim Ermitteln des Werts der 200 die Dreierstruktur: Er zählt in Sechzigerschritten und addiert zum Schluss die Mittelzahl. Das erneute Ausrechnen könnte auf fehlende Vertrautheit mit den Zahlenscheiben resultieren. Vielleicht bemerkt er zwar die Ähnlichkeit zur Zahlenscheibe auf der operativen Serie, möchte den Wert aber dennoch kontrollieren. Beide deuten die drei Zahlenscheiben gemeinsam als 310 (siehe Abbildung 6.53).

Sie finden damit eine passende Darstellung der 310. Grundsätzlich ist es für den Rest bei Division durch neun auch irrelevant, in wie viele Zahlenscheiben eine Zahl zerlegt wird. Für den operativen Beweis der Quersummenregel ist jedoch der Zusammenhang zur Quersumme der Zahl zentral. Und dieser Zusammenhang ist weniger sichtbar, wenn pro Stellenwert einer Zahl mehr als eine Zahlenscheibe verwendet wird. Aus diesem Grund wird diese Phase als Beispiel einer verdeckten strukturellen Auswirkung eingeordnet.

Die Hürde in dieser Phase ergibt sich daraus, dass die Quersummenregel als Phänomen erst in Ansätzen entdeckt wurde. Für die Kinder steht daher (noch) nicht im Fokus, dass die Kerne der Zahlenscheiben den Ziffern der dargestellten Zahl entsprechen. In der folgenden Phase lässt sich rekonstruieren, dass sie die 310 auch so legen können, wie es für den operativen Beweis intendiert ist:

Phase 2.1.2: 310 mit genau zwei Zahlenscheiben legen (00:26:35-00:26:50)

143	I	Okay, einverstanden. Könnt ihr dreihundertzehn auch genau mit nur zwei Zahlenscheiben legen' Jetzt habt ihr ja drei benutzt, geht das auch mit zwei'
144	L	(legt die 10 weg)
145	T	Ne die (zeigt auf die 10) kommt nicht weg, die und die (tauscht die 100 und 200 mit der 300, zeigt danach auf die 10 und 300).

6.3.3 Verdeckte latente Beweisidee

Erstes Fallbeispiel: Celina und Yasmin – Quersummenregel in der Stellenwerttafel
In der Stellenwerttafel liegen neun rote Plättchen in der Zehnerspalte. In der vorherigen Phase haben die Kinder begründet, dass von der 90 ausgehend jede Zahl, die durch das Verschieben von Plättchen aus der Zehner- in die Einerspalte entstehen kann, Bestandteil der Neunerreihe ist und damit auch durch neun teilbar. Hierfür wurde beschrieben, dass sich bei den Zahlen der Neunerreihe die Ziffern in der Zehner- und Einerstelle gegensinnig um eins verändern.

Phase 2.1.4: Verschieben in die Hunderterstelle (00:18:47-00:20:16)

327	I	Und was ist, wenn ich von der Zehnerspalte in die Hunderterspalte schiebe'
328	C	(schnell) Geht immer noch+
329	Y	Geht.. warte
330	C	Ist ja wie wenn du von der Hunderterspalte was zur Zehnerspalte tust

Der Interviewer fragt in Turn 327 nach den Auswirkungen des Verschiebens von der Zehnerspalte in die Hunderterspalte. Der Interviewer nennt keine konkrete Ausgangszahl und nennt auch nicht, was oder wie viel verschoben werden soll. Celina fragt anschließend nicht nach den konkreten Angaben. Stattdessen antwortet sie „geht immer noch“ (Turn 328). In Turn 330 ergänzt sie, dass das Verschieben von der Zehner- in die Hunderterspalte dem Verschieben von der Hunderter- in die Zehnerspalte gleiche. Es ergeben sich für Turn 330 zwei plausible Deutungen:

1) Sie konstruiert die Neunzigerreihe und beschreibt erneut die Ziffernveränderungen in der Zahlenfolge 90, 180, 270, 360, …: Die erste und zweite Ziffer verändern sich gegenläufig und dieses Muster entsteht sowohl von der 90 aufwärts als auch von der 900 abwärts. Ihr „geht immer noch" bezieht sich in dieser Deutung auf das Übertragen des Musters der Neunerreihe auf die Neunzigerreihe. Gleichwohl kann die Aussage auch auf die Teilbarkeit bezogen sein: Es entstehen nur Zahlen, bei denen sich durch „Weglassen der Null" eine Zahl aus der Neunerreihe ergibt. Die dargestellte Zahl bleibt daher auch beim Verschieben von Plättchen aus der Zehner- in die Hunderterspalte durch neun teilbar. In dieser Deutung trifft sie ihre Äußerung mit Bezug auf die mathematischen Objekte.
2) In der zweiten Deutung trifft sie ihre Äußerung mit Bezug auf die Operation:
   2.a) Sie setzt das noch unbegründete Phänomen voraus, dass alle Zahlen mit neun Plättchen auch durch neun teilbar sind und schlussfolgert daraus, dass das Verschieben eines Plättchens die Teilbarkeitsrelation zur Neun nicht beeinflusst. Der Turn 330 stellt in dieser Deutung heraus, dass die Verschieberichtung keinen Einfluss auf die Teilbarkeit der dargestellten Zahl hat, weil das Verschieben die Plättchenanzahl nicht verändert.[2]
   2.b) Optimistisch gedeutet nutzt sie die Reversibilität der Operation. Sie könnte strukturell erklären, dass das Verschieben von der Hunderter- in die Zehnerspalte die Teilbarkeitseigenschaft nicht ändert. Sie setzt dieses Wissen jedoch als kollektiv geltend voraus, um mit der Reversibilität der Operation die entgegengesetzte Verschieberichtung zu begründen.

331	Y	So das sind jetzt äh neun-
332	Y	Und von der Hunderter-
333	Y	Das wären dann einhundertsiebzi- einhundertachtzig. Und das ist *auch durch neun teilbar
334	C	*Schau mal, wenn das so ist (hat alle 9 Plättchen in H-Spalte gelegt) (leise zu Yasmin) Lass mal da liegen+ Sind das neun- ja immer noch. Also schau das ist ja dasselbe wie wenn ich das hierhin legen hab (schiebt alle Plättchen von H- in Z-Spalte) nur dass da eine Null mehr dran is. Und dann kann ich von hier (deutet auf H-Spalte) auch eins nach da (deutet auf die Z-Spalte) tun.

[2] Schwarzkopf (2003) würde von einem empirisch-konstruktiven Argument sprechen.

Celina kombiniert in Turn 334 zwei Inhalte vorheriger Phasen: Erstens greift sie die Erkenntnis der vorherigen Phase auf, dass jede Zahl durch neun teilbar ist, die von neun Plättchen in der Zehnerspalte ausgehend durch das systematische Verschieben in die Einerspalte entstehen kann. Zweitens greift sie die Strategie auf, mit der sie zu Beginn des Interviews die Teilbarkeit einiger Zahlen beurteilt hat. Am Beispiel der 710 wurde als ihre Strategie rekonstruiert, dass sie aus dem Wissen der Teilbarkeitseigenschaft der 71 und der Beziehung beider Zahlen die Teilbarkeit der 710 herleiten konnte (siehe Abschnitt 6.2.3). In dieser Phase kombiniert sie nun beide Inhalte: Das Verschieben von der Hunderter- in die Zehnerspalte ist wie das Verschieben von der Zehner- in die Einerspalte mit einer „Null mehr dran". Und weil die eine Operation die Teilbarkeit nicht ändert, gilt dies auch für die andere Operation.

Sie entwickelt also eine operative Beweisidee, die von der Neunerreihe als faktischer Grundlage ausgeht und danach das Phänomen mithilfe von Analogieschlüssen begründet. Mit einer pessimistischen Deutung kann Celina mit ihrer Beweisidee nur die Teilbarkeit der Zahlen beurteilen, die zur Neuner- und Neunzigerreihe gehören. Der Beweis der Teilbarkeit von Zahlen wie 144 wäre in dieser Beweisidee nicht inkludiert. Diese Beweisidee fokussiert auf die Ähnlichkeit der unbekannten Zahlen zu den Zahlen der Neunerreihe. Mit einer optimistischen Deutung kann sie mit ihrer Beweisidee die Teilbarkeitseigenschaft *aller* Zahlen beweisen, die sich mit neun Plättchen in der dreispaltigen Stellenwerttafel darstellen lassen. Der Beweis fokussiert stärker auf die Operationen und könnte so formuliert werden:

Neun Plättchen in der Zehnerspalte sind die Zahl 90 und 90 ist durch neun teilbar. Die neun Plättchen können nacheinander in die Einerspalte verschoben werden. Jede entstehende Zahl ist Bestandteil der Neunerreihe und daher auch durch neun teilbar. Für jede andersartige Verschiebehandlung kann die Auswirkung auf die Teilbarkeit durch neun mithilfe dieser Aufgabenbasis geschlussfolgert werden:

- Aufgrund der Reversibilität der Operation führt das Verschieben von der Einer- in die Zehnerspalte zu den gleichen Neunervielfachen wie das Verschieben von der Zehner- in die Einerspalte.
- Neun Plättchen in der Hunderterspalte sind das Zehnfache des Neunervielfachen von neun Plättchen in der Zehnerspalte.
- Das Verschieben von den Hunderter- in die Zehnerspalte erzeugt das Zehnfache der Neunervielfachen, die beim Verschieben von der Zehner- in die Einerspalte entstehen. Die neu entstehenden Zahlen sind folglich auch durch neun teilbar.

- Aufgrund der Reversibilität der Operation führt das Verschieben von der Zehner- in die Hunderterspalte zu den gleichen Neunervielfachen wie das Verschieben von der Hunderter- in die Zehnerspalte.

Insgesamt wurden alle möglichen Übergänge zwischen zwei benachbarten Spalten in der Stellenwerttafel untersucht. Damit ist bewiesen, dass alle Zahlen mit neun Plättchen auch durch neun teilbar sind.

Dieser Beweis wird in der Interaktion nicht realisiert. Die Beweisidee ist zwar latent in den Äußerungen von Celina enthalten, wird aber nicht gemeinsam zum operativen Beweis weiterentwickelt. Für das andere Kind kann es schwer sein, die Beweisidee nachzuvollziehen und der Interviewer hat einen anderen operativen Beweis geplant. So wird das Potential ihrer Beweisidee nicht ausgeschöpft.

Darüber hinaus wird vom Autor vermutet, dass die alternative Beweisidee von der Konzipierung der Lernumgebung begünstigt wird. Die Reduzierung auf eine vermeintlich besonders zugängliche Plättchenanzahl erzeugt zwar eine passende Beweisidee für die konkrete Plättchenanzahl. Allerdings ist diese Beweisidee nur schwer verallgemeinerbar zur Quersummenregel, weil die Analogieschlüsse auf der faktischen Beurteilung aller Zahlen beruhen, die durch Plättchen in der Einer- und Zehnerspalte darstellbar sind. Diese faktische Grundlage müsste für jede Plättchenanzahl neu geschaffen werden.

Der Nachteil könnte einen Anlass darstellen, die Beweisidee zum intendierten Beweis weiterzuentwickeln. Es muss nicht die Teilbarkeit jeder Zahl überprüft werden, die sich mit Plättchen in der Einer- und Zehnerspalte darstellen lässt. Es genügt die Gewissheit über die Teilbarkeit der ersten Zahl und die strukturelle Auswirkung „ein Zehner weniger und ein Einer mehr“ des Übergangs von einer Spalte zur anderen, um auf die Teilbarkeit der anderen Zahlen zu schließen.

Zweites Fallbeispiel: Julia und Philip – Neunerprobe in der Stellenwerttafel

Die Phase markiert den Beginn des Operierens in der Stellenwerttafel. Die Aufgabe 675+243 ist also die erste Aufgabe, die mit Plättchen in der Stellenwerttafel dargestellt werden soll.

Phase 3.1.1: Legen der Aufgabe (00:24:56-00:26:27)

179 I Ähm ich möchte mal von euch um den ganzen noch ein bisschen besser auf die Spur zu kommen, dass ihr ähm eine Aufgabe wir nehmen mal die hier (legt die Aufgabe 675+243=918 zu den Kindern) ähm das ihr die mit Plättchen.. in der Stellenwerttafel legt. Also die hier (nimmt die Ziffernkarten in die Hand) nehme ich mal ein bisschen zur Seite. Und dann lege ich euch hier die Plättchen hin (legt Plättchen auf den Tisch). Dann legt mal die Aufgabe in die Stellentafel

180 P (.) Also hier (zeigt auf die Einerspalte) jetzt (legt ein Plättchen in die Einerspalte) also *fünf Plättchen (leise) vier fünf+ (legt zwei weitere Plättchen in die Einerspalte) Und jetzt hier (zeigt auf den unteren Bereich der Einerspalte) ne drei (legt drei Plättchen in die Einerspalte).

181 J *(legt zwei Plättchen in die Einerspalte

182 P Und da drunter eine acht (legt unten in die Stellenwerttafel zwei Plättchen)

183 J *(legt unten in die Stellenwerttafel ein Plättchen)

184 P *(legt unten in die Stellenwerttafel ein Plättchen)

185 I *Ne erstmal nur die Aufgabe. Das Ergebnis noch nicht.

186 P Achso (nimmt die drei Plättchen in die Hand, die unten in der Stellenwerttafel lagen)

187 J (Äh sieben?) (zeigt auf die notierte 7 der Aufgabe, siehe Abbildung) *(legt 7 Plättchen in die Zehnerspalte)

188 P *(legt die drei Plättchen aus seiner Hand unten in die Zehnerspalte) (legt ein viertes Plättchen dazu) (legt 2 Plättchen unten in die Hunderterspalte)

189 J *(legt 6 Plättchen in die Hunderterspalte)

190 P ***Ah** ich glaube jetzt wird es einfacher

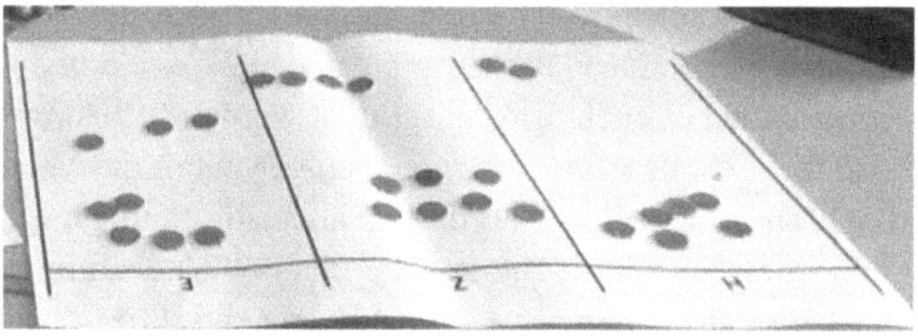

Der Interviewer fordert auf, die Aufgabe 675 + 243 = 918 in der Stellenwerttafel zu legen. Für Philip gehört zur Aufgabe vielleicht auch das Ergebnis, weshalb er in Turn 182 unter den fünf Plättchen für den ersten Summanden und den drei Plättchen für den zweiten Summanden auch acht Plättchen für die Summe in die Stellenwerttafel legen möchte.

Der Interviewer widerspricht dieser Deutung mit einer Unterscheidung zwischen der Aufgabe und ihrem Ergebnis. Die gleichzeitige Darstellung von Aufgabe und Ergebnis wird in der Folge verworfen und nicht erneut in der Interaktion aufgegriffen. Wie auch im ersten Fallbeispiel kann diese Verwendung der Stellenwerttafel aus einer strukturellen Deutung hervorgehen und zu einem operativen Beweis führen. Philips Verwendungsweise der Stellenwerttafel für diese Aufgabe könnte so aussehen, wie es in Abbildung 6.54 schematisch dargestellt ist.

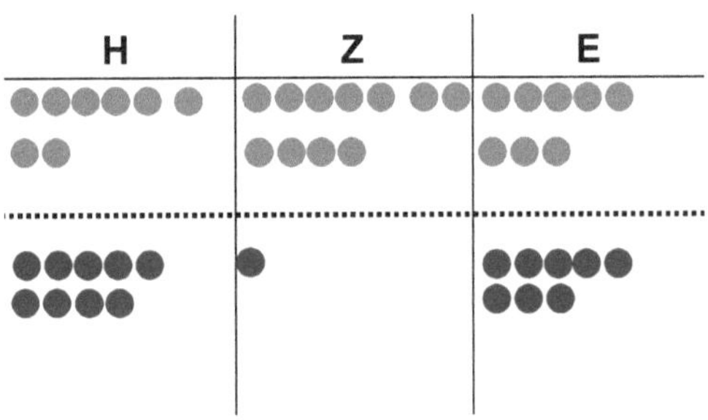

Abbildung 6.54 Alternative Beweisidee

Mit den blauen Plättchen ist die Aufgabe dargestellt – in der oberen Zeile der erste Summand und in der unteren Zeile der zweite Summand. Mit den roten Plättchen ist die Summe dargestellt. Spaltenweise können die Plättchenanzahlen verglichen werden. Der Vergleich legt offen, dass es in der Zehnerspalte zehn Plättchen weniger von den roten Plättchen gibt, und dass es dafür in der Hunderterspalte ein rotes Plättchen mehr gibt. Insgesamt werden es also im Übergang von der Aufgabe zum Ergebnis neun Plättchen weniger durch die Verkettung der Differenzen $-10+1$. Diese Verkettung ergibt sich aus dem Bündelungszwang (für das Zahlwort) und tritt auf, wenn die Summe der blauen Plättchen in einer Spalte größer als neun ist. Der Bündelungszwang wird in der schriftlichen Addition durch Überträge realisiert. Jeder Übertrag reduziert daher die Plättchensumme um neun.

Ein Nachteil dieser Beweisidee kann darin gesehen werden, dass ‚nur' der Anfangs- und Endzustand miteinander verglichen werden. Die Operation als Verursacher des Übergangs zwischen Anfangs- und Endzustand wird durch keine Handlung in der Stellenwerttafel ausgedrückt. Hiergegen könnte eingewendet werden, dass es auch Grundvorstellungen gibt, die die Operation statisch interpretieren, wie z. B. die Grundvorstellung „Vereinigen/ Zusammenfassen". Die Deutung von Plättchen in dieser Grundvorstellung erfolgt jedoch mehrdeutig: Jedes Plättchen ist gleichzeitig Teil eines Summanden und Teil der Summe. In diesem operativen Beweis werden die Plättchen *nicht* mehrdeutig verwendet. Mit so einer eindeutigen Verwendungsweise nähern sich die Plättchen der Deutung von Ziffern in der Stellenwerttafel an. Dies ist gut daran erkennbar, dass der obige Beweis auch mit einem spaltenweisen Vergleich von Zahlenkarten in der Stellenwerttafel funktionieren würde (siehe Abbildung 6.55).

H	Z	E
6	7	5
2	4	3
9	1	8

Abbildung 6.55 Alternative Beweisidee mit Ziffern

Der Vorteil von Plättchen gegenüber Zahlenkarten besteht jedoch darin, dass ein handelnder Umgang mit ihnen möglich ist (siehe Abbildung 6.56).

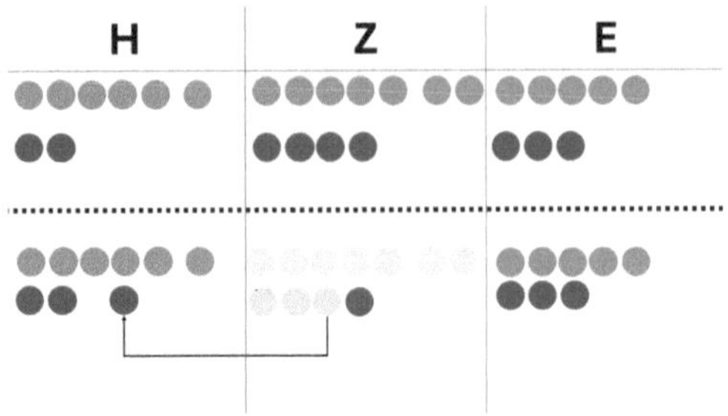

Abbildung 6.56 Alternative Beweisidee (dynamisch)

Für das Erzeugen der Summe können mit Plättchen zunächst elf Plättchen in den unteren Teil der Zehnerspalte gelegt und dann gebündelt werden. Als Auswirkung des Bündelns wird ein Plättchen in die Hunderterspalte verschoben und neun entfernt. Dieser Übergang wäre mit der Zahlenkarte 11 in der Zehnerspalte nicht möglich.

Generalisierung der Ergebnisse 7

Die Ergebnisse der empirischen Untersuchung setzen sich aus dem idealisierten Modell und den rekonstruierten Hürden zusammen. Das idealisierte Modell wurde bisher nur mithilfe der Lernumgebung ‚Quersummenregel mit Plättchen in der Stellenwerttafel' dargestellt. Damit bleibt die Frage unbeantwortet, inwiefern sich das Modell auf andere operative Beweisprozesse übertragen lässt. In Abschnitt 7.1 wird sich dieser Frage angenommen.

Das Abschnitt 7.2 diskutiert dann die Generalisierbarkeit der rekonstruierten Hürden. Hierfür werden zunächst die ‚fehlenden' Fallbeispiele aus dem sechsten Kapitel aufgegriffen und danach die Hürden auf den operativen Beweis des prototypischen Beispiels übertragen.

7.1 Generalisierung des idealisierten Modells

In Abschnitt 5.1 wurde das Modell der Deutungsprozesse beim operativen Beweisen anhand der Lernumgebung ‚Quersummenregel in der Stellenwerttafel' vorgestellt. Dieses Kapitel widmet sich nun der Frage, inwiefern sich dieses Modell auf andere operative Beweiseprozesse übertragen lässt. Die Beantwortung der Frage erfolgt in zwei Schritten. Zunächst wird das Modell auf die anderen, in dieser Arbeit verwendeten Lernumgebungen übertragen:

1) Die Lernumgebung ‚Neunerprobe in der Stellenwerttafel' im Modell
2) Die Lernumgebung ‚Quersummenregel mit Zahlenscheiben' im Modell
3) Der Beweis des Zusammenhangs zwischen den ersten ungeraden Zahlen und Quadratzahlen im Modell

© Der/die Autor(en), exklusiv lizenziert an Springer Fachmedien Wiesbaden GmbH, ein Teil von Springer Nature 2025

A. Köhler, *Operatives Beweisen in der Grundschule*,
https://doi.org/10.1007/978-3-658-50005-4_7

Im zweiten Schritt wird dann versucht, aus den Übertragungen auf die drei Lernumgebungen die weitere Generalisierbarkeit des Modells abzuleiten.

Der in der Lernumgebung ‚Neunerprobe in der Stellenwerttafel' intendierte Deutungsprozess kann im Modell wie in Abbildung 7.1 dargestellt werden.

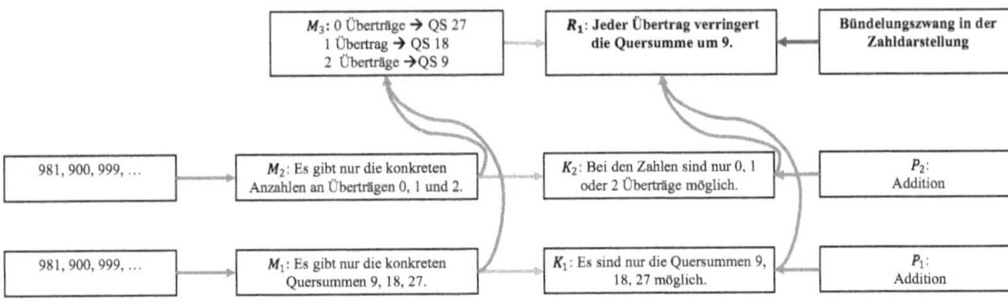

Abbildung 7.1 Idealisiertes Modell am Beispiel ‚Neunerprobe in der Stellenwerttafel'

In den Ergebnissen der Aufgaben müssen zwei grundlegende Muster erkannt werden: Es treten nur drei unterschiedliche Quersummen auf und es gibt auch nur drei unterschiedliche Anzahlen an Überträgen (M_1 und M_2). Aus der Verbindung beider Muster entsteht das übergeordnete Muster. Bei den konkreten Aufgaben haben die Ergebnisse von Aufgaben mit keinem Übertrag die Quersumme 27; Ergebnisse von Aufgaben mit einem Übertrag haben die Quersumme 18; und Ergebnisse von Aufgaben mit zwei Überträgen haben die Quersumme 9 (M_3).

Die Abstraktion vom konkreten Muster führt zum Phänomen, bzw. der Behauptung des operativen Beweises: Jeder Übertrag verringert die Quersumme um neun. Diese Behauptung wird durch eine doppelte Betrachtung der Addition bewiesen: Summen in einem Stellenwert, die größer als neun sind, verursachen einen Übertrag in der schriftlichen Addition und das Entfernen von neun Plättchen in der Stellenwerttafel. Der Bündelungszwang führt folglich dazu, dass jeder Übertrag die Quersumme um neun verringert.

Der in der Lernumgebung ‚Quersummenregel mit Zahlenscheiben' intendierte Deutungsprozess kann im Modell wie in Abbildung 7.2 dargestellt werden.

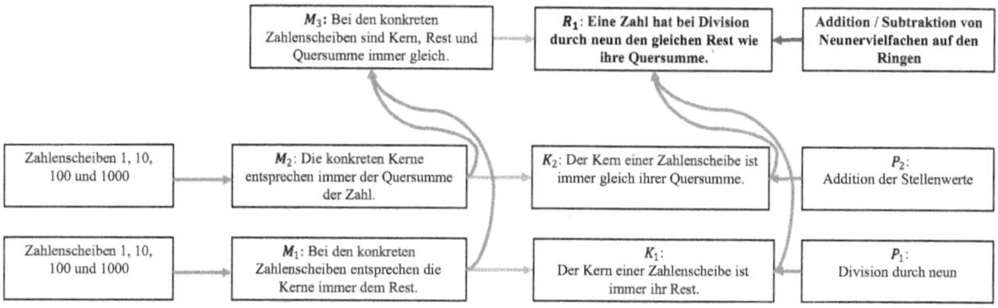

Abbildung 7.2 Idealisiertes Modell am Beispiel ‚Quersummenregel mit Zahlenscheiben'

Aus der Thematisierung der konkreten Zahlenscheiben 1, 10, 100 und 1000 in der ersten operativen Serie ergeben sich zwei grundlegende Muster: Die konkreten Zahlenscheiben haben immer den Kern 1 und die konkreten Zahlenscheiben haben auch immer den Rest 1. Wenn eine kausale Beziehung zwischen beiden Mustern M_1 und M_2 gesehen wird, entsteht das übergeordnete Muster M_3. Und wenn diese Beziehung von den konkreten Zahlenscheiben abstrahiert und verallgemeinert wird, entsteht die Behauptung des operativen Beweisens. Der operative Beweis schlussfolgert dann aus dem Umrechnen zwischen der Division durch neun und dem Addieren der Stellenwerte die Gültigkeit der Behauptung. Der Aufbau der Zahlenscheiben ist hierfür zentral. Denn aus der Struktur der Zahlenscheiben wird für beide Objektklassen begründet, dass das Hinzufügen oder Entfernen von Ringen keinen Einfluss auf die definierende Eigenschaft hat. Der Rest bei Division durch neun bleibt ebenso unverändert wie die Quersumme der dargestellten Zahl.

Der Beweis des Zusammenhangs zwischen den ersten ungeraden Zahlen und Quadratzahlen kann im Modell wie in Abbildung 7.3 dargestellt werden.

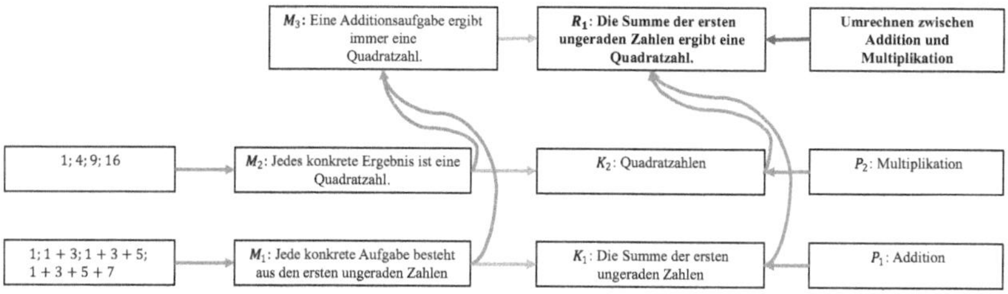

Abbildung 7.3 Idealisiertes Modell am prototypischen Beispiel

Die grundlegenden Muster für diesen operativen Beweis bestehen im Erkennen der ersten ungeraden Zahlen in der Aufgabe und dem Erkennen von Quadratzahlen in den Ergebnissen. Auch hier wird erst im übergeordneten Muster eine Beziehung zwischen beiden Auffälligkeiten konstruiert. Der nächste notwendige Deutungsschritt besteht dann in der Abstraktion von den konkreten Repräsentanten. Die erkannten Muster sind nur die sichtbaren Zugänge zu den abstrakten mathematischen Objekten und Operationen:

- Muster 1 verweist auf die Objektklasse der Summe der ersten ungeraden Zahlen;
- Muster 2 verweist auf die Objektklasse der Quadratzahlen;
- Muster 3 verweist auf den mathematischen Satz $\sum_{i=1}^{n} (2i - 1) = n^2$ als Beziehung zwischen den beiden Objektklassen.

Der operative Beweis erfolgt dann durch das Umrechnen zwischen einer additiven und multiplikativen Deutung der gleichen Plättchenmenge. Mögliche stichhaltige Beweisideen hierfür wurden bereits in Kapitel 3.5.1 aufgeführt.

Es könnten nun die Anwendbarkeit des Modells auf weitere operative Beweise überprüft werden: Operative Beweise mit anderen nicht-formalen Darstellungen wie dem Zwanzigerfeld, der Hundertertafel oder dem Zahlenstrahl. Auch könnten Überlegungen angestellt werden, ob sich dieses Modell auf operative Beweise in der Geometrie übertragen lässt. Diese Überlegungen würden aber den Rahmen dieser Arbeit sprengen. An dieser Stelle wird es bei folgendem Fazit zur Generalisierbarkeit belassen: Das Modell eignet sich zur schematischen Darstellung der Deutungen und Umdeutungen, die beim operativen Beweisen notwendig sind. Darüber hinaus legt die Übertragung auf den figurierten Beweis die Vermutung nahe, dass sich das Modell auf weitere Beweise und Inhaltsbereiche übertragen lässt. Die Eruierung dieser Hypothese kann aber kein Bestandteil dieser Arbeit sein.

7.2 Generalisierung der rekonstruierten Hürden

Nicht jede Hürde konnte für jede Lernumgebung rekonstruiert werden. Aus dem Kapitel 6 ergibt sich die in Abbildung 7.4 dargestellte Übersicht.

	Quersummenregel in der Stellenwerttafel	Neunerprobe in der Stellenwerttafel	Quersummenregel mit Zahlenscheiben
Mehrdeutigkeit der Objekte:			
Verdeckt-eindeutige Objekte			
Verallgemeinerung der Übergänge zwischen Objekten:			
Nicht-beweisfähige Verallgemeinerungen			
Fokus auf Beispielsammlung			
Fokus auf Beispielfolge			
Fehlender Verkettung der Übergänge			
Mehrdeutigkeit des Übergangs zwischen Objekten:			
Vermischung von strukturellen Auswirkungen			
Verdeckte strukturelle Auswirkungen			
Verdeckte latente Beweisidee			

Abbildung 7.4 Übersicht über die Fallbeispiele

Eine grüne Tabellenzelle bedeutet, dass sich für die Lernumgebung ein Fallbeispiel in Kapitel 6 befindet. Eine orange Tabellenzelle bedeutet, dass sich ein fiktives Beispiel für diese Hürde in Abschnitt 5.2 befindet. Die graue Tabellenzelle drückt aus, dass diese Hürde bei den Zahlenscheiben nicht auftreten kann. Verdeckt-eindeutige Objekte können nur als Hürde bei Darstellungen mit mehrdeutigen Objekten rekonstruiert werden. Zahlenscheiben haben, ähnlich wie Dienes-Material oder Zahlbilder, einen unveränderlichen Zahlwert. Die eindeutige Verwendung der Zahlenscheiben ist daher in der Darstellung intendiert und kann nicht als Hürde auftreten. Die drei roten Tabellenzellen bedeuten, dass es für diese Hürden noch keine Fallbeispiele gibt. Damit bleibt die Frage offen, ob diese drei Hürden nur bei operativen Beweisen mit Plättchen in der Stellenwerttafel vorhanden sind. Darüber hinaus ist auch noch nicht diskutiert worden, inwiefern sich die rekonstruierten Hürden auf andere operative Beweise übertragen lassen. Für beide Fragen wird nun versucht, eine Antwort zu finden.

Drei Hürden konnten in den Interviews mit den Zahlenscheiben nicht rekonstruiert werden:

1) Die fehlende Verkettung der Übergänge,
2) die Vermischung von Übergängen und ihren strukturellen Auswirkungen,
3) und die verdeckte latente Beweisidee.

Die fehlende Verkettung der Übergänge zwischen Objekten ist auch im operativen Beweis der Quersummenregel mit Zahlenscheiben als Hürde plausibel. Im ersten Fallbeispiel (siehe Abschnitt 6.3.1) konnten Melina und Tomke für jeweils einen Spaltenübergang die strukturelle Auswirkung auf die Teilbarkeit durch neun explizieren. Den beiden Mädchen ist es jedoch nicht gelungen, die strukturellen Auswirkungen mehrerer Spaltenübergänge miteinander zu verketten. Eine ähnliche Ausprägung der Hürde könnte auch im operativen Beweis der ‚Quersummenregel mit Zahlenscheiben' auftreten, wenn die strukturelle Auswirkung der Ringe auf die Teilbarkeit zwar für jeweils eine Zahlenscheibe expliziert werden kann, aber nicht mehrere dieser strukturellen Auswirkungen auf die Darstellung einer Zahl mit mehreren Zahlenscheiben verkettet werden können. Ein Kind könnte demnach isoliert für die Zahlen 300, 50 und 2 begründen, dass der Kern der Zahlenscheibe den gleichen Rest bei Division durch neun besitzt wie der Wert der Zahlenscheibe. Das Kind könnte aber nicht begründen, dass 352 den gleichen Rest bei Division durch neun besitzt wie die Summe aus drei, fünf und zwei.

Auch die Hürde ‚Vermischung von strukturellen Auswirkungen' ist in ähnlicher Weise vom Fallbeispiel aus der Lernumgebung ‚Quersummenregel in der Stellenwerttafel' auf die Lernumgebung ‚Quersummenregel mit Zahlenscheiben' übertragbar. Eine Vermischung könnte sich ebenfalls so ergeben:

1) Der Handlung ‚Entfernen von Zahlenscheiben' wird die Eigenschaft ‚Auswirkung auf die Teilbarkeit durch neun' zugeschrieben. Das alte Objekt, z. B. die 702, ist durch neun teilbar und das Entfernen der Zahlenscheibe 2 ändert die Teilbarkeit. Deswegen ist das neue Objekt nicht durch neun teilbar.
2) Der Handlung ‚Entfernen des zweiten Rings' wird die Eigenschaft ‚keine Auswirkung auf die Teilbarkeit durch neun' zugeschrieben. Das alte Objekt, z. B. die 702, ist durch neun teilbar und die Handlung ändert die Teilbarkeit nicht. Deswegen lässt auch das neue Objekt, z. B. die 72, den gleichen Rest wie das alte Objekt.

3) Beim erneuten ‚Entfernen einer Zahlscheibe' entsteht eine Vermischung der beiden Handlungen und ihrer Auswirkungen. Aus der Handlung ‚Entfernen von Zahlenscheiben' wird die Deutung übernommen, dass das alte Objekt durch neun teilbar ist. Aus der Handlung ‚Entfernen eines Rings' wird die Deutung übernommen, dass sich durch die Handlung die Teilbarkeit nicht ändert. Aus der Vermischung entsteht die falsche Schlussfolgerung, dass deswegen das neue Objekt nicht durch neun teilbar ist. 500 ist durch neun teilbar, weil 504 auch durch neun teilbar ist.

Auch die dritte Hürde ‚verdeckte latente Beweisidee' kann in ähnlicher Weise aus dem ersten Fallbeispiel (siehe Abschnitt 6.3.3) abgeleitet werden. Der intendierte Beweis baut grundlegend auf der Ringstruktur der Zahlenscheiben auf. Eine andere Beweisidee könnte zunächst alle möglichen zweistelligen Zahlen mit Zahlenscheiben darstellen und ihre Teilbarkeit faktisch durch Ausrechnen beurteilen. Anschließend könnte dann mithilfe von Analogieschlüssen bewiesen werden, dass auch alle Vervielfachungen dieser Zahlen den gleichen Rest bei Division durch neun besitzen wie die ursprünglichen Zahlen. Diese Beweisidee würde sich demnach von der intendierten Beweisidee darin unterscheiden, dass weniger die Übergänge von einer Zahl zu ihrer Quersumme durch das Entfernen von den Neunervielfachen auf den Ringen im Fokus stehen als die Herleitung der Teilbarkeitseigenschaft einer neuen (unbestimmten) Zahl aus einer bekannten Zahl der Faktenbasis, von der bereits bekannt ist, dass sie den gleichen Rest lässt wie ihre Quersumme.

Zusammenfassend kann mit diesen Überlegungen als Antwort auf die erste Frage formuliert werden, dass die Parallelen der fiktiven Beispiele in diesem Kapitel mit den realen Argumentationen die Hypothese plausibel erscheinen lassen, dass die drei Hürden ‚fehlende Verkettung der Übergänge', ‚Vermischung von Übergängen und ihren strukturellen Auswirkungen' und ‚verdeckte latente Beweisidee' auch im operativen Beweis der Quersummenregel mit Zahlenscheiben auftreten können.

Für die Beantwortung der zweiten Frage, ob sich die rekonstruierten Hürden auch auf andere operative Beweise übertragen lassen, wird erneut der Zusammenhang der ersten ungeraden Zahlen und Quadratzahlen in den Blick genommen. Aus diesem Transfer werden dann Rückschlüsse auf die grundsätzliche Generalisierbarkeit getroffen.

Die Hürden werden auf die Beweisidee ‚Rahmen' (siehe Seite 43–44) übertragen:

- Die Plättchen werden in der figurierten Darstellung als eindeutige Objekte verwendet. Eine verdeckt-eindeutige Nutzung ist daher nicht möglich.
- Eine nicht-beweisfähige Verallgemeinerung könnte darin bestehen, dass aus den Gleichungen $1+3=4$; $1+3+5+7=16$ und $1+3+5+7+9+11=36$ die Vermutung aufgestellt wird, dass die Summe der ersten ungeraden Zahlen immer eine gerade Zahl ist. Diese nicht-beweisfähige Verallgemeinerung steht nicht im Widerspruch zur Aufgabensammlung, weil nur Summen mit einer geraden Anzahl an Summanden berechnet wurden.
- Ein Fokus auf die Beispielsammlung könnte mit der Frage konstruiert werden, ob die Addition der 13 als nächste ungerade Zahl erneut zu einer Quadratzahl als Ergebnis führt. In dieser Rahmung würde diese Frage nur auf die konkrete Aufgabe bezogen werden. 36 und 13 ergeben zusammen 49, was erneut eine Quadratzahl ist.
- Ein Fokus auf die Beispielfolge könnte ebenfalls mit der obigen Frage konstruiert werden. Die Antwort würde in dieser Rahmung darauf aufbauen, dass bisher jeder neue Summand in die Beispielfolge integriert werden konnte, und dass dies daher auch für die 13 gilt. Die figurierte Darstellung der 36 als Quadrat kann durch das Anlegen von 13 Plättchen zum nächsten Quadrat erweitert werden. Für die Konstruktion des nächsten konkreten Beispiels könnte auch strukturell begründet werden, dass der Rahmen aus 13 Plättchen genau zwei Plättchen mehr besitzen muss als der vorherige Rahmen. Die Begründung des Phänomens als übergeordnete Problemstellung würde dennoch nur mit der empirischen Evidenz des erkannten Musters erfolgen und nicht mit dem Rahmen als Beweisidee.
- Die fehlende Verkettung der Übergänge könnte darin bestehen, dass die isolierte Deutung einzelner Rahmen strukturell gelingt. Es könnte also erklärt werden, dass aus der Eins und einem Rahmen aus drei Plättchen die zweite Quadratzahl entsteht. Ebenfalls könnte erklärt werden, dass aus der Vier und einem Rahmen aus fünf Plättchen die dritte Quadratzahl entsteht. Es könnte aber nicht erklärt werden, dass die Verkettung des Hinzufügens mehrerer Rahmen die Eigenschaft ‚Quadratzahl' unverändert lässt.
- Die Vermischung von Übergängen und ihren strukturellen Auswirkungen könnte so aussehen:

1. Der Handlung ‚Anlegen von 6 Plättchen' an ein $5 \cdot 6$-Rechteck wird die Auswirkung zugeschrieben, dann sich die neue Zahl als Quadrat darstellen lässt. Das alte Objekt ist keine Quadratzahl und die Handlung ändert die Eigenschaft.

2. Der Handlung ‚Anlegen von 13 Plättchen' an ein $6 \cdot 6$-Quadrat wird die Auswirkung zugeschrieben, dass das nächstgrößere Quadrat entsteht. Das alte Objekt ist eine Quadratzahl und die Handlung ändert die Eigenschaft nicht.
3. Beim Anlegen von nun 15 Plättchen an ein $7 \cdot 7$-Quadrat entsteht eine Vermischung der beiden vorherigen Handlungen und ihrer Auswirkungen: Aus der ersten Handlung wird die Deutung übernommen, dass das alte Objekt keine Quadratzahl ist. Aus der zweiten Handlung wird die Deutung übernommen, dass sich durch das Anlegen der Plättchen die Eigenschaft ‚Quadratzahl oder keine Quadratzahl' nicht ändert. Aus der Vermischung entsteht die falsche Schlussfolgerung, dass deswegen das neue Objekt ebenfalls keine Quadratzahl ist.

- Die verdeckte strukturelle Auswirkung kann in dem Zusammenhang auftreten, wenn nur die multiplikative Deutung im Vordergrund stehen würde. So könnten die Ergebnisse der Aufgaben zwar als Quadrat gelegt werden, in diesem Quadrat könnten aber nicht die Summanden hineingedeutet werden. In dieser Deutung wäre es möglich, dass jedes neue Quadrat zeilenweise gelegt wird, und nicht durch das Anlegen von immer größer werdenden Rahmen.
- Auch das Auftreten verdeckter latenter Beweisideen erscheint für diesen operativen Beweis realistisch, da in Kapitel 0 neben der Beweisidee ‚Rahmen' bereits sechs weitere Beweisideen herausgearbeitet wurden.

Alles in allem kann eine ähnliche Einschätzung wie im vorherigen Kapitel abgegeben werden: Die Hürden der Kategorien ‚Verallgemeinerung der Übergänge zwischen Objekten' und ‚Mehrdeutigkeit des Übergangs zwischen Objekten' konnten in jeder Lernumgebung kontextualisiert werden. Lediglich die Hürde ‚verdeckt-eindeutige Objekte' konnte nicht auf die Zahlenscheiben und die figurierte Darstellung übertragen werden, weil beide Darstellungsmittel eindeutige Objekte verwenden. Die betrachteten Beispiele in diesem Kapitel stellen folglich keine Gegenbeispiele gegen die Generalisierbarkeit der rekonstruierten Hürden dar. Gleichwohl kann aus ihnen auch nicht auf eine grundsätzliche Generalisierbarkeit geschlossen werden. Hierzu bedarf es weiterer empirischer Untersuchungen.

8 Schluss

Das Schlusskapitel besteht aus zwei Teilen. Zunächst wird in Abschnitt 8.1 dargestellt, worin der Beitrag dieser Arbeit für die mathematikdidaktische Forschung gesehen wird. Mit dieser Zielperspektive werden die zentralen Erkenntnisse dieser Arbeit zusammenfassend dargestellt. Aus den Ergebnissen der empirischen Untersuchung werden abschließend Forschungsdesiderate abgeleitet (Abschnitt 8.2).

8.1 Beitrag zur mathematikdidaktischen Diskussion

Die vorliegende Dissertation trägt in mehreren Aspekten zur mathematikdidaktischen Diskussion bei. Der wesentliche Beitrag besteht in der Beantwortung der Forschungsfrage:

Welche Hürden können im operativen Beweisprozess rekonstruiert werden?

Den ersten Teil der Beantwortung stellt das idealisierte Modell für die Deutungsprozesse im operativen Beweisprozess dar. Das Modell unterteilt das operative Beweisen in die drei Phasen Übungskontext, Entdeckung des Phänomens und operative Erklärung des Phänomens. In jeder Phase stehen unterschiedliche Übergänge zwischen Objekten im Fokus. Im Übungskontext sind es die Übergänge zwischen Zahlen in einer Aufgabe, beim Entdecken des Phänomens die Übergänge zwischen den Aufgaben und beim operativen Beweisen die strukturellen Übergänge in Gleichungen. Diese Differenzierung verdeutlicht, dass sich die Deutung der Objekte in einer Lernumgebung mehrfach wandeln muss, damit die Entwicklung eines operativen Beweises aus einer produktiven Übung heraus gelingt.

© Der/die Autor(en), exklusiv lizenziert an Springer Fachmedien Wiesbaden GmbH, ein Teil von Springer Nature 2025
A. Köhler, *Operatives Beweisen in der Grundschule*,
https://doi.org/10.1007/978-3-658-50005-4_8

Außerdem zeigt das Modell eine weitere Anforderung auf. Zu Beginn eines operativen Beweises stehen konkrete Objekte und Operationen im Vordergrund. Für einen operativen Beweis muss jedoch der Sprung ins Abstrakte vollzogen werden. Die konkreten Objekte müssen als Beispiele einer abstrakten Objektklasse verstanden werden. Und für den Beweis müssen die allgemeinen Eigenschaften und Auswirkungen der definierenden Operationen zueinander in Beziehung gesetzt werden.

Die rekonstruierten Hürden stellen den zweiten Teil der Beantwortung dar. Während das idealisierte Modell einen schematischen Blick auf das operative Beweisen ermöglicht, konkretisieren die rekonstruierten Hürden, was die Pfeile im Modell nur andeuten. Denn die Umdeutungen basieren auf der Mehrdeutigkeit der im Beweis genutzten nicht-formalen Darstellungen. Die in der Lernumgebung eingesetzten Darstellungen können jedoch nicht nur auf die Weise gedeutet werden, wie es für den operativen Beweis intendiert ist.

Die erste Hürde besteht darin, dass die verwendeten Objekte, unabhängig von ihrer operativen Verknüpfung, eindeutig oder mehrdeutig interpretiert werden können. Insbesondere die verdeckt-eindeutige Deutung stellt hierbei ein Problem dar. Wenn eine passende Perspektive auf die verwendeten Objekte eingenommen wird, können dennoch nicht-beweisfähige Verallgemeinerungen vorgenommen werden. Wenn nicht-beweisfähige Verallgemeinerungen zu Gunsten beweisfähiger Verallgemeinerungen verworfen werden, garantiert dies dennoch keinen Fokuswechsel weg von der Beispielsammlung oder von der Beispielfolge und hin zu den erklärenden Strukturen. Darüber hinaus kann dann auch noch die Verkettung mehrerer strukturell gedeuteter Übergänge eine Hürde darstellen. Und selbst wenn erklärende Strukturen im Fokus sind, kann die Mehrdeutigkeit des Übergangs den operativen Beweis erschweren. Unterschiedliche Übergänge und ihre strukturellen Auswirkungen können vermischt werden, oder es wird eine strukturelle Deutung vorgenommen, durch die die strukturelle Auswirkung für den intendierten Beweis verdeckt wird, oder die Kinder haben eine abweichende Beweisidee, die in der Interaktion nicht erkannt wird.

Diese Hürden wurden in Beweisprozessen rekonstruiert, die ihre Genese in einem Phänomen hatten und die das Ziel verfolgten, dieses Phänomen zu erklären. Weil das Phänomen den Kindern vor den Interviews unbekannt war, stellt die erfolgreiche Entwicklung eines operativen Beweises in solchen Kontexten für die Kinder einen fundamentalen Lernschritt dar. Die rekonstruierten Hürden im operativen Beweisprozess können daher auch als Ausdifferenzierung der These verstanden werden, dass fundamentale Beweisprozesse schwierig zu realisieren sind (Nührenbörger und Schwarzkopf 2010, S. 73). Mit der Ausdifferenzierung wird in dieser Arbeit die Hoffnung verbunden, dass das bessere Verständnis der Hürden im Lehr-Lernprozess zur besseren Bearbeitung dieser Hürden in der Praxis führt.

Neben dem idealisierten Modell und den rekonstruierten Hürden im operativen Beweisprozess kann die vorliegende Dissertation auch in folgenden Aspekten zur mathematikdidaktischen Diskussion beitragen:

Erstens wurde eine Differenzierung der Zugänglichkeit von operativen Beweisen vorgeschlagen. Eindeutige Objekte sind zugänglicher, weil die anschauliche Deutung der verwendeten Objekte für den operativen Beweis nicht verändert werden muss. Dies ist bei mehrdeutigen Objekten anders. Sie können daher als Zwischenstufe zwischen operativen Beweisen mit eindeutigen Objekten und solchen Beweisen in der Sekundarstufe verortet werden, die Variablen unter dem Kalkülaspekt einsetzen.

Zweitens wurde aus der Differenzierung der Zugänglichkeit die Hypothese gewonnen, dass eine Schwierigkeit des Beweises der Quersummenregel mit Plättchen in der Stellenwerttafel in der Verwendung mehrdeutiger Objekte liegt.

Drittens wurde mit den Zahlenscheiben eine neue Darstellung entwickelt. Zahlenscheiben basieren auf eindeutigen Objekten. Sie könnten damit eine zugänglichere Darstellung für den operativen Beweis der Quersummenregel darstellen.

Viertens wurden in den vertiefenden Überlegungen am prototypischen Beweis weitere Differenzierungen ausgearbeitet, mit denen das Konzept des operativen Beweisens besser ausgeschärft wurde. Insbesondere die Unterscheidung von operativen Beweisen und semi-formalen Beweisen mithilfe des Kalkülaspekts stellt hierbei einen neuen Beitrag für die mathematikdidaktische Diskussion dar.

Alles in allem bringt diese Arbeit mehrere neue Aspekte in die mathematikdidaktische Diskussion ein. Das Konzept des operativen Beweisens wurde mithilfe von theoretischen Überlegungen in Kapitel 2 und 3, und mit den Ergebnissen der empirischen Untersuchung weiterentwickelt. Das operative Beweisen ist gleichermaßen wichtig wie schwierig. Ein besseres Verständnis über die im operativen Beweisprozess inhärenten Hürden kann dazu beitragen, Nicht-Verstehen durch nicht bearbeitete Hürden im Lehr-Lernprozess zu minimieren.

8.2 Ausblick

Die Arbeit zeigt auf, welche Hürden der operative Beweisprozess beinhalten kann. Abschließend sollen nun noch die Forschungsdesiderate formuliert werden.

Grundsätzlich ergeben sich aus dem Design dieser Arbeit Grenzen, die bei der Interpretation der Ergebnisse berücksichtigt werden müssen. Die gewonnenen Erkenntnisse können nicht ohne Weiteres auf die Vielfalt möglicher operativer Beweise mit unterschiedlichen Darstellungen und unterschiedlichen Beweisprozessen in unterschiedlichen Interaktionen übertragen werden.

Ein logischer nächster Schritt könnte daher darin liegen, die Ergebnisse der empirischen Untersuchung auf operative Beweisprozesse mit anderen Lernumgebungen zu übertragen. Gibt es operative Beweisprozesse, die nicht zum idealisierten Modell passen? Und welche der in dieser Arbeit dargestellten Hürden lassen sich auch in anderen operativen Beweisprozessen rekonstruieren? Existieren in anderen operativen Beweisen zusätzliche Hürden?

Bisher wurden die operativen Beweisprozesse nur in Kleingruppen analysiert. Die Untersuchung von operativen Beweisprozessen im regulären Unterricht würde daher eine sinnvolle Ergänzung der Ergebnisse dieser Arbeit bedeuten. Dies gilt nicht nur für die Rekonstruktion von Hürden im operativen Beweisprozess, sondern auch für die Zahlenscheiben als neu entwickelte Darstellung.

Weitere Forschung könnte sich auch auf die Überwindung der Hürden fokussieren. Wie müssen operative Beweisprozesse gestaltet werden, damit nicht-bearbeitete Hürden überwunden werden können? Eine erste interessante Akzentuierung dieser Forschungsrichtung wird in der langfristigen Begleitung von Kindern gesehen. So könnten Fragen folgender Art beantwortet werden:

- Inwiefern ist die Überwindung einer Hürde beweisspezifisch? Diese Frage würde erforschen, ob die Hürden eher als übergeordnete Aspekte des Lehr-Lernprozesses verstanden werden können, oder ob die Hürden stärker an die spezifischen Beweise gebunden sind. Ersteres könnte bedeuten, dass beispielsweise die Überwindung der Hürde ‚fehlende Verkettung der operativen Übergänge' in einem Beweis dazu beiträgt, dass auch die Verkettung mehrerer Übergänge in einem anderen Beweis gelingt. Außerdem könnte unter diese Fragestellung auch untersucht werden, ob Aufgabenmerkmale oder die Wahl der produktiven Übungsform Einfluss auf die Überwindung einer Hürde besitzen.
- Inwiefern ist die Überwindung einer Hürde nachhaltig? Durch die langfristige Begleitung könnten Kinder zu unterschiedlichen Zeitpunkten ähnliche Lernumgebungen bearbeiten. Aus dem Vergleich könnten sich Rückschlüsse darauf schließen lassen, ob eine Hürde nach der erstmaligen Überwindung dauerhaft bewältigt ist oder ob Rückschritte möglich sind.

Eine zweite interessante Akzentuierung der Forschungsrichtung ‚Überwindung der Hürden' wird in einer Ausdifferenzierung der produktiven Irritationen gesehen. Produktive Irritationen sind dreiteilig definiert:

1) Eine Erwartungshaltung aufbauen durch routinierte Aktivitäten,
2) die Erwartung enttäuschen durch eine Störung der Routine,
3) und Argumente hervorbringen zur Auflösung der Irritation.

Die Irritation besteht häufig in einem unerwarteten Muster zwischen Objekten, die oberflächlich betrachtet keine Beziehung aufweisen. Dieses unerwartete Muster kann in der Gleichheit der andersartigen empirischen Objekte bestehen. Aus der Irritation soll ein Begründungsbedarf entstehen, die Gleichheit nicht nur ausrechnend zu bestätigen, sondern durch strukturelles Umrechnen zu erklären.

Die Ergebnisse dieser empirischen Untersuchung belegen jedoch, dass aus der Irritation nicht zwangsläufig ein Bedarf an *strukturellen* Begründungen bei den Kindern entsteht. Manche Kinder sind von beweisfähigen Verallgemeinerungen allein aufgrund der empirischen Evidenz der zugrundeliegenden Muster in den konkreten Objekten überzeugt. So einer Überzeugung kann bei beweisfähigen Verallgemeinerungen nur mit einem Einwand gegen die explanative Relevanz oder gegen die Sicherheit des Schlusses entgegnet werden. Wenn solch ein Einwand aber von den Kindern nicht ausreichend anerkannt werden, dann entsteht für sie auch kein Rationalisierungszwang, in ihrer Deutung der Objekte struktureller zu werden. Mit dieser Erkenntnis könnte es daher hilfreich sein, zwischen produktiven Irritationen zur Entdeckung des Phänomens und produktiven Irritationen zur Begründung des Phänomens zu unterscheiden. Insbesondere in letzteren wird Potential zur Verbesserung der operativen Beweisprozesse in der Grundschule vermutet.

Literaturverzeichnis

Abels, H. (2010). *Interaktion, Identität, Präsentation. Kleine Einführung in interpretative Theorien der Soziologie* (5. Aufl.). Wiesbaden: VS Verlag für Sozialwissenschaften / Springer Fachmedien Wiesbaden GmbH Wiesbaden.

Aebli, H. (1976). *Grundformen des Lehrens. Eine allgemeine Didaktik auf kognitionspsychologischer Grundlage.* Stuttgart.

Akinwunmi, K. (2012). *Zur Entwicklung von Variablenkonzepten beim Verallgemeinern mathematischer Muster* (Dortmunder Beiträge zur Entwicklung und Erforschung des Mathematikunterrichts, Bd. 8). Wiesbaden: Vieweg+Teubner Verlag (Dissertation).

Akinwunmi, K. (2017). Algebraisch denken – arithmetisch erforschen. Lernprozesse langfristig gestalten. *Die Grundschulzeitschrift* (306), 6–11.

Akinwunmi, K. & Steinweg, A. S. (2022). Analysis of children's generalisations with a focus on patterns and with a focus on structures. In *Twelfth Congress of the European Society for Research in Mathematics Education (CERME12)* .

Akinwunmi, K. & Steinweg, A. S. (2024). *Algebraisches Denken im Arithmetikunterricht der Grundschule. Muster entdecken – Strukturen verstehen* (Mathematik Primarstufe und Sekundarstufe I + II). Berlin: Springer Spektrum.

Akker, J., Gravemeijer, K., Mckenney, S. & Nieveen, N. (2006). Introducing educational design research. *Educational Design Research.*

Auslander, J. (2008). On the role of proof in mathematics. In B. Gold & R. A. Simons (Hrsg.), *Proof and Other Dilemmas: Mathematics and Philosophy* (S. 61–77).

Bähr, I., Gebhard, U., Krieger, C., Lübke, B., Pfeiffer, M., Regenbrecht, T. et al. (Hrsg.). (2019). *Irritation als Chance. Bildung fachdidaktisch denken.* Wiesbaden, Germany: Springer VS.

Barab, S. & Squire, K. (2004). Design-Based Research: Putting a Stake in the Ground. *Journal of the Learning Sciences 13* (1), 1–14.

Bender, P. & Jahnke, H. N. (1992). Intuition and rigor in mathematics instruction. *Zentralblatt für Didaktik der Mathematik 24* (7), 259–264.

Bezold, A. (2009). *Förderung von Argumentationskompetenzen durch selbstdifferenzierende Lernangebote. Eine Studie im Mathematikunterricht der Grundschule* (Didaktik in Forschung und Praxis, Bd. 47). Hamburg: Kovač (Zugl.: Würzburg, Univ., Diss., 2009).

© Der/die Herausgeber bzw. der/die Autor(en), exklusiv lizenziert an Springer Fachmedien Wiesbaden GmbH, ein Teil von Springer Nature 2025

A. Köhler, *Operatives Beweisen in der Grundschule*,
https://doi.org/10.1007/978-3-658-50005-4

Bezold, A. (2010a). Kinder argumentieren – eine empirische Studie auf der Grundlage selbstdifferenzierender Lernangebote. In A. M. Lindmeier & S. Ufer (Hrsg.), *Beiträge zum Mathematikunterricht 2010* (Bd. 1, S. 161–164). Münster: WTM-Verlag.

Bezold, A. (2010b). *Mathematisches Argumentieren in der Grundschule fördern* (Neue Ausg). Kiel: IPN Leibniz-Institut f. d. Pädagogik d. Naturwissenschaften an d. Universität Kiel.

Bezold, A. (2012). Förderung von Argumentationskompetenzen auf der Grundlage von Forschungsaufgaben. Eine empirische Studie im Mathematikunterricht der Grundschule. *mathematica didactica 35,* 73–103.

Biehler, R. & Kempen, L. (2016). Didaktisch orientierte Beweiskonzepte – Eine Analyse zur mathematikdidaktischen Ideenentwicklung. *Journal für Mathematik-Didaktik 37* (1), 141–179.

Blumer, H. (1973). Der methodologische Standort des symbolischen Interaktionismus. In Arbeitsgruppe Bielefelder Soziologen (Hrsg.), *Alltagswissen, Interaktion und gesellschaftliche Wirklichkeit* (S. 80–101). Reinbek bei Hamburg: Rowohlt.

Böttinger, C. & Steenpaß, A. (2010). Aufgaben zur Anregung mathematischen Denkens. In C. Böttinger, K. Bräuning, M. Nührenbörger, R. Schwarzkopf & E. Söbbeke (Hrsg.), *Mathematik im Denken der Kinder. Anregungen zur mathematischen Reflexion* (S. 48–53). Seelze: Kallmeyer.

Brandt, B. & Gerlach, K. (Hrsg.). (2023). *Mathematiklernen aus interpretativer Perspektive* (Empirische Studien zur Didaktik der Mathematik, Band 44). Münster: Waxmann.

Branford, B. (1913). *Betrachtungen über mathematische Erziehung vom Kindergarten bis zur Universität.* Leipzig/Berlin: Teubner.

Bräuning, K. (2016). *Mathematische Gespräche mit Kindern führen – individuelle Diagnose und Förderung (MathKiD)* (Deutsches Zentrum für Lehrerbildung Mathematik, Hrsg.), Berlin.

Bredow, F. (2023). *Mathematisches Argumentieren im Übergang von der Arithmetik zur Algebra. Eine qualitative Studie von Lehrkrafthandlungen im Mathematikunterricht* (Perspektiven der Mathematikdidaktik, 1st ed. 2023). Wiesbaden: Springer Fachmedien Wiesbaden; Imprint Springer Spektrum.

Bruner, J. S. (1974). *Entwurf einer Unterrichtstheorie.* Berlin.

Brunner, E. (2014a). *Mathematisches Argumentieren, Begründen und Beweisen. Grundlagen, Befunde und Konzepte* (Mathematik im Fokus). Berlin, Heidelberg: Imprint: Springer Spektrum.

Brunner, E. (2014b). Verschiedene Beweistypen und ihre Umsetzung im Unterrichtsgespräch. *Journal für Mathematik-Didaktik 35* (2), 229–249.

Cobb, P., Confrey, J., diSessa, A., Lehrer, R. & Schauble, L. (2003). Design Experiments in Educational Research. *Educational Researcher 32* (1), 9–13.

Dörfler, W. (2006). Diagramme und Mathematikunterricht. *Journal für Mathematik-Didaktik 27* (3–4), 200–219.

Dörfler, W. & Kadunz, G. (2006). Rezension von „Erkenntnisentwicklung“. *Journal für Mathematik-Didaktik 27* (3–4), 300–318.

Dreyfus, T., Nardi, E. & Leikin, R. (2012). Forms of Proof and Proving in the Classroom. In G. Hanna (Hrsg.), *Proof and proving in mathematics education. The 19th ICMI study* (New ICMI study series, Bd. 15, S. 191–213). Dordrecht: Springer.

Duval, R. (2007). Cognitive functioning and the understanding of mathematical processes of proof. In P. Boero (Hrsg.), *Theorems in school: From history, epistemology and cognition to classroom practice* (S. 137–161). Rotterdam: Sense Publishers.

Ernest. (1998). *Social Constructivism as a Philosophy of Mathematics.* New York: SUNY Press.

Fischer, A., Hefendehl-Hebeker & Prediger, S. (2010). Mehr als Umformen: Reichhaltige algebraische Denkhandlungen im Lernprozess sichtbar machen. *Praxis der Mathematik in der Schule 52* (33), 1–7.

Freudenthal, H. (1973). *Mathematik als pädagogische Aufgabe* (Klett-Studienbücher Klett-Studienbücher Mathematik, Bd. 1 und 2, 2. Aufl.). Stuttgart: Klett.

Freudenthal, H. (1982). Mathematik – eine Geisteshaltung. *Grundschule 14,* 140–142.

Friebertshäuser, B. & Langer, A. (2013). Interviewformen und Interviewpraxis. In B. Friebertshäuser, A. Langer & A. Prengel (Hrsg.), *Handbuch qualitative Forschungsmethoden in der Erziehungswissenschaft* (4., durchgesehene Auflage, S. 437–456). Weinheim: Beltz Juventa.

Gaidoschik, M. (2015). Vermeidbare und unvermeidbare Hürden beim Erlernen des Rechnens bis 100. In A. S. Steinweg (Hrsg.), *Entwicklung mathematischer Fähigkeiten von Kindern im Grundschulalter. Tagungsband des AK Grundschule in der GDM 2015* (Mathematikdidaktik Grundschule, Band 5, S. 25–38). Bamberg: University of Bamberg Press.

Gale, D. (1990). Proof as explanation. *Mathematical Intelligencer 12* (4).

Gellert, A. (2013). Grunschulkinder erörtern verschiedenartige Deutungen eigener Lösungen. Interpretative Rekonstruktion mathematischer Argumentationsprozesse. In G. Greefrath, F. Käpnick & M. Stein (Hrsg.), *Beiträge zum Mathematikunterricht 2013* (S. 344–347). Münster: WTM-Verlag.

Gerloff, S. (2021). *Begründen bei Geometrieaufgaben der Grundschule* (Springer eBook Collection) (Dissertation).

Gravemeijer, K. (1998). Developmental research as a reseach method. In A. Sierpinska & J. Kilpatrick (Hrsg.), *Mathematics Education as a Research Domain: A Search for Identity. An ICMI Study Book 2* (S. 277–295). Dordrecht: Springer Netherlands.

Gravemeijer, K. & Cobb, P. (2006). Design research from a learning design perspective. In J. van den Akker, K. Gravemeijer, S. Mckenney & N. Nieveen (Hrsg.), *Educational design research* (1. publ, S. 17–51). London: Routledge.

Hanna, G. (2000). Proof, Explanation and Exploration: an Overview. *Educational Studies in Mathematics 44* (1/2), 5–23.

Hanna, G. & Barbeau, E. (2008). Proofs as bearers of mathematical knowledge. *ZDM 40* (3), 345–353.

Hanna, G. & Jahnke, H. N. (1995). Proof and proving. In A. Bishop (Hrsg.), *International Handbook of Mathematics Education* (S. 877–908). Dordrecht: Kluwer Academic Publishers.

Hartkens, J. (2016). *Mathematische Reflexion in argumentativ geprägten Unterrichtsgesprächen.* Dissertation, Dortmund.

Heintz, B. (2000). *Die Innenwelt der Mathematik. Zur Kultur und Praxis einer beweisenden Disziplin* (Ästhetik und Naturwissenschaften Bildende Wissenschaften – Zivilisierung der Kulturen). Wien: Springer.

Hersh, R. (1993). Proving is convincing and explaining. *Educational Studies in Mathematics 24* (4), 389–399.

Hoffmann, M. H. G. (2005). *Erkenntnisentwicklung. Ein semiotisch-pragmatischer Ansatz* (Philosophische Abhandlungen, Bd. 90). Frankfurt am Main: Klostermann (Zugl.: Dresden, Techn.-Univ., Habil.-Schr., 2002).

Hoffmann, M. H.-G. (2001). Skizze einer semiotischen Theorie des Lernens. *Journal für Mathematik-Didaktik 22* (3–4), 231–251.

Jahnke, H. N., Sommerhoff, D. & Ufer, S. (2023). Argumentieren, Begründen und Beweisen. In R. Bruder, A. Büchter, H. Gasteiger, B. Schmidt-Thieme & H.-G. Weigand (Hrsg.), *Handbuch der Mathematikdidaktik* (S. 369–398). Berlin, Heidelberg: Springer Berlin Heidelberg.

Kallmeyer, W. (1979). Kritische Momente. Zur Konversationsanalyse von Interaktionsstörungen. In W. Frier & G. Labroisse (Hrsg.), *Grundfragen der Textwissenschaft. Linguistische und literaturwissenschaftliche Aspekte* (S. 59–109). Amsterdam: Rodopi.

Käpnick, F. (2014). *Mathematiklernen in der Grundschule* (Mathematik Primarstufe und Sekundarstufe I + II). Berlin: Springer Spektrum.

Kaput, J. J., Carraher, D. W. & Blanton, M. L. (Hrsg.). (2008). *Algebra in the early grades* (Studies in mathematical thinking and learning). New York, NY: LEA.

Kempen, L. (2014). Der operative Beweis als didaktisches Instrument in der Hochschullehre Mathematik. In T. Wassong, D. Frischemeier, P. R. Fischer, R. Hochmuth & P. Bender (Hrsg.), *Mit Werkzeugen Mathematik und Stochastik lernen – Using Tools for Learning Mathematics and Statistics* (S. 463–470). Wiesbaden: Springer Fachmedien Wiesbaden.

Kempen, L. (2019). *Begründen und Beweisen im Übergang von der Schule zur Hochschule. Theoretische Begründung, Weiterentwicklung und Evaluation einer universitären Erstsemesterveranstaltung unter der Perspektive der doppelten Diskontinuität* (Studien zur Hochschuldidaktik und zum Lehren und Lernen mit digitalen Medien in der Mathematik und in der Statistik).

Klein, J. (2009). ERKLÄREN-WAS, ERKLÄREN-WIE, ERKLÄREN-WARUM. Typologie und Komplexität zentraler Akte der Welterschließung. In R. Vogt (Hrsg.), *Erklären. Gesprächsanalytische und fachdidaktische Perspektiven* (Stauffenburg-Linguistik, Bd. 52, S. 25–36). Tübingen: Stauffenburg-Verl.

Knapstein, K. (2014). *Begründen im Mathematikunterricht der Grundschule am Beispiel Substanzieller Aufgabenformate.* Dissertation. Paderborn.

Kollosche, D. (2017). Entdeckendes Lernen: Eine Problematisierung. *Journal für Mathematik-Didaktik 38* (2), 209–237.

Krauthausen, G. (2001). Wann fängt das Beweisen an? Jedenfalls, ehe es einen Namen hat. Zum Imag einer fundamentalen Tätigkeit. In W. Weiser & B. Wollring (Hrsg.), *Beiträge zur Didaktik der Mathematik für die Primärstufe. Festschrift für Siegbert Schmidt* (Schriftenreihe Studien zur Schulpädagogik, Bd. 31, S. 99–113). Hamburg: Dr. Kovač.

Krauthausen, G. (2018). *Einführung in die Mathematikdidaktik – Grundschule* (Mathematik Primarstufe und Sekundarstufe I + II, 4. Auflage). Berlin: Springer Spektrum.

Krauthausen, G. & Scherer, P. (2010). Natural Differentiation in Mathematics. the NaDiMa prject. In B. Maj, E. Swoboda & K. Tatsis (Hrsg.), *Motivation via natural differentiation in mathematics* (S. 33–57). Rzeszów: Wydawnictwo Uniwersytetu Rzeszowskiego.

Krauthausen, G. & Scherer, P. (2022). *Natürliche Differenzierung im Mathematikunterricht. Konzepte und Praxisbeispiele aus der Grundschule* (4. Auflage). Hannover: Klett/ Kallmeyer.

Krummheuer, G. (1992). *Lernen mit Format. Elemente einer interaktionistischen Lerntheorie.* Weinheim: Deutscher Studien Verlag.

Krummheuer, G. (1997). *Narrativität und Lernen. Mikrosoziologische Studien zur sozialen Konstitution schulischen Lernens.* Weinheim: Dt. Studien-Verl.

Krummheuer, G. (2003). Argumentationsanalyse in der mathematikdidaktischen Unterrichtsforschung. *Zentralblatt für Didaktik der Mathematik 35* (6), 247–256.

Krummheuer, G. (2004). Wie kann man Mathematikunterricht verändern? Innovation von Unterricht aus Sicht eines Ansatzes der Interpretativen Unterrichtsforschung. *Journal für Mathematik-Didaktik 25* (2), 112–129.

Krummheuer, G. & Naujok, N. (1999). *Grundlagen und Beispiele Interpretativer Unterrichtsforschung* (Qualitative Sozialforschung, Bd. 7). Wiesbaden: VS Verlag für Sozialwissenschaften.

Krumsdorf, J. (2015). *Beispielgebundenes Beweisen.* Dissertation, Westfälische Wilmhelms-Universität Münster. Münster.

Kuhnke, K. (2012). *Vorgehensweisen von Grundschulkindern beim Darstellungswechsel.* Dissertation.

Kultusministerkonferenz. (2022). Bildungsstandards für das Fach Mathematik Primarbereich (Beschluss der Kultusministerkonferenz vom 15.10.2004, i.d.F. vom 23.06.2022).

Link, M. (2012). *Grundschulkinder beschreiben operative Zahlenmuster. Entwurf, Erprobung und Überarbeitung von Unterrichtsaktivitäten als ein Beispiel für Entwicklungsforschung* (Dortmunder Beiträge zur Entwicklung und Erforschung des Mathematikunterrichts, Bd. 1). Wiesbaden: Springer Spektrum (Zugl.: Dortmund, Techn. Univ., Diss., 2011).

Maier, H. & Voigt, J. (Hrsg.). (1991). *Interpretative Unterrichtsforschung. Heinrich Bauersfeld zum 65. Geburtstag* (IDM-Reihe / Institut für Didaktik der Mathematik der Universität Bielefeld, Bd. 17). Köln: Aulis-Verl. Deubner.

Maier, H. & Voigt, J. (Hrsg.). (1994). *Verstehen und Verständigung. Arbeiten zur interpretativen Unterrichtsforschung.* Köln: Aulis.

Maindok, H. & Eberle, F. (1994). *Einführung in die soziologische Theorie* (2. Aufl., 2. Aufl. Reprint 2014). München: R. Oldenbourg.

Maisano, M.-L. (2019). *Beschreiben und Erklären beim Lernen von Mathematik.* Wiesbaden: Springer Fachmedien Wiesbaden.

Malle, G. (1993). *Didaktische Probleme der elementaren Algebra.* Wiesbaden: Vieweg.

Mayer, C. (2019). *Zum algebraischen Gleichheitsverständnis von Grundschulkindern.* Wiesbaden: Springer Fachmedien Wiesbaden.

Meyer, M. (2007). Entdecken und Begründen im Mathematikunterricht – Zur Rolle der Abduktion und des Arguments. *Journal für Mathematik-Didaktik 28* (3–4), 286–310.

Meyer, M. (Hrsg.). (2021). *Entdecken und Begründen im Mathematikunterricht* (Kölner Beiträge zur Didaktik der Mathematik). Wiesbaden: Springer Fachmedien Wiesbaden.

Meyer, M. & Voigt, J. (2008). Entdecken mit latenter Beweisidee – Analyse von Schulbuchseiten. *Journal für Mathematik-Didaktik 29* (2), 124–151.

Meyerhöfer, W. (2008). Vom Konstrukt der Rechenschwäche zum Konstrukt der nicht bearbeiteten stofflichen Hürden. In E. Vásárhelyi (Hrsg.), *Beiträge zum Mathematikunterricht 2008* (S. 597–600). Münster: WTM.

Miller, M. (1986). *Kollektive Lernprozesse. Studien zur Grundlegung einer soziologischen Lerntheorie* (Beiträge zur Soziogenese der Handlungsfähigkeit, 1. Aufl.). Frankfurt am Main: Suhrkamp.

Miller, M. (2006). *Dissens. Zur Theorie diskursiven und systemischen Lernens.* Bielefeld: transcript Verlag.

Moll, M. (2020). *Überzeugung im Werden. Begründetes Fürwahrhalten im Mathematikunterricht.* Dissertation, Universität Köln. Wiesbaden.

Moll, M. (2023). Die Null kann man nicht sehen. Interpretative Rekonstruktion von Überzeugungen und Gründen. In M. Meyer (Hrsg.), *Geschichten zur 0. Eine Szene und diverse Theorien* (Kölner Beiträge zur Didaktik der Mathematik, 1st ed. 2023, S. 159–175). Wiesbaden: Springer Fachmedien Wiesbaden; Imprint Springer Spektrum.

Müller, G. & Wittmann, E. (1988). Wann ist ein Beweis ein Beweis? In P. Bender (Hrsg.), *Mathematikdidaktik: Theorie und Praxis. Festschrift für Heinrich Winter* (S. 237–257). Berlin: Cornelsen.

Neth, A. & Voigt, J. (1991). Lebensweltliche Inszenierungen. Die Aushandlungen schulmathematischer Bedeutungen an Sachaufgaben. In H. Maier & J. Voigt (Hrsg.), *Interpretative Unterrichtsforschung. Heinrich Bauersfeld zum 65. Geburtstag* (IDM-Reihe / Institut für Didaktik der Mathematik der Universität Bielefeld, Bd. 17, S. 79–116). Köln: Aulis-Verl. Deubner.

Neubrand, M. & Möller, M. (1992). *Einführung in die Arithmetik. Ein Arbeitsbuch für Studierende des Lehramts der Primarstufe.* Hildesheim: Franzbecker.

Niebert, K. & Gropengießer, H. (2014). Leitfadengestützte Interviews. In D. Krüger, I. Parchmann & H. Schecker (Hrsg.), *Methoden in der naturwissenschaftsdidaktischen Forschung* (S. 121–132). Berlin, Heidelberg: Springer Berlin Heidelberg.

Niedersächsisches Kultusministerium. (2017). Kerncurriculum für die Grundschule Schuljahrgänge 1–4. Mathematik.

Nöth, W. (2000). *Handbuch der Semiotik.* Stuttgart: J.B. Metzler.

Nührenbörger, M. (2009). Diskursives Lernen im Mathematikunterricht – Interaktive Wissenskonstruktion von und mit Kindern im jahrgangsgemischten Anfangsunterricht. In M. Neubrand (Hrsg.), *Beiträge zum Mathematikunterricht 2009* (S. 111–114). Münster: WTM-Verlag.

Nührenbörger, M. & Schwarzkopf, R. (2010). Die Entwicklung mathematischen Wissens in sozial-interaktiven Kontexten. In C. Böttinger, K. Bräuning, M. Nührenbörger, R. Schwarzkopf & E. Söbbeke (Hrsg.), *Mathematik im Denken der Kinder. Anregungen zur mathematischen Reflexion* (S. 73–80). Seelze: Kallmeyer.

Nührenbörger, M. & Schwarzkopf, R. (2013). Gleichungen zwischen „Ausrechnen" und „Umrechnen". In G. Greefrath, F. Käpnick & M. Stein (Hrsg.), *Beiträge zum Mathematikunterricht 2013* (Bd. 2, S. 716–719). Münster: WTM-Verlag.

Nührenbörger, M. & Schwarzkopf, R. (2017). Algebraisches Denken im Arithmetikunterricht der Grundschule. In U. Kortenkamp & A. Kuzle (Hrsg.), *Beiträge zum Mathematikunterricht 2017. 51. Jahrestagung der Gesellschaft für Didaktik der Mathematik* (S. 713–716). Münster: WTM Verlag für wissenschaftliche Texte und Medien.

Nührenbörger, M. & Schwarzkopf, R. (2019). Argumentierendes Rechnen: Algebraische Lernchancen im Arithmetikunterricht der Grundschule. In B. Brandt & K. Tiedemann

(Hrsg.), *Mathematiklernen aus interpretativer Perspektive I. Aktuelle Themen, Arbeiten und Fragen* (Empirische Studien zur Didaktik der Mathematik, S. 15–35). Münster: Waxmann; Ciando.

Padberg, F. & Büchter, A. (2015). *Einführung Mathematik Primarstufe – Arithmetik*. Berlin, Heidelberg: Springer Berlin Heidelberg.

Peirce, C. S. *CP: Collected Papers of Charles Sanders Peirce (Band I-VI 1931–1935 hrsg. von Ch. Hartshorne & P. Weiß; Band VII-VIII 1985 hg. von A. W. Burks)*. Cambridge: Harvard University Press.

Peterßen, K. Begründen im Mathematikunterricht der Grundschule. Eine Untersuchung in den Klassen 3 und 4.

Piaget, J. (1948). *Psychologie der Intelligenz*. Zürich: Rascher.

Plomp, T. (2013). Educational Design Research: An Introduction. In T. Plomp & N. Nieveen (Hrsg.), *Educational Design Research. Part A: An introduction* (S. 11–50). Enschede: SLO.

Der Postillon (Hrsg.). (2018, 20. März). Kassenpatient kuriert Grippe vollständig im Wartezimmer aus. https://www.der-postillon.com/2018/03/wartezimmer.html. Zugegriffen: 16. Dezember 2024.

Prediger, S., Gravemeijer, K. & Confrey, J. (2015). Design research with a focus on learning processes: an overview on achievements and challenges. *ZDM 47* (6), 877–891.

Prediger, S. & Hefendehl-Hebeker, L. (2016). Zur Bedeutung epistemologischer Bewusstheit für didaktisches Handeln von Lehrkräften. *Journal für Mathematik-Didaktik 37* (1), 239–262.

Prediger, S., Link, M., Hinz, R., Hußmann, S., Thiele, J. & Ralle, B. (2012). Lehr-Lernprozesse initiieren und erforschen. Fachdidaktische Entwicklungsforschung im Dortmunder Modell. *Der mathematische und naturwissenschaftliche Unterricht 65* (8), 452–457.

Prediger, S. & Meyer, M. (2009). Warum? Argumentieren, Begründen, Beweisen. *Praxis der Mathematik in der Schule 51* (30), 1–7.

Rav, Y. (1999). Why do we prove theorems? *Philosophia Mathematica 7* (3), 5–41.

Reid, D. A. (2001). Proof, proofs, proving and probing. Research related to proof. In M. van den Heuvel-Panhuizen (Hrsg.), *Proceedings of the Twenty-Fifth Annual Conference of the International Group for the Psychology of Mathematics Education* .

Scharloth, M. (1999). Zur propädeutischen Funktion des Arithmetikunterrichts in der Primarstufe. *Journal für Mathematik-Didaktik 20* (2–3), 83–112.

Scherer, P. & Moser Opitz, E. (2010). *Fördern im Mathematikunterricht der Primarstufe* (Mathematik Primar- und Sekundarstufe). Heidelberg: Spektrum Akademischer Verlag.

Scherer, P. & Steinbring, H. (2001). Strategien und Begründungen an Veranschaulichungen. statische und dynamische Deutungen. In W. Weiser & B. Wollring (Hrsg.), *Beiträge zur Didaktik der Mathematik für die Primärstufe. Festschrift für Siegbert Schmidt* (Schriftenreihe Studien zur Schulpädagogik, Bd. 31, S. 188–201). Hamburg: Dr. Kovač.

Schindler, M. (2016). Stärken beim Begründen. Natürlich differenzierend. *mathematik lehren 33* (195), 20–24.

Schwarzkopf, R. (2000). *Argumentationsprozesse im Mathematikunterricht. Theoretische Grundlagen und Fallstudien* (Texte zur mathematischen Forschung und Lehre, Bd. 10). Hildesheim: Franzbecker (Dissertation).

Schwarzkopf, R. (2001). Argumentationsanalysen im Unterricht der frühen Jahrgangsstufen – eigenständiges Schließen mit Ausnahmen. *Journal für Mathematik-Didaktik 22* (3–4), 253–276.

Schwarzkopf, R. (2003). Begründungen und neues Wissen. Die Spanne zwischen empirischen und strukturellen Argumenten in mathematischen Lernprozessen der Grundschule. *Journal für Mathematik-Didaktik 24* (3–4), 211–235.

Schwarzkopf, R. (2015). Argumentationsprozesse im Mathematikunterricht der Grundschule: Ein Einblick. In A. Budke, M. Kuckuck, M. Meyer, F. Schäbitz, K. Schlüter & G. Weiss (Hrsg.), *Fachlich argumentieren lernen. Didaktische Forschungen zur Argumentation in den Unterrichtsfächern* (Waxmann-E-Books : Lehrerbildung, Band 7, 1. Aufl., S. 31–45). Münster: Waxmann Verlag GmbH.

Schwarzkopf, R. (2016). Design Science Between Normative and Descriptive Approaches. In M. Nührenbörger, B. Rösken-Winter, C. I. Fung, R. Schwarzkopf, E. Wittmann, K. Akinwunmi et al. (Hrsg.), *Design Science and Its Importance in the German Mathematics Educational Discussion* (ICME-13 Topical Surveys). Cham: Springer International Publishing.

Schwarzkopf, R. (2017). Erst einmal rechnen lernen? Von der Notwendigkeit algebraischen Denkens im Arithmetikunterricht. *Die Grundschulzeitschrift* (306), 18–22.

Schwarzkopf, R. (2019). Produktive Kommunikationsanlässe im Mathematikunterricht der Grundschule: Zur lerntheoretischen Funktion des Argumentierens. In A. S. Steinweg (Hrsg.), *Darstellen und Kommunizieren. Tagungsband des AK Grundschule in der GDM 2019* (Mathematikdidaktik Grundschule, S. 55–68). Bamberg: University of Bamberg Press.

Selter, C. & Spiegel, H. (1997). *Wie Kinder rechnen* (1. Aufl., [Nachdr.]. Leipzig: Klett-Grundschulverl.

Semadeni, Z. (1976). *The concept of premathematics as a theoretical background for primary mathematics teaching.* Warschau: Polnische Akademie der mathematischen Wissenschaften.

Semadeni, Z. (1984). Action proofs in primary mathematics teaching and in teacher teaching. *For the Learning of Mathematics 4* (1), 32–34.

Söbbeke, E. (2005). *Zur visuellen Strukturierungsfähigkeit von Grundschulkindern. Epistemologische Grundlagen und empirische Fallstudien zu kindlichen Strukturierungsprozessen mathematischer Anschauungsmittel* (Texte zur mathematischen Forschung und Lehre, Bd. 42). Hildesheim: Franzbecker (Zugl.: Dortmund, Univ., Diss., 2005).

Specht, B. J. (2009). *Variablenverständnis und Variablen verstehen.* Hildesheim: Franzbecker.

Spiegel, H. (1999). Lernen, wie Kinder denken. In E. Hengartner (Hrsg.), *Mit Kindern lernen. Standorte und Denkwege im Mathematikunterricht* (Spektrum Schule Beiträge zur Unterrichtspraxis, 1. Aufl., S. 124–132). Zug: Klett und Balmer; Klett.

Steenpaß, A. (2014). *Grundschulkinder deuten Anschauungsmittel. Eine epistemologische Kontext- und Rahmenanalyse zu den Bedingungen der visuellen Strukturierungskompetenz.* Dissertation, Universität Duisburg-Essen.

Stein, M. (1984). *Beweisen. Eine Analyse des Beweisprozesses und der ihn beeinflussenden Faktoren:* Franzbecker.

Stein, M. (1986). *Beweisen.* Bad Selzdetfurth: Franzbecker.

Stein, M. (1988). Beweisfähigkeiten und Beweisvorstellungen von 11–13 jährigen Schülern. *Journal für Mathematik-Didaktik 9* (1), 31–53.

Stein, M. (1999). Elementare Bausteine der Problemlösefähigkeit: logisches Denken und Argumentieren. *Journal für Mathematik-Didaktik 20* (1), 3–27.

Steinbring, H. (1985). Mathematische Begriffe in didaktischen Situationen: Das Beispiel der Wahrscheinlichkeit. *Journal für Mathematik-Didaktik 6* (2), 85–118.

Steinbring, H. (1990). Probleme der Entwicklung mathematischen Wissens im Unterricht – an einer Analysisstunde betrachtet. *Der Mathematikunterricht* (3), 4–28.

Steinbring, H. (1994). Die Verwendung strukturierter Diagramme im Arithmetikunterricht der Grundschule. Zum Unterschied zwischen empirischer und theoretischer Mehrdeutigkeit mathematischer Zeichen. *Mathematische Unterrichtspraxis IV,* 7–19.

Steinbring, H. (1998). Mathematikdidaktik: Die Erforschung theoretischen Wissens in sozialen Kontexten des Lernens und Lehrens. *Zentralblatt für Didaktik der Mathematik 30* (5), 161–167.

Steinbring, H. (2000). Mathematische Bedeutung als eine soziale Konstruktion – Grundzüge der epistemologisch orientierten mathematischen Interaktionsforschung. *Journal für Mathematik-Didaktik 21* (1), 28–49.

Steinbring, H. (2005). *The Construction of New Mathematical Knowledge in Classroom Interaction. An Epistemological Perspective* (Mathematics Education Library, Bd. 38). Boston, MA: Springer Science+Business Media Inc.

Steinbring, H. (2009). Ist es möglich mathematische Bedeutungen zu kommunizieren? – Epistemologische Analyse interaktiver Wissenskonstruktion. In M. Neubrand (Hrsg.), *Beiträge zum Mathematikunterricht 2009.* Münster: WTM-Verlag.

Steinbring, H. (2013). Mathematische Interaktion aus Sicht der interpretativen Forschung. Fallstudien als Basis theoretischen Wissens. In G. Greefrath, F. Käpnick & M. Stein (Hrsg.), *Beiträge zum Mathematikunterricht 2013* (S. 62–69). Münster: WTM-Verlag.

Steinweg, A. S. (2000). Mit Zahlen spielen. *Die Grundschulzeitschrift 14* (133), 6–10.

Steinweg, A. S. (2013). *Algebra in der Grundschule* (Mathematik Primarstufe und Sekundarstufe I + II). Berlin, Heidelberg: Springer Berlin Heidelberg.

Steinweg, A. S. & Schuppar, B. (2004). Mit Zahlen spielen. In E. Wittmann, H. Steinbring & G. Müller (Hrsg.), *Arithmetik als Prozess* (Programm Mathe 2000, S. 21–34). Seelze: Klett/Kallmeyer.

Tall, D. (1979). Cognitive aspects of proof, with special reference to the irrationality of $\sqrt{2}$. In D. Tall (Hrsg.), *Proceedings of the 3rd international conference on the psychology of mathematics educa- tion* (S. 203–205).

Thies, S. (2002). *Zur Bedeutung diskreter Arbeitsweisen im Mathematikunterricht.* Gießen.

Thurston, W. P. (1994). On proof and progress in mathematics. *Bulletin of the American Mathematical Society 30* (2), 161–177.

van den Akker, J., Gravemeijer, K., Mckenney, S. & Nieveen, N. (2006). Introducing educational design research. In J. van den Akker, K. Gravemeijer, S. Mckenney & N. Nieveen (Hrsg.), *Educational design research* (1. publ, S. 3–7). London: Routledge.

Villiers, M. de. (1990). The role and function of proof in mathematics. *Pythagoras 24,* 17–24.

Voigt, J. (1984). *Interaktionsmuster und Routinen im Mathematikunterricht. Theoretische Grundlagen und mikroethnographische Falluntersuchungen* (Beltz-Forschungsberichte). Weinheim: Beltz (Zugl.: Bielefeld, Univ., Diss., 1983).

Voigt, J. (1991). Die mikroethnographische Erkundung von Mathematikunterricht. Interpretative Methoden zur Interaktionsanalyse. In H. Maier & J. Voigt (Hrsg.), *Interpretative Unterrichtsforschung. Heinrich Bauersfeld zum 65. Geburtstag* (IDM-Reihe / Institut für Didaktik der Mathematik der Universität Bielefeld, Bd. 17, S. 152–175). Köln: Aulis-Verl. Deubner.

Voigt, J. (1995). Empirische Untersuchungen in der Mathematikdidaktik. In W. Dörfler (Hrsg.), *Trends und Perspektiven der Mathematikdidaktik* (S. 1–17). Wien: Hölder-Pichler-Tempsky.

Voigt, J. (2010). Erkennen der Endstellenregel für die Teilbarkeit durch 4. Analysen einer Unterrichtsepisode. In C. Böttinger, K. Bräuning, M. Nührenbörger, R. Schwarzkopf & E. Söbbeke (Hrsg.), *Mathematik im Denken der Kinder. Anregungen zur mathematischen Reflexion.* Seelze: Kallmeyer.

Voßmeier, J. (2012). *Schriftliche Standortbestimmungen im Arithmetikunterricht. Eine Untersuchung am Beispiel inhaltsbezogener Kompetenzen* (Dortmunder Beiträge zur Entwicklung und Erforschung des Mathematikunterrichts, Bd. 5). Wiesbaden: Springer Spektrum.

Weber, K. (2002). Beyond proving and explaining. Proofs that justify the use of definitions and axioamtic structures and proofs that illustrate technique. *For the Learning of Mathematics 22* (3), 14–17.

Welsing, F. (2018). Grundschulkinder argumentieren mit Anschauungsmitteln. Epistemologisch orientierte Analyse von Argumentationsprozessen im Kontext anschaulich dargestellter struktureller Zahleigenschaften. In P. Bender & T. Wassong (Hrsg.), *Beiträge zum Mathematikunterricht 2018. Vorträge zur Mathematikdidaktik und zur Schnittstelle Mathematik/Mathematikdidaktik auf der gemeinsamen Jahrestagung GDM und DMV 2018 (52. Jahrestagung der Gesellschaft für Didaktik der Mathematik)* (S. 1951–1954). Münster: WTM Verlag für wissenschaftliche Texte und Medien.

Welsing, F. (2019). *Kinder argumentieren mit Anschauungsmitteln – Eine epistemologisch orientierte Analyse von Argumentationsprozessen im Kontext anschaulich dargestellter struktureller Zahleigenschaften.*

Weskamp, S. (2018). *Heterogene Lerngruppen im Mathematikunterricht der Grundschule* (Research) (Dissertation).

Winter, H. (1983a). Prämathematische Beweise der Teilbarkeitsregeln. *mathematica didactica* (6), 177–187.

Winter, H. (1983b). Zur Problematik des Beweisbedürfnisses. *Journal für Mathematik-Didaktik 4* (1), 59–95.

Winter, H. (1985). Neunerregel und Abakus – schieben, denken, rechnen. *mathematik lehren* (11), 22–26.

Winter, H. (1994). Modelle als Konstrukte zwischen lebensweltlichen Situationen und arithmetischen Begriffen. *Grundschule* (3), 10–13.

Winter, H. (1996). *Mathematik entdecken. Neue Ansätze für den Unterricht in der Grundschule; Reformen und Gegenreformen; Entdeckendes Lernen; Kreatives Üben* (Lehrer-Bücherei Grundschule, 5. Aufl.). Frankfurt am Main: Cornelsen Scriptor.

Winter, H. (2001). Wahrnehmung und Phantasie im Mathematikunterricht der Grundschule. In W. Weiser & B. Wollring (Hrsg.), *Beiträge zur Didaktik der Mathematik für die Primärstufe. Festschrift für Siegbert Schmidt* (Schriftenreihe Studien zur Schulpädagogik, Bd. 31, S. 289–306). Hamburg: Dr. Kovač.

Winter, H. (2016). *Entdeckendes Lernen im Mathematikunterricht. Einblicke in die Ideengeschichte und ihre Bedeutung für die Pädagogik* (3., aktualisierte Auflage). Wiesbaden: Springer Spektrum.

Wittmann, E. (1985). Objekte – Operationen – Wirkungen. Das operative Prinzip in der Mathematikdidaktik. *mathematik lehren* (11), 7–11.

Wittmann, E. (1992). Das Üben im Lernprozeß. In E. Wittmann & G. Müller (Hrsg.), *Handbuch produktiver Rechenübungen. Band 2: Vom halbschriftlichen zum schriftlichen Rechnen* (S. 175–182). Stuttgart: Ernst Klett Schulbuchverlag.

Wittmann, E. (1995). Aktiv-entdeckendes und soziales Lernen im Rechenunterricht. Vom Kind und vom Fach aus. In G. Müller & E. Wittmann (Hrsg.), *Mit Kindern rechnen* (S. 10–41). Frankfurt am Main: Arbeitskreis Grundschule – Der Grundschulverband.

Wittmann, E. (1998). Design und Erforschung von Lernumgebungen als Kern der Mathematikdidaktik. *Beiträge zur Lehrerbildung 16*. Beiträge zur Lehrerbildung 16 (1998) 3, S. 329–342.

Wittmann, E. (2014). Operative Beweise in der Schul- und Elementarmathematik. *mathematica didactica 37,* 213–232.

Wittmann, E. (2024). *Mathematik fachlich-aufbauend und schülerorientiert unterrichten. Ein Handbuch für die Sekundarstufe : Band I: Vom Rechenunterricht der Grundschule zu den Dezimalzahlen und der Prozentrechnung : In memoriam Heinrich Winter* (Bd. 2). Münster: WTM Verlag für wissenschaftliche Texte.

Wittmann, E. & Müller, G. (2005). *Das Zahlenbuch. Schülerband 4. Schuljahr* (Programm Mathe 2000, [Neubearb.], [Grundschule], [Ausg. Berlin, Brandenburg, Bremen. Hamburg, Hessen, Mecklenburg-Vorpommern, Niedersachsen, Nordrhein-Westfalen, Rheinland-Pfalz, Saarland, Sachsen, Sachsen-Anhalt, Schleswig-Holstein, Thüringen], 1. Aufl.). Leipzig: Klett.

Wittmann, E. & Müller, G. (2020). *Handbuch produktiver Rechenübungen. Halbschriftliches und schriftliches Rechnen* (Mathe 2000+, Band 2, Neufassung, 2. Auflage). Seelze: Klett/Kallmeyer; Klett.

Wittmann, E. & Müller, G. (2022). *Handbuch produktiver Rechenübungen. Vom Einspluseins zum Einmaleins* (Mathe 2000+, Band 1, Neufassung, 3. Auflage). Seelze: Klett/Kallmeyer; Ernst Klett Verlag GmbH.

Wittmann, E. & Ziegenbalg, J. (2004). Sich Zahl um Zahl hochangeln. In E. Wittmann, H. Steinbring & G. Müller (Hrsg.), *Arithmetik als Prozess* (Programm Mathe 2000, S. 35–53). Seelze: Klett/Kallmeyer.

Wittmann, E. C. (1992). Mathematikdidaktik als «design science». *Journal für Mathematik-Didaktik 13* (1), 55–70.

Wollring, B. (2009). Zur Kennzeichnung von Lernumgebungen für den Mathematikunterricht in der Grundschule. In A. Peter-Koop (Hrsg.), *Lernumgebungen – ein Weg zum kompetenzorientierten Mathematikunterricht in der Grundschule. Festschrift zum 60. Geburtstag von Bernd Wollring; [Arbeitsblätter auf CD-ROM* (1. Aufl., S. 9–23). Offenburg: Mildenberger.

Ziegler, G. (2008). Über das Buch der Beweise: Was ist Mathematik? – Versuch einer Antwort in vier Thesen. *Math. Nat. wiss. Unterr. (MNU) 61* (7), 407–413.